電子裝置與電路理論（應用篇）

Electronic Devices and Circuit Theory
11th Edition

原著　ROBERT L. BOYLESTAD, LOUIS NASHELSKY

譯者　卓中興、黃時雨

東華書局

PEARSON　台灣培生教育出版股份有限公司
Pearson Education Taiwan Ltd.

國家圖書館出版品預行編目資料

電子裝置與電路理論：應用篇 / Robert L. Boylestad, Louis Nashelsky 著；卓中興，黃時雨譯. -- 二版. -- 新北市：臺灣培生教育，臺北市：臺灣東華，2014.03
384 面；19x26 公分
譯自：Electronic devices and circuit theory, 11th ed.
ISBN 978-986-280-242-7（平裝）

1. 電子工程 2. 電路

448.6   103004196

電子裝置與電路理論（應用篇）
ELECTRONIC DEVICES AND CIRCUIT THEORY, 11th Edition

原　　著	ROBERT L. BOYLESTAD , LOUIS NASHELSKY
譯　　者	卓中興、黃時雨
出 版 者	台灣培生教育出版股份有限公司
	地址／231 新北市新店區北新路三段 219 號 11 樓 D 室
	電話／02-2918-8368
	傳真／02-2913-3258
	網址／www.Pearson.com.tw
	E-mail／Hed.srv.TW@Pearson.com
	台灣東華書局股份有限公司
	地址／台北市重慶南路一段 147 號 3 樓
	電話／02-2311-4027
	傳真／02-2311-6615
	網址／www.tunghua.com.tw
	E-mail／service@tunghua.com.tw
總 經 銷	台灣東華書局股份有限公司
出 版 日 期	2014 年 3 月 二版一刷
I S B N	978-986-280-242-7

版權所有・翻印必究

Authorized Translation from the English language edition, entitled ELECTRONIC DEVICES AND CIRCUIT THEORY, 11th Edition 9780132622264 by BOYLESTAD, ROBERT L.; NASHELSKY, LOUIS, published by Pearson Education, Inc, Copyright © 2013, 2009, 2006 by Pearson Education, Inc.

All rights reserved. No part of this book may be reproduced or transmitted in any form or by any means, electronic or mechanical, including photocopying, recording or by any information storage retrieval system, without permission from Pearson Education, Inc.

CHINESE TRADITIONAL language edition published by PEARSON EDUCATION TAIWAN LIMITED and TUNG HUA BOOK COMPANY LTD, Copyright © 2014.

譯者序

電子裝置與電路理論一書初版至今已歷四十載，今為第十一版，之所以能歷久不衰自有原因：

1. 對基本概念的闡述非常詳細，可謂循循善誘，對初學者的觀念形成很有幫助。
2. 取材和計算範例十分豐富，且避開艱深的內容，極適合中等程度的學生和自學者。
3. 各種實際應用的介紹極為廣泛，讓讀者在研習學理之際，也能領略電子學的強大應用能力。
4. 依據各章內容，簡要介紹數項重要輔助工具，如 PSpice (Design Center) 和 Multisim 的用法和實例。同學可依自身興趣涉獵深淺，為將來的職涯或深造作準備。

本版中譯，筆者力求通順並反映原意，但匆促之間恐仍有疏漏，祈各方不吝賜正，以求盡善。

譯者謹識

序言

　　本版（11 版）序言想作一些 40 多年來的回想，1972 年兩個熱情的年輕教育者，想測試一下自己對現有電子元件教材的能力，產生的第 1 版。雖然有人可能較喜歡半導體元件這個名詞，而不用電子元件，第 1 版也幾乎絲毫不漏地介紹真空管元件，而新版目錄中卻無任一節是針對真空管的主題。從真空管過渡到以半導體元件為主體，幾乎經歷了 5 版，到現在只有幾節有提到真空管，但有意思的是，當場效電晶體(FET)元件實用化後，許多用在真空管的分析技巧即可應用在 FET 電路上，這是因為這兩種元件存在交流等效模型的類似性。

　　我們常被詢問到改版的過程，以及新版本所定的內容。某些情況下，很顯然是計算機軟體改版了，而套裝程式在應用上的變化也必須逐項詳細修訂。本書最早強調計算機套裝軟體的使用，且提供的詳細程度是其他教科書所無法比的。每次套裝軟體一改版，都會發現相關參考資料可能未及問市，或手冊對新學者而言不夠詳盡。本書充足詳細的內容，保證學生無需額外的教材，即可應用各套裝軟體。

　　每一次新版都需要更新的內容，包括實際商用之元件的變化，以及其特性的改變。這可能需要對各領域的廣泛研究，接著決定涵蓋的深度及響應的改善是否成立並加以承認。在確定需要解釋、刪除或修訂的部分時，教學經驗可能是最重要的來源之一。學生的回饋，使教科書的內容大幅增加，使書增厚不少。另外，也有部分來自於同業，採用這本書的其他教育團體的反映。當然，培生(Pearson)教育事業所選出的校閱者也審閱了本書。會覺得變化不大的原因，是繼上一版好幾年後才再重讀新版，若多讀幾次就會發現，許多材料已改正、刪除或擴大了。

　　本版改變的幅度遠超過我們當初的預期，但對用過本書前幾版的人來說，可能會覺得改變並不明顯。但一些主要的章節已經移動並擴充，習題增加了約 100 題，介紹了新元件，應用方面的項目也增加，且全書各處都加入了最新發展的內容。我們相信，本版相較於前幾版有極顯著的改進。

　　身為教師，我們深知這類教科書需要高度正確的重要性。當一個學生用各種方法去解一個習題，卻發現答案和書後所附不同，或者發現習題似乎無解，沒有什麼比這個更使學生挫折。很慶幸的發現，上一版的錯誤和印刷失誤不足之處。若考慮到本書浩大的篇幅所產生的大量範例及習題數目，從統計的觀點，本書幾近於零錯誤。對使用者的建議，我們都快速認知，並將改變傳達給出版者，作為答謝。

雖然目前的這一版反映了我們認為應有的變化，但預期未來某時點，仍需再改版。我們期待您對本版反應意見，使我們可以開始構思，以有助於下一版內容的改進。我們承諾，無論是正面或負面的評論，我們都會儘快的回覆。

本版新增內容

- 各章習題都有廣泛的變化，加入 100 題以上的新習題，而原有習題也作了相當程度的改變。
- 重新執行與更新描述的計算機程式為數不少，包括使用 OrCAD 16.3 版和 Multisim 11.1 版的效果。另外在前幾章提供計算機方法的廣泛了解，因此對兩種套裝程式的介紹亦予以修訂。
- 全書加入重要貢獻者的照片和小傳，包括達靈頓、肖特基、奈奎斯特、考畢子和哈特萊等。
- 全書加入一些新的章節內容，如直流和交流電源對二極體電路總和影響的討論、多個 BJT 的網路、VMOS 和 UMOS 功率 FET、Early 電壓、頻率對基本元件的影響、R_s 對放大器頻率響應的效應、增益頻寬積以及其他主題等。
- 由於校閱者的意見或優先順序的改變，許多章節完全改寫。改寫的領域包括：偏壓穩定性、電流源、直流與交流模式的反饋，二極體與電晶體響應特性中的移動率因數，逆向飽和電流、崩潰區的（成因與效應），與混合模型等。
- 除了上述許多章節的改版外，因此類教科書內容優先順序的改變，有一些章節的篇幅擴充了。如太陽能電池這一節就詳細探討其所用材料、響應曲線，以及一些新的實際應用。達靈頓效應的內容也幾乎全部改寫，並詳細探討射極隨耦器與集極增益組態。電晶體的部分包括了閂鎖電晶體和碳奈米管的細節。LED 的討論包括了所用材料、今日其他照明選項的比較，以及界定這種重要半導體元件未來的產品案例。書中也包括常見的資料手冊圖表，並詳細討論，以確保學生在進入產業界時已有良好的產學連結。
- 全書更新的材料有相片、電路圖、資料圖表等等，確保所介紹的元件能反映近年來今日商用元件快速變化的特性。另外，書中所利用的參數值和所有例習題，都更切合現今所用的元件特性。某些元件已不常使用或已不再生產，都加以去除，確保以現今的趨勢為重心。
- 全書有一些重要的架構性改變，以確保在學習過程中最佳的內容順序。顯然可見，前幾章二柱體和電晶體的直流分析如此，在 BJT 和 FET 的交流各章中討論電流增益時如此，在達靈頓一節以及頻率響應一章中也是如此。特別在 16 章更為明顯，已去除原有的一些主題，各節順序也大幅更動。

目　錄

譯者序 ————————————————————————————— iii
序　言 ————————————————————————————— iv

第 1 章　運算放大器 ——————————————————————— 1

1.1　導　言　1
1.2　差動放大器電路　4
1.3　BiFET、BiMOS 及 CMOS 差動放大器電路　14
1.4　運算放大器的基本觀念　17
1.5　實際的運算放大器電路　21
1.6　運算放大器規格——直流偏壓參數　27
1.7　運算放大器規格——頻率參數　32
1.8　運算放大器 IC 規格　36
1.9　差模與共模操作　44
1.10　總　結　49
1.11　計算機分析　50

第 2 章　運算放大器應用 ————————————————————— 63

2.1　定增益放大器　63
2.2　電壓和　69
2.3　電壓緩衝器　72
2.4　受控源　73
2.5　儀表電路　76
2.6　主動濾波器　79
2.7　總　結　84
2.8　計算機分析　85

第 3 章　功率放大器 ——————————————————————— 101

3.1　導言——定義與放大器類型　101
3.2　串饋 A 類放大器　103
3.3　變壓器耦合 A 類放大器　108
3.4　B 類放大器操作　117
3.5　B 類放大器電路　123
3.6　放大器失真　130
3.7　功率電晶體散熱　135
3.8　C 類與 D 類放大器　140
3.9　總　結　142
3.10　計算機分析　144

第 4 章　線性－數位積體電路(IC) ————————————————— 153

4.1　導　言　153
4.2　比較器 IC（單元）操作　154
4.3　數位－類比轉換器　161
4.4　計時器 IC 單元操作　165
4.5　壓控振盪器　169
4.6　鎖相迴路　172
4.7　介面電路　177
4.8　總　結　179
4.9　計算機分析　180

第 5 章　反饋與振盪器電路　— 187

- 5.1　反饋概念　187
- 5.2　反饋接法類型　188
- 5.3　實用的反饋電路　195
- 5.4　反饋放大器——相位和頻率的考慮　203
- 5.5　振盪器操作　205
- 5.6　移相振盪器　207
- 5.7　韋恩電橋振盪器　210
- 5.8　調諧振盪器電路　213
- 5.9　石英晶體振盪器　216
- 5.10　單接面振盪器　219
- 5.11　總　結　221
- 5.12　計算機分析　222

第 6 章　電源供應器（穩壓器）　— 229

- 6.1　導　言　229
- 6.2　濾波器的一般考慮　230
- 6.3　電容濾波器　232
- 6.4　RC 濾波器　237
- 6.5　個別電晶體的穩壓電路　240
- 6.6　IC 穩壓器　248
- 6.7　實際的應用　254
- 6.8　總　結　256
- 6.9　計算機分析　258

第 7 章　其他的雙端裝置　— 265

- 7.1　導　言　265
- 7.2　肖特基障壁（熱載子）二極體　265
- 7.3　變容二極體　269
- 7.4　太陽能電池　274
- 7.5　光二極體　280
- 7.6　光導電池　283
- 7.7　紅外線(IR)發射器　285
- 7.8　液晶顯示器　286
- 7.9　熱阻器　289
- 7.10　透納二極體　291
- 7.11　總　結　295

第 8 章　pnpn 及其他裝置　— 303

- 8.1　導　言　303
  - pnpn 裝置　303
- 8.2　矽控整流子　303
- 8.3　矽控整流子的基本操作　304
- 8.4　SCR 的特性與額定值　307
- 8.5　SCR 應用　308
- 8.6　矽控開關　313
- 8.7　閘關斷開關　316
- 8.8　光激 SCR　317
- 8.9　蕭克萊二極體　320
- 8.10　diac（雙向蕭克萊二極體）　320
- 8.11　triac（雙向矽控整流子）　322
  - 其他裝置　324
- 8.12　單接面電晶體(UJT)　324
- 8.13　光電晶體　335
- 8.14　光隔離器　337
- 8.15　可規劃單接面電晶體(PUT)　340
- 8.16　總　結　346

附錄 A　混合(h)參數的圖形決定法和轉換公式（精確及近似）　— 353

- A.1　h 參數的圖形決定法　353
- A.2　精確轉換公式　357
- A.3　近似轉換公式　358

附錄 B　漣波因數和電壓的計算 — 359

B.1　整流器的漣波因數　359
B.2　電容濾波器的漣波電壓　360
B.3　V_{dc} 和 V_m 對漣波因數 r 的關係　362
B.4　V_r(rms) 和 V_m 對漣波因數 r 的關係　363
B.5　整流—電容濾波器電路中，導通角、%r 和 $I_{峰值}/I_{dc}$ 的關係　364

附錄 C　圖　表 — 367

附錄 D　奇數習題解答 — 369

索　引 — 373

運算放大器

本章目標

- 了解差動放大器的功用
- 學習運算放大器的基礎原理
- 了解共模操作的意義
- 描述雙端輸入操作

1.1 導　言

　　運算放大器(op)是具有極高輸入阻抗和極低輸出阻抗，且增益極高的差動放大器。運算放大器的典型應用可提供電壓振幅的變化（振幅和極性）、振盪器、濾波器電路，以及各種型式的儀表電路。運算放大器內部有好幾個差動放大級，可達到極高的電壓增益。

　　圖 1.1 是一基本的運算放大器，有兩個輸入和一個輸出，使用差動放大器作為輸入級，其中一個輸入的極性（相位）和輸出相同，另一個則和輸出相反，分別視訊號是加到正(+)端或負(−)端而定。

單端輸入

　　當輸入訊號只接到一個輸入端，而另一輸入端接地時，即為單端輸入操作，圖 1.2 顯示此種操作的訊號接法。在圖 1.2a，輸入接到正輸入端（負輸入端則接地），所產生輸出的極性會和外加的輸入訊號相同。圖 1.2b 顯示，輸入訊號接到負輸入端，輸出會和輸入訊號反相。

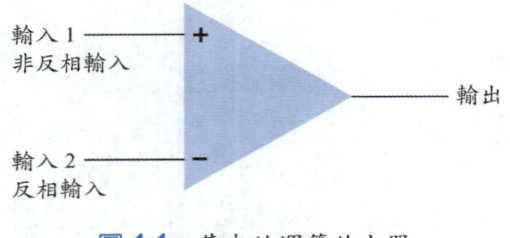

圖 1.1 基本的運算放大器

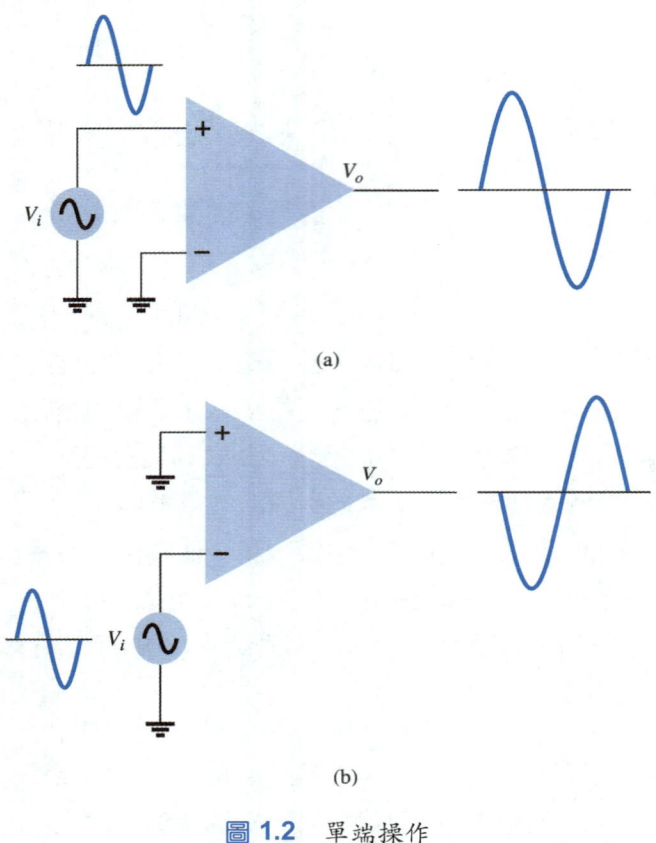

(a)

(b)

圖 1.2 單端操作

雙端（差動）輸入

除了使用單端輸入之外，也可以在兩個輸入同時加上訊號，即雙端操作。圖 1.3a 顯示輸入 V_d 加到兩輸入端之間（沒有任何輸入端接地），所產生的放大輸出和正負兩輸入端的電壓降同相位。圖 1.3b 顯示兩個獨立的訊號加到輸入端，差訊號是 $V_{i_1} - V_{i_2}$，其作用和 V_d 相同。

雙端輸出

雖然到目前為止的討論都是單端輸出，但也有運算放大器具有兩個相反的輸出，如圖 1.4 所示。任一輸入端的輸入都會在兩輸出端產生輸出，這兩個輸出的極性必定相反。

(a)   (b)

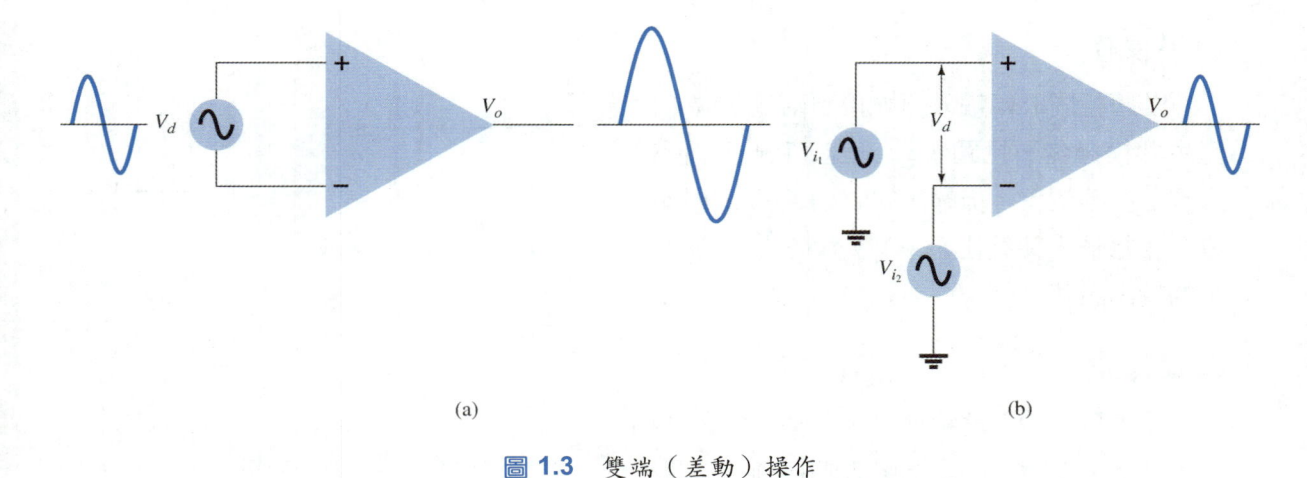

圖 1.3 雙端（差動）操作

圖 1.5 顯示單端輸入但雙端輸出的情況，如圖所示，接到正輸入端的訊號會產生兩個相反極性的放大輸出。圖 1.6 則顯示相同的操作，但由兩輸出端之間產生單一輸出訊號（不對地）。此差動輸出訊號是 $V_{o_1} - V_{o_2}$，差動輸出也稱為**浮接訊號**(floating signal)，因為沒有一個輸出端是接地（參考）腳位。注意到，差動輸出的大小是 V_{o_1} 或 V_{o_2} 的 2 倍，因 V_{o_1} 和 V_{o_2} 的極性相反，相減之後會變成原來的 2 倍（例如 $10\,V - (-10\,V) = 20\,V$）。圖 1.7 則顯示差動輸入和差動輸出的操作，輸入加到兩輸入端之間，而輸出則自兩輸出端之間取出，這是全差動操作。

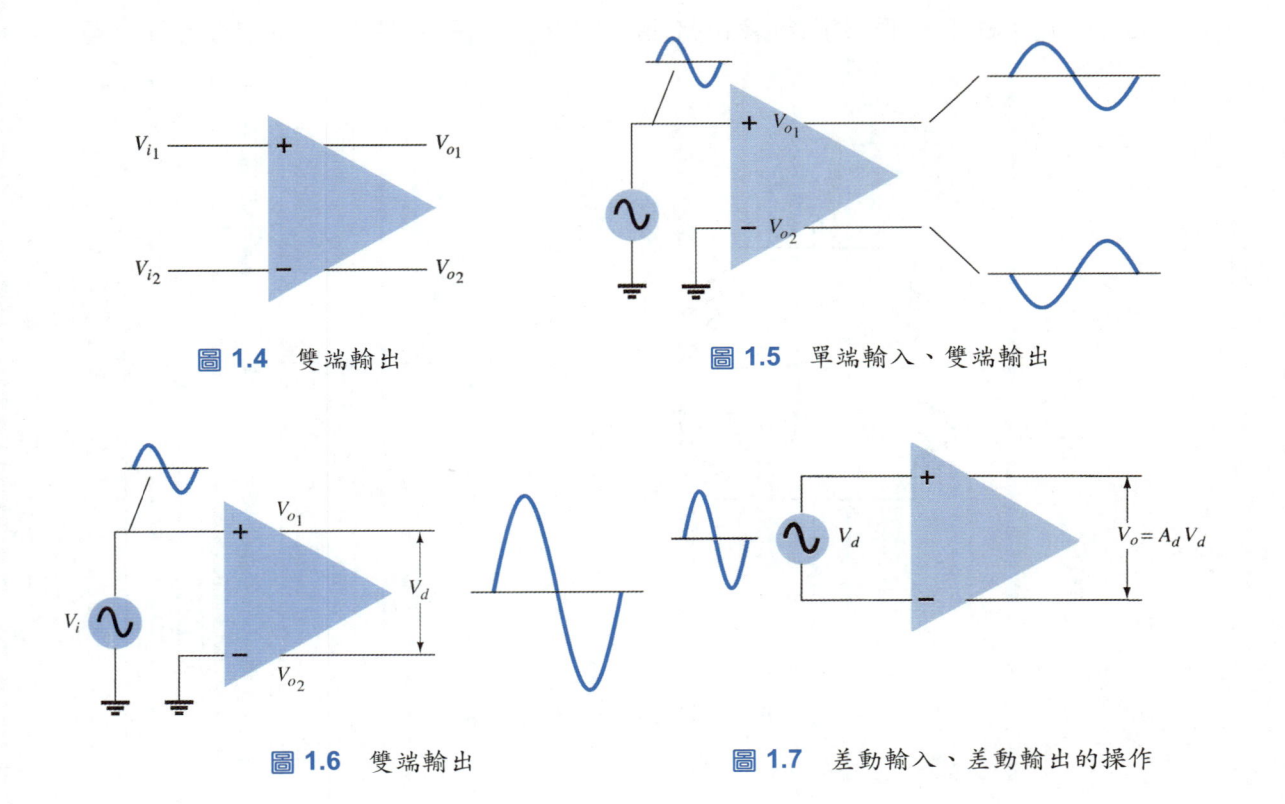

圖 1.4 雙端輸出　　　**圖 1.5** 單端輸入、雙端輸出

圖 1.6 雙端輸出　　　**圖 1.7** 差動輸入、差動輸出的操作

4 電子裝置與電路理論

共模操作

若將相同的兩輸入訊號接到兩輸入端,就產生共模操作,見圖 1.8。理想情況下,兩輸入端是相等放大,但輸出訊號極性相反,因此會互相抵消,使輸出為 0 V。實際上,會產生小的輸出訊號。

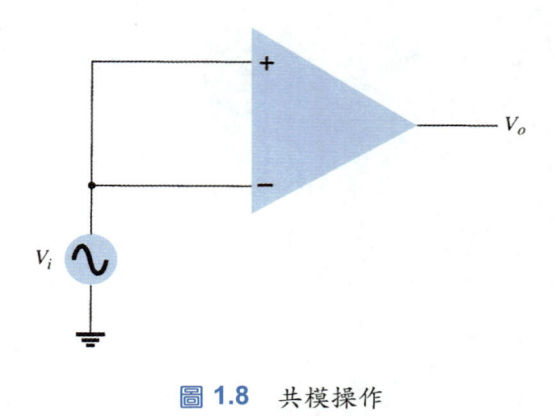

共模斥拒

差動接法的顯著特性是,兩輸入的訊號相反且被高度放大。而當兩輸入端接到共同訊號時,訊號只被輕微放大——總和操作是放大兩輸入端之間的差動訊號但斥拒共同訊號。因為雜訊(任何不想要的輸入訊號)一般都會同時加到兩輸入端,差動接法可衰減這不想要的輸入,但可將輸入的差動訊號放大輸出。這種操作特性稱為共模斥拒(common-mode rejection)。

圖 1.8 共模操作

1.2 差動放大器電路

在 IC 元件上,差動放大器電路是極為普遍的一種接法,考慮圖 1.9 的基本差動放大器,以說明此種接法。注意到,電路有兩個分開的輸入和兩個分開的輸出,且兩晶體的射極接在一起。雖然大部分的放大器電路都使用兩組分開的電壓源,但即使採用單一電源也可工作。

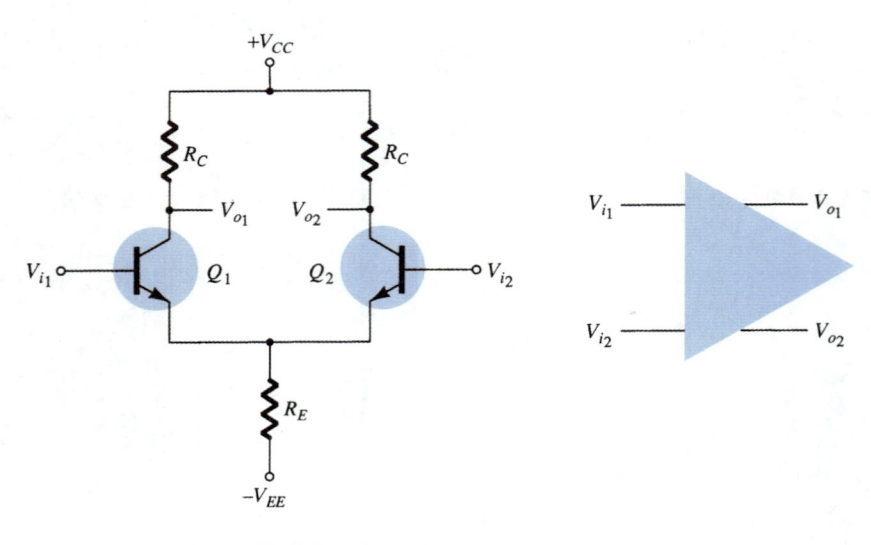

圖 1.9 基本的差動放大器電路

可能的輸入訊號組合有好幾種：

若輸入訊號接到任一輸入端，且另一輸入端接地，此操作稱為"單端"。

若外加兩個極性相反的輸入訊號，此種操作稱為"雙端"。

若兩輸入端外加相同輸入訊號，此種操作稱為"共模"。

在單端操作中只外加單一輸入訊號，但由於兩射極接在一起，輸入訊號會對兩電晶體作用，可在兩電晶體的集極產生輸出。

在雙端輸入中外加兩個輸入訊號，加到兩輸入端的訊號差會在兩電晶體的集極產生輸出。

在共模操作中，兩相同的輸入訊號會在各集極產生相反的訊號而互相抵消，因此所得輸出是零。實際上，相反訊號不會完全抵消，會產生小訊號。

差動放大器的主要特點是，兩輸入端外加相反訊號時增益極大，而輸入相同訊號時增益極小。差動增益和共模增益的比值，稱為**共模斥拒比**(common-mode rejection ratio)。

直流偏壓

讓我們先考慮圖 1.9 電路的直流偏壓操作，其交流輸入是電壓訊號源，所以每個輸入端的直流電壓是接到 0 V，如圖 1.10 所示。兩個基極電壓都在 0 V，共射極直流偏壓電壓是

$$V_E = 0\text{ V} - V_{BE} = -0.7\text{ V}$$

因此，射極直流偏壓電流是

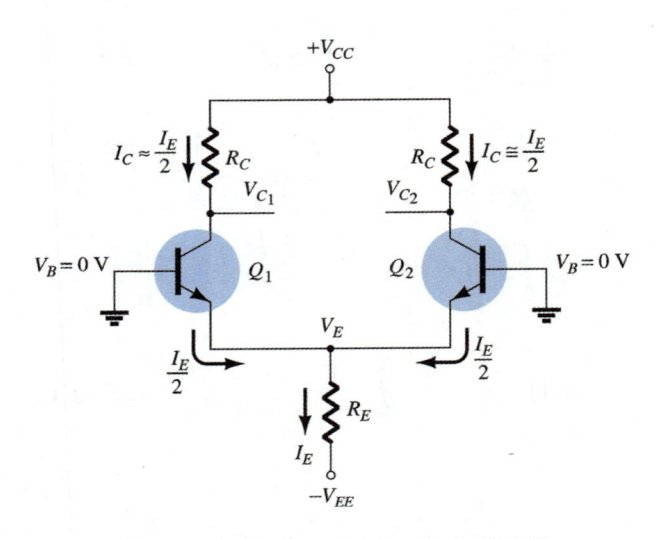

圖 1.10 差動放大器電路的直流偏壓

6 電子裝置與電路理論

$$I_E = \frac{V_E - (-V_{EE})}{R_E} \approx \frac{V_{EE} - 0.7 \text{ V}}{R_E} \tag{1.1}$$

假定電晶體匹配良好（這是 IC 元件中的一般情況），可得

$$I_{C_1} = I_{C_2} = \frac{I_E}{2} \tag{1.2}$$

產生的集極電壓是

$$V_{C_1} = V_{C_2} = V_{CC} - I_C R_C = V_{CC} - \frac{I_E}{2} R_C \tag{1.3}$$

例 1.1

試計算圖 1.11 電路中的直流電壓和電流。

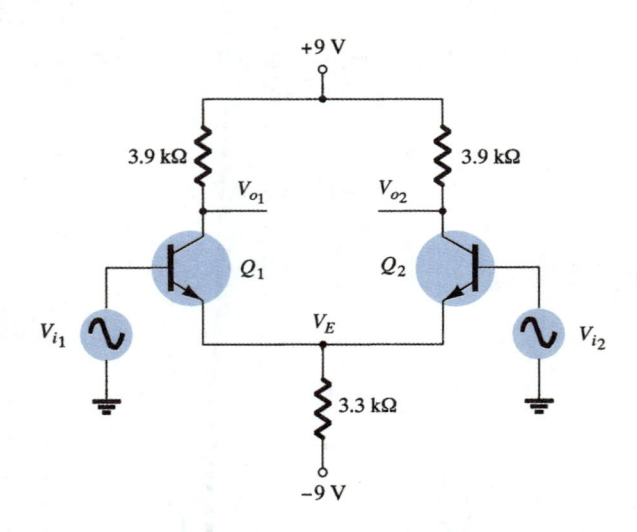

圖 1.11 例 1.1 的差動放大器電路

解：

式 (1.1)：$I_E = \dfrac{V_{EE} - 0.7 \text{ V}}{R_E} = \dfrac{9 \text{ V} - 0.7 \text{ V}}{3.3 \text{ k}\Omega} \approx \mathbf{2.5 \text{ mA}}$

因此集極電流是

式 (1.2)：$I_C = \dfrac{I_E}{2} = \dfrac{2.5 \text{ mA}}{2} = \mathbf{1.25 \text{ mA}}$

產生集極電壓

式 (1.3)：$V_C = V_{CC} - I_C R_C = 9 \text{ V} - (1.25 \text{ mA})(3.9 \text{ k}\Omega) \cong \mathbf{4.1 \text{ V}}$

因此射極電壓是 -0.7 V，而集極偏壓電壓則約為 4.1 V。

電路的交流操作

差動放大器的交流接法見圖 1.12，外加 V_{i_1} 和 V_{i_2} 的獨立輸入訊號，產生 V_{o_1} 和 V_{o_2} 兩個分開的輸出。為執行交流分析，重畫電路在圖 1.13，每個電晶體都用交流等效電路替代。

單端交流電壓增益　為計算單端交流電壓增益 V_o/V_i，施加訊號到其中一個輸入端，另一輸入端則接地，見圖 1.14。此接法的交流等效電路畫在圖 1.15，利用輸入端 B1 的克希荷夫電壓迴路(KVL)方程式，可算出交流基極電流。若假定電晶體完全匹配，則

$$I_{b_1} = I_{b_2} = I_b$$
$$r_{i_1} = r_{i_2} = r_i = \beta r_e$$

若 R_E 很大（理想是無窮大），則此 KVL 方程式的電路可簡化成圖 1.16，由此可寫出

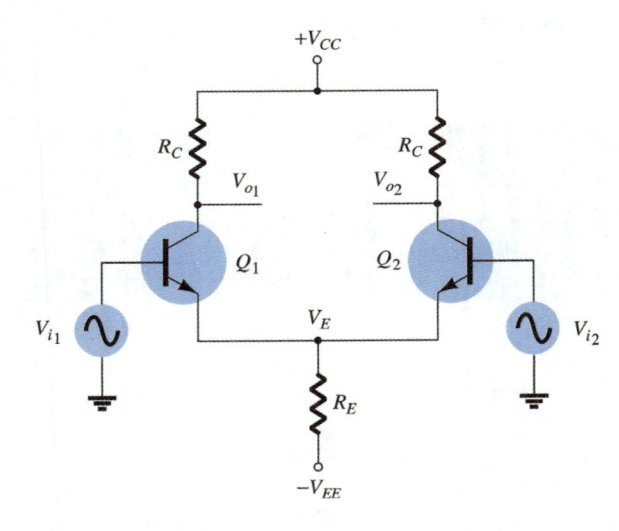

圖 1.12　差動放大器的交流接法

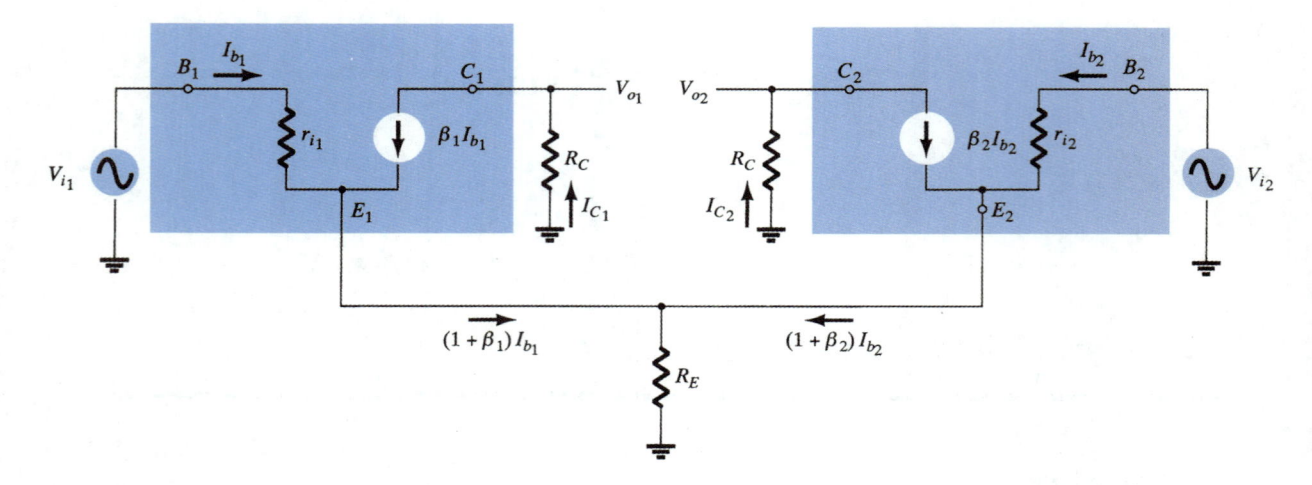

圖 1.13 差動放大器電路的交流等效電路

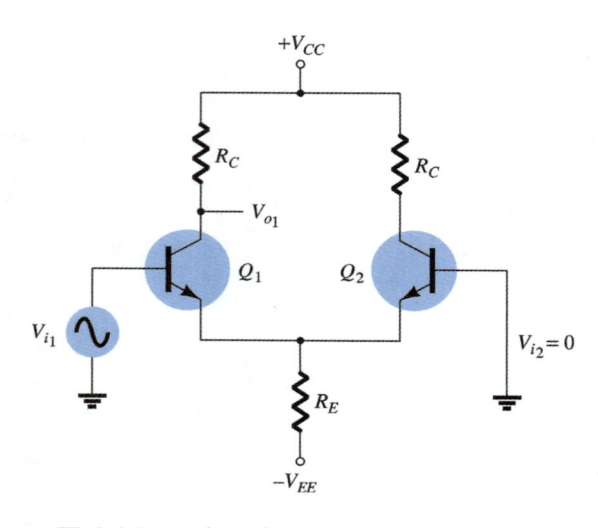

圖 1.14 用來計算 $A_{V_1} = V_{o_1}/V_{i_1}$ 的電路接法

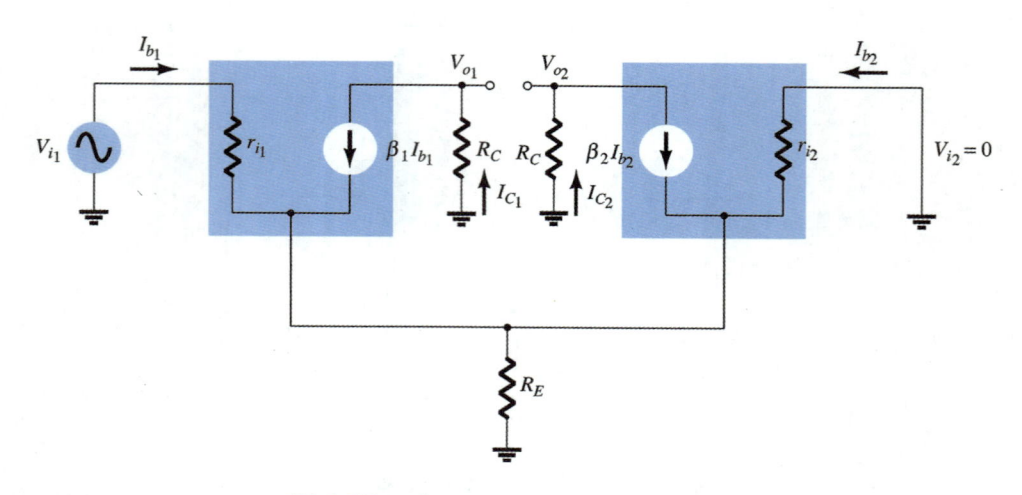

圖 1.15 圖 1.14 電路的交流等效電路

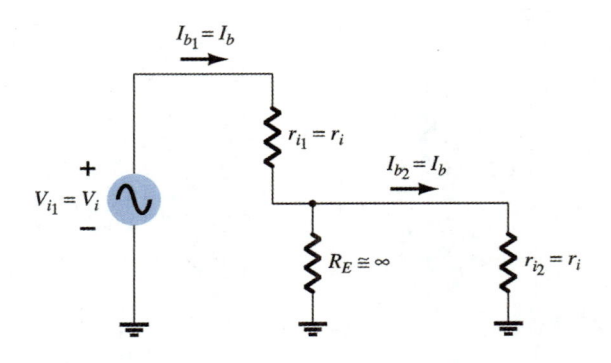

圖 1.16 計算 I_b 所用的部分電路

$$V_{i_1} - I_b r_i - I_b r_i = 0$$

所以
$$I_b = \frac{V_{i_1}}{2r_i} = \frac{V_i}{2\beta r_e}$$

若假定
$$\beta_1 = \beta_2 = \beta$$

則
$$I_C = \beta I_b = \beta \frac{V_i}{2\beta r_e} = \frac{V_i}{2r_e}$$

任一集極的輸出電壓大小為

$$V_o = I_C R_C = \frac{V_i}{2r_e} R_C = \frac{R_C}{2r_e} V_i$$

在任一集極的單端電壓增益大小是

$$\boxed{A_V = \frac{V_o}{V_i} = \frac{R_C}{2r_e}} \tag{1.4}$$

例 1.2

試計算圖 1.17 電路的單端輸出電壓 V_{o_1}。

解：

直流偏壓電路提供

$$I_E = \frac{V_{EE} - 0.7 \text{ V}}{R_E} = \frac{9 \text{ V} - 0.7 \text{ V}}{43 \text{ k}\Omega} = 193 \ \mu\text{A}$$

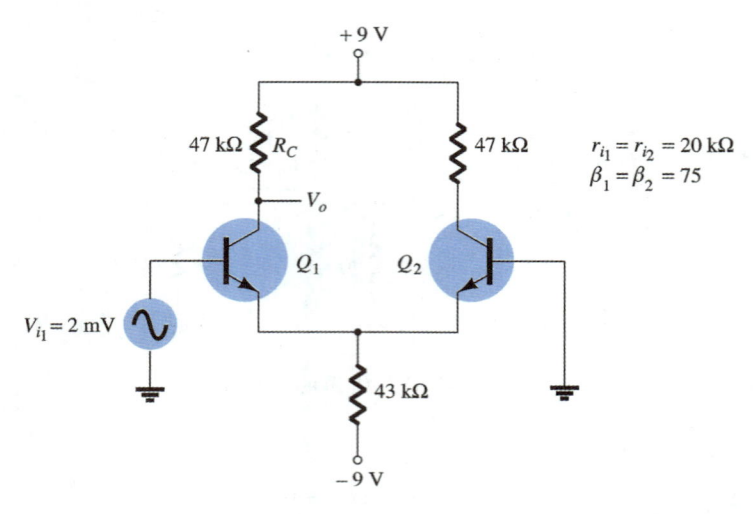

圖 1.17 例 1.2 和例 1.3 的電路

因此集極直流電流是

$$I_C = \frac{I_E}{2} = 96.5\ \mu A$$

所以

$$V_C = V_{CC} - I_C R_C = 9\ V - (96.5\ \mu A)(47\ k\Omega) = 4.5\ V$$

因此 r_e 值是

$$r_e = \frac{26}{0.0965} \cong 269\ \Omega$$

利用式(1.4)可計算出交流電壓增益大小：

$$A_V = \frac{R_C}{2r_e} = \frac{(47\ k\Omega)}{2(269\ \Omega)} = 87.4$$

提供的輸出交流電壓大小是

$$V_o = A_V V_i = (87.4)(2\ mV) = 174.8\ mV = \mathbf{0.175\ V}$$

雙端交流電壓增益　可用類似的分析證明，當訊號外加到兩輸入端時，差動電壓增益是

$$\boxed{A_d = \frac{V_o}{V_d} = \frac{R_C}{r_e}} \tag{1.5}$$

其中，$V_d = V_{i_1} - V_{i_2}$。

電路的共模操作

雖然差動放大器可提供大放大倍數給外加到兩輸入端的差訊號，但也會提供小放大倍數給兩相同輸入訊號。兩相同輸入接到兩電晶體的交流接法見圖 1.19，由此電路可寫出

$$I_b = \frac{V_i - 2(\beta+1)I_b R_E}{r_i}$$

整理後可改寫為

$$I_b = \frac{V_i}{r_i + 2(\beta+1)R_E}$$

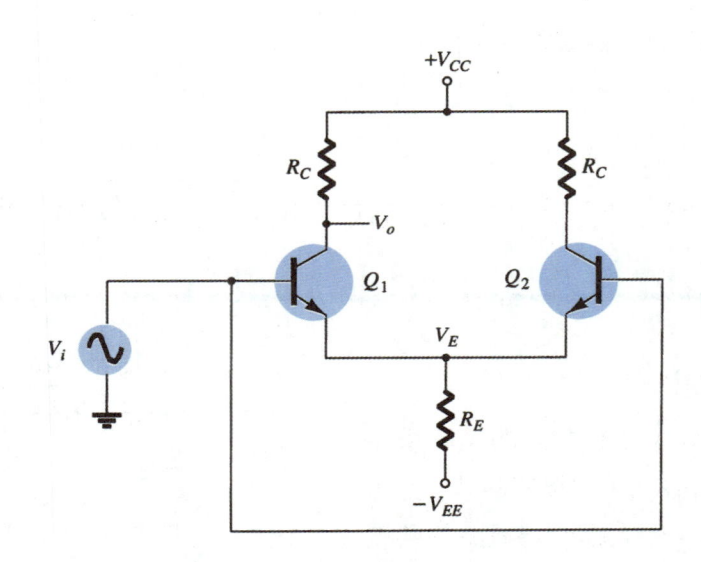

圖 1.18　共模接法

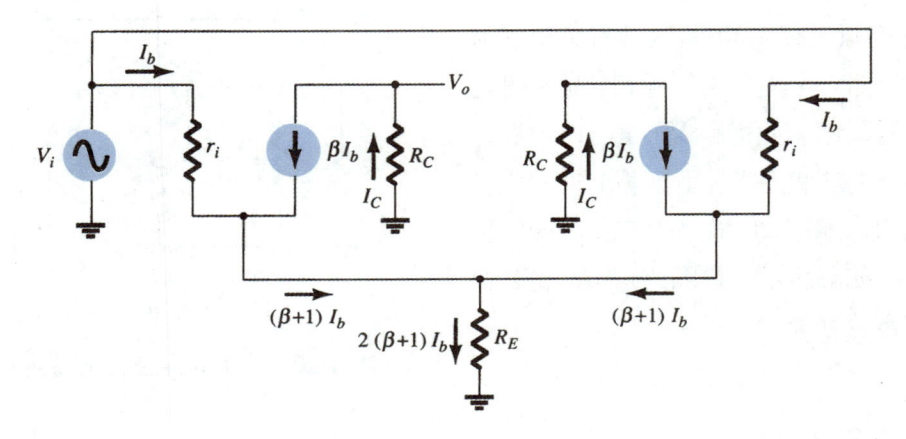

圖 1.19　共模接法的交流電路

因此輸出電壓大小是

$$V_o = I_C R_C = \beta I_b R_C = \frac{\beta V_i R_C}{r_i + 2(\beta+1)R_E}$$

提供的電壓增益大小是

$$A_c = \frac{V_o}{V_i} = \frac{\beta R_C}{r_i + 2(\beta+1)R_E} \tag{1.6}$$

例 1.3

試計算圖 1.17 放大器電路的共模增益。

解：

$$\text{式}(1.6)：A_c = \frac{V_o}{V_i} = \frac{\beta R_C}{r_i + 2(\beta+1)R_E} = \frac{75(47\ \text{k}\Omega)}{20\ \text{k}\Omega + 2(76)(43\ \text{k}\Omega)} = \mathbf{0.54}$$

定電流源的使用

　　良好的差動放大器有極高的差動增益 A_d，遠大於共模增益 A_c。可以使共模增益儘量小（理想是 0），而大幅改善電路的共模斥拒能力。由式(1.6)可看出，R_E 愈大時 A_c 愈小。一種增加 R_E 交流值的普遍方法，是使用定電流源。圖 1.20 顯示具有定電流源的差動放大器，可在共用射極和交流接地之間提供大電阻值。此電路優於圖 1.9 電路的主要改善，在於使用電流源而得到交流阻抗大很多的 R_E。圖 1.20 電路的交流等效電路見圖 1.21，如圖所示，實際的定電流源是高阻抗和定電流並聯。

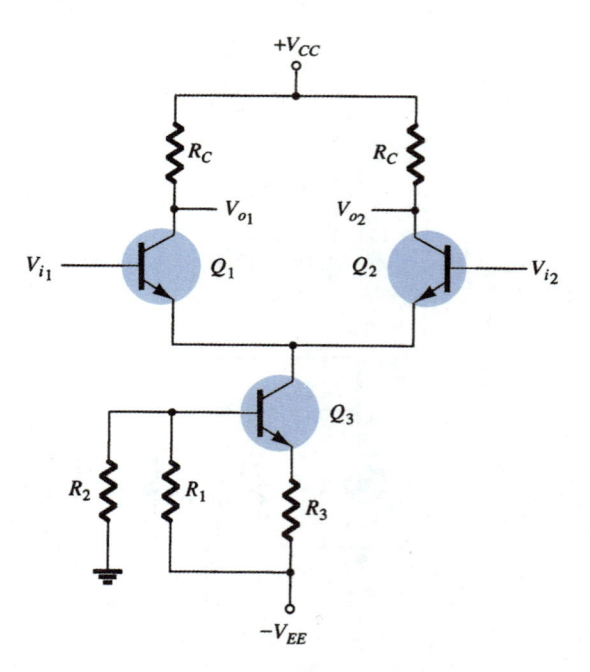

圖 1.20　具有定電流源的差動放大器

第 1 章　運算放大器　13

圖 1.21　圖 1.20 電路的交流等效電路

例 1.4

試計算圖 1.22 差動放大器的共模增益。

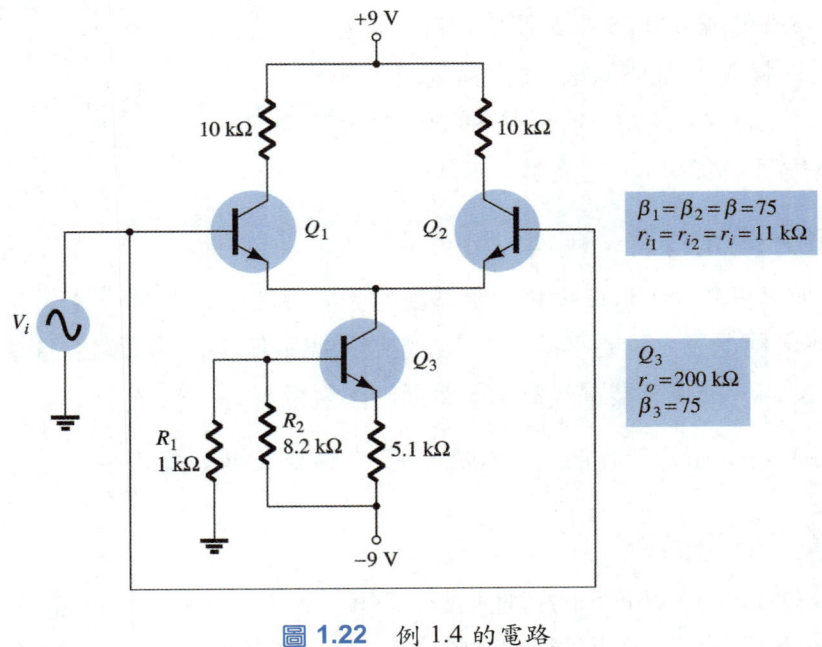

$\beta_1 = \beta_2 = \beta = 75$
$r_{i_1} = r_{i_2} = r_i = 11\ \text{k}\Omega$

Q_3
$r_o = 200\ \text{k}\Omega$
$\beta_3 = 75$

圖 1.22　例 1.4 的電路

解：

利用 $R_E = r_o = 200\text{ k}\Omega$，得

$$A_c = \frac{\beta R_C}{r_i + 2(\beta+1)R_E} = \frac{75(10\text{ k}\Omega)}{11\text{ k}\Omega + 2(76)(200\text{ k}\Omega)} = 24.7 \times 10^{-3}$$

1.3　BiFET、BiMOS 和 CMOS 差動放大器電路

雖然在上一節是用雙載子裝置介紹差動放大器，但現成商用 IC 也使用 JFET 和 MOSFET 建構這類電路。有一種 IC 同時利用雙載子(Bi)和接面場效(FET)電晶體來建構差動放大器，稱為 *BiFET* 電路。另一種 IC 利用雙載子(Bi)和 MOSFET(MOS)電晶體製成，稱為 *BiMOS* 電路。最後，利用相反類型 MOSFET 電晶體製成的電路稱為 *CMOS* 電路。

CMOS 是一種電路形式，在數位電路上很普遍，利用 n 通道和 p 通道增強型 MOSFET 組成（見圖 1.23）。在此互補 MOSFET 或 CMOS 電路使用相反（或互補）型式的電晶體，輸入 V_i 加到兩電晶體的閘極，且輸出由兩相連的汲極接出。在了解 CMOS 電路的操作之前，讓我們先回顧增強型 MOSFET 電晶體的工作。

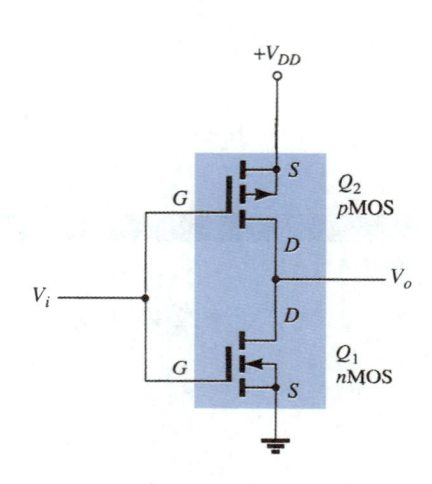

圖 1.23　CMOS 反相器電路

*n*MOS 導通／截止操作

n 通道增強型 MOSFET 或 nMOS 電晶體的汲極特性見圖 1.24a。若 0 V 加到閘極源極之間，則無汲極電流。只要 V_{GS} 上升到達裝置的臨限值 V_T，裝置就會產生電流。例如當輸入在 +5 V 時，nMOS 裝置就會完全導通，出現電流 I_D。總之：

輸入 0 V 使 nMOS "截止"，而輸入 +5 V 則使 nMOS 導通。

*p*MOS 導通／截止操作

p 通道 MOSFET 或 pMOS 的特性見圖 1.24b。當外加 0 V 時裝置會 "截止"（無汲極電流），而當輸入 −5 V（比臨限電壓更負）時裝置會 "導通" 且出現汲極電流。總之：

$V_{GS} = 0$ V 使 pMOS "截止"；$V_{GS} = -5$ V 使 pMOS 導通。

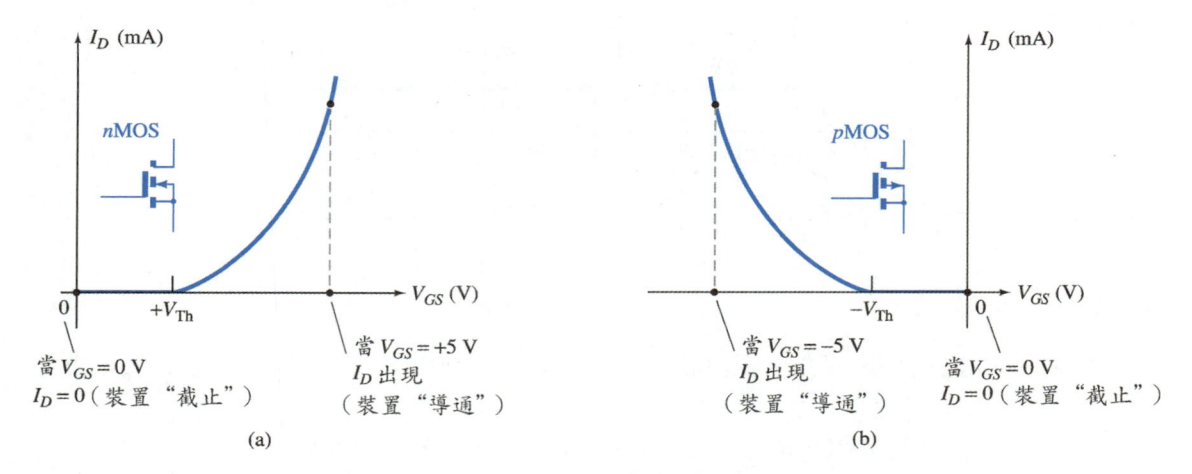

圖 1.24　顯示截止和導通條件的增強型 MOSFET 特性：(a)nMOS；(b)pMOS

接著考慮圖 1.25 的實際 CMOS 電路，在輸入 0 V 或 +5 V 如何工作。

0 V 輸入

當 0 V 加到 CMOS 電路的輸入時，都提供 0 V 給 nMOS 和 pMOS 的閘極。由圖 1.25a 知

$$\text{對 } nMOS(Q_1)：V_{GS}=V_i-0\text{ V}=0\text{ V}-0\text{ V}=0\text{ V}$$
$$\text{對 } pMOS(Q_2)：V_{GS}=V_i-(+5\text{ V})=0\text{ V}-5\text{ V}=-5\text{ V}$$

輸入 0 V 到 nMOS 電晶體 Q_1，會使該裝置"截止"。但相同的 0 V 輸入卻會使 pMOS 電晶體 Q_2 的閘極源極電壓在 -5 V（閘極在 0 V，比源極的 +5 V 低了 5 V），而使裝置導通，因此輸出在 +5 V。

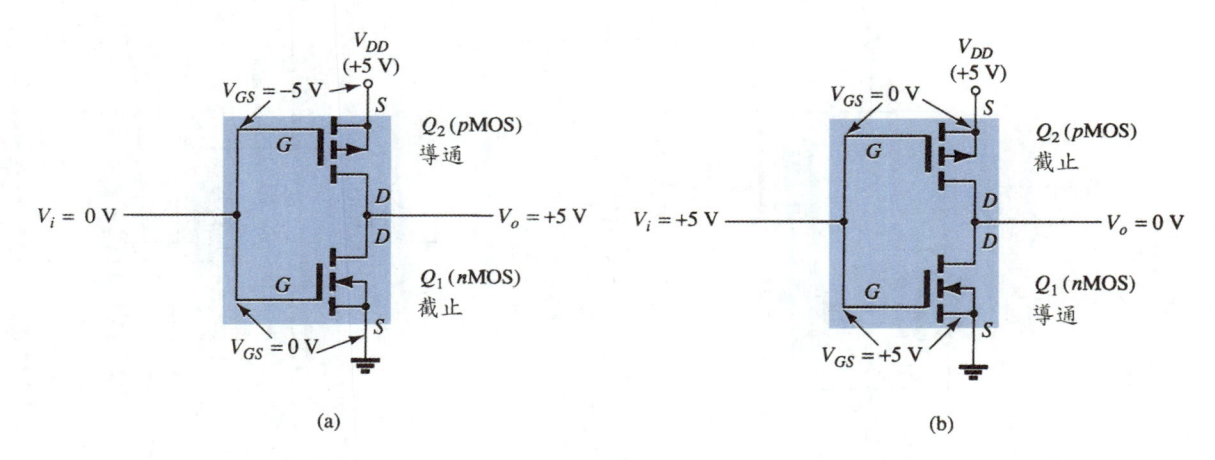

圖 1.25　CMOS 電路的操作：(a)輸出 +5 V；(b)輸出 0 V

表 1.1 CMOS 電路的操作

V_i(V)	Q_1	Q_2	V_o(V)
0	截止	導通	+5
+5	導通	截止	0

+5 V 輸入

當 $V_i = +5$ V，提供 +5 V 到兩個閘極。由圖 1.25b 知

對 nMOS(Q_1)：$V_{GS} = V_i - 0\text{ V} = +5\text{ V} - 0\text{ V} = +5\text{ V}$

對 pMOS(Q_2)：$V_{GS} = V_i - (+5\text{ V}) = +5\text{ V} - 5\text{ V} = 0\text{ V}$

此輸入會使電晶體 Q_1 導通且使電晶體 Q_2 截止，因此透過導通的電晶體 Q_2，輸出會接近 0 V。圖 1.23 中 CMOS 的接法，提供邏輯反相器的操作，V_o 會和 V_i 相反，見表 1.1。

以下所顯示的各種多裝置電路，多半只是一種代表，因為實際用在 IC 的電路會複雜非常多。圖 1.26 顯示，BiFET 電路在輸入端採用 JFET 電晶體，並利用雙載子晶體提供電流源（使用電流鏡電路），電流鏡可確保每一 JFET 會以相同偏壓電流工作。而對交流操作而言，JFET 可提供高輸入阻抗（遠高於單只使用雙載子電晶體所提供者）。

圖 1.27 顯示，使用 MOSFET 作為輸入電晶體並使用雙載子電晶體作電流源的電路。此種 BiMOS IC 由於使用 MOSFET 電晶體，其輸入阻抗甚至高於 BiFET 電路。

最後，可利用互補 MOSFET 電晶體建構差動放大器電路，見圖 1.28。pMOS 電晶體提供相反的輸入，而 nMOS 電晶體則以定電流源工作。單一輸出由 nMOS 和 pMOS 電

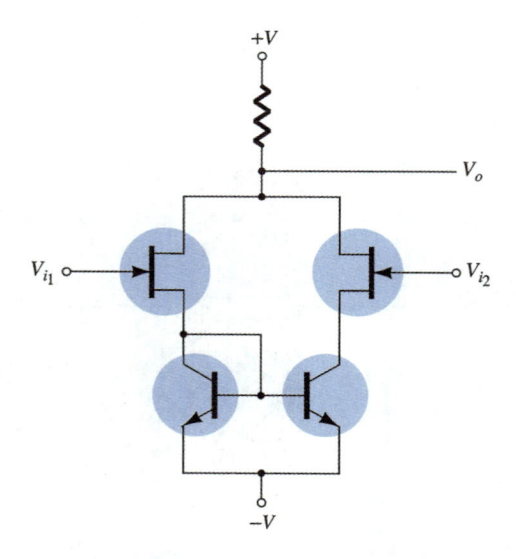

圖 1.26 BiFET 差動放大器電路

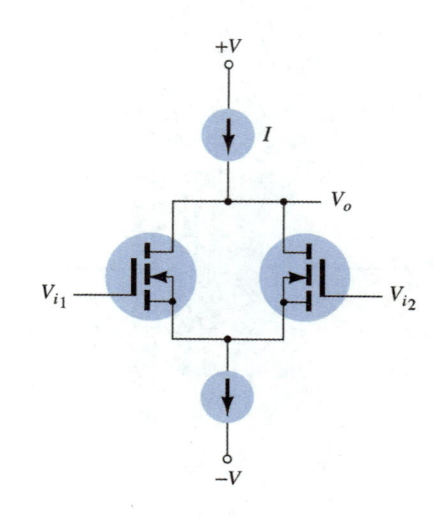

圖 1.27 BiMOS 差動放大器電路

图 1.28　CMOS 差動放大器

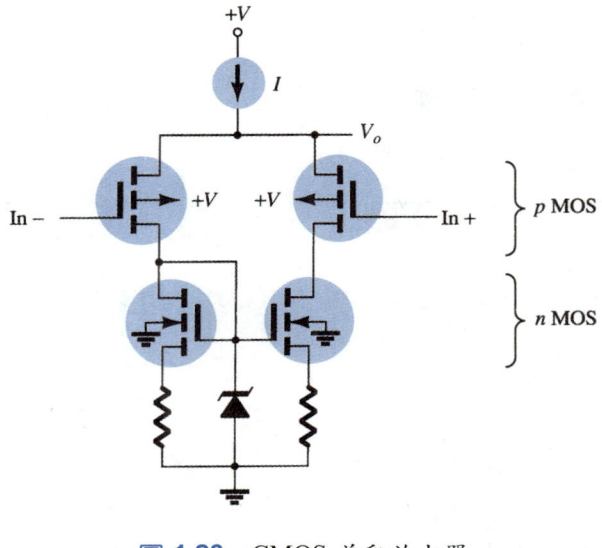

晶體的共用點接出。這種 CMOS 差動放大器由於 CMOS 電路的低功率消耗，特別適用於電池工作的場合。

1.4　運算放大器的基本觀念

　　運算放大器是一種具有極高輸入阻抗（一般幾 MΩ）和低輸出阻抗（小於 100 Ω）的極高增益放大器。其基本電路是用有兩個輸入（一正一負）和至少一個輸出的差動放大器製成，圖 1.29 顯示一基本的運算放大器單元，如先前所提的，正(+)輸入所產生的輸出和外加訊號同相，而負(−)輸入則產生相反極性的輸出。運算放大器的等效電路見圖 1.30a，如圖所示，輸入訊號加到兩輸入端之間的輸入阻抗 R_i 上，R_i 一般很高。放大器增益乘上輸入訊號後經輸出阻抗 R_o 得到輸出電壓，R_o 一般很小。理想的運算放大器電路如圖 1.30b 所示，有無窮大的輸入阻抗、零輸出阻抗和無窮大電壓增益。

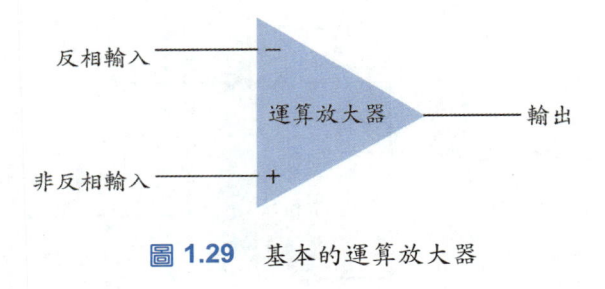

圖 1.29　基本的運算放大器

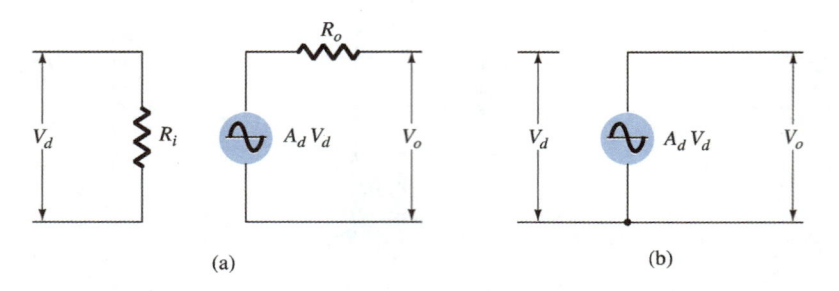

圖 1.30 運算放大器的交流等效電路：(a)實際；(b)理想

基本的運算放大器

使用運算放大器的基本電路接法見圖 1.31，此電路提供定增益乘數器（放大器）的操作。輸入訊號 V_1 經電阻 R_1 加到負輸入端，然後輸出經電阻 R_f 接回同一負輸入端，而正輸入端接地。因訊號 V_1 加到負輸入端，所以輸出訊號會和輸入訊號反相。圖 1.32a 中，運算放大器以交流等效電路代替，若採用理想運算放大器的等效電路，則 R_i 以無窮大電阻代替，R_o 用零電阻代替，交流等效電路見圖 1.32b，再重畫成圖 1.32c，由此進行電路分析。

利用重疊原理，可將電壓 V_1 表成各訊號源的關係。單考慮 V_1（設 $-A_V V_i$ 為 0 V），

$$V_{i_1} = \frac{R_f}{R_1 + R_f} V_1$$

單考慮 $-A_v V_i$（設 V_1 為 0 V），

$$V_{i_2} = \frac{R_1}{R_1 + R_f}(-A_V V_i)$$

總和電壓 V_i 為

$$V_i = V_{i_1} + V_{i_2} = \frac{R_f}{R_1 + R_f} V_1 + \frac{R_1}{R_1 + R_f}(-A_V V_i)$$

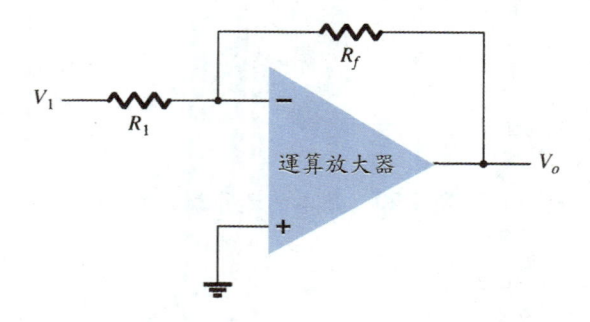

圖 1.31 基本運算放大器接法

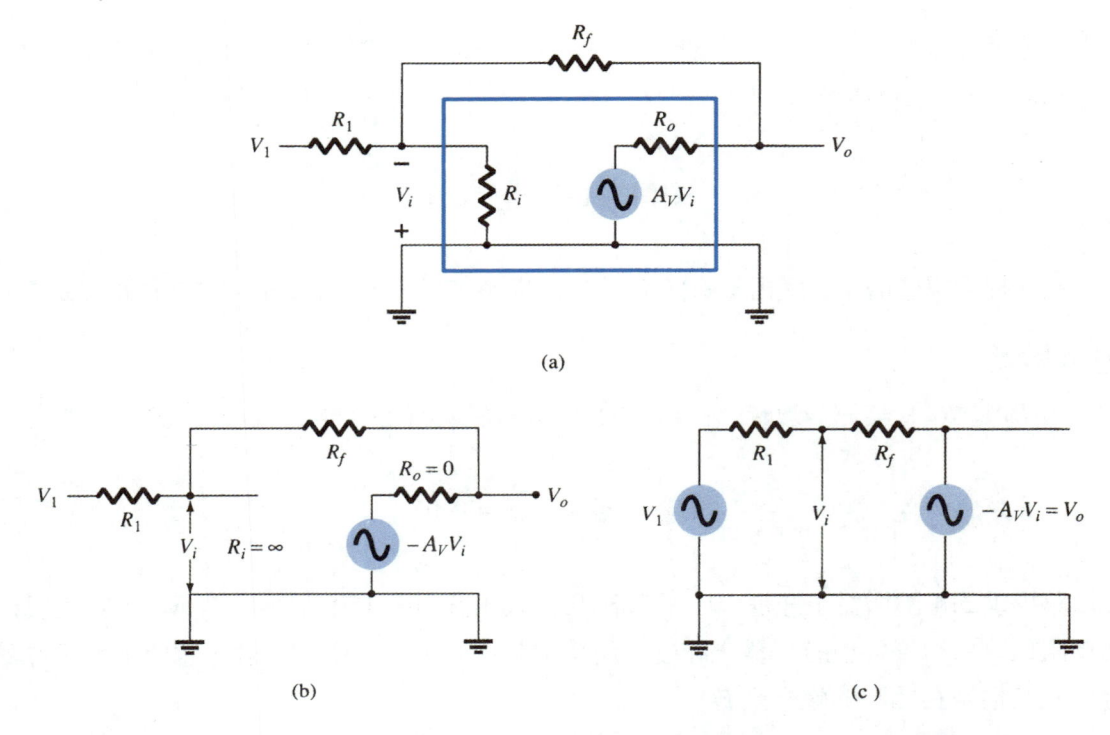

圖 1.32 運算放大器作為定增益乘數器的操作：(a)運算放大器的交流等效電路；(b)理想的運算放大器的等效電路；(c)重畫等效電路

整理後，解出 V_i，

$$V_i = \frac{R_f}{R_f + (1+A_V)R_1} V_1 \tag{1.7}$$

若 $A_V \gg 1$ 且 $A_V R_1 \gg R_f$，通常如此，則

$$V_i = \frac{R_f}{A_V R_1} V_1$$

解出 V_o/V_i，得

$$\frac{V_o}{V_i} = \frac{-A_V V_i}{V_i} = \frac{-A_V}{V_1} \frac{R_f V_i}{A_V R_1} = -\frac{R_f}{R_1} \frac{V_i}{V_i}$$

所以

$$\boxed{\frac{V_o}{V_1} = -\frac{R_f}{R_1}} \tag{1.8}$$

式(1.8)的結果顯示，總和的輸出對輸入電壓比值只受 R_1 和 R_f 的影響——只要 A_V 很大。

單位增益

若 $R_f = R_1$，增益是

$$電壓增益 = -\frac{R_f}{R_1} = -1$$

故此電路提供單位增益且反相（相移 180°），若 R_f 完全等於 R_1 時，電壓增益正好是 1。

定值增益

若 R_f 是 R_1 的某一倍數時，總和的放大器增益為定值。例如，若 $R_f = 10R_1$，則

$$電壓增益 = -\frac{R_f}{R_1} = -10$$

此電路提供的電壓增益正好是 10，且輸出和輸入訊號間成 180° 反相。若 R_f 和 R_1 選用精密電阻值，所得增益會有一變化範圍。所用電阻愈精確時，所得增益也愈精確，只會受溫度和其他電路因數的輕微影響。

虛接地

輸出電壓受到電源電壓的限制，一般約幾伏特。如之前的敘述，電壓增益極高，例如當 $V_o = -10$ V 且 $A_V = 20{,}000$，則輸入電壓是

$$V_i = \frac{-V_o}{A_V} = \frac{10 \text{ V}}{20{,}000} = 0.5 \text{ mV}$$

如若電路的總和增益 (V_o/V_1) 是 1，則 V_1 值是 10 V。和其他所有的輸入以及輸出電壓相比，V_i 值很小，可看成是 0 V。

注意到，雖然 $V_i \approx 0$ V，但並不完全是 0 V。（由於很小的輸入 V_i 乘上很大的增益 A_V，輸出電壓仍有好幾伏特。）$V_i \approx 0$ V 的事實導出一項概念，即放大器輸入端存在虛短路或虛接地。

虛短路的概念意指，雖然電壓幾近 0 V，但並無電流經放大器的輸入端到地。圖 1.33 描繪虛接地的概念，粗線用來表示可以看成有一短路存在 $(V_i \approx 0$ V$)$，但這是虛假的短路，實際上並無電流由此短路到地，如圖所示，電流只流過 R_1 和 R_f。

用虛接地的概念寫出電流 I 的方程式如下：

$$I = \frac{V_1}{R_1} = -\frac{V_o}{R_f}$$

可解出 V_o/V_1：

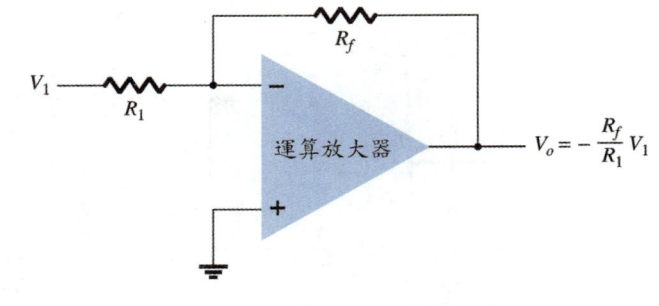

圖 1.33 運算放大器上的虛接地

圖 1.34 反相定增益放大器

$$\frac{V_o}{V_1} = -\frac{R_f}{R_1}$$

虛接地的概念憑藉在 A_V 很大，此概念便於簡單解出總和的電壓增益。應了解到，雖然圖 1.33 的電路實際上並不正確，但卻提供一種決定總和電壓增益的簡單方法。

1.5　實際的運算放大器電路

運算放大器可接在許多電路上，以提供各種運算特性，本節將涵蓋一些最常用的電路接法。

反相放大器

最廣泛使用的定增益放大器電路是反相放大器，見圖 1.34，將輸入乘上固定值增益即得輸出，定值增益由輸入電阻(R_1)和反饋電阻(R_f)設定——輸出也和輸入反相。利用式(1.8)，可寫出

$$V_o = -\frac{R_f}{R_1} V_1$$

例 1.5

若圖 1.34 電路的 $R_1 = 100 \text{ k}\Omega$ 且 $R_f = 500 \text{ k}\Omega$，則輸入 $V_1 = 2 \text{ V}$ 時，產生的輸出電壓是多少？

解：

$$式(1.8)：V_o = -\frac{R_f}{R_1} V_1 = -\frac{500 \text{ k}\Omega}{100 \text{ k}\Omega}(2 \text{ V}) = -10 \text{ V}$$

(a)　　　　　　　　　　　　　　　(b)

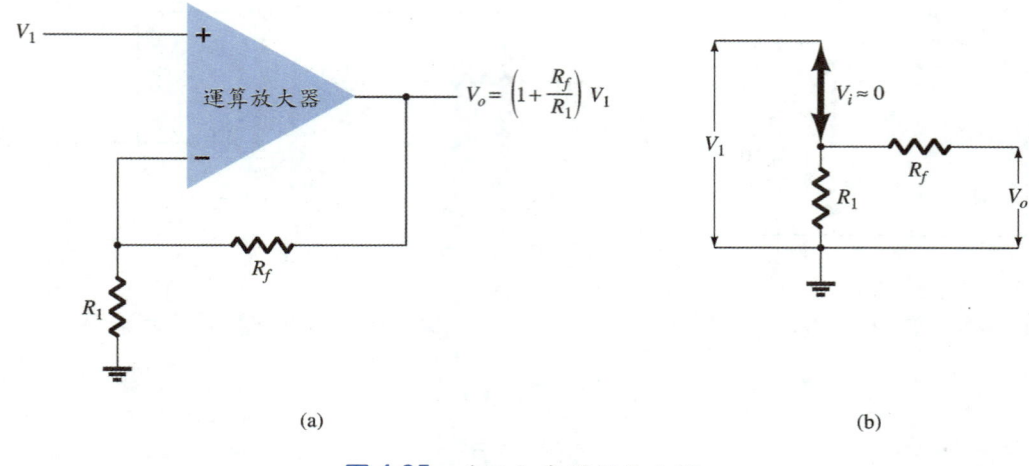

圖 1.35　非反相定增益放大器

非反相放大器

圖 1.35a 的接法顯示，運算放大器以定增益非反相放大器工作，應注意到，反相放大器接法較常用，因其頻率穩定性較佳（稍後會討論）。為決定電路的電壓增益。可用圖 1.35b 所示的等效表法。注意到，因 $V_i \approx 0$ V，R_1 的電壓降是 V_1，且此值必等於輸出電壓經分壓器 R_1 和 R_f 的分壓，所以

$$V_1 = \frac{R_1}{R_1 + R_f} V_o$$

可導出

$$\boxed{\frac{V_o}{V_1} = \frac{R_1 + R_f}{R_1} = 1 + \frac{R_f}{R_1}} \tag{1.9}$$

例 1.6

計算某非反相放大器（如圖 1.35）的輸出電壓，已知 $V_1 = 2$ V、$R_f = 500$ kΩ 和 $R_1 = 100$ kΩ。

解：

式 (1.9)：$V_o = \left(1 + \dfrac{R_f}{R_1}\right) V_1 = \left(1 + \dfrac{500 \text{ k}\Omega}{100 \text{ k}\Omega}\right)(2 \text{ V}) = 6(2 \text{ V}) = \mathbf{+12 \text{ V}}$

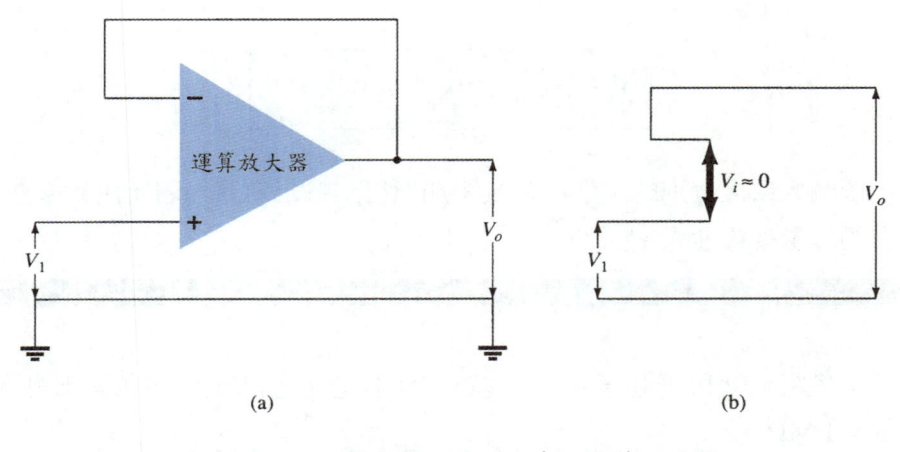

圖 1.36 (a)單位隨耦器；(b)虛接地等效電路

單位隨耦器

單位隨耦器電路見圖 1.36a，提供單位增益(1)，且無極性或相位的倒反。由等效電路（如圖 1.36b）可清楚看出

$$V_o = V_1 \tag{1.10}$$

輸出的極性和大小都和輸入相同，此電路的工作像射極或源極隨耦器，差別在此電路的增益正好是 1。

和（加法）放大器

運算放大器中最常用者可能是和放大器電路，見圖 1.37a，此電路是三輸入的和放大器電路，可將三個輸入電壓乘上定增益後再相加。利用圖 1.37b 的等效表法，將輸出電壓表成輸入電壓的關係式如下：

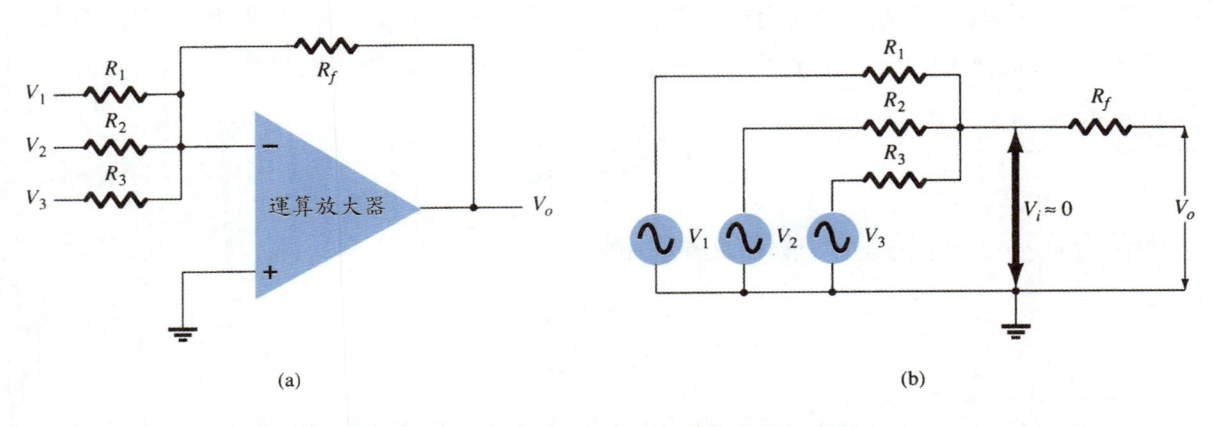

圖 1.37 (a)和放大器；(b)虛接地等效電路

$$V_o = -\left(\frac{R_f}{R_1}V_1 + \frac{R_f}{R_2}V_2 + \frac{R_f}{R_3}V_3\right) \tag{1.11}$$

易言之，每個輸入乘上個別的定值增益後相加而得到輸出電壓。若所用輸入愈大時，在輸出中所占的分量就會愈大。

例 1.7

試就以下各組電壓和電阻值，計算運算放大器建立的和放大器的輸出電壓。每一情況都採用 $R_f = 1\ \text{M}\Omega$。

a. $V_1 = +1\ \text{V}$，$V_2 = +2\ \text{V}$，$V_3 = +3\ \text{V}$，$R_1 = 500\ \text{k}\Omega$，$R_2 = 1\ \text{M}\Omega$，$R_3 = 1\ \text{M}\Omega$。
b. $V_1 = -2\ \text{V}$，$V_2 = +3\ \text{V}$，$V_3 = +1\ \text{V}$，$R_1 = 200\ \text{k}\Omega$，$R_2 = 500\ \text{k}\Omega$，$R_3 = 1\ \text{M}\Omega$。

解：

利用式(1.11)，可得

a. $V_o = -\left[\dfrac{1000\ \text{k}\Omega}{500\ \text{k}\Omega}(+1\ \text{V}) + \dfrac{1000\ \text{k}\Omega}{1000\ \text{k}\Omega}(+2\ \text{V}) + \dfrac{1000\ \text{k}\Omega}{1000\ \text{k}\Omega}(+3\ \text{V})\right]$
$= -[2(1\ \text{V}) + 1(2\ \text{V}) + 1(3\ \text{V})] = \mathbf{-7\ V}$

b. $V_o = -\left[\dfrac{1000\ \text{k}\Omega}{200\ \text{k}\Omega}(-2\ \text{V}) + \dfrac{1000\ \text{k}\Omega}{500\ \text{k}\Omega}(+3\text{V}) + \dfrac{1000\ \text{k}\Omega}{1000\ \text{k}\Omega}(+1\ \text{V})\right]$
$= -[5(-2\ \text{V}) + 2(3\ \text{V}) + 1(1\ \text{V})] = \mathbf{+3V}$

積分器

到目前為止，輸入和反饋元件都是用電阻，若反饋元件使用電容，如圖 1.38a 所示，所得接法稱為積分器(integrator)。由虛接地等效電路（圖 1.38b）看出，可用輸入到輸出的電流 I 導出輸入和輸出之間的電壓關係。回想虛接地的意義，可將 R 和 X_C 的相接點看成接地（因 $V_i \approx 0\ \text{V}$），但此點並無電流流到地。電容性阻抗可表成

$$X_C = \frac{1}{j\omega C} = \frac{1}{sC}$$

其中，拉氏記法 * 的 $s = j\omega$，解出 V_o/V_1，得

$$I = \frac{V_1}{R} = -\frac{V_o}{X_C} = \frac{-V_o}{1/sC} = -sCV_o$$

---

* 拉氏記法允許用運算子 s，以代數形式表出微積分中的微分或積分運算。不熟悉微積分的讀者應忽略導得式(1.13)前的各步驟，並依循之後所用的物理意義即可。

第 1 章　運算放大器　**25**

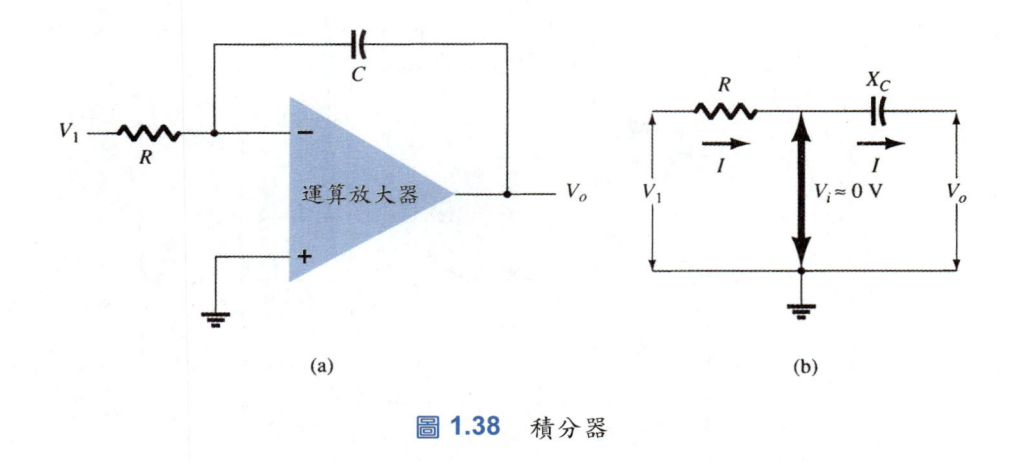

圖 1.38　積分器

$$\frac{V_o}{V_1} = \frac{-1}{sCR} \tag{1.12}$$

此可改寫成時域關係式如下：

$$v_o(t) = -\frac{1}{RC}\int v_1(t)\,dt \tag{1.13}$$

式(1.13)顯示，輸出是輸入的積分，再加上反相和乘數 $1/RC$。此種對已知訊號積分的能力，可提供類比計算機有能力解出微分方程式，因此可解出和物理系統操作類比的電訊號值。

積分運算是一種加總，將波形或曲線在一段期間內的面積加總起來。若某定電壓加到積分器電路的輸入端，由式(1.13)知，輸出電壓會逐漸上升，產生斜波電壓。且從式(1.13)可了解，對定輸入電壓而言，輸出電壓斜波的極性和輸入電壓相反，且要乘上因數 $1/RC$。雖然圖 1.38 的電路可針對許多不同類型的輸入訊號操作，但以下的例子只採用定值輸入電壓，會產生斜波輸出電壓。

下例考慮輸入電壓 $V_1 = 1$ V 到圖 1.39a 的積分器電路，純量因數 $1/RC$ 是

$$-\frac{1}{RC} = \frac{1}{(1\ \text{M}\Omega)(1\mu\text{F})} = -1$$

所以輸出是負斜波電壓，如圖 1.39b 所示。若改變純量因數，例如使 $R = 100\ \text{k}\Omega$，則

$$-\frac{1}{RC} = \frac{1}{(100\ \text{k}\Omega)(1\mu\text{F})} = -10$$

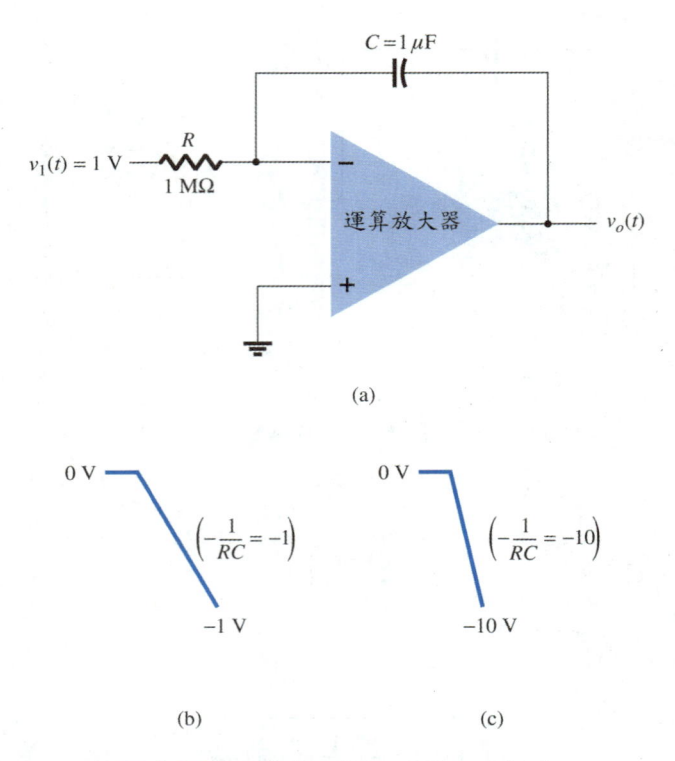

圖 1.39 具有步級輸入的積分器操作

輸出會是更陡的斜波電壓，如圖 1.39c 所示。

可以將超過一個以上的輸入加到積分器，如圖 1.40 所示，所得操作結果是

$$v_o(t) = -\left[\frac{1}{R_1C}\int v_1(t)\,dt + \frac{1}{R_2C}\int v_2(t)\,dt + \frac{1}{R_3C}\int v_3(t)\,dt\right] \quad (1.14)$$

用在類比計算機的和積分器的例子，給在圖 1.40，實際電路有輸入電阻和反饋電容，而在類比計算機的表示法中，一般只顯示各輸入的純量因數。

微分器

微分器電路見圖 1.41，雖無前幾個電路的用處大，但仍提供相當有用的操作，此電路所得的關係是

$$v_o(t) = -RC\frac{dv_1(t)}{dt} \quad (1.15)$$

其中，純量因數是 $-RC$。

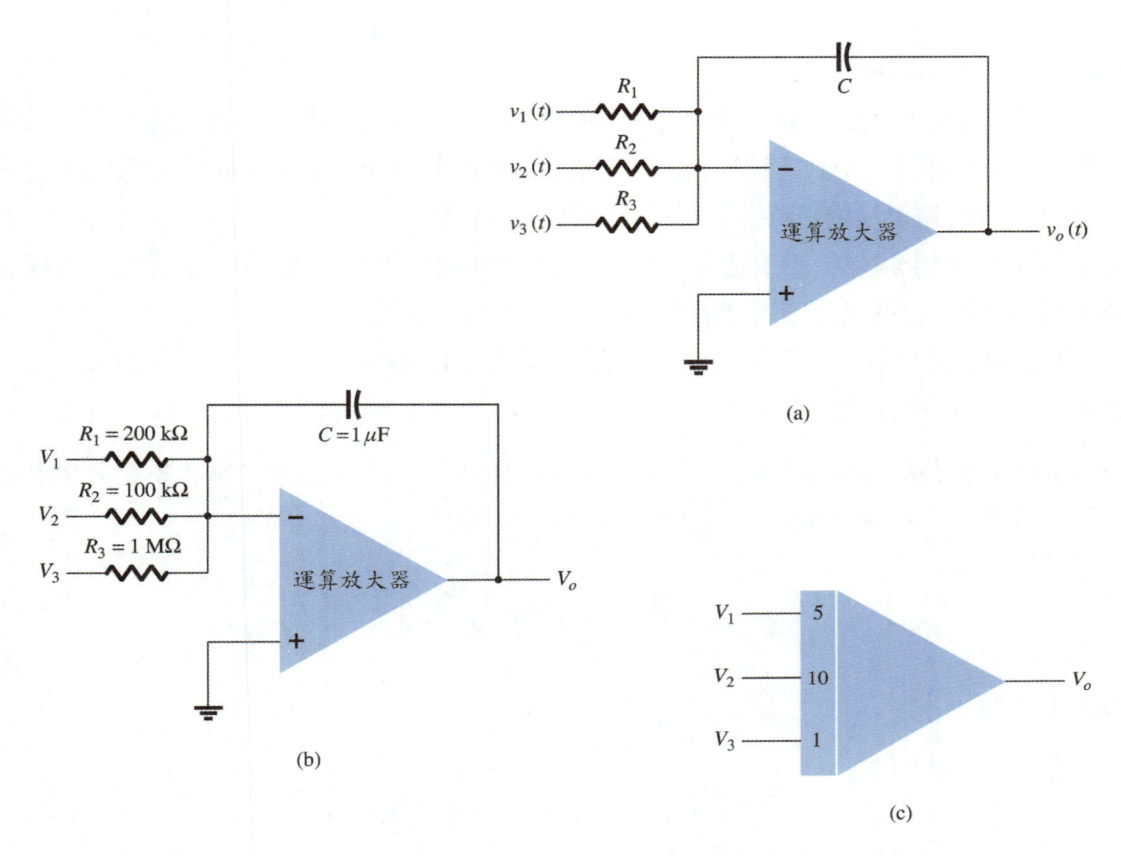

圖 1.40　(a)和積分器電路；(b)元件值；(c)類比計算機中，積分器電路的表示法

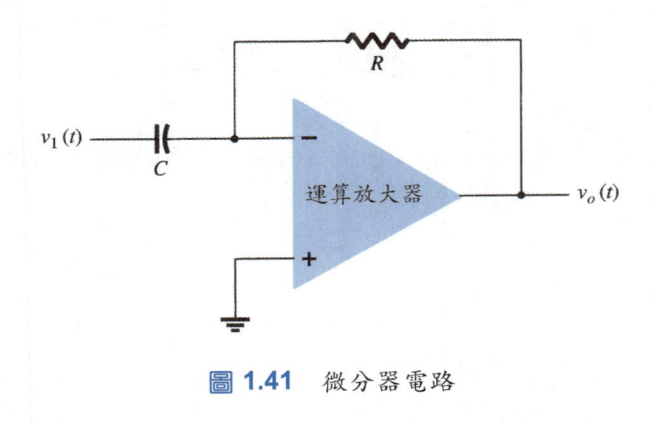

圖 1.41　微分器電路

1.6　運算放大器規格──直流偏壓參數

在進入各種不同的運算放大器的應用之前，應熟悉某些用來定義運算放大器操作的參數，這些規格包括直流以及暫態或頻率操作特點，都會涵蓋在以後的內容中。

28 電子裝置與電路理論

偏移電流和電壓

雖然當運算放大器的輸入 0 V 時輸出應為 0 V，但在實際操作上輸出會有一些偏移電壓。例如，將 0 V 接到運算放大器的兩輸入端且在輸出量到 26 mV 的直流電壓，此不想要的 26 mV 電壓是由電路造成而不是由輸入訊號產生。因使用者可以自行接出不同增益和極性的放大器電路，所以製造商的規格是定出運算放大器的輸入偏移電壓，而輸出偏壓則由輸入偏移電壓和使用者所接放大器的增益共同決定。

輸出偏移電壓是由兩個獨立的電路條件所影響：(1)輸入偏移電壓 V_{IO} 和(2)輸入偏移電流（源自正負輸入端的偏壓電流之差）。

輸入偏移電壓 V_{IO}　　製造商規格表提供運算放大器的 V_{IO} 值，為決定此輸入電壓對輸出的影響，考慮圖 1.42 所示的接法。利用 $V_o = AV_i$，可寫出

$$V_o = AV_i = A\left(V_{IO} - V_o \frac{R_1}{R_1 + R_f}\right)$$

解出 V_o，得

$$V_o = V_{IO}\frac{A}{1 + A[R_1/(R_1+R_f)]} \approx V_{IO}\frac{A}{A[R_1/(R_1+R_f)]}$$

由此可寫出

$$\boxed{V_o（偏移）= V_{IO}\frac{R_1 + R_f}{R_1}} \qquad (1.16)$$

對運算放大器的一般放大器接法而言，式(1.16)顯示，如何由指定的輸入偏移電壓得到

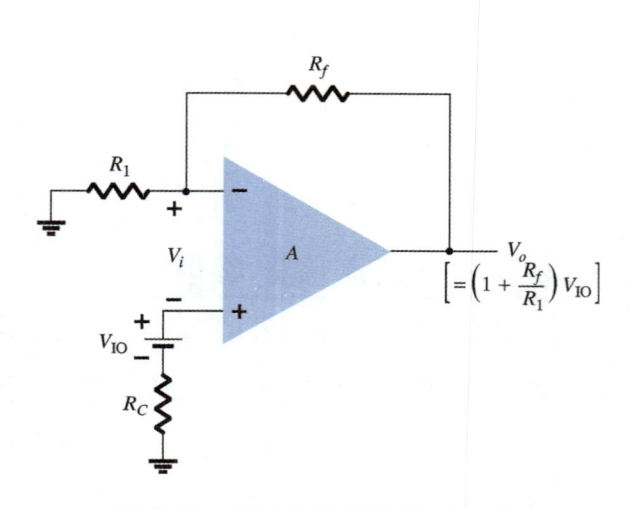

圖 1.42　輸入偏壓電壓 V_{IO} 的效應

輸出偏移電壓的方法。

例 1.8

試計算圖 1.43 電路的輸出偏移電壓。此運算放大器的規格 $V_{IO}=1.2$ mV。

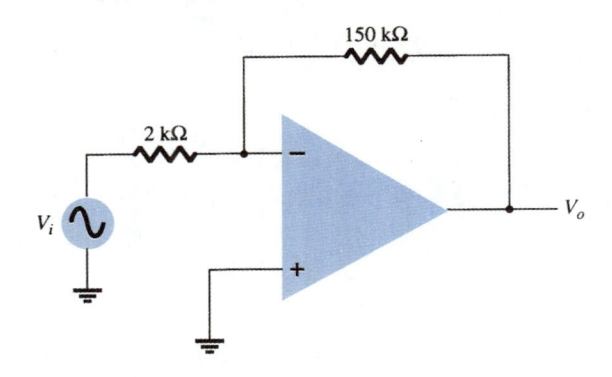

圖 1.43 例 1.8 和例 1.9 的運算放大器接法

解：

式 (1.16)：V_o（偏移）$= V_{IO} \dfrac{R_1+R_f}{R_1} = (1.2 \text{ mV}) \left(\dfrac{2 \text{ k}\Omega + 150 \text{ k}\Omega}{2 \text{ k}\Omega} \right) = \mathbf{91.2 \text{ mV}}$

輸入偏移電流 I_{IO} 產生的輸出偏移電壓 兩輸入端的直流偏壓電流若有任何差異，也會產生輸出偏移電壓。因兩輸入電晶體不會完全匹配，其工作電流會有些微差距。對一般的運算放大器接法，如圖 1.44 所示，其輸出偏移電壓可決定如下。將兩偏壓電流流經輸入電阻的效應分別用電壓源取代，見圖 1.45，可決定所產生輸出電壓的表示式。利用重疊原理，輸入偏壓電流 I_{IB}^+ 所產生的輸出電壓以 V_o^+ 代表，可得

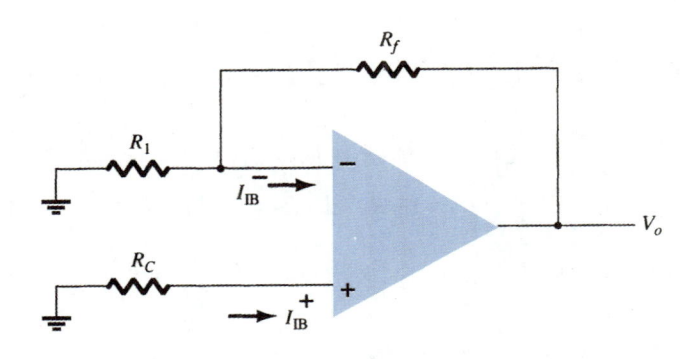

圖 1.44 顯示輸入偏壓電流的運算放大器接法

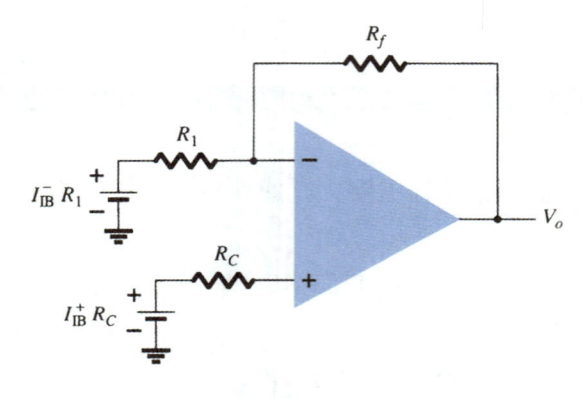

圖 1.45 重畫圖 1.44 的電路

$$V_o^+ = I_{IB}^+ R_C \left(1 + \frac{R_f}{R_1}\right)$$

而單由 I_{IB}^- 所產生的輸出電壓則以 V_o^- 代表，可得

$$V_o^- = I_{IB}^- R_1 \left(-\frac{R_f}{R_1}\right)$$

總輸出偏移電壓

$$V_o\,(\text{由 } I_{IB}^+ \text{ 和 } I_{IB}^- \text{ 產生的偏移}) = I_{IB}^+ R_C \left(1 + \frac{R_f}{R_1}\right) - I_{IB}^- R_1 \frac{R_f}{R_1} \qquad (1.17)$$

因主要考慮的是兩輸入偏壓電流之間的差異，而不是個別數值的大小，因此定義偏移電流 I_{IO}：

$$I_{IO} = I_{IB}^+ - I_{IB}^-$$

因抵補電阻 R_C 通常約等於 R_1 值，式(1.17)中用 $R_C = R_1$，可寫出

$$V_o\,(\text{偏移}) = I_{IB}^+ (R_1 + R_f) - I_{IB}^- R_f$$
$$= I_{IB}^+ R_f - I_{IB}^- R_f = R_f (I_{IB}^+ - I_{IB}^-)$$

可得

$$\boxed{V_o\,(I_{IO} \text{ 產生的偏移}) = I_{IO} R_f} \qquad (1.18)$$

例 1.9

試計算圖 1.43 電路的偏移電壓,運算放大器的規格 $I_{IO}=100$ nA。

解:

$$\text{式}(1.18): V_o = I_{IO} R_f = (100 \text{ nA})(150 \text{ k}\Omega) = \mathbf{15 \text{ mV}}$$

V_{IO} 和 I_{IO} 產生的總偏移 上前兩種因素產生的輸出偏移電壓,可得運算放大器的輸出。總輸出偏移電壓可表成

$$|V_o(\text{偏移})| = |V_o(V_{IO} \text{產生的偏移})| + |V_o(I_{IO} \text{產生的偏移})| \tag{1.19}$$

採用絕對值是要配合偏移極性可能為正或負的事實。

例 1.10

試計算圖 1.46 電路的總偏移電壓,運算放大器的規格輸入偏移電壓 $V_{IO}=4$ mV 且輸入偏移電流 $I_{IO}=150$ nA。

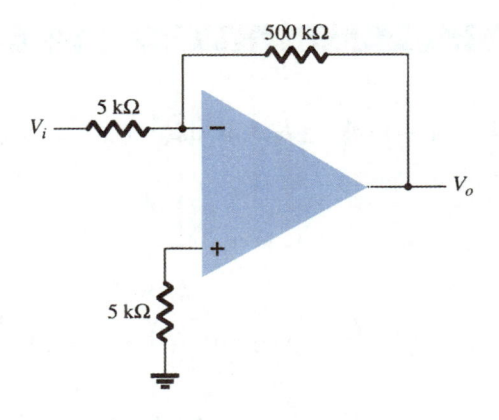

圖 1.46 例 1.10 的運算放大器電路

解:

V_{IO} 產生的偏移是

$$\text{式}(1.16): V_o(V_{IO} \text{產生的偏移}) = V_{IO}\frac{R_1+R_f}{R_1} = (4 \text{ mV})\left(\frac{5 \text{ k}\Omega + 500 \text{ k}\Omega}{5 \text{ k}\Omega}\right)$$
$$= 404 \text{ mV}$$

式(1.18)：V_o（I_{IO} 產生的偏移）$= I_{IO} R_f =$ (150 nA)(500 kΩ)$=$ 75 mV

產生的總偏移

式(1.19)：V_o（總偏移）$= V_o$（V_{IO} 產生的偏移）$+ V_o$（I_{IO} 產生的偏移）
$=$ 404 mV $+$ 75 mV $=$ **479 mV**

輸入偏壓電流，I_{IB} 和 I_{IO} 以及個別輸入偏壓電流 I_{IB}^+ 和 I_{IB}^- 有關的參數是平均偏壓電流，定義如下

$$I_{IB} = \frac{I_{IB}^+ + I_{IB}^-}{2} \tag{1.20}$$

可用規格值 I_{IO} 和 I_{IB} 決定個別的輸入偏壓電流。若 $I_{IB}^+ > I_{IB}^-$，則可導出

$$I_{IB}^+ = I_{IB} + \frac{I_{IO}}{2} \tag{1.21}$$

$$I_{IB}^- = I_{IB} - \frac{I_{IO}}{2} \tag{1.22}$$

例 1.11

某運算放大器的規格值 $I_{IO} =$ 5 nA 且 $I_{IB} =$ 30 nA，試計算各輸入端的輸入偏壓電流。

解：

利用式(1.21)，可得

$$I_{IB}^+ = I_{IB} + \frac{I_{IO}}{2} = 30 \text{ nA} + \frac{5 \text{ nA}}{2} = \textbf{32.5 nA}$$

$$I_{IB}^- = I_{IB} - \frac{I_{IO}}{2} = 30 \text{ nA} - \frac{5 \text{ nA}}{2} = \textbf{27.5 nA}$$

1.7 運算放大器規格——頻率參數

運算放大器設計成高增益寬頻寬放大器，此操作在正反饋（見第 5 章）時會傾向於不穩定（振盪）。為確保穩定工作，運算放大器會內建抵補電路，這也會使極高的開迴

路增益隨著頻率的增加而遞減，此種增益的降低稱為滾落(roll-off)。在大部分的運算放大器中，滾落的速度是每 10 倍頻 20 dB（−20 dB/10 倍頻）或每 2 倍頻 6 dB（−6 dB/2 倍頻）（參考基礎篇第 9 章對 dB 和頻率響應的介紹）。

注意到，雖然運算放大器的規格表列出開迴路電壓增益(A_{VD})，使用者一般會用反饋電阻連接運算放大器，將電路的電壓增益降低很多（閉迴路電壓增益 A_{CL}），由此增益的下降可獲得一些電路的改善。首先，放大器的電壓增益會更穩定，可由外部電阻設定精確值。第二，電路的輸入電阻會增加，超過單獨使用運算放大器的情況。第三，電路的輸出阻抗會降到比單獨使用運算放大器時更低。最後，電路的頻率響應（頻寬）會增加，超過單獨使用運算放大器的情況。

增益頻寬積

因內抵補電路包含在運算放大器中，電壓增益會隨著頻率的上升而下降。運算放大器的規格表提供增益對頻寬的描述，圖 1.47 提供典型運算放大器增益對頻率的圖形。在低頻到直流的操作，製造商規格表所列的增益值 A_{VD}（電壓差動增益）一般很大。隨著輸入訊號頻率的增加，開迴路增益會持續下降，最後降到 1。製造商會將增益 1 對應的頻率定為單位增益頻寬，B_1。雖然此值是增益變成 1 的頻率（見圖 1.47），但也可看成頻寬，因為由 0 Hz 到單位增益頻率的頻帶範圍也是一種頻寬。因此我們可以稱增益降到 1 對應的頻率點是單位增益頻率(f_1)或單位增益頻寬(B_1)。

另一個關注的頻率是運算放大器的截止頻率 f_C，對應於增益比直流增益 A_{VD} 低 3 dB（0.707 倍）的頻率。事實上，單位增益頻率和截止頻率的關係如下：

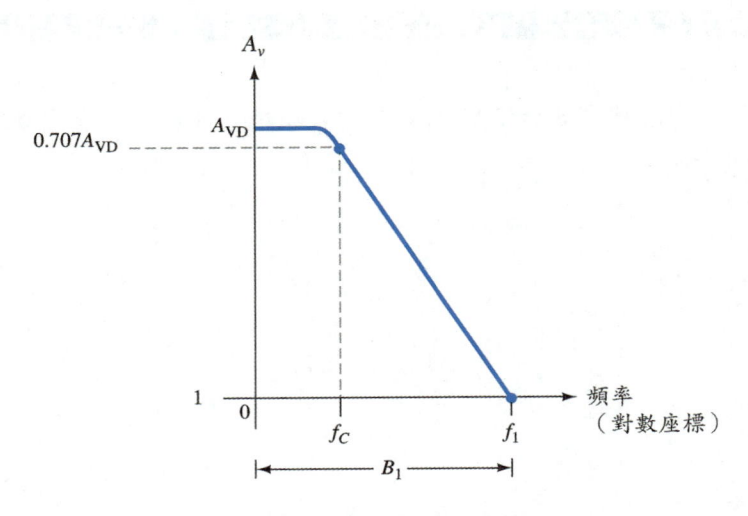

$$f_1 = A_{VD} f_C \tag{1.23}$$

圖 1.47 增益對頻率的曲線圖

由式(1.23)知，運算放大器的單位增益頻率也可稱為增益頻寬積。

例 1.12

某運算放大器的規格值 $B_1 = \mathbf{1\ MHz}$ 且 $A_{VD} = 200$ V/mV，試決定其截止頻率。

解：

因 $f_1 = B_1 = 1$ MHz，可用式(1.23)算出

$$f_C = \frac{f_1}{A_{VD}} = \frac{1\ \text{MHz}}{200\ \text{V/mV}} = \frac{1 \times 10^6}{200 \times 10^3} = \mathbf{5\ Hz}$$

迴轉率 (SR)

另一個反映運算放大器處理變化訊號能力的參數是迴轉率，定義如下：

迴轉率＝放大器輸出電壓 (volt) 對時間（微秒，μs）的最大變率 (V/μs)

$$\boxed{SR = \frac{\Delta V_o}{\Delta t}\ \text{V}/\mu\text{s}} \quad t \text{ 的單位是 } \mu\text{s} \tag{1.24}$$

用較大的步級輸入訊號驅動，迴轉率可提供規範輸出電壓最大變率的參數*。若想要驅動輸出，使其以超過迴轉率的電壓變率作變化，輸出將無法變得這麼快，無法在整個範圍都如預期般變化，會使訊號截掉或失真。無論何種情況，只要運算放大器輸出的預期變率超過迴轉率，輸出不會是輸入的複製放大。

例 1.13

某運算放大器的迴轉率 SR＝2 V/μs，當輸入訊號在 10 μs 內變化 0.5 V 時，可用的最大閉迴路增益是多少？

解：

因 $V_o = A_{CL} V_i$，可採用

$$\frac{\Delta V_o}{\Delta t} = A_{CL} \frac{\Delta V_i}{\Delta t}$$

---

* 以某種方式將輸出端接回輸入端，即得閉迴路增益。

由此得

$$A_{CL}=\frac{\Delta V_o/\Delta t}{\Delta V_i/\Delta t}=\frac{SR}{\Delta V_i/\Delta t}=\frac{2\text{ V}/\mu s}{0.5\text{ V}/10\mu s}=\mathbf{40}$$

只要閉迴路增益值超過 40，輸出變率就會超過容許的迴轉率，所以最大的閉迴路增益是 40。

最大訊號頻率

運算放大器可以工作的頻率，決定於運算放大器的頻寬(BW)和迴轉率(SR)參數。就一般形式的弦波訊號

$$v_o=K\sin(2\pi ft)$$

可證出最大電壓變率是

$$訊號最大變率=2\pi fK\text{ V/s}$$

為避免輸出失真，此變率必須小於迴轉率，即

$$2\pi fK\leq SR$$
$$\omega K\leq SR$$

所以
$$\boxed{\begin{aligned} f &\leq \frac{SR}{2\pi K}\text{ Hz} \\ \omega &\leq \frac{SR}{K}\text{ rad/s} \end{aligned}}$$
(1.25)

另外，式(1.25) 中的最大頻率 f 也受限於單位增益頻寬。

例 1.14

對圖 1.48 的訊號和電路，試決定可以用的最大頻率，運算放大器的迴轉率是 SR＝0.5 V/μs。

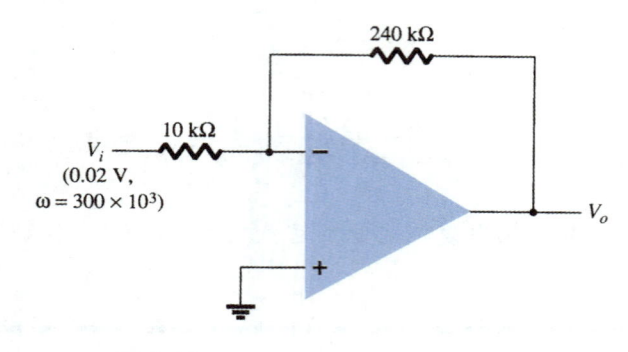

圖 1.48 例 1.14 的運算放大器電路

解：

增益值

$$A_{CL} = \left|\frac{R_f}{R_1}\right| = \frac{240\text{ k}\Omega}{10\text{ k}\Omega} = 24$$

提供的輸出電壓

$$K = A_{CL}V_i = 24(0.02\text{ V}) = 0.48\text{ V}$$

式 (1.25)：$\omega \leq \dfrac{\text{SR}}{K} = \dfrac{0.5\text{ V}/\mu\text{s}}{0.48\text{ V}} = \mathbf{1.1 \times 10^6\text{ rad/s}}$

由於訊號頻率 $\omega = 300 \times 10^3$ rad/s 小於上述決定的最大值，輸出不會產生失真。

1.8　運算放大器 IC 規格

本節要討論如何讀取一般運算放大器 IC 的製造商規格，普遍使用的雙載子運算放大器 IC 是 741，資料提供在圖 1.49，這種運算放大器有多種包裝可供選擇，最常用的是 8 腳 DIP 和 10 腳平表面包裝。

絕對最大額定值

絕對最大額定值提供的資料包括可以用的最大電源電壓是多少、輸入訊號擺幅可以多大、裝置能夠操作的功率有多大。雙電源最大電源電壓是 ±18 V 或 ±22 V，視所用 741 的版本而定。另外，IC 的內部功率消耗從 310 mW～570 mW 不等，視所用 IC 包裝而定。表 1.2 歸納了一些用在例子和習題中的典型值。

第 1 章　運算放大器　37

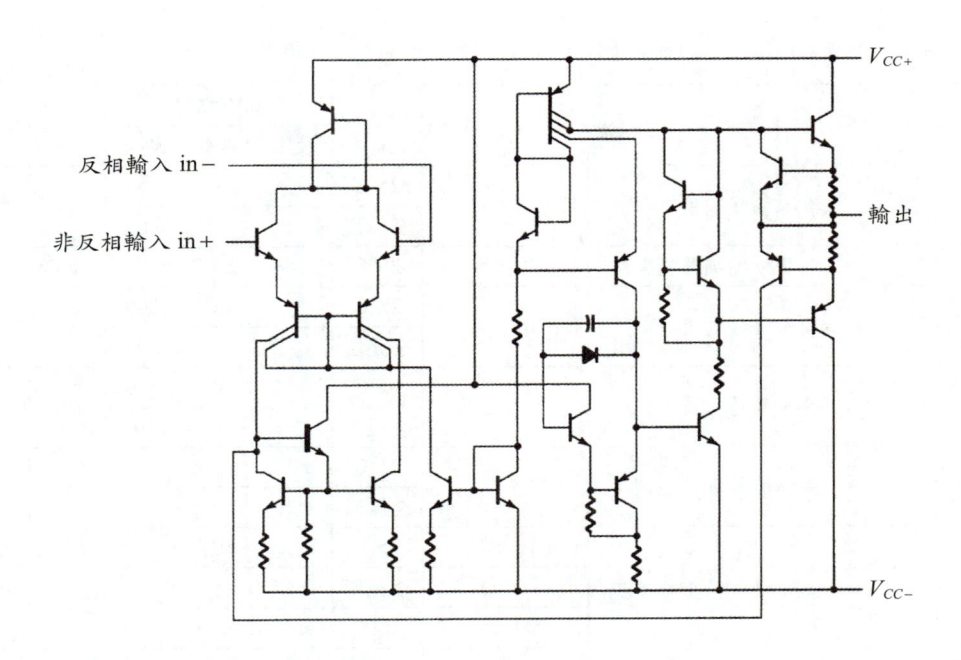

在開放空間工作溫度範圍的絕對最大額定值（除非另有說明）

	μA741	單位
電源電壓 V_{CC+}	22	V
電源電壓 V_{CC-}	−22	V
差動輸入電壓	±30	V
輸入電壓（任意輸入）	±15	V
任一偏移抵補端 (N_1/N_2) 和 V_{CC-} 之間的電壓	±0.5	V
輸出短路時間	無限制	
25°C 以下流通空氣內的總功率消耗	500	mW
流通空氣內操作溫度範圍	−40～85	°C
儲存溫度範圍	−65～150	°C
離殼 1.6 mm（1/16 吋）處的接腳溫度，連續 60 秒	300	°C
離殼 1.6 mm（1/16 吋）處的接腳溫度，連續 10 秒	260	°C

圖 1.49　741 運算放大器規格

在規定開放空間溫度下的電氣特性，$V_{CC+} = 15\ V$、$V_{CC-} = -15\ V$

參數		測試條件		μA741M			單位
				最小	典型	最大	
V_{IO}	輸入偏移電壓	$V_O = 0$	25°C		1	5	mV
			全範圍			6	
$\Delta V_{IO(adj)}$	偏移電壓調整範圍	$V_O = 0$	25°C		±15		mV
I_{IO}	輸入偏移電流	$V_O = 0$	25°C		20	200	nA
			全範圍			500	
I_{IB}	輸入偏壓電流	$V_O = 0$	25°C		80	500	nA
			全範圍			1500	
V_{ICR}	共模輸入電壓範圍		25°C	±12	±13		V
			全範圍	±12			
V_{OM}	最大峰值輸出電壓擺幅	$R_L = 10\ k\Omega$	25°C	±12	±14		V
		$R_L \geq 10\ k\Omega$	全範圍	±12			
		$R_L = 2\ k\Omega$	25°C	±10	±13		
		$R_L \geq 2\ k\Omega$	全範圍	±10			
A_{VD}	大訊號差動電壓放大	$R_L \geq 2\ k\Omega$	25°C	50	200		V/mV
		$V_O = \pm 10\ V$	全範圍	25			
r_i	輸入電阻		25°C	0.3	2		MΩ
r_o	輸出電阻	$V_O = 0$ 見註6	25°C		75		Ω
C_i	輸入電容		25°C		1.4		pF
CMRR	共模斥拒比	$V_{IC} = V_{ICR}$ 最小	25°C	70	90		dB
			全範圍	70			
k_{SVS}	電源電壓靈敏度 ($\Delta V_{IO} / \Delta V_{CC}$)	$V_{CC} = \pm 9V$ ～ ±15 V	25°C		30	150	μV/V
			全範圍			150	
I_{OS}	短路輸出電流		25°C		±25	±40	mA
I_{CC}	電源電流	無載 $V_O = 0$	25°C		1.7	2.8	mA
			全範圍			3.3	
P_D	總功率消耗	無載 $V_O = 0$	25°C		50	85	mW
			全範圍			100	

工作特性 $V_{CC+} = 15\ V$、$V_{CC-} = -15\ V$、$T_A = 25°C$

參數		測試條件	μA741M			單位
			最小	典型	最大	
t_r	上升時間	$V_I = 20\ mV$，$R_L = 2\ k\Omega$ $C_L = 100\ pF$		0.3		μs
	過載因數			5%		
SR	單位增益迴轉率	$V_I = 10\ V$，$R_L = 2\ k\Omega$ $C_L = 100\ pF$		0.5		V/μs

圖 **1.49** （續）

表 1.2　絕對最大額定值

電源電壓	±22 V
內部功率消耗	500 mW
差動輸入電壓	±30 V
輸入電壓	±15 V

例 1.15

若 IC 的功率消耗是 500 mW，試決定雙電源 ±12 V 供應的電流。

解：

若假定每一電源供應一半功率給 IC，則

$$P = VI$$
$$250 \text{ mW} = 12 \text{ V}(I)$$

所以各電源必須提供的電流是

$$I = \frac{250 \text{ mW}}{12 \text{ V}} = \mathbf{20.83 \text{ mA}}$$

電氣特性

電氣特性包括本章先前已涵蓋的許多參數，製造商針對各種被認為最有用的參數，提供一些典型、最小或最大值的組合，歸納表提供在表 1.3。

- V_{IO} **輸入偏移電壓**：輸入偏移電壓一般（典型）被看成 1 mV，但最高可能達到 6 mV，而輸出偏移電壓則根據所用的電路來計算。若關注的是可能的最壞狀況，則應使用最大值。使用運算放大器時，最普遍預期的是典型值。
- I_{IO} **輸入偏移電流**：表列輸入偏移電流典型值是 20 nA，而最大值則達 200 nA。
- I_{IB} **輸入偏壓電流**：輸入偏壓電流典型值是 80 nA，可大到 500 nA。
- V_{ICR} **共模輸入電壓範圍**：此參數列出輸入電壓可以使用的變化範圍（使用 ±15 V 的電源電壓），約 ±12 V～±13 V。若輸入電壓大小超過此值，可能造成輸出失真，應予避免。
- V_{OM} **最大峰值輸出電壓擺幅**：此參數列出輸出可以變化的最大量（使用 ±15 V 電

表 1.3　μA741 電氣特性：$V_{CC}=\pm15V$、$T_A=25°C$

特性	最 小	典 型	最 大	單 位
V_{IO} 輸入偏移電壓		1	6	mV
I_{IO} 輸入偏移電流		20	200	nA
I_{IB} 輸入偏壓電流		80	500	nA
V_{ICR} 共模輸入電壓範圍	±12	±13		V
V_{OM} 最大峰值輸出電壓擺幅	±12	±14		V
A_{VD} 大訊號差動電壓放大倍數	20	200		V/mV
r_i 輸入電阻	0.3	2		MΩ
r_o 輸出電阻		75		Ω
C_i 輸入電容		1.4		pF
CMRR 共模斥拒比	70	90		dB
I_{CC} 電源供應電流		1.7	2.8	mA
P_D 總功率消耗		50	85	mW

源）。受電路閉迴路增益的影響，輸入訊號應限制在使輸出的變化在最差情況下不超過 ±12 V，一般情況下不超過 ±14 V。

A_{VD} 大訊號差動電壓放大倍數：這是運算放大器的開迴路電壓增益，雖然列出的最小值是 20 V/mV 或 20,000 V/V，但製造商也列出典型值 200 V/mV 或 200,000 V/V。

r_i 輸入電阻：運算放大器在開迴路條件下量到的電阻一般是 2 MΩ，但也可能小至 0.3 MΩ或 300 kΩ。先前已討論過，在閉迴路電路中，輸入阻抗可能大很多。

r_o 輸出電阻：運算放大器輸出電阻的表列典型值是 75 Ω，製造商對此運算放大器並未給最小或最大值。而在閉迴路電路中，輸出阻抗會降低，其幅度視電路增益而定。

C_i 輸入電容：考慮高頻時，知道運算放大器的輸入電容一般值是 1.4 pF，這是很有幫助的，此值甚至比一般的雜散接線電容都小。

CMRR 共模斥拒比：此參數看到的典型值是 90 dB，但可能低到 70 dB。因 90 dB 等於 31,622.78，運算放大器對共模輸入雜訊的放大能力，比對差動輸入的放大能力低 30,000 倍。

I_{CC} 電源供應電流：運算放大器提供 2.8 mA 的總電流，一般由雙電壓電源供應，但也可能小到 1.7 mA。此參數可幫助使用者決定所用電壓源的大小，也可用來計算 IC 的功率消耗($P_D=2V_{CC}I_{CC}$)。

P_D 總功率消耗：此運算放大器的總功率消耗典型值是 50 mW，但可能高至 85 mW，對照前一個參數，可看出使用 15 V 雙電源且供應電流 1.7 mA 時運算放大器的功率消耗約 85 mW。在比較小的電源電壓，供應電流和總功率消耗都會減小。

例 1.16

使用表 1.3 所列規格，試計算圖 1.50 電路接法的輸出偏移電壓的典型值。

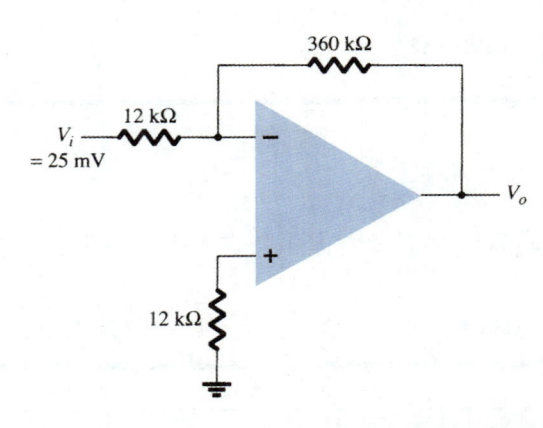

圖 1.50 例 1.16、例 1.17 和例 1.19 的運算放大器電路

解：

由於 V_{IO} 所產生的輸出偏移電壓計算如下：

$$式(1.16)：V_o（偏移）= V_{IO}\frac{R_1+R_f}{R_1} = (1\text{ mV})\left(\frac{12\text{ k}\Omega + 360\text{ k}\Omega}{12\text{ k}\Omega}\right) = 31\text{ mV}$$

由於 I_{IO} 所產生的輸出電壓計算如下：

$$式(1.18)：V_o（偏移）= I_{IO}R_f = 20\text{ nA}(360\text{ k}\Omega) = 7.2\text{ mV}$$

假定以上兩種偏移在輸出的極性相同，可得總輸出偏移電壓是

$$V_o（偏移）= 31\text{ mV} + 7.2\text{ mV} = \mathbf{38.2\text{ mV}}$$

例 1.17

就 741 運算放大器的一般特性（$r_o = 75\text{ }\Omega$、$A = 200\text{ k}\Omega$），試對圖 1.50 的電路計算以下各值：

a. A_{CL}。

b. Z_i。

c. Z_o。

解：

a. 式 (1.8)：$\dfrac{V_o}{V_i} = -\dfrac{R_f}{R_1} = -\dfrac{360 \text{ k}\Omega}{12 \text{ k}\Omega} = -30 \cong \dfrac{1}{\beta}$

b. $Z_i = R_1 = \mathbf{12 \text{ k}\Omega}$

c. $Z_o = \dfrac{r_o}{(1+\beta A)} = \dfrac{75\,\Omega}{1+\left(\dfrac{1}{30}\right)(200 \text{ k}\Omega)} = \mathbf{0.011\ \Omega}$

工作特性

有另一組用來描述運算放大器在變化訊號之下工作的數值，提供在表 1.4。

表 1.4　工作特性：$V_{CC} = \pm 15\text{V}$、$T_A = 25\,°\text{C}$

參數	最小	典型	最大	單位
B_1 單位增益頻寬		1		MHz
t_r 上升時間		0.3		μs

例 1.18

某運算放大器具有表 1.3 和表 1.4 所給特性，試計算其截止頻率。

解：

$$\text{式 (1.23)：} f_C = \dfrac{f_1}{A_{\text{VD}}} = \dfrac{B_1}{A_{\text{VD}}} = \dfrac{1 \text{ MHz}}{20{,}000} = \mathbf{50\ Hz}$$

例 1.19

試計算圖 1.50 電路輸入訊號的最大頻率，輸入 $V_i = 25$ mV。

解：

就閉迴路增益 $A_{\text{CL}} = 30$ 和輸入 $V_i = 25$ mV，輸出增益因數計算如下：

$$K = A_{\text{CL}} V_i = 30(25 \text{ mV}) = 750 \text{ mV} = 0.750 \text{ V}$$

利用式 (1.25)，可得最大訊號頻率 $f_{\max}$ 為

$$f_{\max} = \dfrac{\text{SR}}{2\pi K} = \dfrac{0.5 \text{ V}/\mu\text{s}}{2\pi(0.750 \text{ V})} = \mathbf{106\ kHz}$$

運算放大器性能

製造商會提供一些圖形來描述運算放大器的性能，圖 1.51 包括某些典型的性能曲線，以電源電壓為參數，比較各種不同的特性。可看出，當源電壓愈大時，會得到愈大的開迴路電壓增益。雖然先前的表列資料提供特定電源電壓對應的數據，但性能曲線可顯示出，在一段電源電壓範圍內，電壓增益如何受到影響。

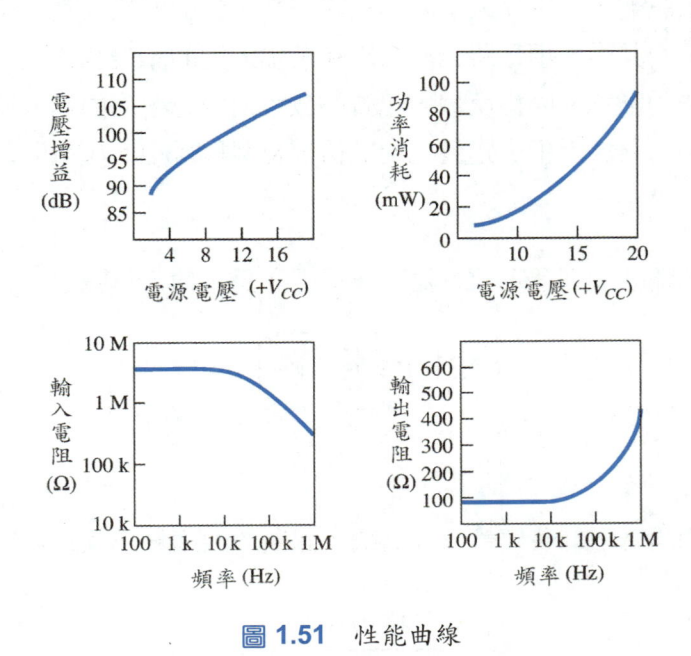

圖 1.51 性能曲線

例 1.20

利用圖 1.51，試決定電源電壓 $V_{CC} = \pm 12$ V 時的開迴路電壓增益。

解：

由圖 1.51 的曲線知，$A_{VD} \approx 104$ dB，對應的電壓增益值如下：

$$A_{VD}(\text{dB}) = 20 \log_{10} A_{VD}$$
$$104 \text{ dB} = 20 \log_{10} A_{VD}$$
$$A_{VD} = \text{antilog} \frac{104}{20} = \mathbf{158.5 \times 10^3}$$

圖 1.51 上另一條性能曲線顯示，功率消耗如何受電源電壓的影響而變化。如圖所示，功率消耗會隨著電源電壓的增大而增加。例如，當 $V_{CC} = \pm 15$ V 時，功率消耗約 50

mW，但 $V_{CC}=\pm5$ V 時，卻掉到約 5 mW。另外兩條性能曲線顯示，輸入和輸出電阻如何受到頻率的影響，在較高頻率時，輸入阻抗會下降而輸出阻抗會增加。

1.9 差模與共模操作

運算放大器本身所提供的差動電路接法，其更重要的特性之一是，電路有能力大幅放大兩相反的輸入訊號，但兩輸入接到同一訊號時，訊號的放大就很微小。放大器提供的輸出有兩個分量，其中一項是將正輸入端和負輸入端的訊號差放大，而另一項則受到兩輸入端共同訊號的影響。因相反輸入訊號的放大倍數遠超過兩輸入端共同訊號的放大倍數，故電路提供了共模斥拒，定量化的數值稱為共模斥拒比(CMRR)。

差動輸入

當兩個個別的輸入加到運算放大器，所得差訊是兩輸入訊號之差。

$$V_d = V_{i_1} - V_{i_2} \tag{1.26}$$

共模輸入

兩輸入訊號相同時稱為共模輸入，而輸入訊號的共模輸入分量可定義為兩輸入訊號的平均值。

$$V_c = \frac{1}{2}(V_{i_1} + V_{i_2}) \tag{1.27}$$

輸出電壓

因加到運算放大器的訊號一般不是同相就是反相，所得輸出可表為

$$V_o = A_d V_d + A_c V_c \tag{1.28}$$

其中 V_d＝差電壓，由式(1.26)

V_c＝共模電壓，由式(1.27)

A_d＝放大器的差模增益

A_c＝放大器的共模增益

相反極性的輸入

若加到運算放大器的相反極性輸入是理想的相反訊號，$V_{i_1} = -V_{i_2} = V_s$，所得差電壓是

第 1 章 運算放大器 45

$$\text{式}(1.26):V_d=V_{i_1}-V_{i_2}=V_s-(-V_s)=2V_s$$

所得共模電壓是

$$\text{式}(1.27):V_c=\frac{1}{2}(V_{i_1}+V_{i_2})=\frac{1}{2}[V_s+(-V_s)]=0$$

所以總輸出電壓是

$$\text{式}(1.28):V_o=A_dV_d+A_cV_c=A_d(2V_s)+0=2A_dV_s$$

此顯示，當輸入是理想相反訊號（無共同成分）時，輸出是差動增益乘上單一輸入訊號的 2 倍。

相同極性的輸入

若相同極性的輸入加到運算放大器，即 $V_{i_1}=V_{i_2}=V_s$，所得差電壓是

$$\text{式}(1.26):V_d=V_{i_1}-V_{i_2}=V_s-V_s=0$$

且所得共模電壓是

$$\text{式}(1.27):V_c=\frac{1}{2}(V_{i_1}+V_{i_2})=\frac{1}{2}(V_s+V_s)=V_s$$

所以總輸出電壓是

$$\text{式}(1.28):V_o=A_dV_d+A_cV_c=A_d(0)+A_cV_s=A_cV_s$$

此顯示，當輸入是理想同相訊號（無差訊號）時，輸出是共模增益乘上輸入訊號 V_s，這表示只出現共模操作。

共模斥拒

可用以上解答所提供的關係，來量測運算放大器電路中的 A_d 和 A_c。

1. 為量出 A_d：設 $V_{i_1}=-V_{i_2}=V_s=0.5\text{ V}$，所以

$$\text{式}(1.26):V_d=(V_{i_1}-V_{i_2})=(0.5\text{ V}-(-0.5\text{ V}))=1\text{ V}$$

且

$$\text{式}(1.27):V_c=\frac{1}{2}(V_{i_1}+V_{i_2})=\frac{1}{2}[0.5\text{ V}+(-0.5\text{ V})]=0\text{ V}$$

在以上條件下，輸出電壓是

$$\text{式}(1.28)：V_o = A_d V_d + A_c V_c = A_d(1\text{ V}) + A_c(0) = A_d$$

因此，當設定輸入電壓 $V_{i_1} = -V_{i_2} = 0.5\text{ V}$ 時，產生輸出電壓的數值會等於 A_d 值。

2. 為量出 A_c：設 $V_{i_1} = V_{i_2} = V_s = 1\text{ V}$，所以

$$\text{式}(1.26)：V_d = (V_{i_1} - V_{i_2}) = (1\text{ V} - 1\text{ V}) = 0\text{ V}$$

且

$$\text{式}(1.27)：V_c = \frac{1}{2}(V_{i_1} + V_{i_2}) = \frac{1}{2}(1\text{ V} + 1\text{ V}) = 1\text{ V}$$

在以上條件下，輸出電壓是

$$\text{式}(1.28)：V_o = A_d V_d + A_c V_c = A_d(0\text{ V}) + A_c(1\text{ V}) = A_c$$

因此，設輸入電壓 $V_{i_1} = V_{i_2} = 1\text{ V}$，產生輸出電壓的數值會等於 A_c。

共模斥拒比

已經得到 A_d 和 A_c（根據上述討論的程序），現在可以計算共模斥拒比(CMRR)的數值，根據以下定義式：

$$\boxed{\text{CMRR} = \frac{A_d}{A_c}} \tag{1.29}$$

CMRR 值可表成對數形式如下：

$$\boxed{\text{CMRR(log)} = 20\log_{10}\frac{A_d}{A_c}}\quad(\text{dB}) \tag{1.30}$$

例 1.21

試計算圖 1.52 電路量測出的 CMRR。

解：

由圖 1.52a 所示的量測值，採用上述步驟 1 的程序，可得

$$A_d = \frac{V_o}{V_d} = \frac{8\text{ V}}{1\text{ mV}} = 8000$$

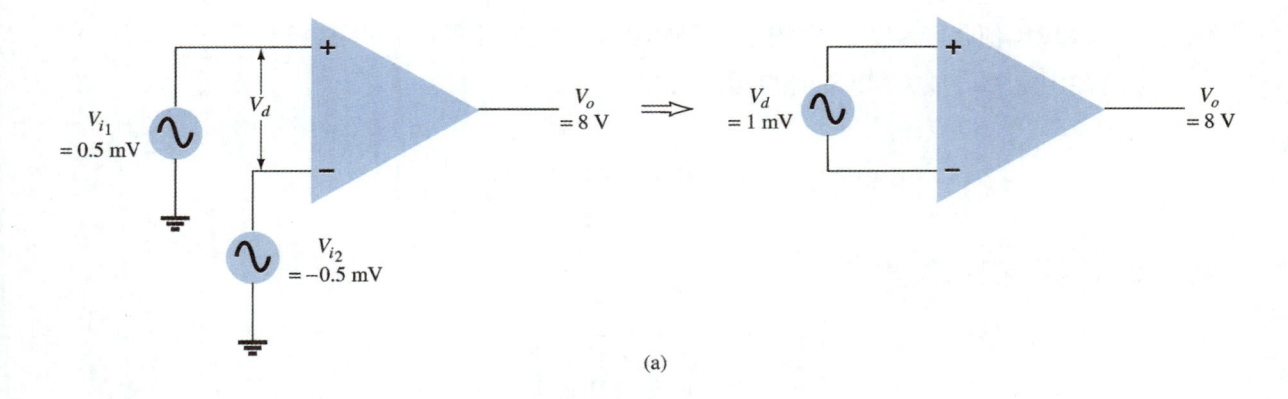

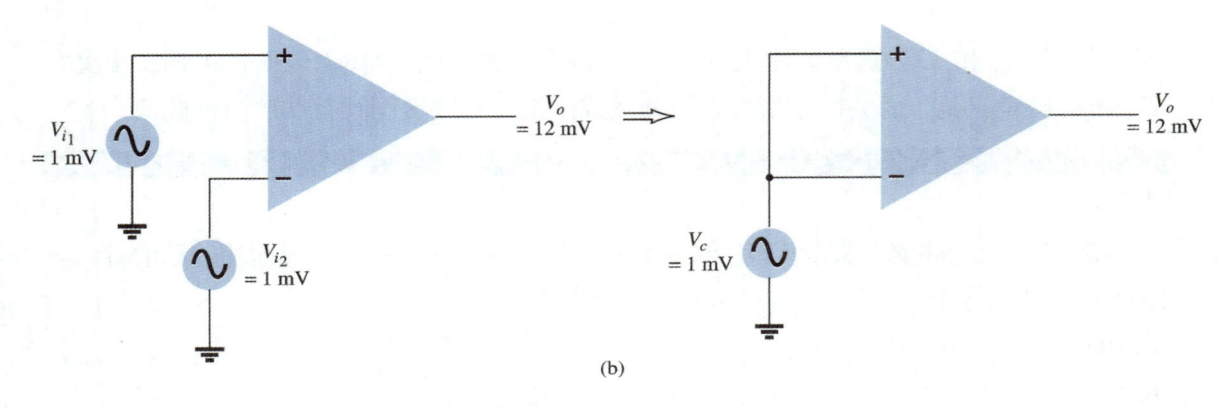

圖 1.52 (a)差模與(b)共模操作

由圖 1.52b 所示的量測值，採用上述步驟 2 的程序，可得

$$A_c = \frac{V_o}{V_c} = \frac{12 \text{ mV}}{1 \text{ mV}} = 12$$

利用式(1.28)，可得 CMRR 值，

$$\text{CMRR} = \frac{A_d}{A_c} = \frac{8000}{12} = \mathbf{666.7}$$

也可表為

$$\text{CMRR} = 20 \log_{10} \frac{A_d}{A_c} = 20 \log_{10} 666.7 = \mathbf{56.48 \text{ dB}}$$

應該清楚，我們所想要的操作是 A_d 很大而 A_c 很小，也就是相反極性的訊號分量大幅放大後出現在輸出端，而同相的訊號分量大部分會被消除掉，使共模增益 A_c 很小。理

48 電子裝置與電路理論

想而言，CMRR 值是無窮大，實際上，CMRR 值愈大時電路操作會愈好。

可將輸出電壓表成 CMRR 值的關係如下：

$$式(3.22)：V_o = A_d V_d + A_c V_c = A_d V_d \left(1 + \frac{A_c V_c}{A_d V_d}\right)$$

利用式(3.24)，可將上式表成

$$V_o = A_d V_d \left(1 + \frac{1}{\text{CMRR}} \frac{V_c}{V_d}\right) \tag{1.31}$$

即使訊號的 V_d 和 V_c 分量同時出現，式(1.31)顯示，對大的 CMRR 值而言，輸出電壓大部分源自於差訊號，而共模分量被大幅縮減或排拒，一些實例應有助於釐清此概念。

例 1.22

某運算放大器的輸入電壓是 $V_{i_1} = 150\ \mu\text{V}$ 和 $V_{i_2} = 140\ \mu\text{V}$，則當放大器的差動增益 $A_d = 4000$ 且 CMRR 分別為以下各值時，試決定輸出電壓。

a. 100。

b. 10^5。

解：

$$式(1.26)：V_d = V_{i_1} - V_{i_2} = (150 - 140)\ \mu\text{V} = 10\ \mu\text{V}$$

$$式(1.27)：V_c = \frac{1}{2}(V_{i_1} + V_{i_2}) = \frac{150\ \mu\text{V} + 140\ \mu\text{V}}{2} = 145\ \mu\text{V}$$

a.
$$式(1.31)：V_o = A_d V_d \left(1 + \frac{1}{\text{CMRR}} \frac{V_c}{V_d}\right)$$

$$= (4000)(10\ \mu\text{V})\left(1 + \frac{1}{100} \frac{145\ \mu\text{V}}{10\ \mu\text{V}}\right)$$

$$= 40\ \text{mV}(1.145) = \mathbf{45.8\ mV}$$

b. $V_o = (4000)(10\ \mu\text{V})\left(1 + \frac{1}{10^5} \frac{145\ \mu\text{V}}{10\ \mu\text{V}}\right) = 40\ \text{mV}(1.000145) = \mathbf{40.006\ mV}$

例 1.22 顯示，CMRR 值愈大時，輸出電壓就愈接近差動輸入增益的乘積，共模訊號則被排拒掉。

1.10 總　結

重要的結論與概念

1. 差動操作採用相反極性的輸入訊號。
2. 共模操作採用相同極性的輸入訊號。
3. 共模斥拒是比較差動輸入的增益和共模輸入的增益。
4. op-amp 是運算放大器(**op**erational **amp**lifier)。
5. 運算放大器的基本特性有：
   極高輸入阻抗（一般在 MΩ）
   極高電壓增益（一般在幾十萬倍以上）
   低輸出阻抗（一般小於 100 Ω）
6. 虛接地的概念是基於實務上的事實，即正(+)和負(−)輸入端之間的差動輸入電壓幾為 0 V——將輸出電壓（至多為電源電壓）除以極高的運算放大器電壓增益而得。
7. 基本的運算放大器接法包括：
   反相放大器
   非反相放大器
   單位增益放大器
   和放大器
   積分放大器
8. 運算放大器的規格包括：
   偏移電壓和電流
   頻率參數
   增益頻寬積
   迴轉率

方程式

$$\text{CMRR} = 20 \log_{10} \frac{A_d}{A_c}$$

反相放大器：

$$\frac{V_o}{V_i} = -\frac{R_f}{R_1}$$

非反相放大器：

$$\frac{V_o}{V_i} = 1 + \frac{R_f}{R_1}$$

單位隨耦器：

$$V_o = V_1$$

和放大器：

$$V_o = -\left(\frac{R_f}{R_1}V_1 + \frac{R_f}{R_2}V_2 + \frac{R_f}{R_3}V_3\right)$$

積分放大器：

$$v_o(t) = -\frac{1}{RC}\int v_1(t)\,dt$$

$$迴轉率(SR) = \frac{\Delta V_o}{\Delta t} \quad V/\mu s$$

1.11 計算機分析

PSpice 視窗版

程式 1.1——反相運算放大器 先考慮反相運算放大器，見圖 1.53。開啟直流電壓顯示，對應於輸入 2 V 和電路增益 -5，執行分析結果顯示：

$$A_v = -R_F/R_1 = -500\ k\Omega/100\ k\Omega = -5$$

輸出正好是 -10 V：

$$V_o = A_v V_i = -5(2\ V) = -10\ V$$

接到負端的輸入是 $-50.01\ \mu V$，此為虛接地或 0 V。

實際的反相運算放大器電路畫在圖 1.54，採用的電阻值和圖 1.53 相同，且用實際的運算放大器 IC，$\mu A741$，可得輸出 -9.96 V，接近理想值 -10 V，和理想值的那些微差源於 $\mu A741$ 運算放大器 IC 的實際增益和輸入阻抗。

在分析之前，選取**分析設定**，**轉移函數**，接著選**輸出 V(RF:2)** 和**輸入源** V_i，可在輸出列表中提供小訊號特性。可看到電路增益是

$$V_o/V_i = -5$$
$$V_i\ 處的輸入電阻 = 1 \times 10^5$$
$$V_o\ 處的輸出電阻 = 4.95 \times 10^{-3}$$

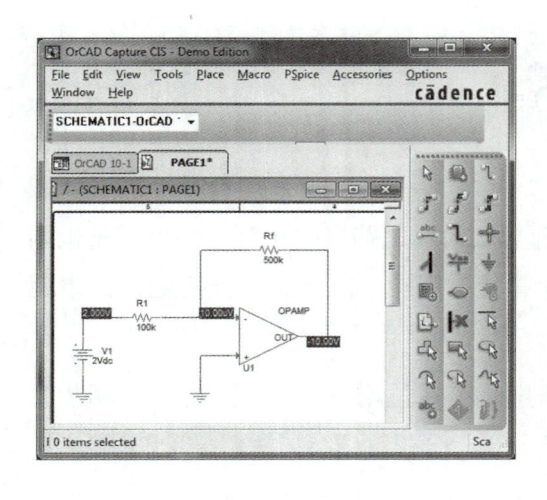

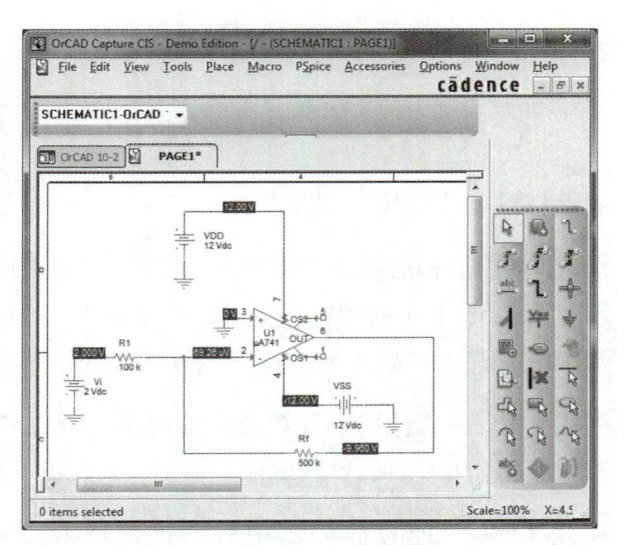

圖 1.53 採用理想模型的反相運算放大器

圖 1.54 實際的反相運算放大器電路

程式 1.2──非反相運算放大器 圖 1.55 顯示非反相運算放大器電路,偏壓電壓顯示在圖上,此放大器電路增益的理論值應該是

$$A_v = (1 + R_F/R_1) = 1 + 500 \text{ k}\Omega/100 \text{ k}\Omega = 6$$

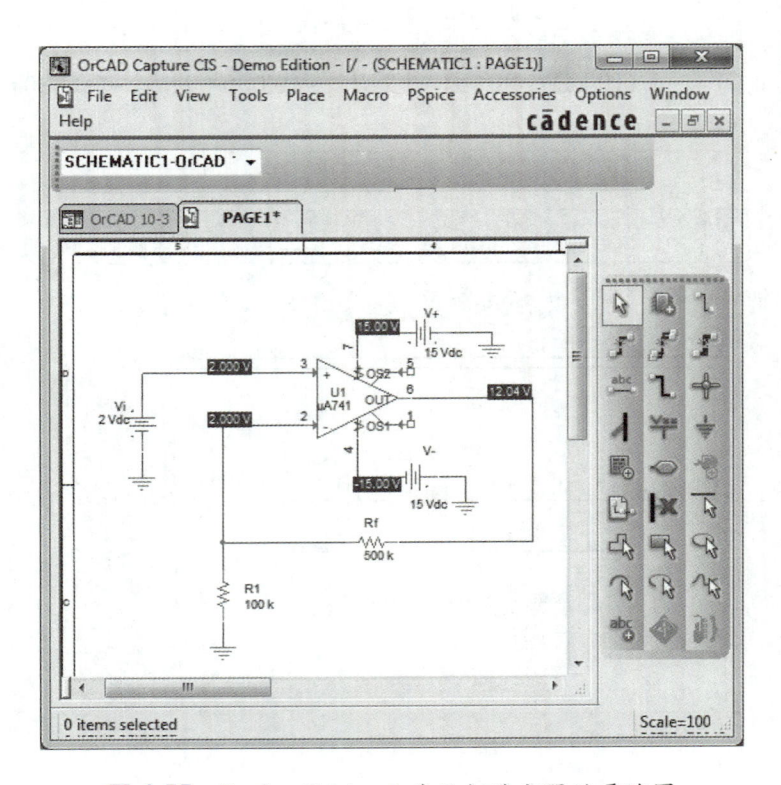

圖 1.55 Design Center 上非反相放大器的電路圖

對 2 V 輸入而言,所得輸出會是

$$V_o = A_v V_i = 5(2\text{ V}) = 10\text{ V}$$

輸出和輸入非反相(即同相)。

程式 1.3——和運算放大器電路　像例 1.3 的和運算放大器電路見圖 1.56,偏壓電壓也顯示在圖 1.56 上,所得輸出是 3 V,和例 1.3 的計算結果相同。注意到,虛接地的概念運作十分良好,負輸入端的電壓僅 3.791 μV。

程式 1.4——單位增益運算放大器電路　圖 1.57 顯示某單位增益放大器電路,並顯示偏壓電壓,當輸入 + 2 V 時輸出正好是 + 2 V。

程式 1.5——運算放大器積分器電路　運算放大器積分器電路見圖 1.58,輸入選用 **VPULSE**,設成步級輸入如下:設**交流**=0、**直流**=0、**V1**=0 V、**V2**=2 V、**TD**=0、**TR**=0、**TF**=0、**PW**=10 ms 且 **PER**=20 ms。這會提供由 0～2 V 的步級輸入,且無延遲、上升和下降時間,期間為 10 ms,且每 20 ms 重複一次。對此問題而言,電壓會瞬間上升到 2 V,然後維持足夠長的時間,讓輸出成斜波下降,自最大 + 20 V 降到最低 − 20 V。理論上,圖 1.58 電路的輸出如下:

$$v_o(t) = -1/RC \int v_i(t)\,dt$$

$$v_o(t) = -1/(10\text{ k}\Omega)(0.01\ \mu\text{F}) \int 2\,dt = -10{,}000 \int 2\,dt = -20{,}000\,t$$

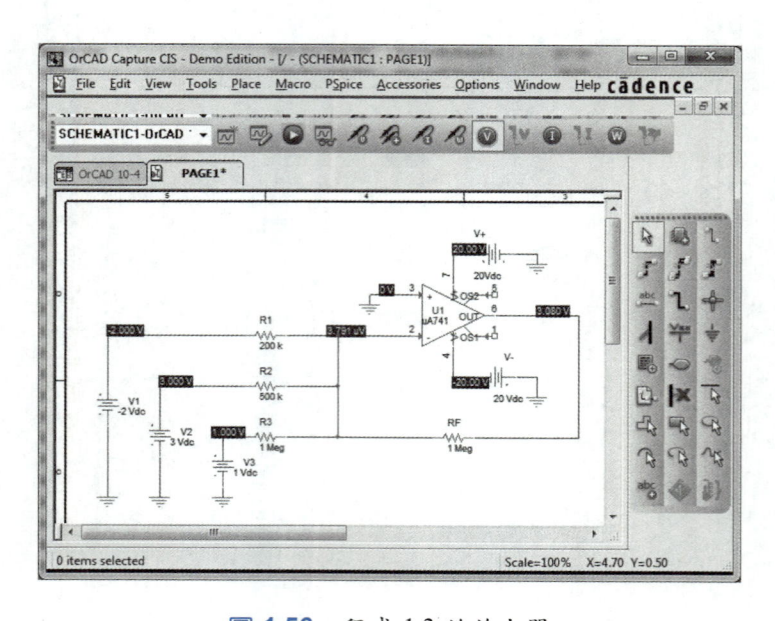

圖 1.56　程式 1.3 的放大器

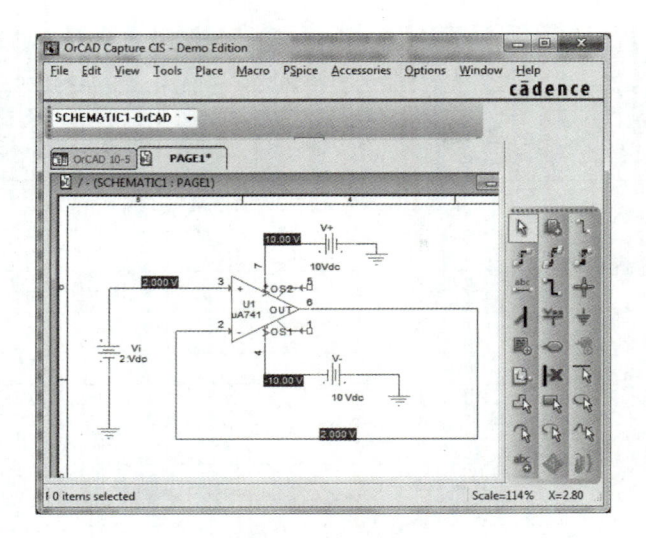

圖 1.57 單位增益放大器

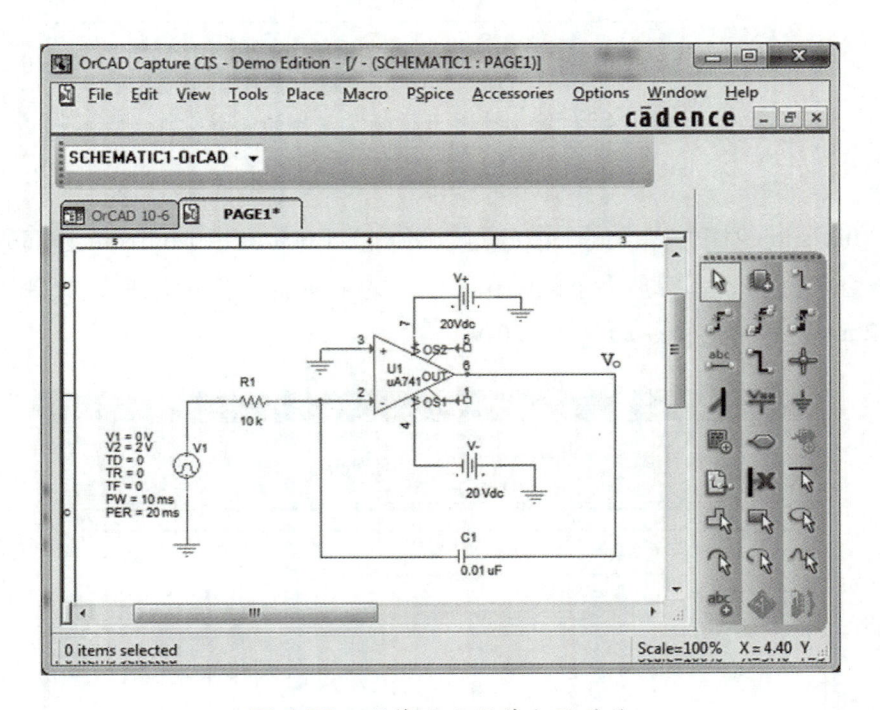

圖 1.58 運算放大器積分器電路

這是負斜波電壓，以斜率 $-20{,}000$ V/s 下降，斜波電壓會從 $+20$ V 掉到 -20 V，歷時

$$40 \text{ V}/20{,}000 = 2 \times 10^{-3} = 2 \text{ ms}$$

圖 1.59 顯示，可用**測棒**得到輸入步級波形與輸出斜波波形。

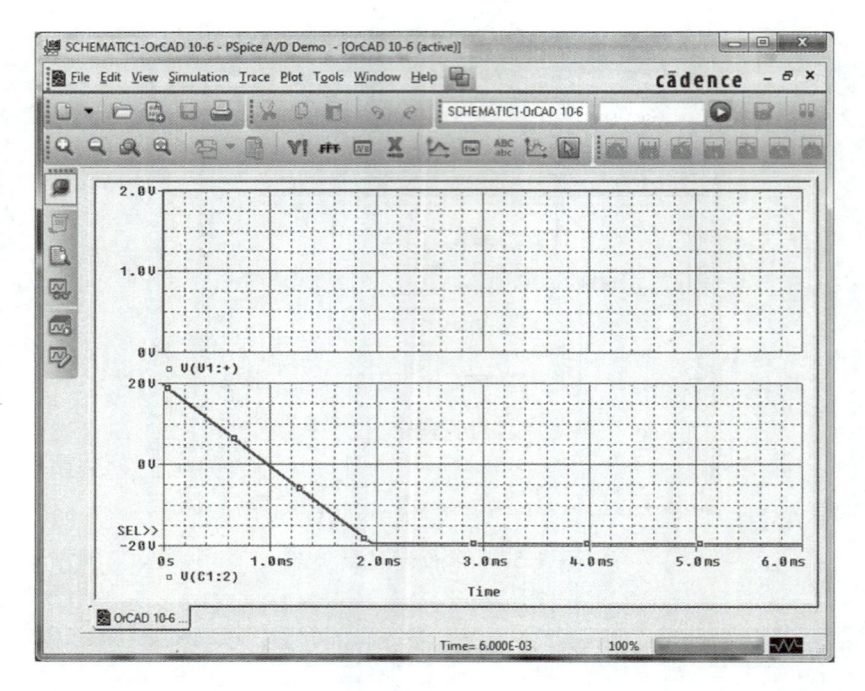

圖 1.59 用測棒量出積分器電路的波形

Multisim

可用 Multisim 建構並操作同一積分器電路，圖 1.60a 顯示 Multisim 建構的積分器電路，並用一示波器接在運算放大器的輸出。所得的示波器圖形顯示在圖 1.60b，線性輸出波形在約 2 ms 的時間內由 +20 V～−20 V。

(a)

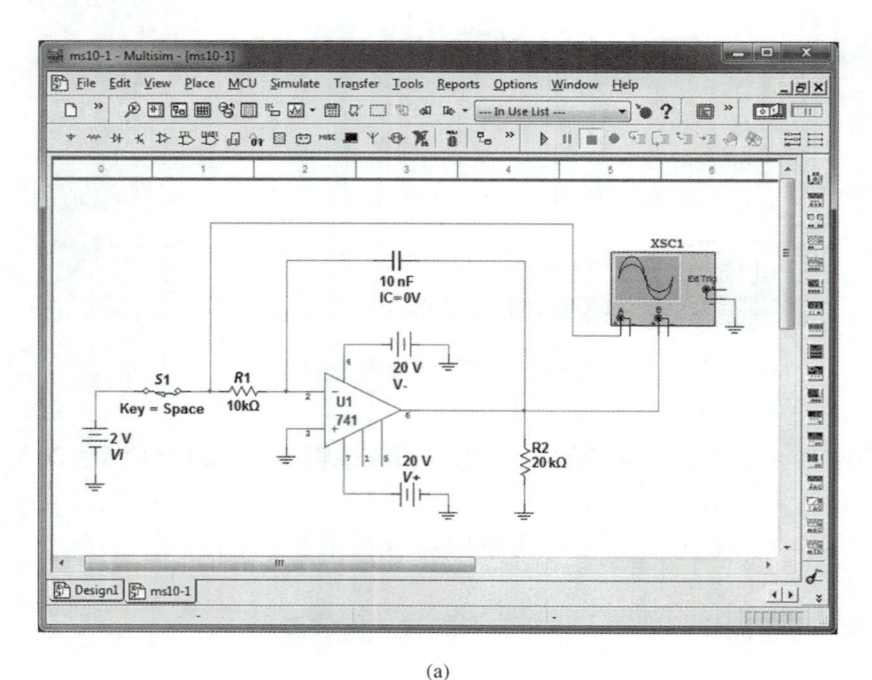

圖 1.60 Multisim 積分器電路：(a)電路；(b)波形

(b)

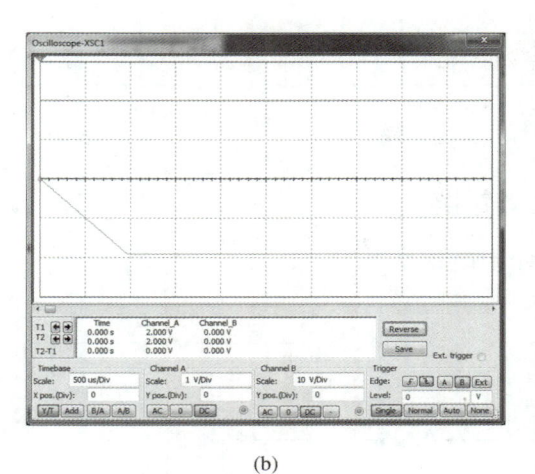

圖 1.60　（續）

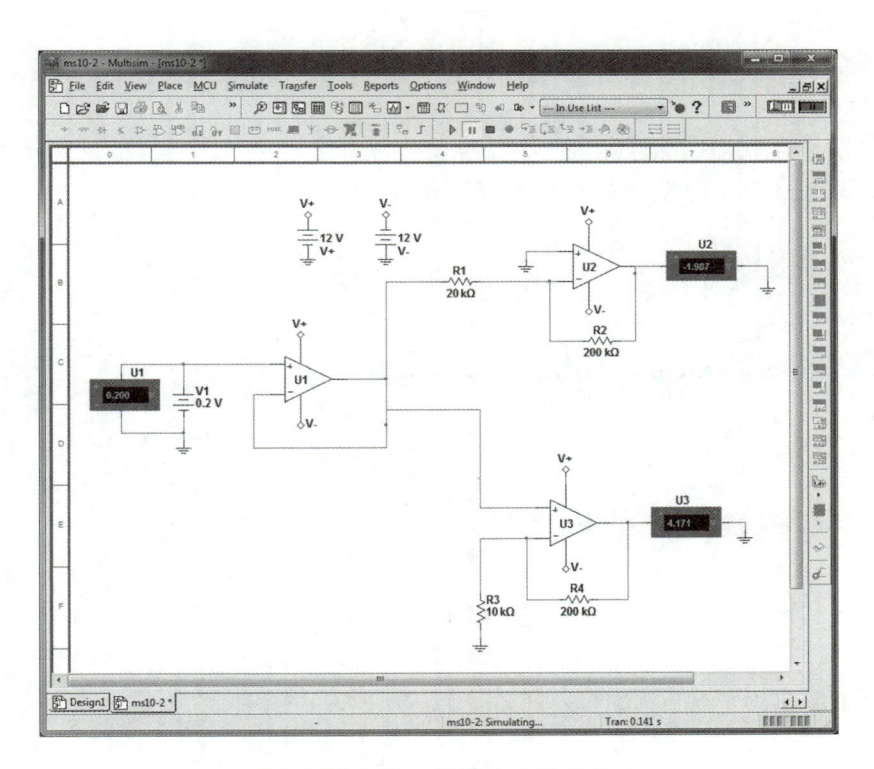

圖 1.61　多級運算放大器電路

程式 1.6——**多級運算放大器電路**　多級運算放大器電路見圖 1.61，第 1 級的輸入 200 mV，提供 200 mV 的輸出給第 2 級和第 3 級。第 2 級是反相放大器，增益 $-200\text{ k}\Omega/20\text{ k}\Omega = -10$，第 2 級的輸出是 $-10(200\text{ mV}) = -2$ V。因第 3 級是非反相放大器，且增益 $(1 + 200\text{ k}\Omega/10\text{ k}\Omega = 21)$，產生輸出 $21(200\text{ mV}) = 4.2$ V。

習　題

*注意：星號代表較困難的習題。

1.5　實際的運算放大器電路

1. 圖 1.62 電路中的輸出電壓是多少？

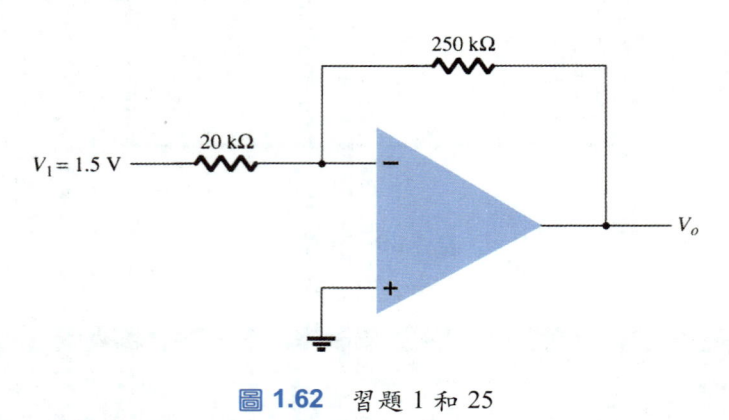

圖 1.62　習題 1 和 25

2. 圖 1.63 電路中，電壓增益調整的範圍是多少？

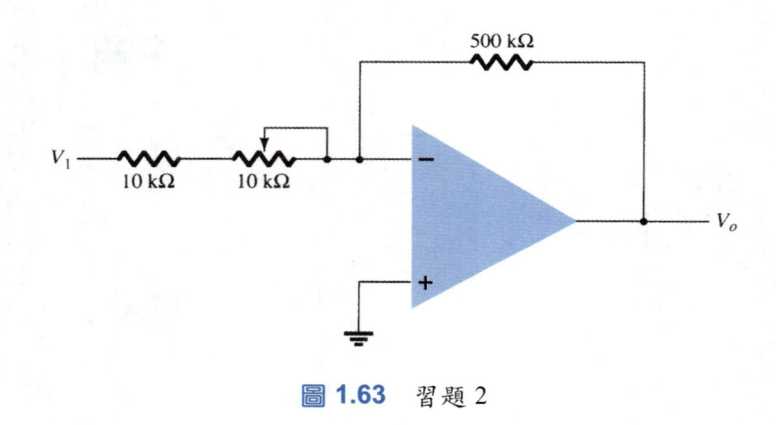

圖 1.63　習題 2

3. 圖 1.64 電路中，輸入電壓多少時，可產生 2 V 的輸出？

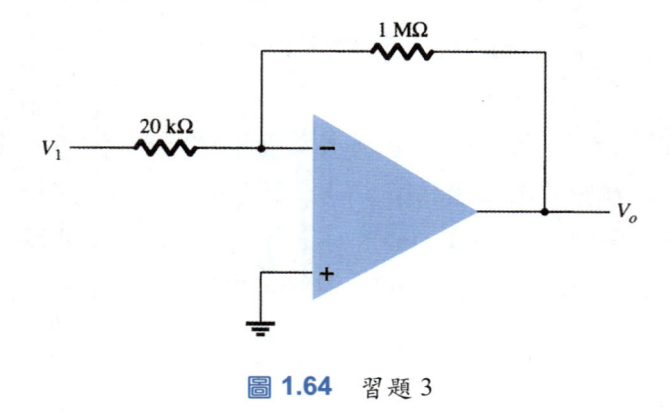

圖 1.64　習題 3

4. 圖 1.65 電路中，若輸入可由 0.1 變化到 0.5 V，則輸出電壓的範圍是多少？

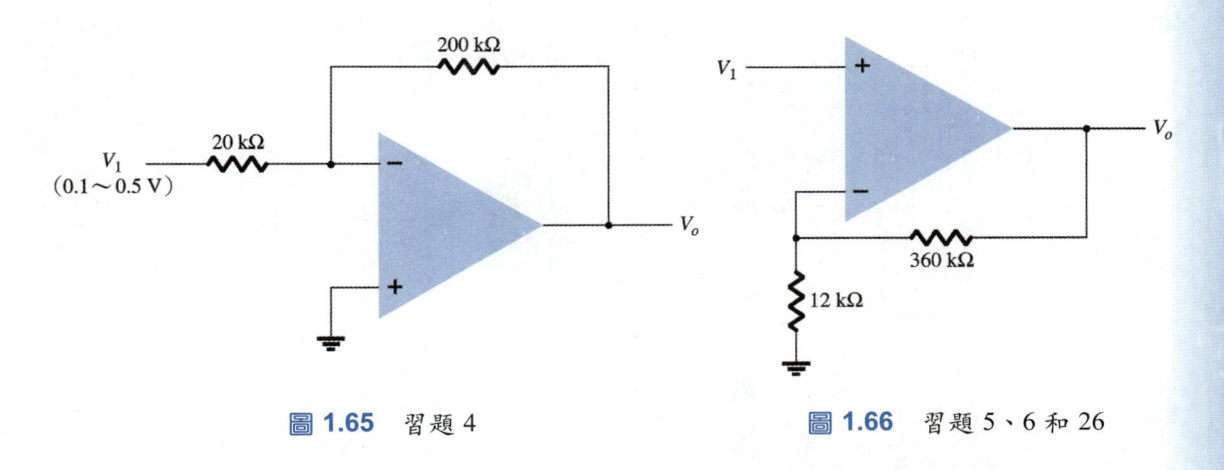

圖 1.65 習題 4

圖 1.66 習題 5、6 和 26

5. 圖 1.66 的電路中，若輸入 $V_1 = -0.3$ V，則產生的輸出電壓是多少？
6. 圖 1.66 要加上多少輸入到輸入端，才能產生 2.4 V 的輸出？
7. 圖 1.67 電路所能建立的輸出電壓範圍是多少？

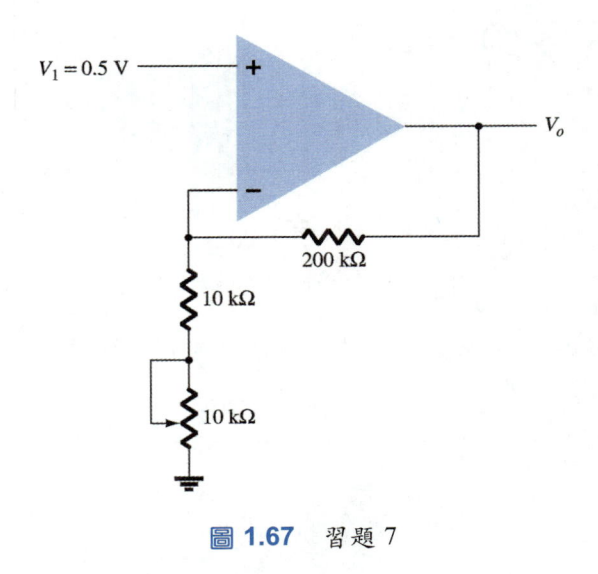

圖 1.67 習題 7

8. 試計算圖 1.68 電路在 $R_f = 330$ kΩ 時所建立的輸出電壓。

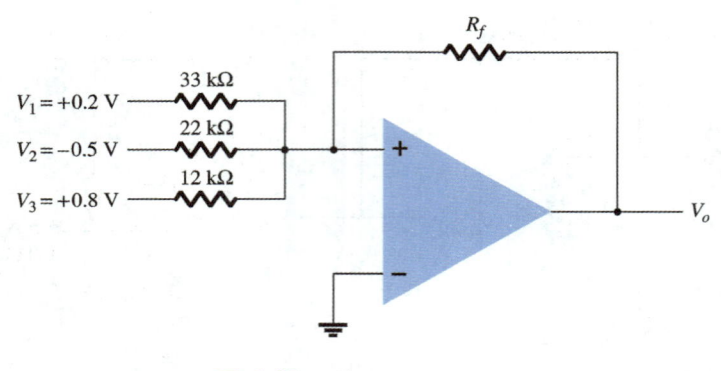

圖 1.68 習題 8、9 和 27

9. 試計算圖 1.68 電路在 $R_f = 68$ kΩ 時的輸出電壓。

10. 試畫出圖 1.69 所產生的輸出波形。

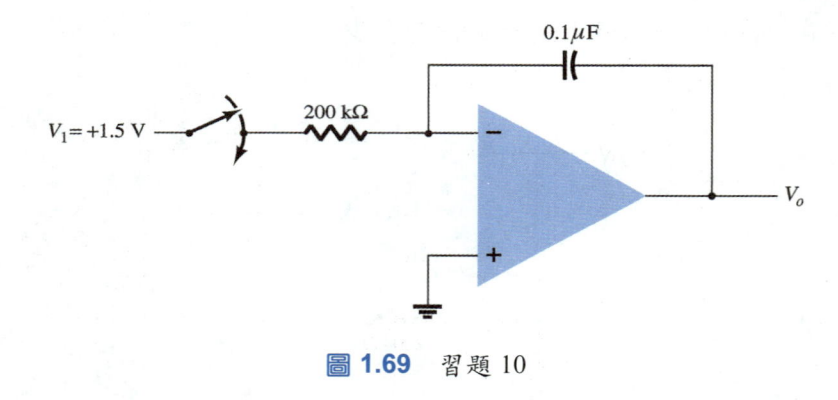

圖 1.69 習題 10

11. 圖 1.70 電路在 $V_i = +0.5$ V 時，產生的輸出電壓是多少？

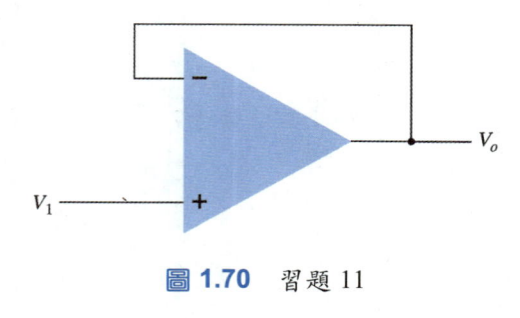

圖 1.70 習題 11

12. 試計算圖 1.71 電路的輸出電壓。

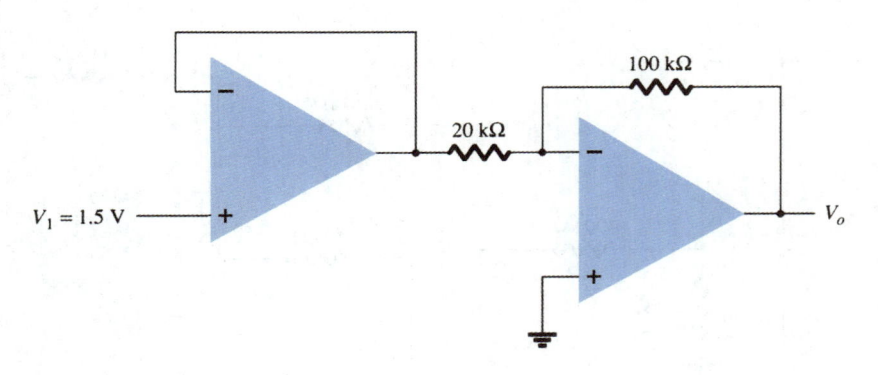

圖 1.71 習題 12 和 28

13. 試計算圖 1.72 電路的輸出電壓 V_2 和 V_3。

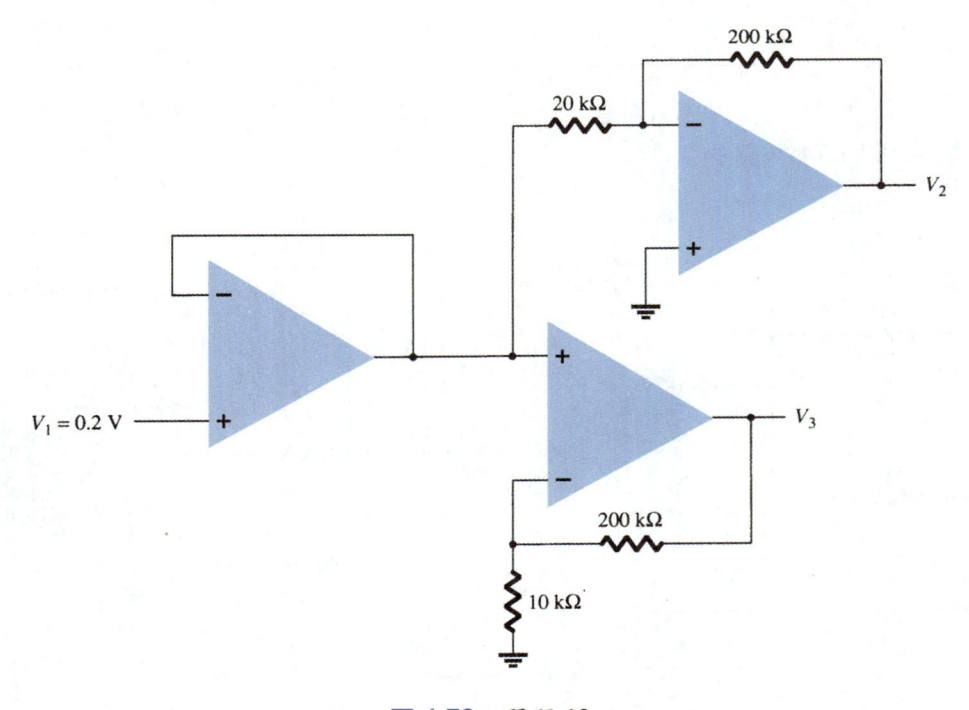

圖 1.72 習題 13

14. 試計算圖 1.73 電路的輸出電壓 V_o。

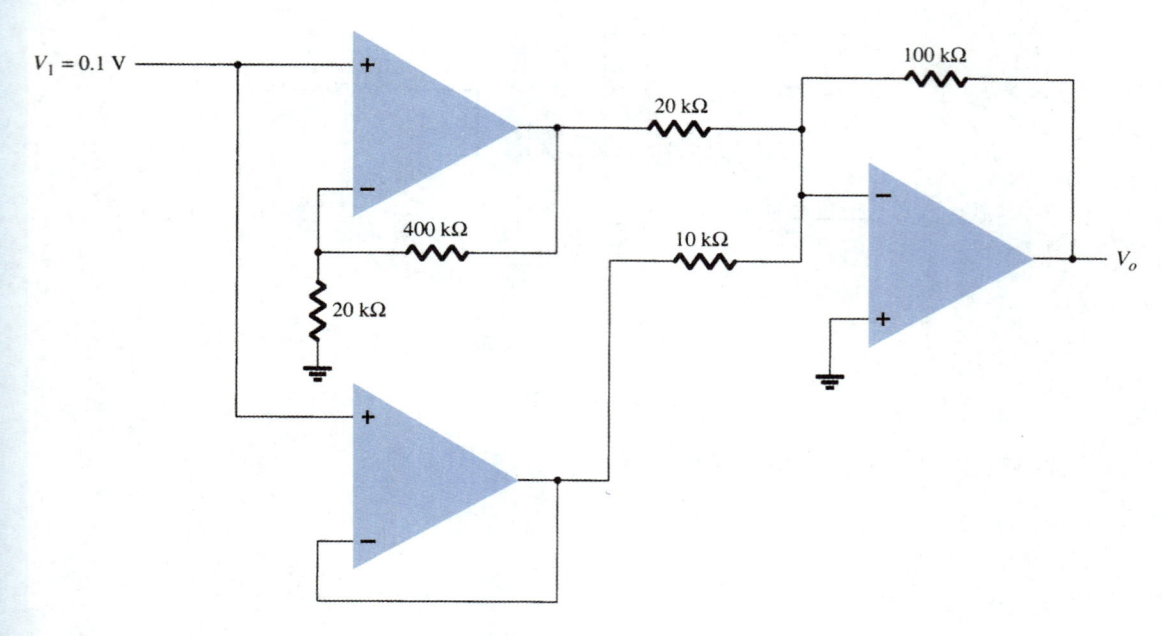

圖 1.73 習題 14 和 29

15. 試計算圖 1.74 電路的 V_o。

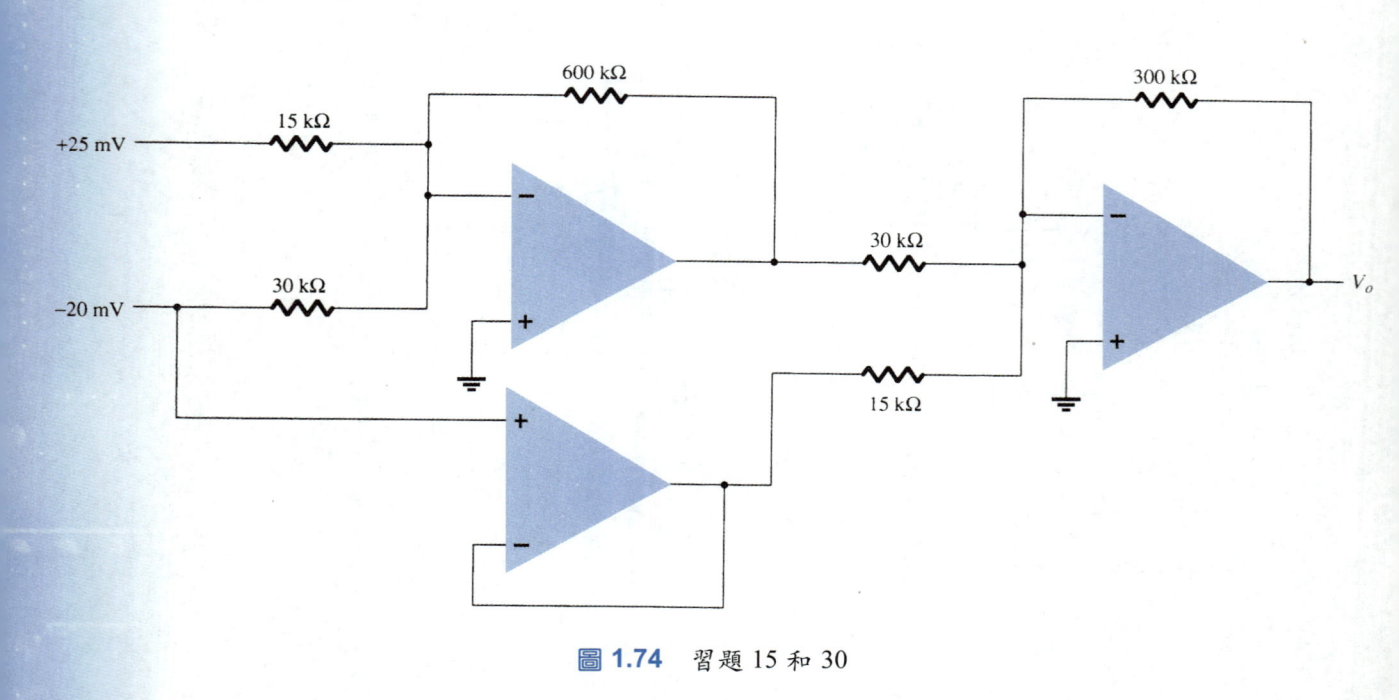

圖 1.74 習題 15 和 30

1.6 運算放大器規格──直流偏壓參數

*16. 試計算圖 1.75 電路的總偏移電壓，運算放大器的規格值是輸入偏移電壓 $I_{IO}=6$ mV 且輸入偏移電流 $I_{IO}=120$ nA。

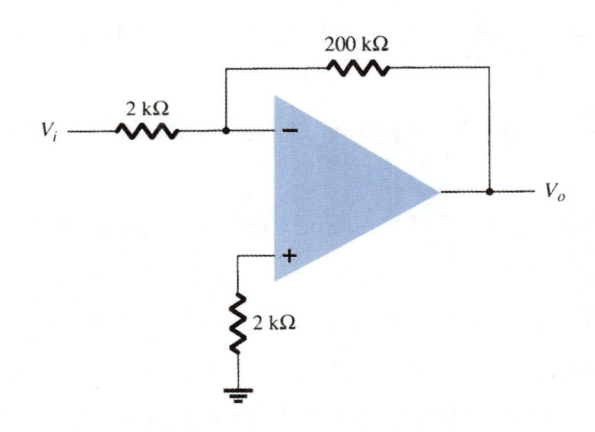

圖 1.75 習題 16、20、21 和 22

*17. 某運算放大器的規格值是 $I_{IO}=4$ nA 且 $I_{IB}=20$ nA，試計算各輸入端的輸入偏壓電流。

1.7 運算放大器規格──頻率參數

18. 某運算放大器的規格值 $B_1=800$ kHz 且 $A_{VD}=150$ V/mV，試決定其截止頻率。

*19. 某運算放大器的迴轉率 SR$=2.4$ V/μs，若輸入訊號在 10 μs 之內變化 0.3 V，試決定其可用的最大閉迴路電壓增益。

*20. 圖 1.75 電路的輸入 $V_1=50$ mV，該運算放大器迴轉率 SR$=0.4$ V/μs，試決定可以用的最大頻率。

*21. 試利用表 1.3 所列規格，計算圖 1.75 電路接法的偏移電壓典型值。

*22. 就 741 運算放大器的典型特性，試計算圖 1.75 電路的以下各值：

   a. A_{CL}。
   b. Z_i。
   c. Z_o。

1.9 差模與共模操作

23. 某電路的量測值如下，$V_d=1$ mV 時 $V_o=120$ mV，且 $V_C=1$ mV 時 $V_o=20$ μV，試計算 CMRR（dB 值）。

24. 某運算放大器的 $V_{i_1}=200$ μV 且 $V_{i_2}=140$ μV，放大器的差動增益 $A_d=6000$ 且 CMRR 值分別如下，試決定輸出電壓：

   a. 200。
   b. 10^5。

1.11 計算機分析

***25.** 針對圖 1.62 的電路,試利用 Schematic Capture 或 Multisim 畫出電路並決定輸出電壓。

***26.** 針對圖 1.66 的電路,就輸入 $V_i=0.5$ V,試利用 Schematic Capture 或 Multisim 計算輸出電壓。

***27.** 針對圖 1.68 的電路,就 $R_f=68$ kΩ,試利用 Schematic Capture 或 Multisim 計算輸出電壓。

***28.** 針對圖 1.71 的電路,試利用 Schematic Capture 或 Multisim 計算輸出電壓。

***29.** 針對圖 1.73 的電路,試利用 Schematic Capture 或 Multisim 計算輸出電壓。

***30.** 針對圖 1.74 的電路,試利用 Schematic Capture 或 Multisim 計算輸出電壓。

***31.** 2 V 步級輸入加到積分器電路,如圖 1.39 所示,且元件值 $R=40$ kΩ 以及 $C=0.003$ μF,試利用 Schematic Capture 或 Multisim 得到輸出波形。

運算放大器應用

本章目標

- 學習定增益、相加和緩衝放大器
- 了解主動濾波器的工作方法
- 描述不同類型的受控源

2.1 定增益放大器

最普遍的運算放大器電路是反相定增益放大器,可提供精準的增益或放大倍數。圖 2.1 顯示標準的電路接法,所得增益如下:

$$A = -\frac{R_f}{R_1} \tag{2.1}$$

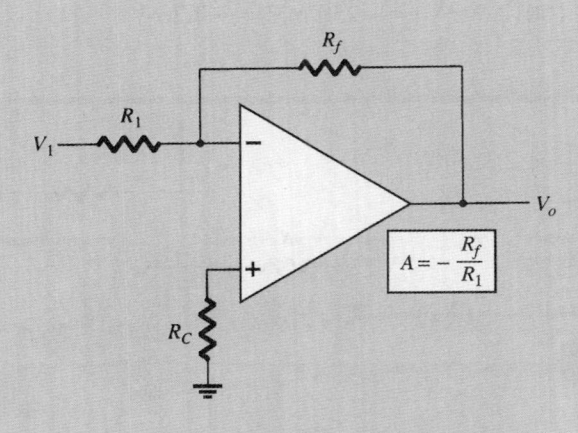

圖 2.1 定增益放大器

例 2.1

圖 2.2 電路的弦波輸入是 2.5 mV，試決定此電路的輸出電壓。

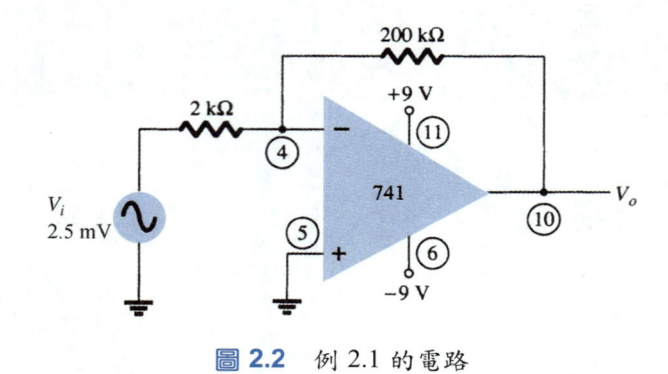

圖 2.2　例 2.1 的電路

解：

圖 2.2 的電路利用 741 運算放大器提供定增益，由式(2.1)算出

$$A = -\frac{R_f}{R_1} = -\frac{200\,\text{k}\Omega}{2\,\text{k}\Omega} = -100$$

因此輸出電壓是

$$V_o = AV_i = -100(2.5\,\text{mV}) = -250\,\text{mV} = \mathbf{-0.25\,V}$$

非反相定增益放大器提供在圖 2.3 的電路，增益為

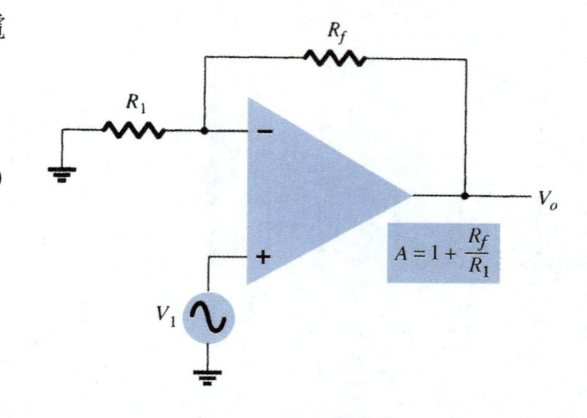

$$\boxed{A = 1 + \frac{R_f}{R_1}} \qquad (2.2)$$

圖 2.3　非反相定增益放大器

例 2.2

圖 2.4 電路的輸入是 $120\,\mu\mathrm{V}$，試計算此電路的輸出電壓。

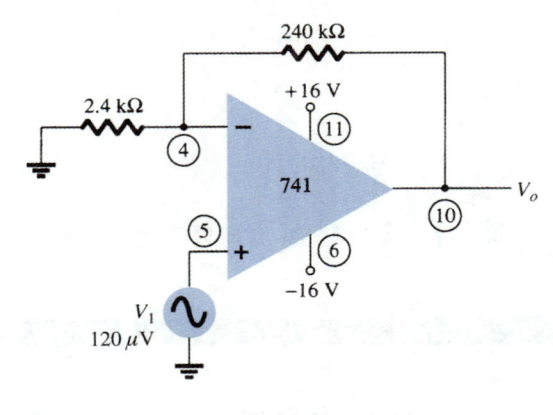

圖 2.4 例 2.2 的電路

解：

利用式(2.2)算出運算放大器電路的增益是

$$A = 1 + \frac{R_f}{R_1} = 1 + \frac{240\text{ k}\Omega}{2.4\text{ k}\Omega} = 1 + 100 = 101$$

因此輸出電壓是

$$V_o = AV_i = 101\,(120\mu\mathrm{V}) = \mathbf{12.12\ mV}$$

多級增益

當幾個放大級串接在一起時，總和增益是各級增益的乘積。圖 2.5 顯示三個放大級的串級，第 1 級提供非反相增益，增益式給在式(2.1)，接下來兩級則提供反相增益，增益式給在式(2.1)，因此總電路增益是非反相，計算如下：

$$A = A_1 A_2 A_3$$

其中 $A_1 = 1 + R_f/R_1$、$A_2 = -R_f/R_2$ 且 $A_3 = -R_f/R_3$。

66 電子裝置與電路理論

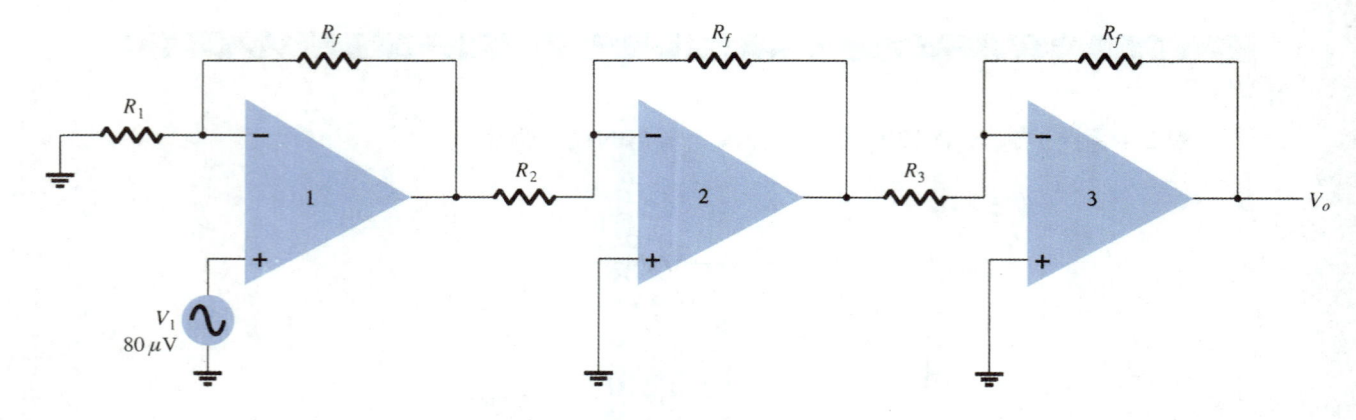

圖 2.5 使用多個放大級的定增益接法

例 2.3

圖 2.5 電路的電阻元件值採用 $R_f=470$ kΩ、$R_1=4.3$ kΩ、$R_2=33$ kΩ 且 $R_3=33$ kΩ，輸入 80 μV，試計算輸出電壓。

解：

放大器增益計算如下：

$$A = A_1 A_2 A_3 = \left(1 + \frac{R_f}{R_1}\right)\left(-\frac{R_f}{R_2}\right)\left(-\frac{R_f}{R_3}\right)$$

$$= \left(1 + \frac{470 \text{ k}\Omega}{4.3 \text{ k}\Omega}\right)\left(-\frac{470 \text{ k}\Omega}{33 \text{ k}\Omega}\right)\left(-\frac{470 \text{ k}\Omega}{33 \text{ k}\Omega}\right)$$

$$= (110.3)(-14.2)(-14.2) = 22 \times 10^3$$

所以

$$V_o = AV_i = 22.2 \times 10^3 (80 \mu\text{V}) = \mathbf{1.78 \text{ V}}$$

例 2.4

試將四個運算放大器組成的 IC LM124 接成 3 級放大器，各級增益分別是 +10、-18 和 -27。各級電路均採用 270 kΩ 的反饋電阻。當輸入 150 μV 時，輸出電壓是多少？

解：

對增益 +10，

$$A_1 = 1 + \frac{R_f}{R_1} = +10$$

$$\frac{R_f}{R_1} = 10 - 1 = 9$$

$$R_1 = \frac{R_f}{9} = \frac{270 \text{ k}\Omega}{9} = 30 \text{ k}\Omega$$

對增益 -18,

$$A_2 = -\frac{R_f}{R_2} = -18$$

$$R_2 = \frac{R_f}{18} = \frac{270 \text{ k}\Omega}{18} = 15 \text{ k}\Omega$$

對增益 -27,

$$A_3 = -\frac{R_f}{R_3} = -27$$

$$R_3 = \frac{R_f}{27} = \frac{270 \text{ k}\Omega}{27} = 10 \text{ k}\Omega$$

顯示 IC 腳位接法以及所有使用元件的電路見圖 2.6,當輸入 $V_1 = 150\ \mu\text{V}$ 時,輸出電壓是

$$V_o = A_1 A_2 A_3 V_1 = (10)(-18)(-27)(150\ \mu\text{V}) = 4860(150\ \mu\text{V})$$
$$= \mathbf{0.729\ V}$$

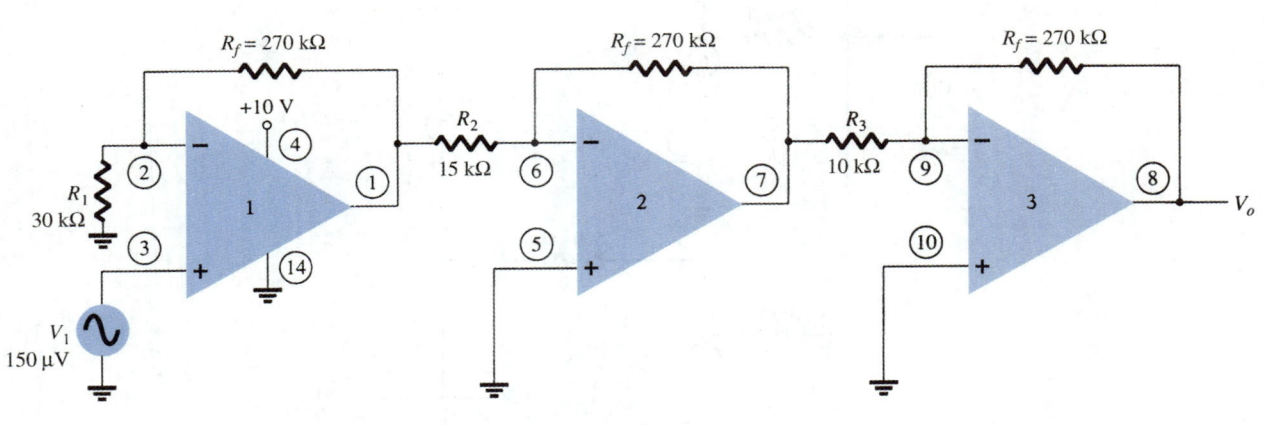

圖 2.6 例 2.4 的電路(用 LM124)

也可用幾個運算放大級提供個別不同的增益,見下例的說明。

例 2.5

試利用 LM348 IC 接出三個運算放大級，所提供的輸出分別是輸入的 10、20 和 50 倍，各級採用相同的反饋電阻 $R_f = 500\ \text{k}\Omega$。

解：

各級所用電阻元件計算如下：

$$R_1 = -\frac{R_f}{A_1} = -\frac{500\ \text{k}\Omega}{-10} = 50\ \text{k}\Omega$$

$$R_2 = -\frac{R_f}{A_2} = -\frac{500\ \text{k}\Omega}{-20} = 25\ \text{k}\Omega$$

$$R_3 = -\frac{R_f}{A_3} = -\frac{500\ \text{k}\Omega}{-50} = 10\ \text{k}\Omega$$

所得電路畫在圖 2.7。

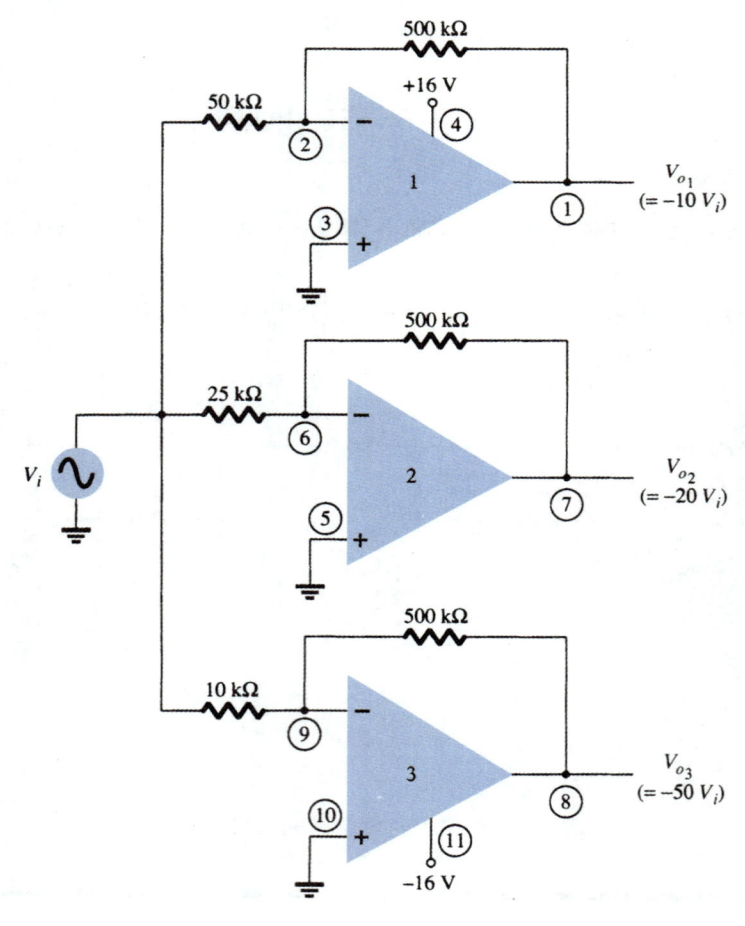

圖 2.7 例 2.5 的電路（採用 LM348）

2.2 電壓和

運算放大器另一個普遍的應用是和放大器，圖 2.8 顯示此種接法，輸出是三個輸入乘上不同增益後之和。轉出電壓是

$$V_o = -\left(\frac{R_f}{R_1}V_1 + \frac{R_f}{R_2}V_2 + \frac{R_f}{R_3}V_3\right) \tag{2.3}$$

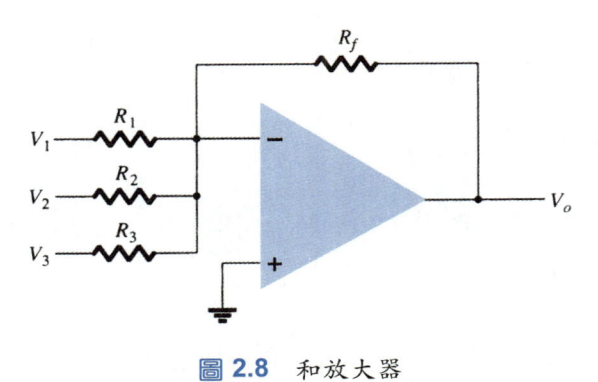

圖 2.8 和放大器

例 2.6

計算圖 2.9 電路的輸出電壓，輸入是 $V_1 = 50$ mV $\sin(1000t)$ 且 $V_2 = 10$ mV $\sin(3000t)$。

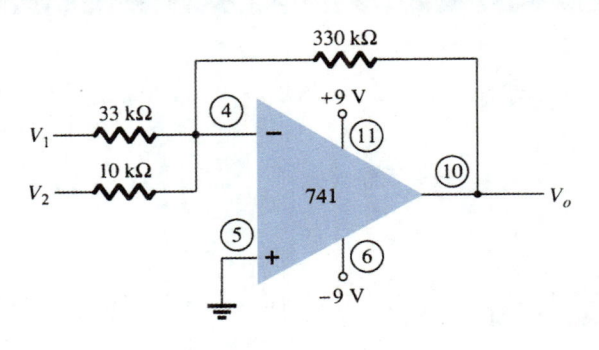

圖 2.9 例 2.6 的電路

解：

輸出電壓是

$$V_o = -\left(\frac{330 \text{ k}\Omega}{33 \text{ k}\Omega}V_1 + \frac{330 \text{ k}\Omega}{10 \text{ k}\Omega}V_2\right) = -(10\,V_1 + 33\,V_2)$$
$$= -[10(50 \text{ mV})\sin(1000t) + 33(10 \text{ mV})\sin(3000t)]$$
$$= -\,[0.5\,\sin(1000t) + 0.33\,\sin(3000t)]$$

圖 2.10　兩訊號相減的電路

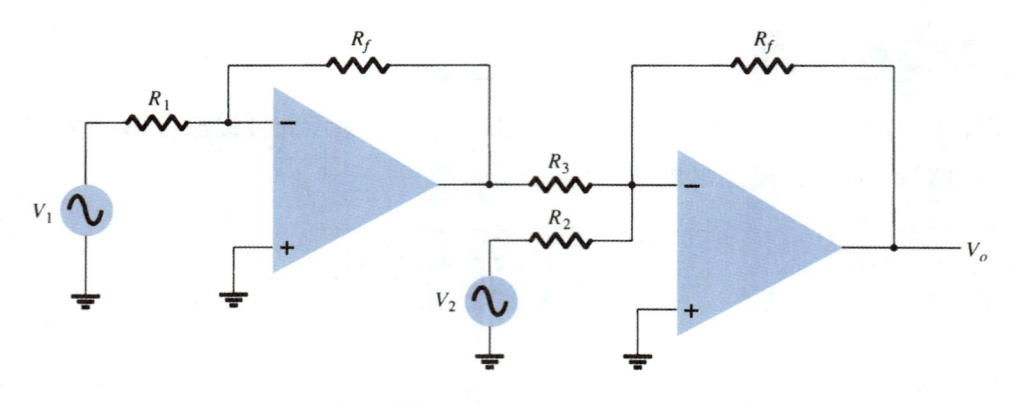

電壓相減

兩訊號互減的方式有很多種，圖 2.10 顯示用兩個運算放大級提供輸入訊號相減，所得輸出如下：

$$V_o = -\left[\frac{R_f}{R_3}\left(-\frac{R_f}{R_1}V_1\right) + \frac{R_f}{R_2}V_2\right]$$

$$\boxed{V_o = -\left(\frac{R_f}{R_2}V_2 - \frac{R_f}{R_3}\frac{R_f}{R_1}V_1\right)} \tag{2.4}$$

例 2.7

試決定圖 2.10 電路的輸出，元件 $R_f = 1\ M\Omega$、$R_1 = 100\ k\Omega$、$R_2 = 50\ k\Omega$ 且 $R_3 = 500\ k\Omega$。

解：

輸出電壓計算如下：

$$V_o = -\left(\frac{1\ M\Omega}{50\ k\Omega}V_2 - \frac{1\ M\Omega}{500\ k\Omega}\frac{1\ M\Omega}{100\ k\Omega}V_1\right) = -(20V_2 - 20V_1) = \mathbf{-20(V_2 - V_1)}$$

可看到輸出是 V_2 和 V_1 的差，再乘上增益 -20。

另一個提供兩訊號減法的接法見圖 2.11，此接法僅用一個運算放大級提供兩輸入訊號相減。利用重疊原理，可證明輸出是

$$\boxed{V_o = \frac{R_3}{R_1 + R_3}\frac{R_2 + R_4}{R_2}V_1 - \frac{R_4}{R_2}V_2} \tag{2.5}$$

圖 2.11 減法電路

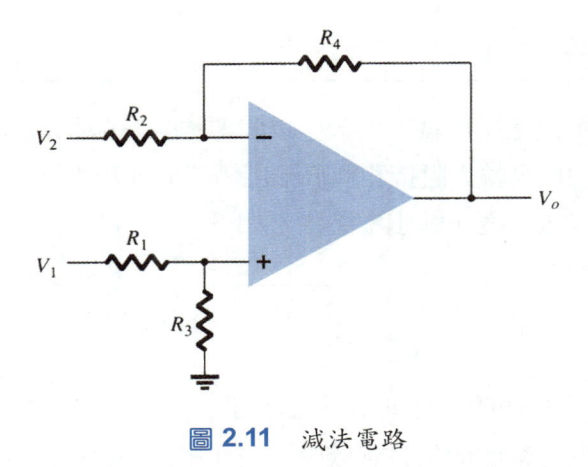

例 2.8

試決定圖 2.12 電路的輸出電壓。

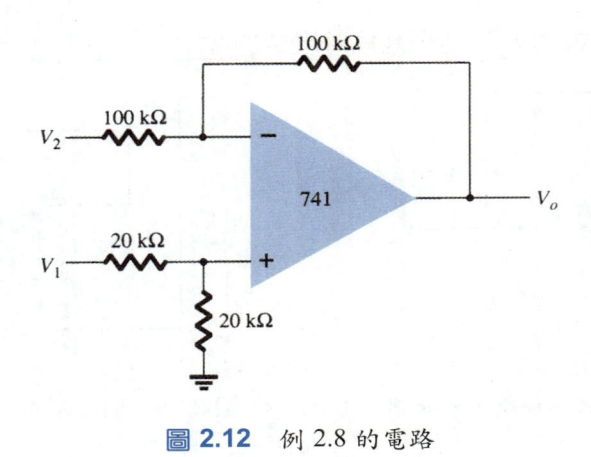

圖 2.12 例 2.8 的電路

解：

所得輸出電壓可表成

$$V_o = \left(\frac{20 \text{ k}\Omega}{20 \text{ k}\Omega + 20 \text{ k}\Omega}\right)\left(\frac{100 \text{ k}\Omega + 100 \text{ k}\Omega}{100 \text{ k}\Omega}\right)V_1 - \frac{100 \text{ k}\Omega}{100 \text{ k}\Omega}V_2$$

$$= V_1 - V_2$$

可看出所得輸出電壓是兩輸入電壓之差。

2.3 電壓緩衝器

電壓緩衝器利用單位電壓增益放大級,以隔離輸入訊號和負載,不會產生相位或極性的倒反,其作用有如極高輸入阻抗和極低輸出阻抗的理想電路。圖 2.13 顯示接成此種緩衝放大器操作的運算放大器,輸出電壓決定如下:

$$V_o = V_1 \tag{2.6}$$

圖 2.14 顯示如何將一個輸入提供給兩個分開的輸出,此接法的優點在於,接在某一輸出端的負載不會對另一輸出產生負載效應。在作用上,兩輸出被緩衝或彼此隔離。

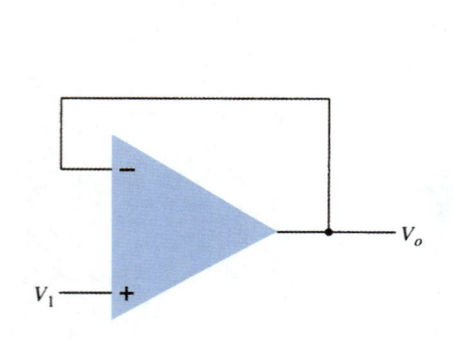

圖 2.13 單位增益(緩衝)放大器

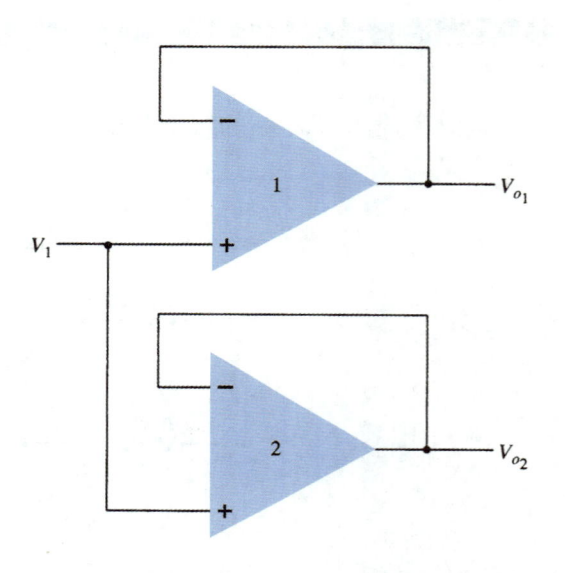

圖 2.14 利用緩衝放大器提供輸出訊號

例 2.9

試將 741 接成單位增益電路。

解:

接法見圖 2.15。

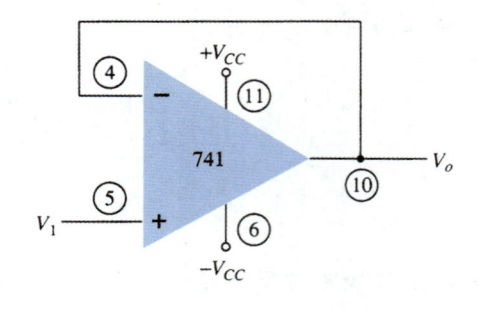

圖 2.15 例 2.9 的接法

2.4 受控源

可用運算放大器建立各種型式的受控源，可用輸入電壓控制輸出電壓或電流，或者用輸入電流控制輸出電壓或電流。這些型式的接法適用於各種儀表電路，各種型式的受控源都會在以下介紹。

壓控電壓源

輸出 V_o 由輸入電壓 V_1 控制的理想電壓源型式見圖 2.16，可看出，輸出電壓決定於輸入電壓（乘上因數 k），此種電路可用運算放大器建構，如圖 2.17 所示，圖上有兩個電路版本：一個採用反相輸入；另一則採用非反相輸入。對圖 2.17a 的接法，輸出電壓是

$$V_o = -\frac{R_f}{R_1}V_1 = kV_1 \tag{2.7}$$

而圖 2.17b 輸出的結果是

$$V_o = \left(1 + \frac{R_f}{R_1}\right)V_1 = kV_1 \tag{2.8}$$

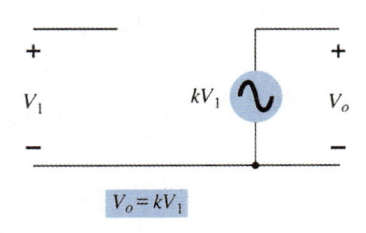

圖 2.16 理想的壓控電壓源

壓控電流源

輸出電流受輸入電壓控制的理想電路型式見圖 2.18，輸出電流決定於輸入電壓。實際電路可建構成如圖 2.19，輸出電流流經負載電阻 R_L 且受輸入電壓 V_1 控制，可看出流經負載電阻 R_L 的電流是

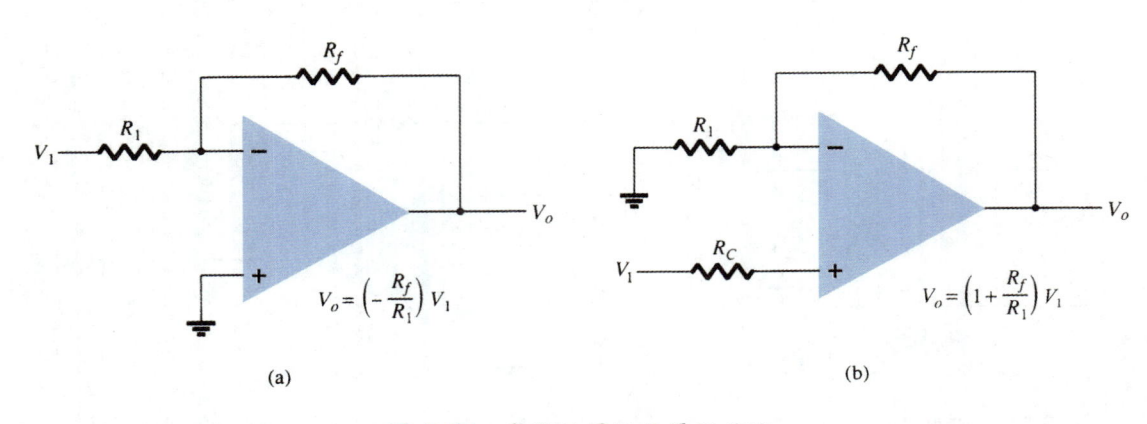

(a)　　　　　　　　　(b)

圖 2.17 實際的壓控電壓源電路

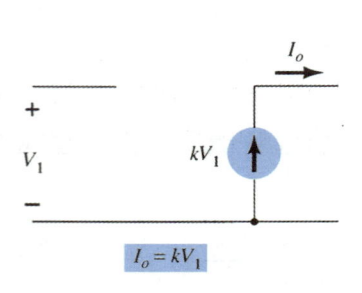

圖 2.18 理想的壓控電流源　　　　　　**圖 2.19** 實際的壓控電流源

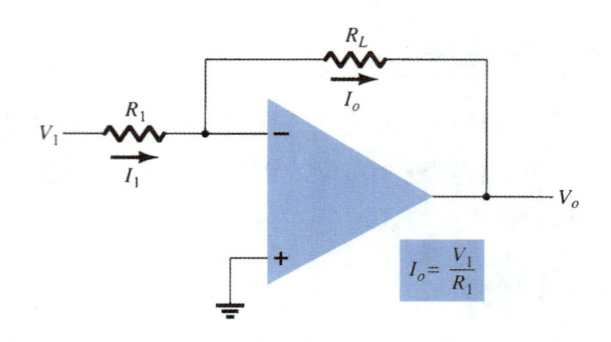

$$I_o = \frac{V_1}{R_1} = kV_1 \tag{2.9}$$

流控電壓源

由輸入電流控制的理想電壓源型式見圖 2.20，輸出電壓決定於輸入電流。採用運算放大器建構的實際電路形式見圖 2.21，可看出輸出電壓是

$$V_o = -I_1 R_L = kI_1 \tag{2.10}$$

流控電流源

輸出電流決定於輸入電流的理想電路形式見圖 2.22，在此電路中，所提供的輸出電流決定於輸入電流。電流的實際形式見圖 2.23，可看出輸入電流 I_1 產生輸出電流 I_o。

$$I_o = I_1 + I_2 = I_1 + \frac{I_1 R_1}{R_2} = \left(1 + \frac{R_1}{R_2}\right)I_1 = kI_1 \tag{2.11}$$

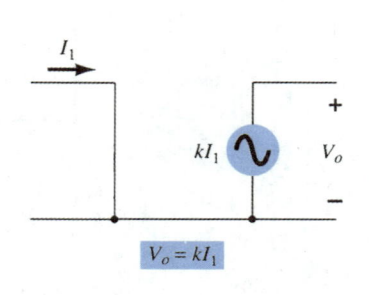

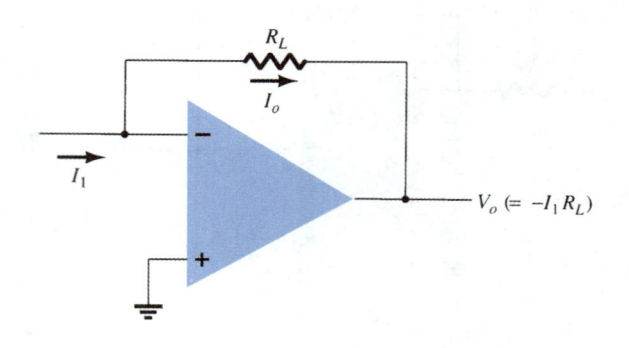

圖 2.20 理想的流控電壓源　　　　　　**圖 2.21** 流控電壓源的實際形式

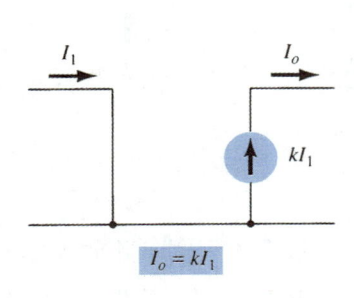

圖 2.22 理想的流控電流源

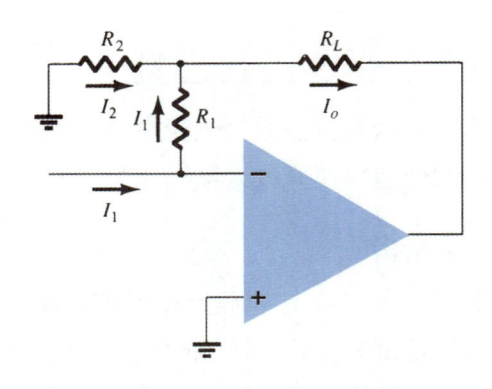

圖 2.23 流控電流源的實際型式

例 2.10

a. 對圖 2.24a 的電路，試計算 I_L。

b. 對圖 2.24b 的電路，試計算 V_o。

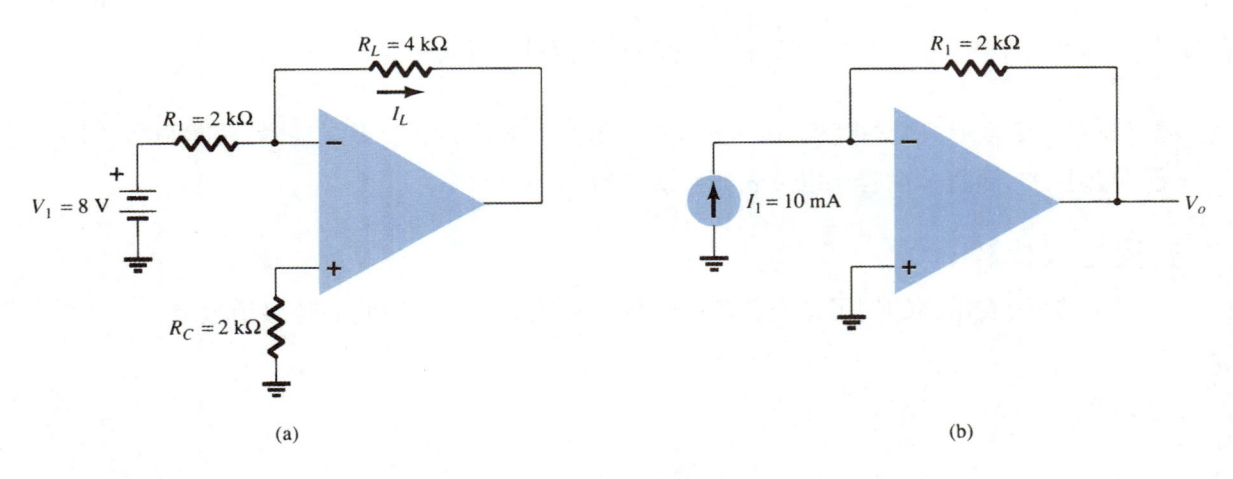

圖 2.24 例 2.10 的電路

解：

a. 對圖 2.24a 的電路，

$$I_L = \frac{V_1}{R_1} = \frac{8 \text{ V}}{2 \text{ k}\Omega} = \textbf{4 mA}$$

b. 對圖 2.24b 的電路，

$$V_o = -I_1 R_1 = -(10 \text{ mA})(2 \text{ k}\Omega) = \textbf{-20 V}$$

2.5 儀表電路

運算放大器普遍應用於儀表電路,如直流或交流電壓表。以下將介紹一些典型的電路,說明如何運用運算放大器。

直流毫伏特計

圖 2.25 顯示 741 運算放大器用在直流毫伏特計中,作為基本放大器。此放大器提供高輸入阻抗給電表,且比例因數只決定於電阻值和精確度。注意到,電表讀數代表在電路輸入處的訊號毫伏值。對此運算放大器電路分析後,可得電路轉移函數如下:

$$\left|\frac{I_o}{V_1}\right| = \frac{R_f}{R_1}\left(\frac{1}{R_S}\right) = \left(\frac{100 \text{ k}\Omega}{100 \text{ k}\Omega}\right)\left(\frac{1}{10 \text{ }\Omega}\right) = \frac{1 \text{ mA}}{10 \text{ mV}}$$

因此,10 mV 輸入會使表頭流經 1 mA 電流。若輸入為 5 mV 時,流經表頭的電流會是 0.5 mA,此為半滿刻度偏轉。例如,將 R_f 改為 200 kΩ 時,電路比例因數會成為

$$\left|\frac{I_o}{V_1}\right| = \left(\frac{200 \text{ k}\Omega}{100 \text{ k}\Omega}\right)\left(\frac{1}{10\Omega}\right) = \frac{1 \text{ mA}}{5 \text{ mV}}$$

顯示表頭全刻度時只能讀到 5 mV,應記住,建構這種毫伏特計時,需購置運算放大器、幾個電阻、二極體、電容,以及表頭動圈裝置。

交流毫伏特計

另一個儀表電路的例子是交流毫伏特計,見圖 2.26,此電路的轉移函數是

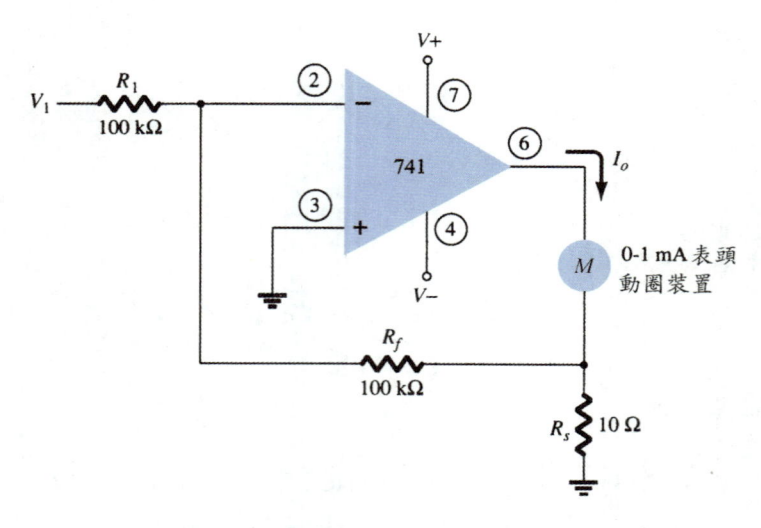

圖 2.25 運算放大器直流毫伏特計

第 2 章　運算放大器應用　　77

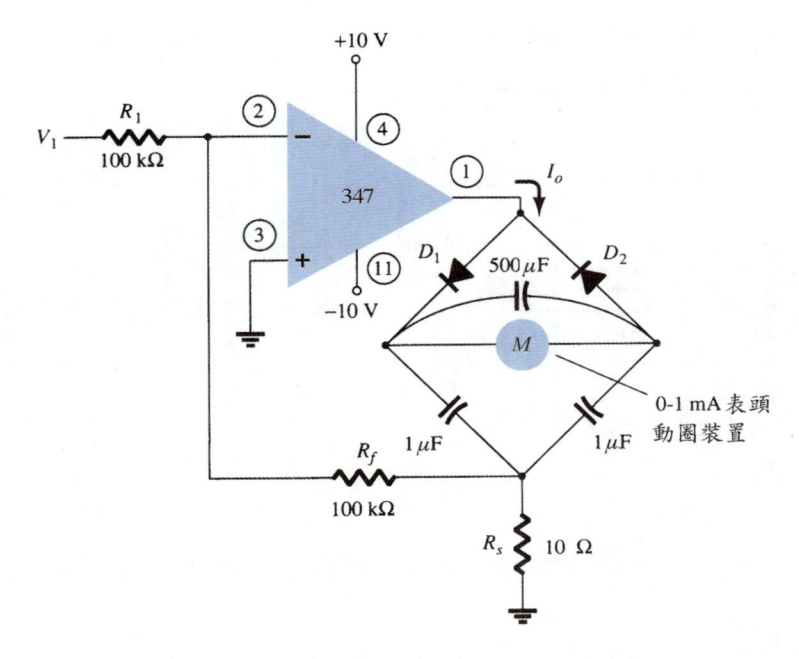

圖 2.26　使用運算放大器建立交流毫伏特計

$$\left|\frac{I_o}{V_1}\right| = \frac{R_f}{R_1}\left(\frac{1}{R_S}\right) = \left(\frac{100\text{ k}\Omega}{100\text{ k}\Omega}\right)\left(\frac{1}{10\Omega}\right) = \frac{1\text{ mA}}{10\text{ mV}}$$

除了所處理的訊號是交流訊號之外，看起來和直流毫伏特計完全相同，電表的指示在全刻度偏轉時，對應於 10 mV 交流輸入電壓，而 5 mV 的交流輸入則造成半滿刻度的偏轉，且電表讀值是以 mV 作單位。

顯示器驅動電路

　　圖 2.27 顯示，可利用運算放大器電路驅動燈泡或 LED 顯示器。在圖 2.27a 的電路中，當非反相輸入高於反相輸入時，第 1 腳的輸出會到達正飽和位準（此例中接近 +5V），Q_1 導通，燈泡被驅動"點亮"。如電路所示，運算放大器的輸出會提供 30 mA 的電流給電晶體 Q_1 的基極，再經適當選擇的電晶體（$\beta > 20$），可處理 600 mA 的驅動電流。圖 2.27b 則顯示，當非反相輸入高於反相輸入時，運算放大器電路可供應 20 mA 的電流，以驅動 LED 顯示器。

儀表放大器

　　以兩輸入的差（再乘上某因數）提供輸出的電路，見圖 2.28，電位計可供調整電路因數的大小。雖然用了三個運算放大器，但只要用一個 4 運算放大器的 IC 就夠了（再加上一些電阻元件）。可導出輸出和輸入的關係是

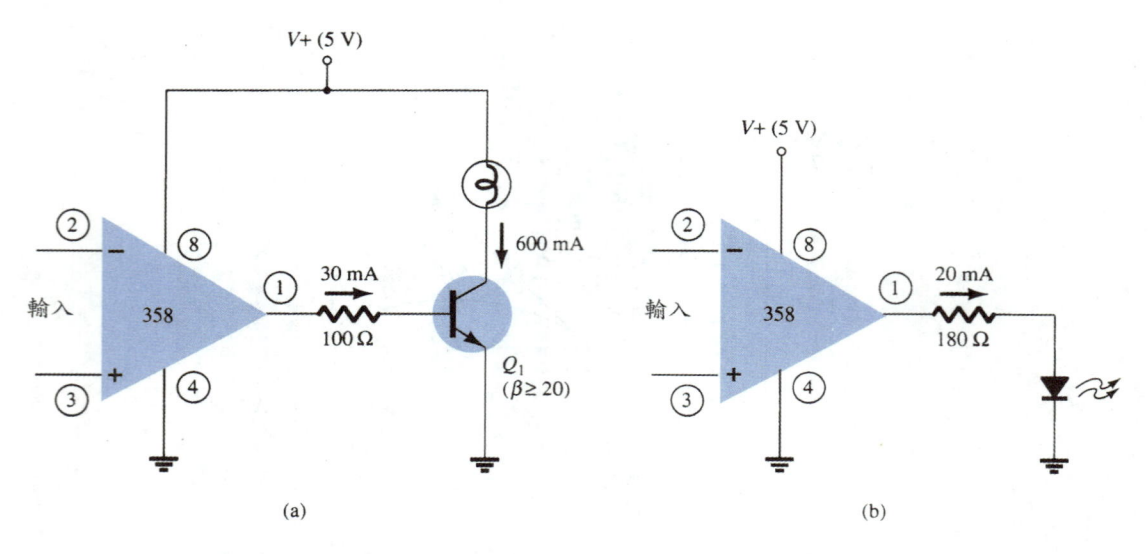

圖 2.27 顯示器驅動電路：(a)燈泡驅動電路；(b)LED 驅動電路

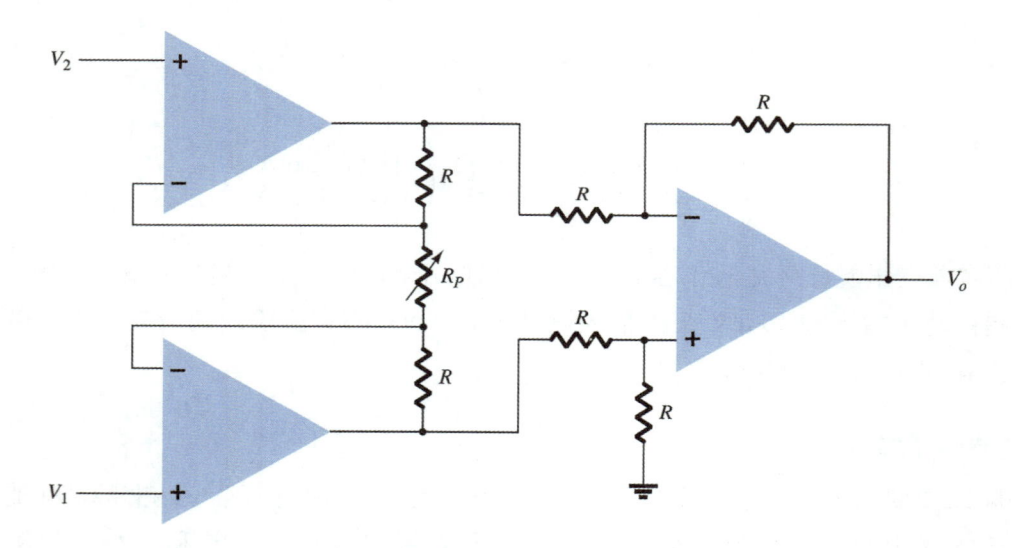

圖 2.28 儀表放大器

$$\frac{V_o}{V_1 - V_2} = 1 + \frac{2R}{R_P}$$

所以可得輸出如下：

$$V_o = \left(1 + \frac{2R}{R_P}\right)(V_1 - V_2) = k(V_1 - V_2) \tag{2.12}$$

例 2.11

試計算圖 2.29 電路中輸出電壓的表示式。

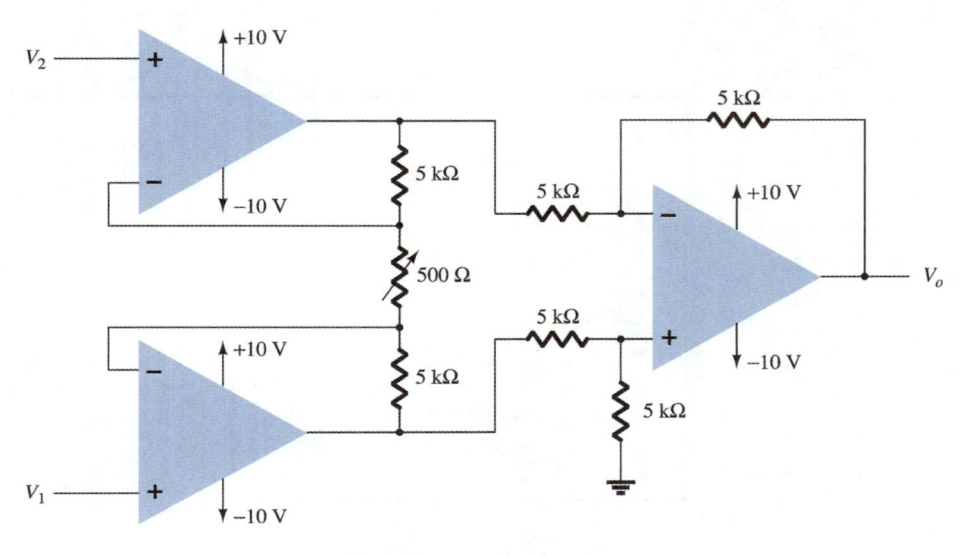

圖 2.29 例 2.11 的電路

解：

可利用式 (2.12)，輸出電壓可表為

$$V_o = \left(1 + \frac{2R}{R_P}\right)(V_1 - V_2) = \left[1 + \frac{2(5000)}{500}\right](V_1 - V_2)$$
$$= 21\,(V_1 - V_2)$$

2.6 主動濾波器

有一種普通的應用是利用運算放大器建構主動濾波器。濾波器可單用被動元件：電阻和電容建構。主動濾波器則加上放大器，提供電壓放大和訊號隔離或緩衝。

從直流到截止頻率 f_{OH} 提供定值輸出，且 f_{OH} 以上不通過任何訊號的濾波器，稱為理想低通濾波器，低通濾波器的理想響應見圖 2.30a。能提供或通過截止頻率 f_{OL} 以上的訊號的濾波器是高通濾波器，理想響應見圖 2.30b。若濾波器的通過訊號在某一理想截止頻率以上且在另一截止頻率以下時，稱為帶通濾波器，理想響應見圖 2.30c。

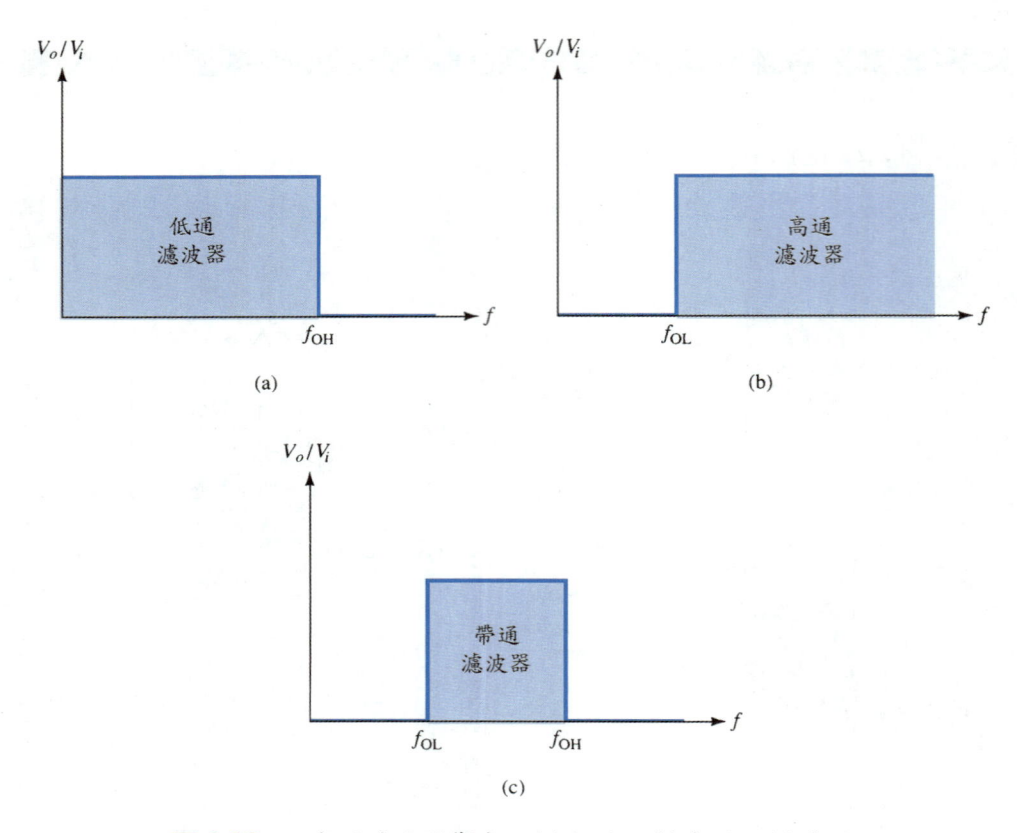

圖 2.30　理想的濾波器響應：(a)低通；(b)高通；(c)帶通

低通濾波器

使用單一個電阻和電容的 1 階低通濾波器，如圖 2.31a，其響應的實際斜率是每 10 倍頻 −20 dB，見圖 2.31b（和圖 2.30a 的理想響應不同）。截止頻率以下的電壓增益為定值，

$$A_v = 1 + \frac{R_F}{R_G} \qquad (2.13)$$

截止頻率是

$$f_{OH} = \frac{1}{2\pi R_1 C_1} \qquad (2.14)$$

用兩段 RC 組合的濾波器如圖 2.32，可產生 2 階低通濾波器，截止後斜率可達 −40 dB/10 倍頻——更接近圖 2.30a 的理想特性。此 2 階電路的電壓增益和截止頻率與 1 階濾波器電路相同，但 2 階濾波器電路的響應會以更快的斜率下降。

第 2 章　運算放大器應用　81

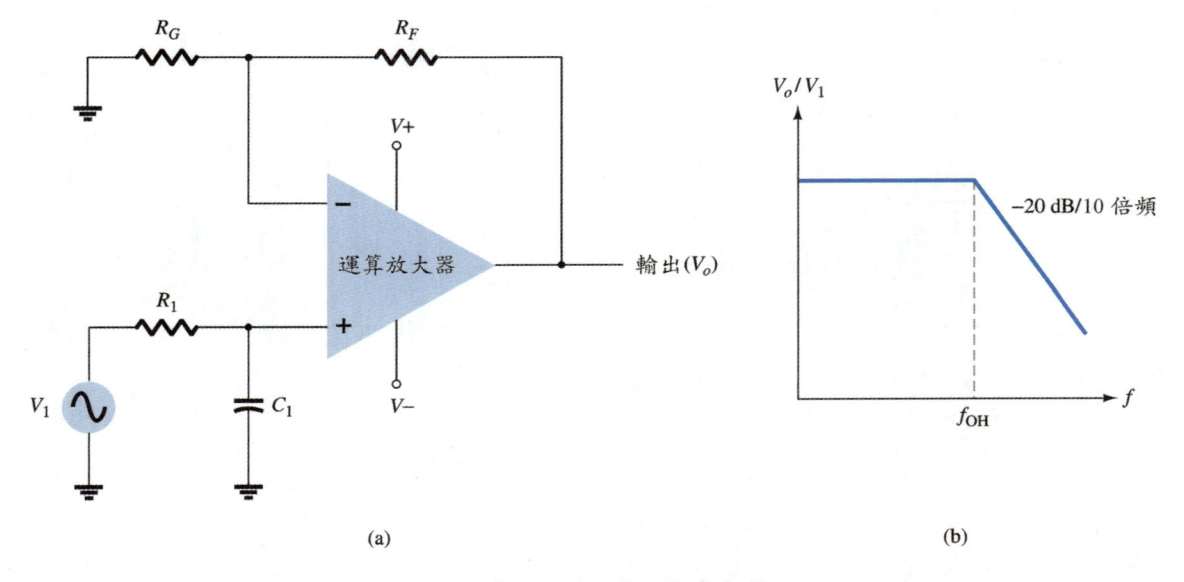

圖 2.31　1 階低通主動濾波器

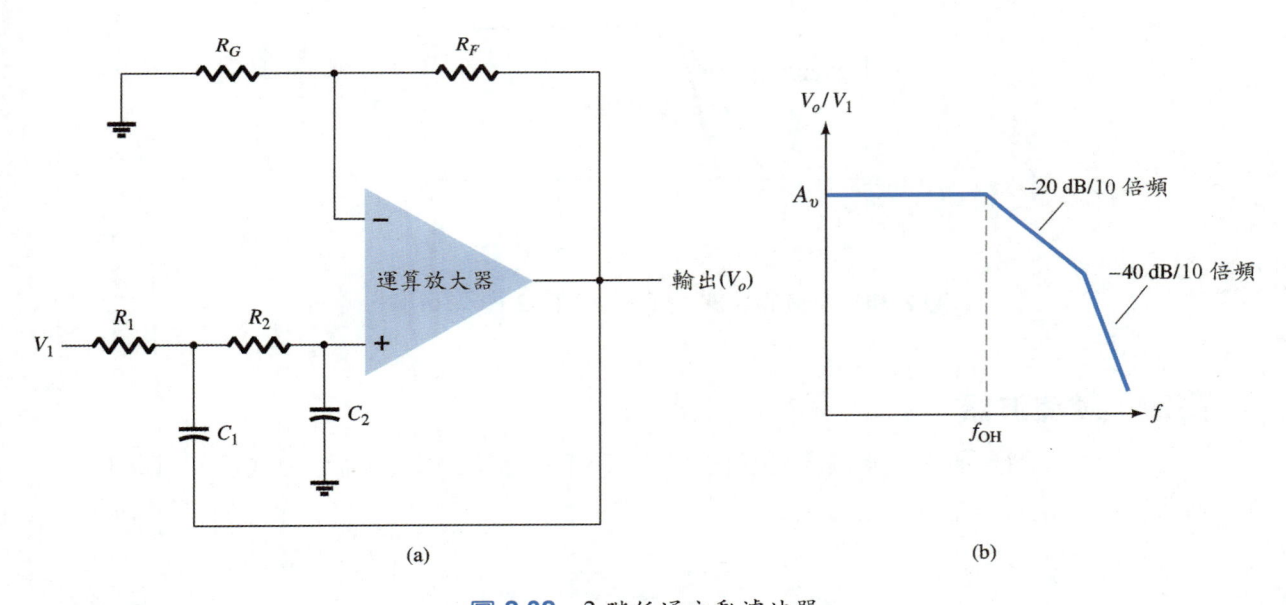

圖 2.32　2 階低通主動濾波器

例 2.12

試計算 1 階低通濾波器的截止頻率，已知 $R_1 = 1.2$ kΩ 且 $C_1 = 0.02$ μF。

解：

$$f_{\text{OH}} = \frac{1}{2\pi R_1 C_1} = \frac{1}{2\pi (1.2 \times 10^3)(0.02 \times 10^{-6})} = \mathbf{6.63 \text{ kHz}}$$

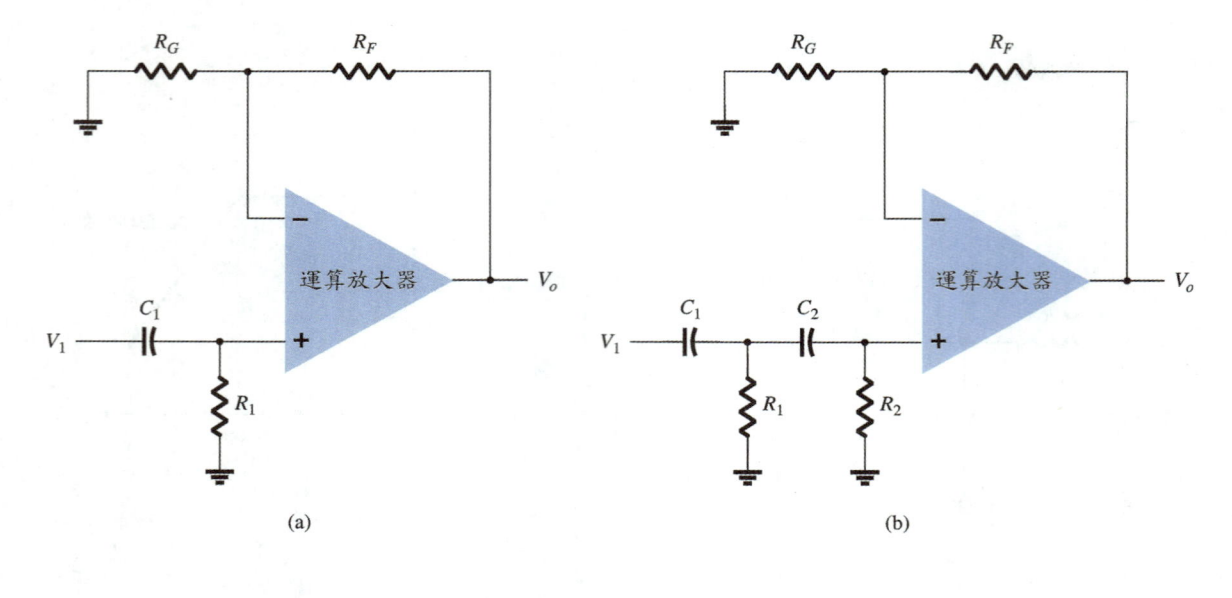

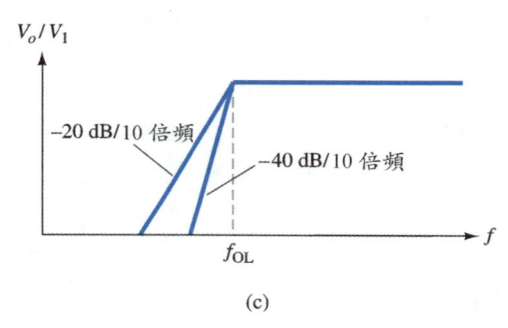

圖 2.33　高通濾波器：(a)1 階；(b)2 階；(c)響應圖

高通主動濾波器

1 階和 2 階高通主動濾波器可建構如圖 2.33 所示，放大器增益可用式 (2.13) 算出，放大器的截止頻率是

$$f_{OL} = \frac{1}{2\pi R_1 C_1} \tag{2.15}$$

若 2 階濾波器的 $R_1=R_2$ 且 $C_1=C_2$，可得如式 (2.15) 相同的截止頻率。

例 2.13

試計算如圖 2.33b 中，2 階高通濾波器的截止頻率，已知 $R_1=R_2=2.1\ k\Omega$、$C_1=C_2=0.05\ \mu F$ 且 $R_G=10\ k\Omega$、$R_F=50\ k\Omega$。

解：

$$式 (2.13)：A_v = 1 + \frac{R_F}{R_G} = 1 + \frac{50 \text{ k}\Omega}{10 \text{ k}\Omega} = 6$$

因此截止頻率是

$$式 (2.15)：f_{\text{OL}} = \frac{1}{2\pi R_1 C_1} = \frac{1}{2\pi (2.1 \times 10^3)(0.05 \times 10^{-6})} \approx \mathbf{1.5 \text{ kHz}}$$

帶通濾波器

圖 2.34 顯示使用 2 級的帶通濾波器，第 1 級是高通濾波器，而第 2 級是低通濾波器，總和操作是所要的帶通響應。

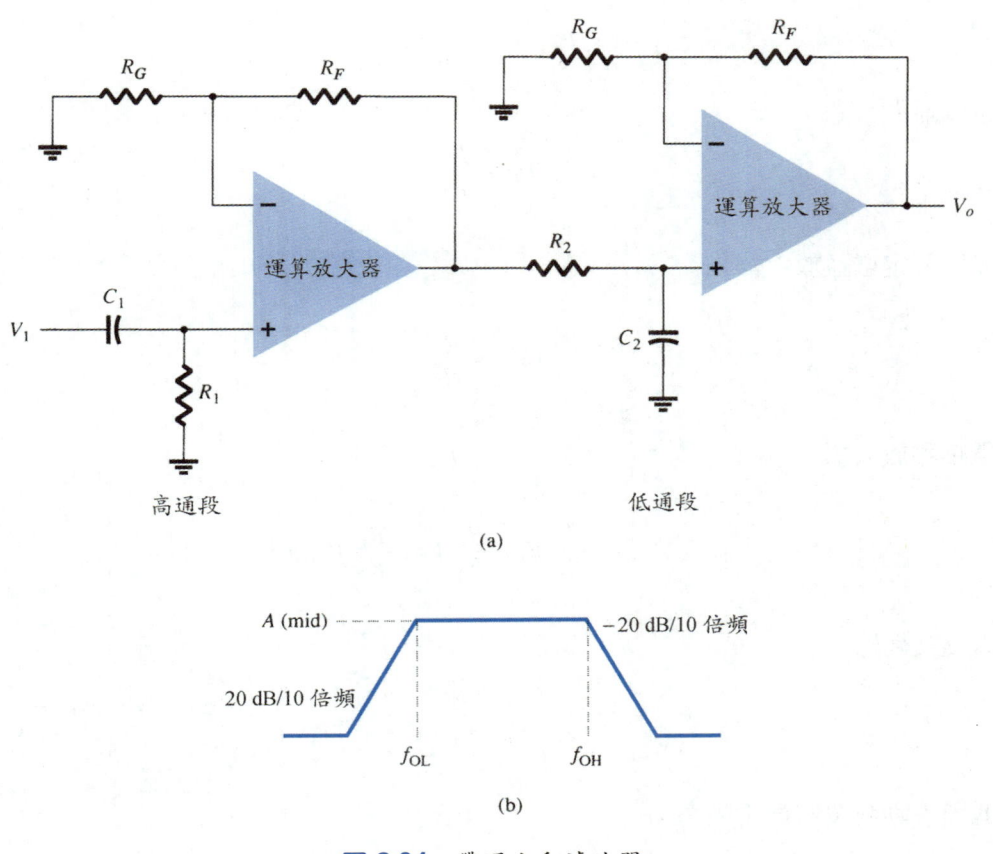

圖 2.34 帶通主動濾波器

例 2.14

試計算圖 2.34 帶通濾波器電路的截止頻率,已知 $R_1=R_2=10$ kΩ、$C_1=0.1$ μF 且 $C_2=0.002$ μF。

解：

$$f_{\text{OL}}=\frac{1}{2\pi R_1 C_1}=\frac{1}{2\pi(10\times 10^3)(0.1\times 10^{-6})}=\textbf{159.15 Hz}$$

$$f_{\text{OH}}=\frac{1}{2\pi R_2 C_2}=\frac{1}{2\pi(10\times 10^3)(0.002\times 10^{-6})}=\textbf{7.96 kHz}$$

2.7　總　結

方程式

定增益放大器：

$$A=-\frac{R_f}{R_1}$$

非反相定增益放大器：

$$A=1+\frac{R_f}{R_1}$$

電壓和放大器：

$$A=-\left[\frac{R_f}{R_1}V_1+\frac{R_f}{R_2}V_2+\frac{R_f}{R_3}V_3\right]$$

電壓緩衝器：

$$V_o=V_1$$

低通主動濾波器截止頻率：

$$f_{\text{OH}}=\frac{1}{2\pi R_1 C_1}$$

高通主動濾波器截止頻率：

$$f_{OL} = \frac{1}{2\pi R_1 C_1}$$

2.8 計算機分析

本章所涵蓋的實際運動放大器應用中，許多皆可用 PSpice 分析。各種問題的分析會用來顯示直流偏壓的結果，或者利用**測棒**顯示所得的波形。和往常一樣，一定先用**電路圖**畫出對應的電路圖並設定所要的分析，接著用**模擬**分析電路，最後檢視所得的**輸出**，或者用**測棒**觀察各種不同的波形。

程式 2.1——和運算放大器

用 741 IC 建立的和運算放大器見圖 2.35，三個直流電壓輸入相加，所得輸出直流電壓決定如下：

$V_o = -[(100 \text{ k}\Omega/20 \text{ k}\Omega)(+2 \text{ V}) + (100 \text{ k}\Omega/50 \text{ k}\Omega)(-3 \text{ V}) + (100 \text{ k}\Omega/10 \text{ k}\Omega)(+1 \text{ V})]$
$\quad = -[(10 \text{ V}) + (-6 \text{ V}) + (10 \text{ V})] = -[20 \text{ V} - 6\text{V}] = -14 \text{ V}$

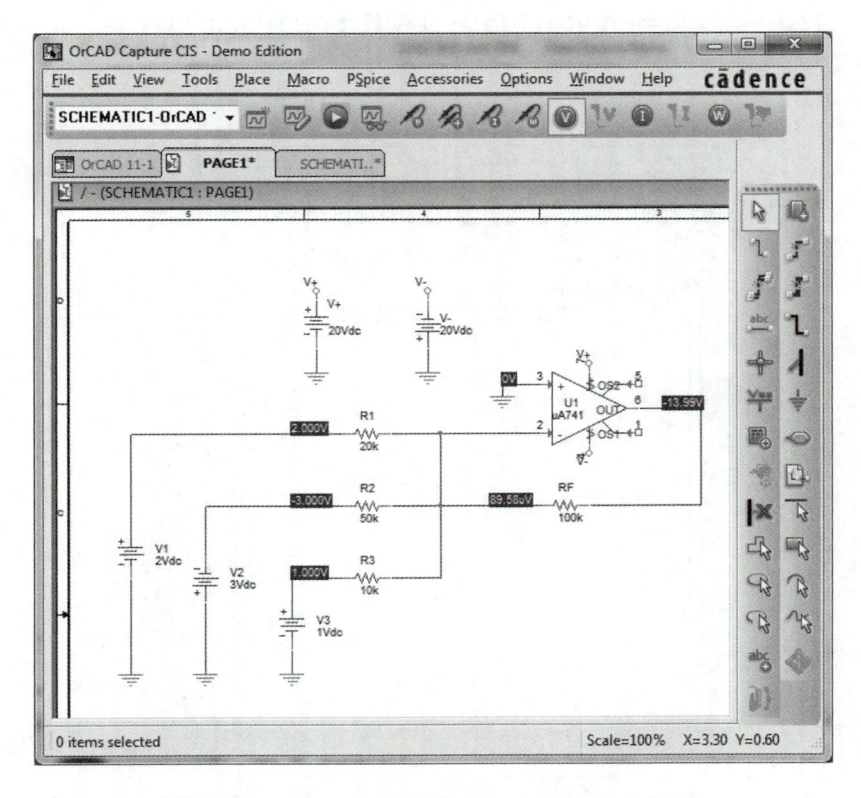

圖 2.35 用 μA741 運算放大器建立和放大器

畫電路並執行分析的步驟如下。利用**取得新元件**：

選用 μA741。

選用 **R** 並重複選用，共三個輸入電阻和一個反饋電阻，如有需要可設電阻值並改變電阻名稱。

選用 **VDC**，共置放三個輸入電壓和兩個電源電壓，如有需要可設電壓值並改變電壓名稱。

選用 **GLOBAL**（通用連接點），用來確立電源電壓，並連接到運算放大器的電源輸入腳（4 和 7）。

現在畫好電路，並設好所有元件名稱和數值，見圖 2.35，按下**模擬**（執行 PSpice）按鈕，以 PSpice 分析電路。因並未選取任何特定的分析，只會執行直流偏壓分析。

按下**偏壓電壓顯示致能**按鈕，會看到電路上各不同點的直流電壓。偏壓電壓顯示在圖 2.35 上，輸出是 −13.99 V（前述的計算值是 −14 V）。

程式 2.2──運算放大器直流電壓表

利用 μA741 運算放大器建構的直流電壓表提供在圖 2.36 的電路，由第 2.5 節所給的內容知，電路的轉移函數是

$$I_o/V_1 = (R_F/R_1)(1/R_S) = (1\text{ M}\Omega/1\text{ M}\Omega)(1/10\text{ k}\Omega)$$

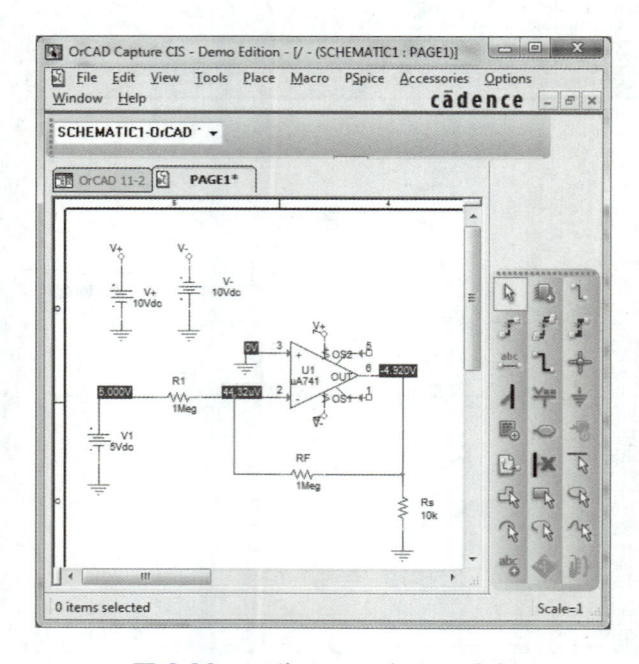

圖 2.36 運算放大器直流電壓表

此電壓表的滿刻度設定（對應 I_o 的滿刻度是 1 mA）是

$$V_1（滿刻度）= (10\ \text{k}\Omega)(1\ \text{mA}) = 10\ \text{V}$$

因此，10 V 輸入會產生 1 mA 的表頭電流──使電表產生滿刻度偏轉。任何低於 10 V 的輸入，會產生等比例但較低的電表偏轉。

畫電路圖並執行分析的步驟如下。利用**取得新元件**：

選用 **µA741**。

選用 **R** 並重複選用，共置放輸入電阻、反饋電阻和表頭設定電阻。如有需要可設電阻值並改變電阻名稱。

選用 **VDC**，共置放輸入電壓和兩個電源電壓。如有需要可設電壓值並改變電壓名稱。

選用 **GLOBAL**（通用連接點），用來確立電源電壓，並連接到運算放大器的電源輸入腳（4 和 7）。

選用**電流測棒**，並作為表頭動圈裝置。

現在畫好電路，並設好所有元件名稱和數值，見圖 2.36，按下**模擬**（執行 PSpice）按鈕，以 PSpice 分析電路。因並未選取任何特定的分析，只會執行直流偏壓分析。

圖 2.36 顯示，5 V 輸入會產生 0.5 mA 電流，此 0.5 mA 的電表讀值是 5 V（因滿刻度 1 mA 對應於 10 V 輸入）。

程式 2.3──低通主動濾波器

圖 2.37 顯示低通主動濾波器的電路圖，此低通濾波器的通過頻率自直流至截止頻率，截止頻率由電阻 R_1 和電容 C_1 決定如下：

$$f_{\text{OH}} = 1/(2\pi R_1 C_1)$$

就圖 2.37 的電路而言，此即

$$f_{\text{OH}} = 1/(2\pi R_1 C_1) = 1/(2\pi \cdot 10\ \text{k}\Omega \cdot 0.1\ \mu\text{F}) = 159\ \text{Hz}$$

圖 2.38 顯示結果，此可用**分析設立－交流頻率**，再選用交流掃描，自 1 Hz 到 10 kHz，每 10 倍頻 100 點。執行分析後立**分析圖形**，即圖 2.38。可看到，所得截止頻率是 158.5，很接近先前的計算結果。

88 電子裝置與電路理論

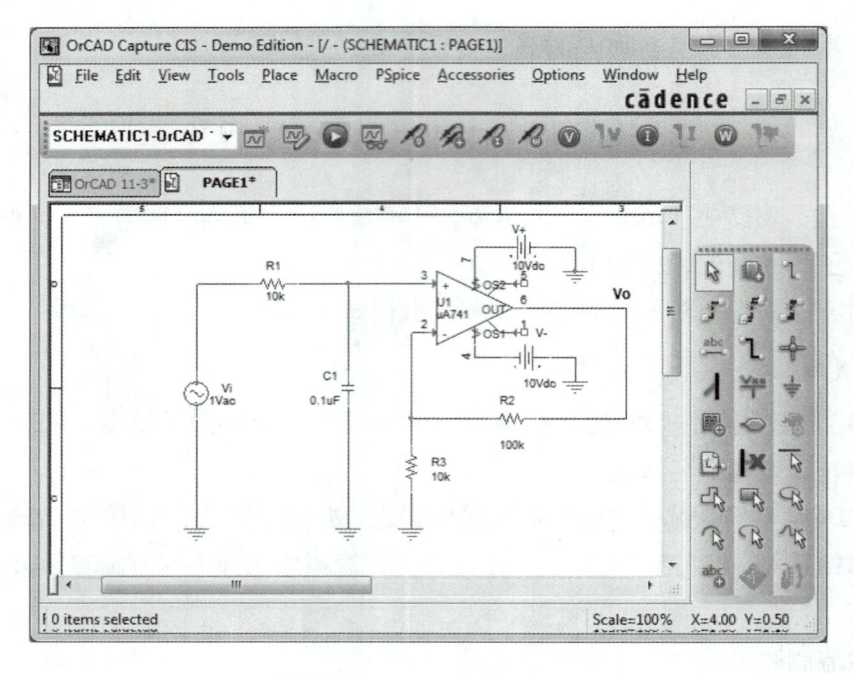

圖 2.37　低通主動濾波器

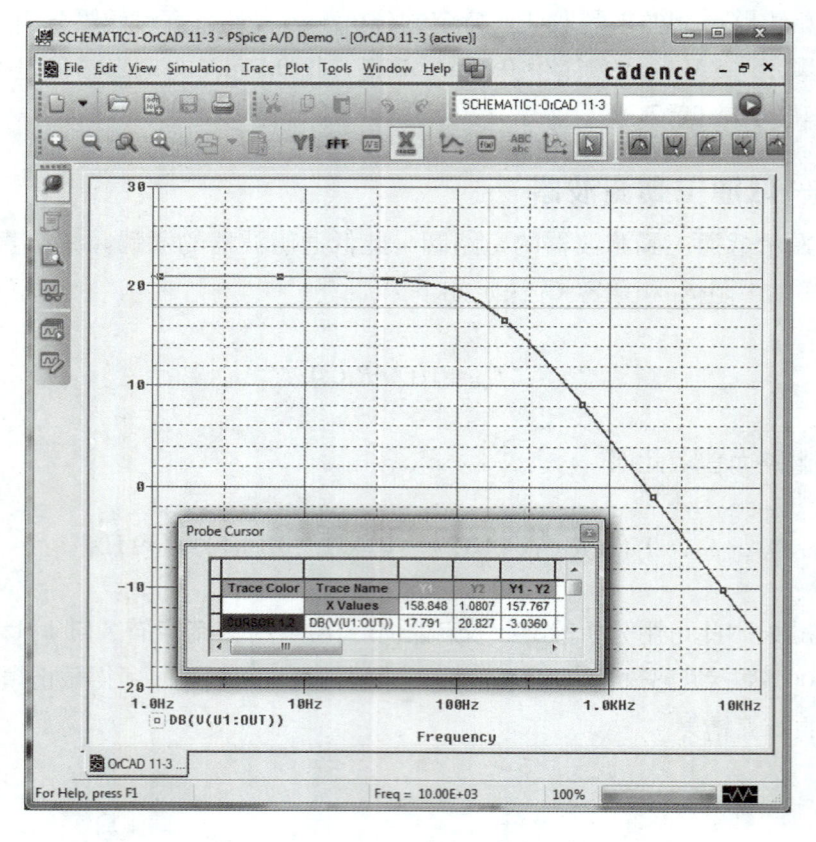

圖 2.38　低通濾波器的交流分析

程式 2.4──高通主動濾波器

圖 2.39 顯示高通主動濾波器的電路圖，此 1 階濾波器電路的通過頻率是在截止頻率之上，截止頻率由電阻 R_1 和電容 C_1 決定如下：

$$f_{OL}=1/(2\pi R_1 C_1)$$

就圖 2.39 的電路而言，此即

$$f_{OH}=1/(2\pi R_1 C_1)=1/(2\pi \cdot 18 \text{ k}\Omega \cdot 0.003\mu F)=2.95 \text{ kHz}$$

設立分析為交流掃描，頻率自 10 Hz～100 kHz，每 10 倍頻 100 點。執行分析後顯示的輸出中，輸出電壓的單位是 dB，見圖 2.40。可看到所得截止頻率是 2.9 kHz，很接近先前的計算值。

程式 2.5──2 階高通主動濾波器

圖 2.41 顯示利用 Orcad 所畫的 2 階高通主動濾波器的電路圖，此 2 階濾波器電路的通過頻率在截止頻率之上，截止頻率由電阻 R_1 和電容 C_1 決定如下：

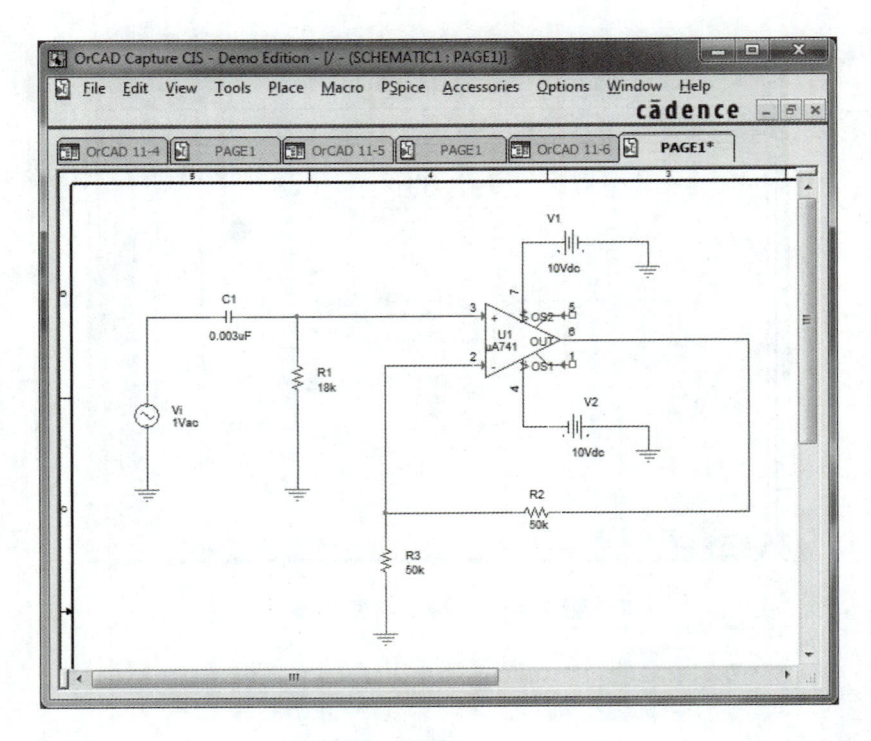

$$f_{OL}=1/(2\pi R_1 C_1)$$

圖 2.39　高通主動濾波器

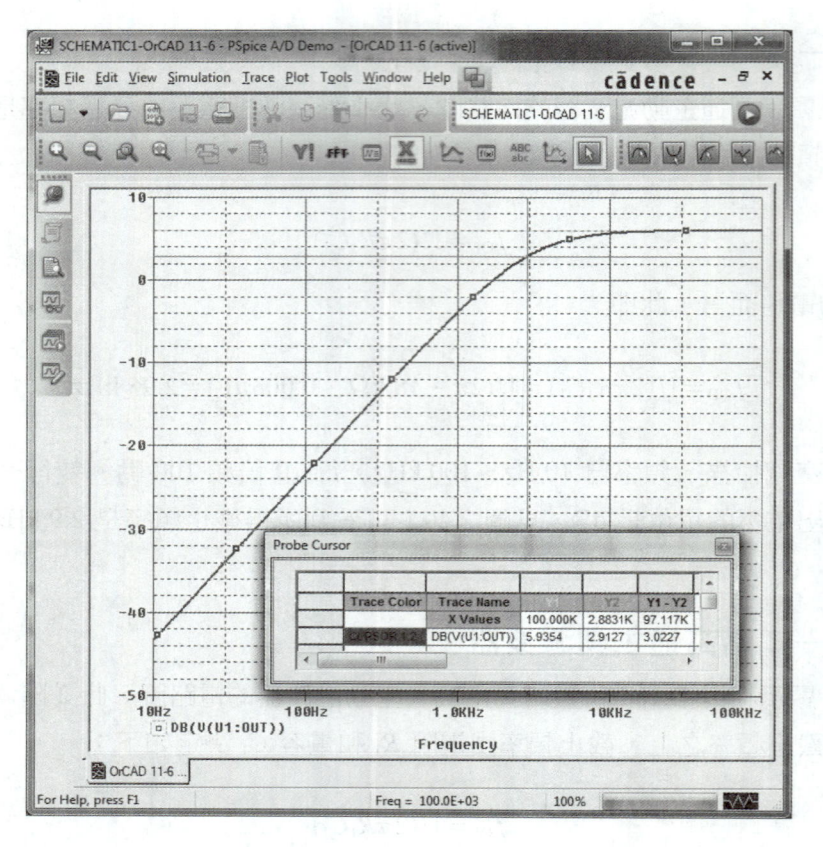

圖 2.40　圖 2.39 主動高通濾波器電路的 dB 輸出圖

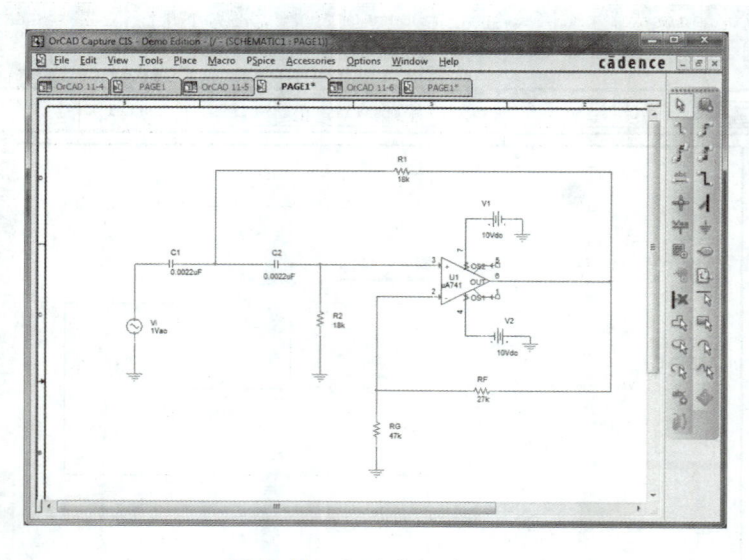

圖 2.41　2 階高通濾波器

就圖 2.41 的電路而言，此即

$$f_{\text{OL}} = 1/(2\pi R_1 C_1) = 1/(2\pi \cdot 18\ \text{k}\Omega \cdot 0.0022\ \mu\text{F}) = 4\ \text{kHz}$$

分析設立設定為交流掃描，自 100 Hz～100 kHz，每 10 倍頻 20 點，見圖 2.42。執行分析後，找出**測棒輸出**，輸出電壓(V_o)如圖 2.43 所示。可用**游標**看到，所得截止頻率是 **fL**=4 kHz，和先前的計算結果相同。

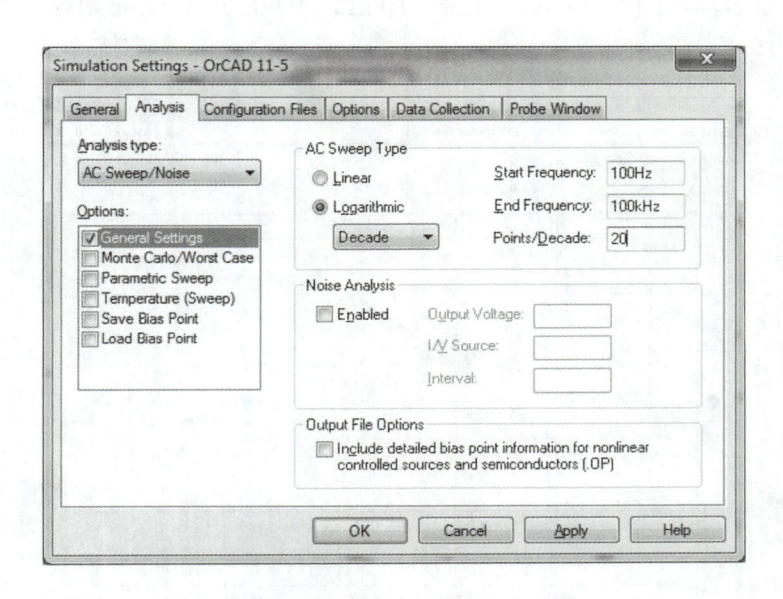

圖 2.42 圖 2.41 的分析設定

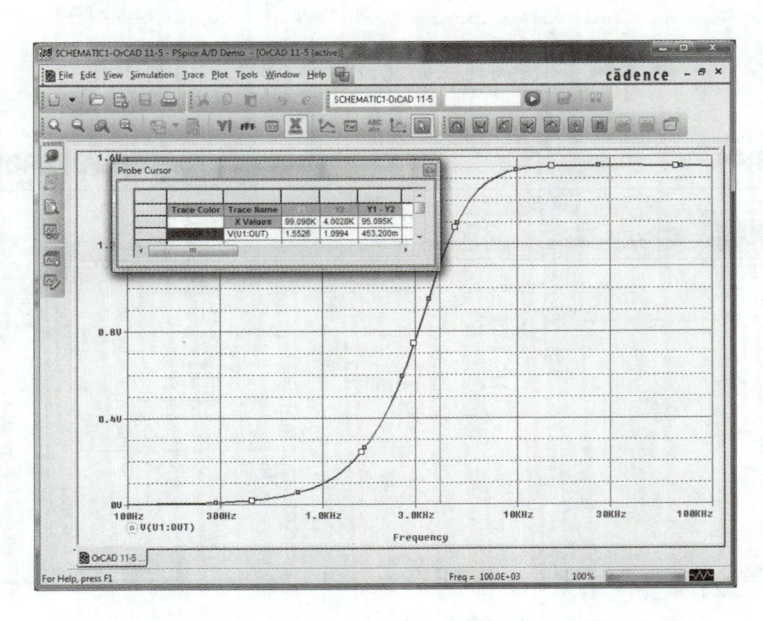

圖 2.43 2 階高通主動濾波器中 V_o 的測棒圖

圖 2.44 顯示 dB 增益對應於頻率的圖，頻率範圍超過一個 10 倍頻（由約 300 Hz 到約 3 Hz），增益變化約 40 dB——符合 2 階濾波器的預期。

程式 2.6——帶通主動濾波器

圖 2.45 顯示帶通主動濾波器電路，利用例 2.14 的數值，可得帶通頻率如下：

$$f_{OL} = 1/(2\pi R_1 C_1) = 1/(2\pi \cdot 10 \text{ k}\Omega \cdot 0.1 \text{ }\mu\text{F}) = 159 \text{ Hz}$$
$$f_{OH} = 1/(2\pi R_2 C_2) = 1/(2\pi \cdot 10 \text{ k}\Omega \cdot 0.002 \text{ }\mu\text{F}) = 7.96 \text{ kHz}$$

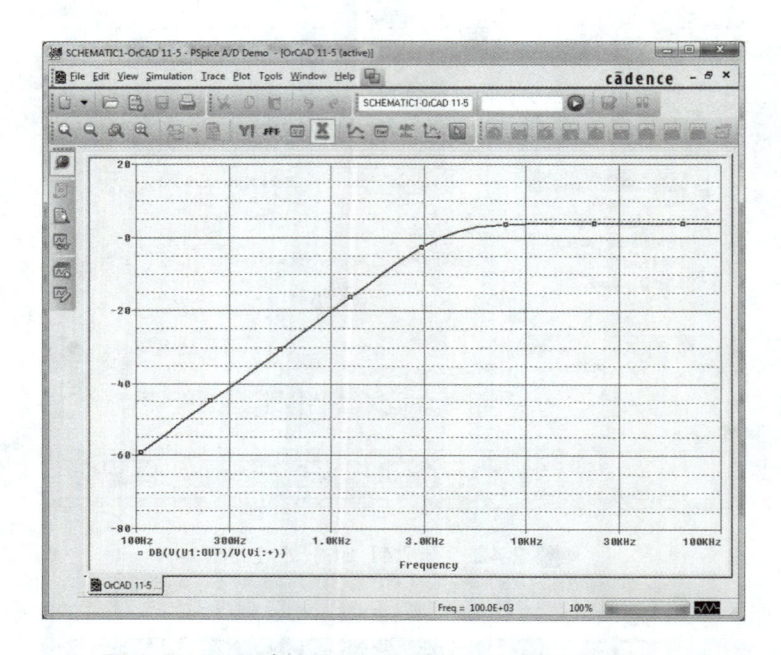

圖 2.44　2 階高通主動濾波器的 dB(V_o/V_i) 測棒圖

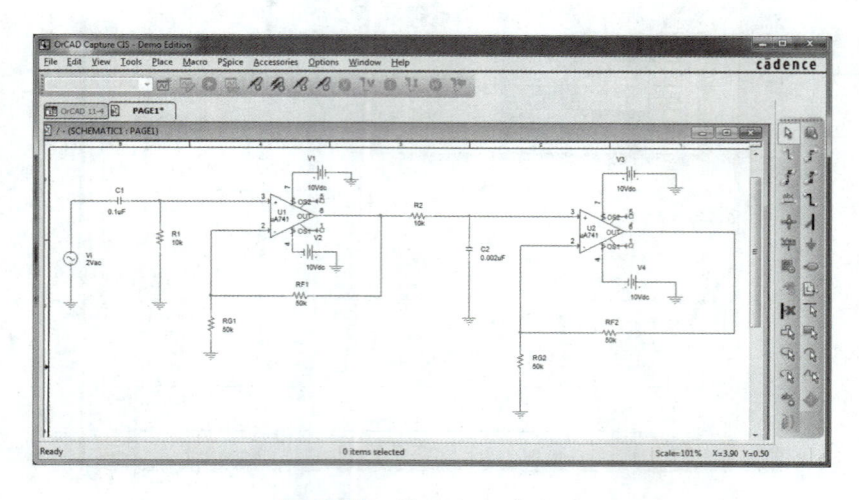

圖 2.45　帶通主動濾波器

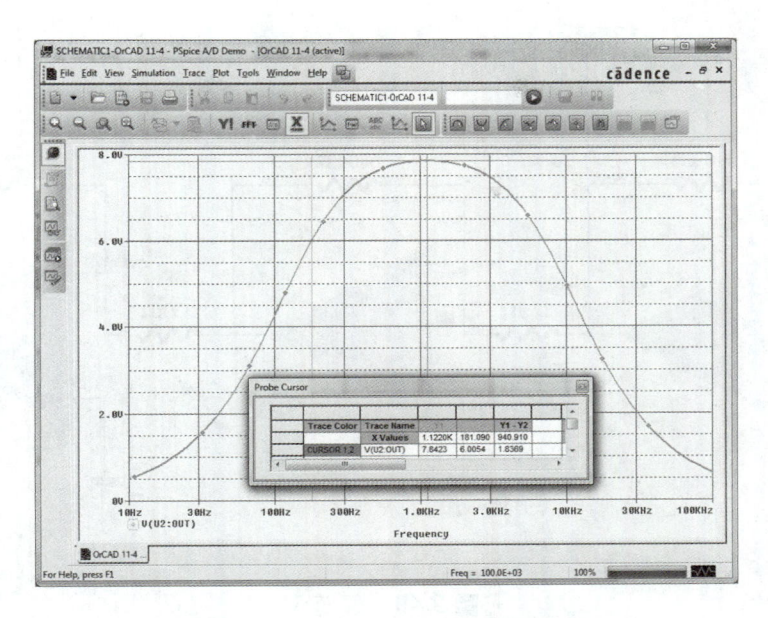

圖 2.46 帶通主動濾波器的測棒圖

掃描從 10 Hz～1 MHz，每 10 倍頻設定 10 點，圖 2.46 的 V_o 圖顯示，低頻截止頻率約 181.1 Hz，在電壓 0.707(7.8423 V)≅6 V 處量測頻率，用游標對到高頻 0.707 倍的電壓點，高頻截止頻率約 8.2 kHz，這些值相當符合先前的手算值。

習　題

*注意：星號代表較困難的習題。

2.1　定增益放大器

1. 試計算圖 2.47 電路中的輸出電壓，已知輸入 V_i=3.5 mV rms。

2. 試計算圖 2.48 電路中的輸出電壓，已知輸入是 150 mV rms。

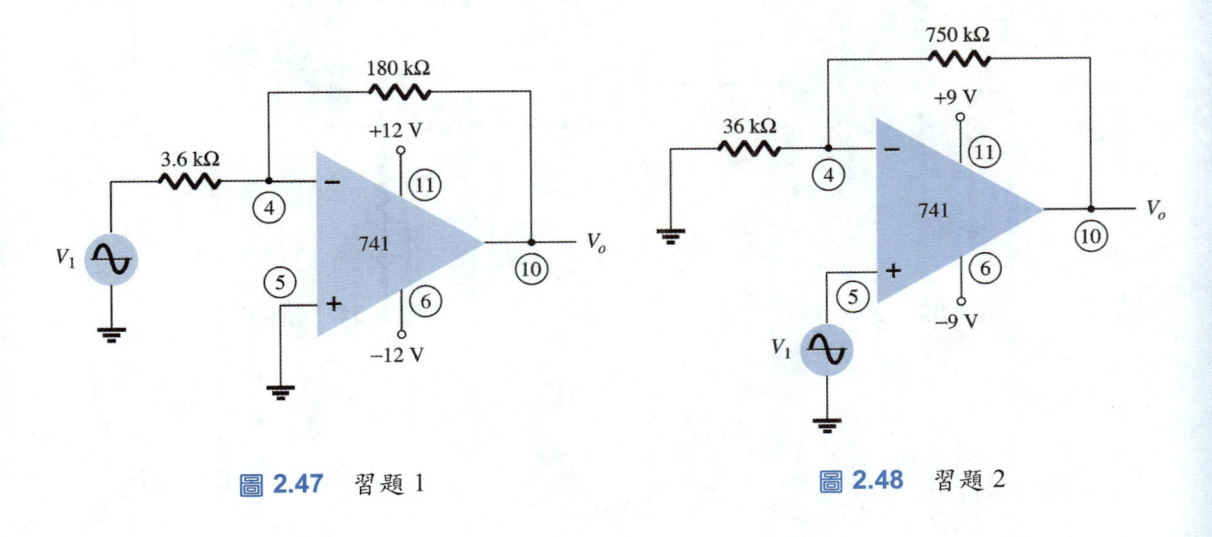

圖 2.47　習題 1

圖 2.48　習題 2

*3. 試計算圖 2.49 電路中的輸出電壓。

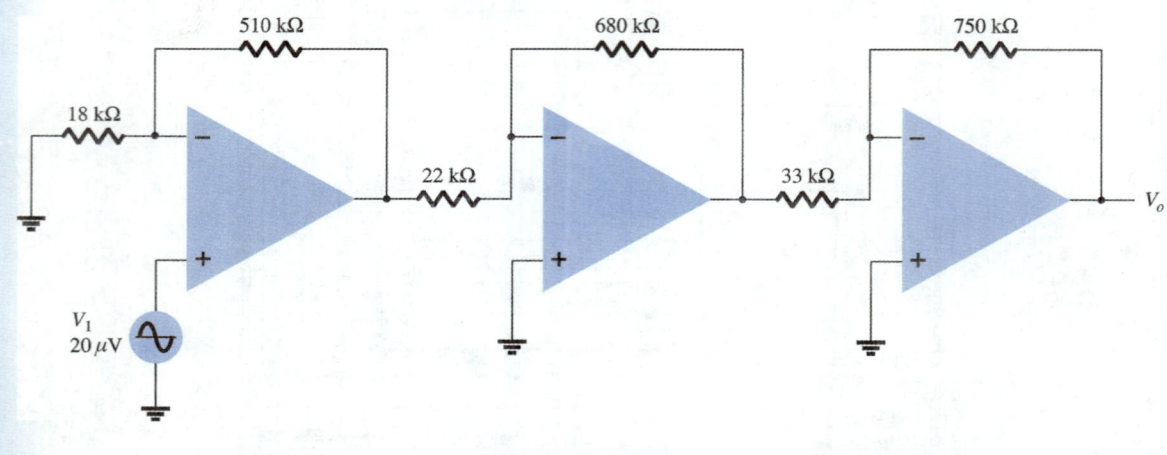

圖 2.49 習題 3

*4. 試將 4 運算放大器 IC LM124 接成 3 級放大器，增益分別為 +15、−22 和 −30。每一放大級均使用 420 kΩ 反饋電阻。當輸入 $V_1 = 80\,\mu\text{V}$ 時，產生的輸出電壓是多少？

5. 試將 LM358 IC 接成兩個運算放大級，提供的輸出分別比輸入大 15 倍和 −30 倍，每一級均使用反饋電阻 $R_F = 150\,\text{k}\Omega$。

2.2　電壓和

6. 試計算圖 2.50 電路的輸出電壓，已知輸入 $V_1 = 40\,\text{mV rms}$ 且 $V_2 = 20\,\text{mV rms}$。

7. 試決定圖 2.51 電路的輸出電壓。

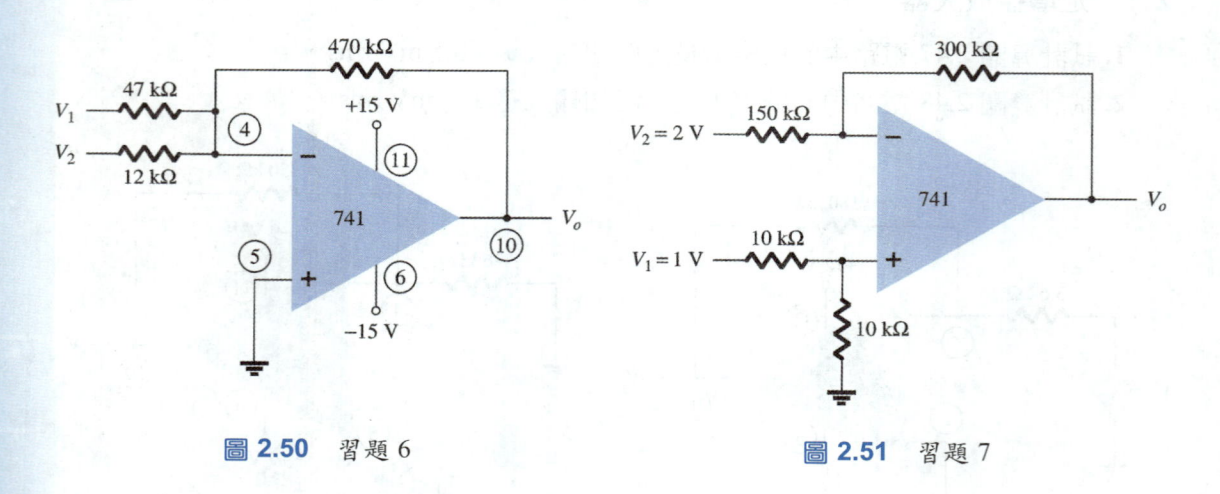

圖 2.50 習題 6　　　　**圖 2.51** 習題 7

8. 試決定圖 2.52 電路的輸出電壓。

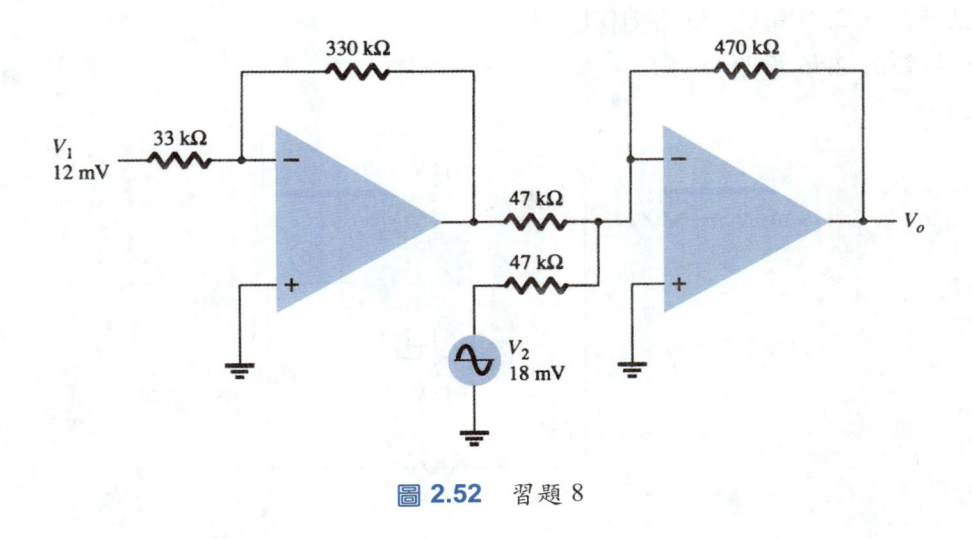

圖 2.52　習題 8

2.3　電壓緩衝器

9. 試將 LM124 IC 接成單位增益放大器（須標出腳位）。
10. 試將 LM358 接成單位增益放大器以提供相同輸出（須標出腳位）。

2.4　受控源

11. 試計算圖 2.53 電路中的 I_L。
12. 試計算圖 2.54 電路中的 V_o。

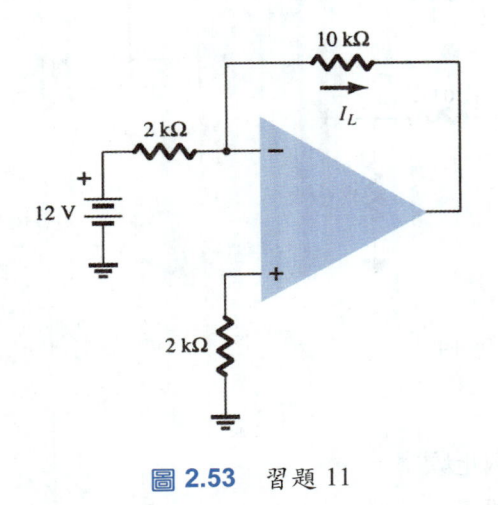

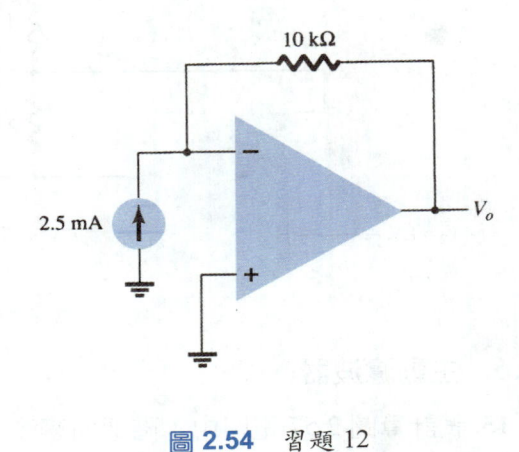

圖 2.53　習題 11

圖 2.54　習題 12

2.5 儀表電路

13. 試計算圖 2.55 電路中的輸出電流 I_o。

*14. 試計算圖 2.56 電路中的 V_o。

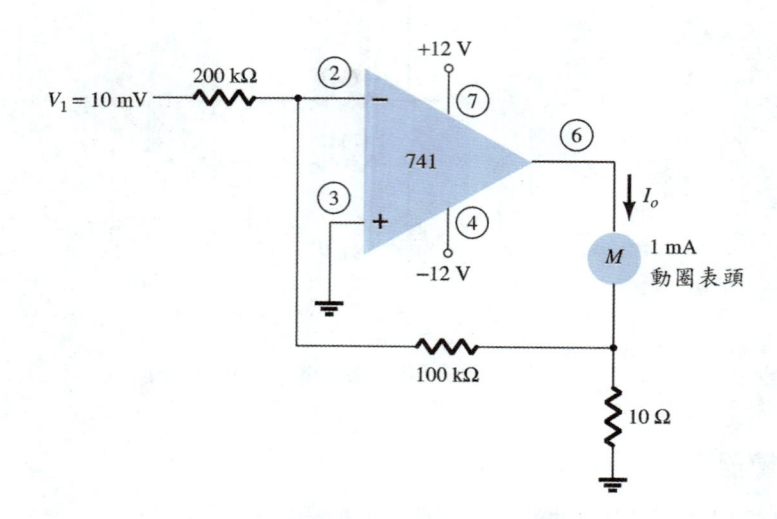

圖 2.55 習題 13

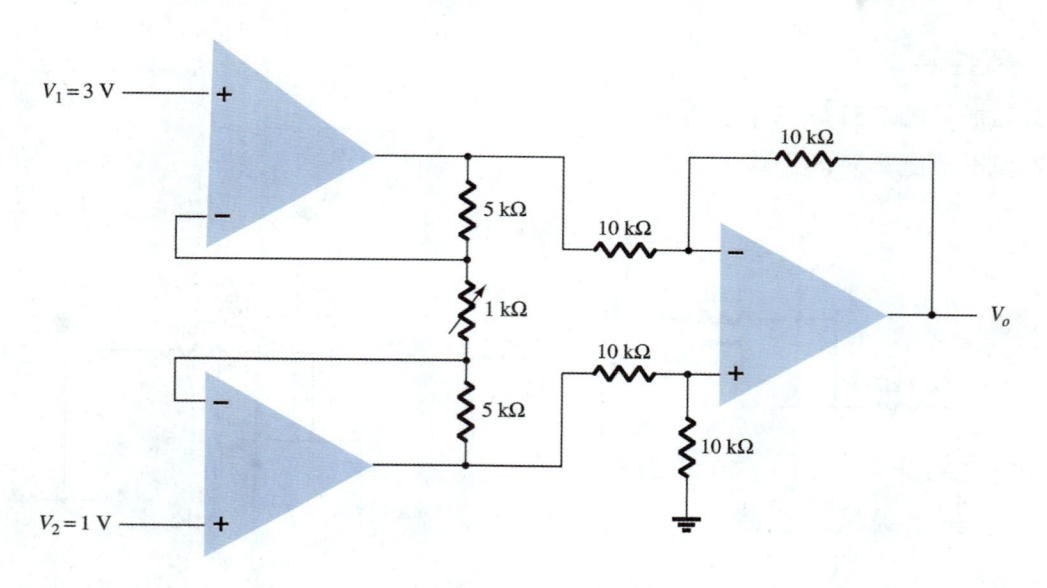

圖 2.56 習題 14

2.6 主動濾波器

15. 試計算圖 2.57 電路中 1 階低通濾波器的截止頻率。

16. 試計算圖 2.58 高通濾波器電路中的截止頻率。

17. 試計算圖 2.59 帶通濾波器電路的低頻與高頻截止頻率。

▣ 2.57　習題 15

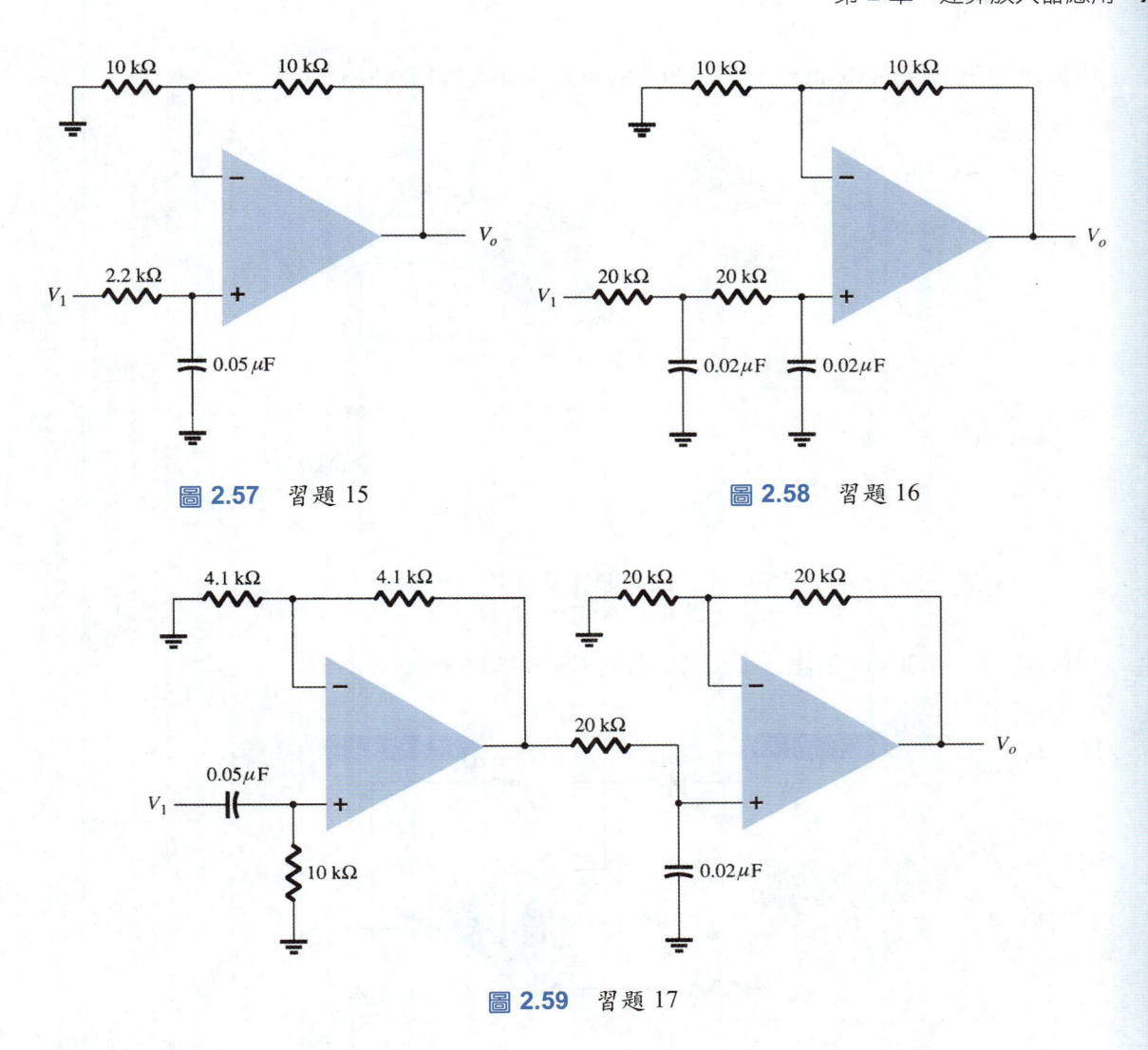

▣ 2.58　習題 16

▣ 2.59　習題 17

2.8　計算機分析

*18. 試利用 Design Center 畫出圖 2.60 的電路圖並決定 V_o。

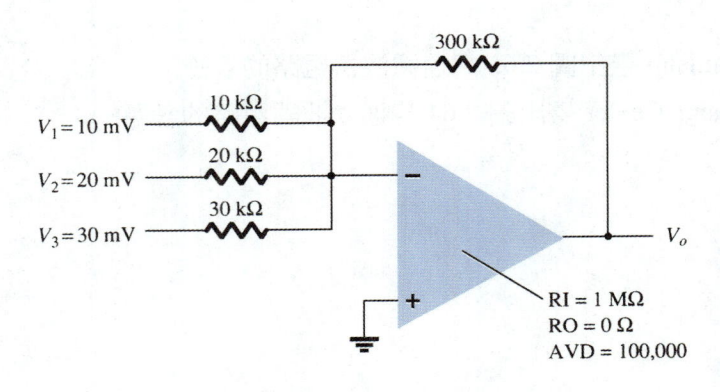

▣ 2.60　習題 18

98 電子裝置與電路理論

***19.** 試利用 Design Center 計算圖 2.61 的電路中的 I (VSENSE)。

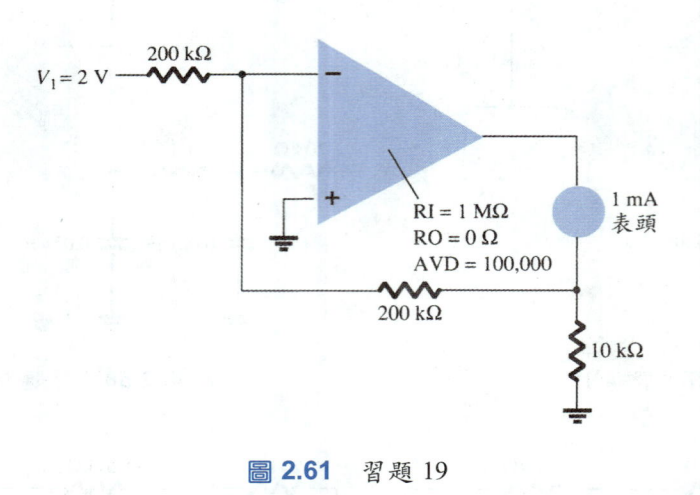

圖 2.61 習題 19

***20.** 試利用 Multisim 畫出圖 2.62 低通濾波器電路的響應。

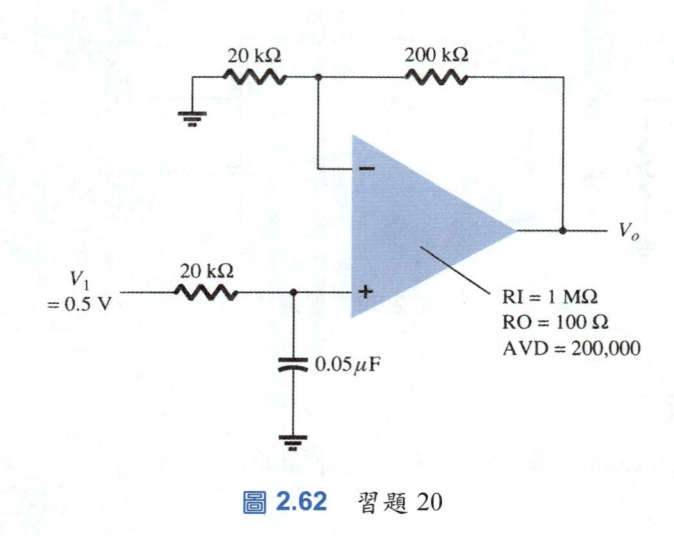

圖 2.62 習題 20

***21.** 試利用 Multisim 畫出圖 2.63 高通濾波器電路的響應。
***22.** 試利用 Design Center 畫出圖 2.64 帶通濾波器電路的響應。

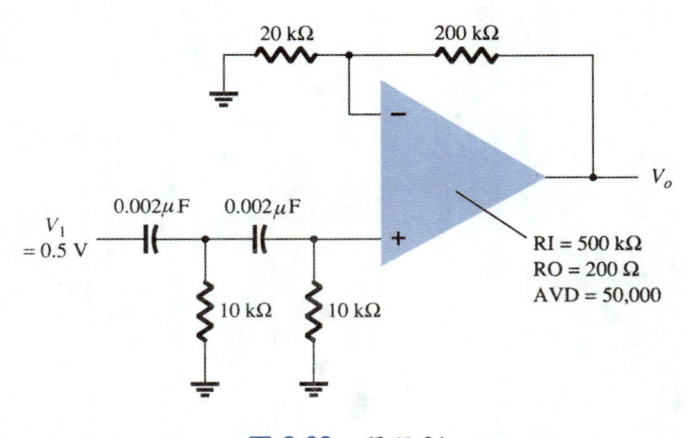

圖 2.63 習題 21

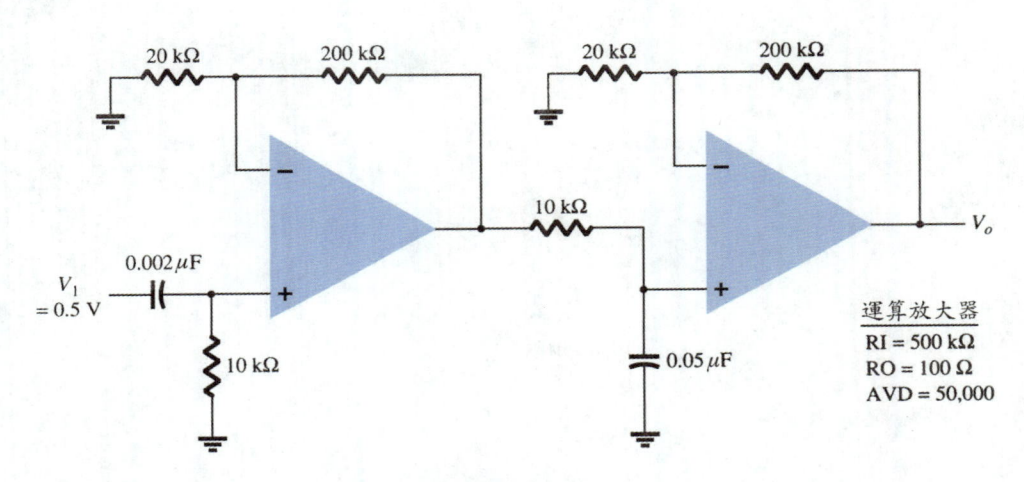

圖 2.64 習題 22

功率放大器 3

本章目標

- A、AB 與 C 類放大器之間的差異
- 什麼引起放大器失真
- 各類放大器的效率
- 各類放大器的電量計算

3.1 導言──定義與放大器類型

　　放大器從某些感測器或輸入源收到訊號後，會產生較大的訊號提供給某些輸出裝置或另一放大級。輸入的感測訊號通常很小（如卡式座或 CD 輸入只有幾毫伏，或者如天線只有幾微伏），需要放大足夠，才能在輸出裝置上工作（如揚聲器或其他功率處理裝置）。在小訊號放大器中，主要考慮因素通常是放大的線性度和增益大小，因小訊號放大器中的訊號電壓電流都小，處理功率能力的大小和效率都不是考量的重點，如電壓放大器主要在提供電壓放大以增加輸入訊號的電壓。而反觀大訊號或功率放大器，主要在提供足夠的功率給輸出負載，以驅動揚聲器或其他功率裝置，一般約幾瓦到幾十瓦。在第 3 章，我們所專注的放大器電路是用來處理大電壓訊號，且電流在中高範圍。大訊號放大器的主要特點是電路的功率效率、電路所能處理的最大功率，以及對輸出裝置的阻抗匹配。

　　區分放大器的方法是分類。基本上，放大器的類型代表在一整個輸入訊號週期之中，能產生輸出訊號變化的週期比例，以下提供放大器分類的簡要敘述。

　　A 類：輸出訊號在週期的完整 360° 中都會變化，如圖 3.1a 顯示，此需 Q 點至少偏壓到輸出訊號高低擺幅的一半，訊號最高時不

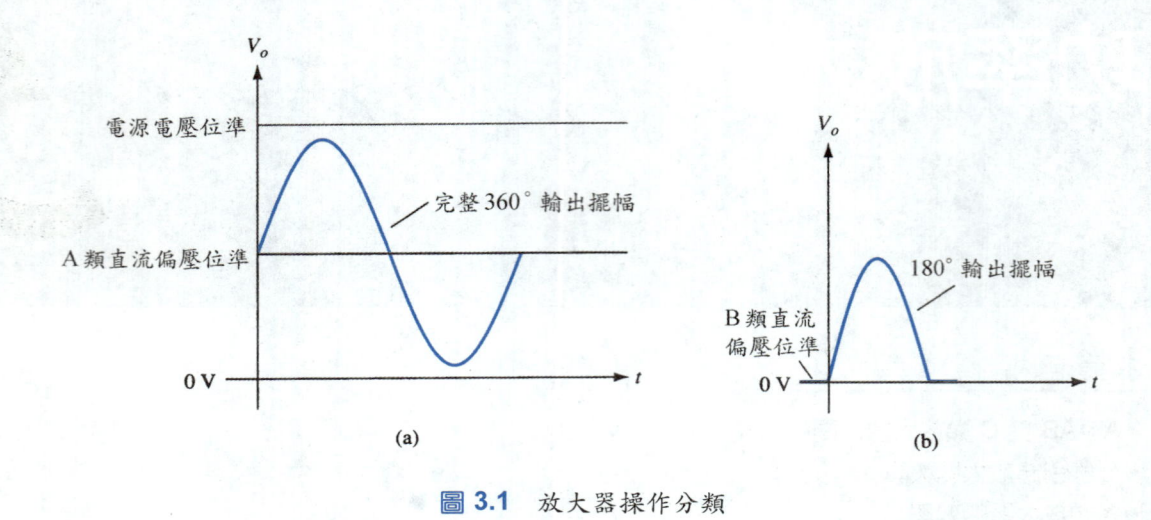

圖 3.1 (a) 完整 360° 輸出擺幅（電源電壓位準、A 類直流偏壓位準、0 V）　(b) 180° 輸出擺幅（B 類直流偏壓位準、0 V）

圖 3.1　放大器操作分類

會受限於電源電壓值，最低也不會到負電源電壓，本例中為 0 V。

B 類：B 類電路提供的輸出訊號，在輸入訊號的半個週期中變化，即 180°，見圖 3.1b。B 類的直流偏壓是 0 V，因此輸出會由直流偏壓點起變化半個週期。因只提供半個週期的輸出，顯然不是輸入的忠實重現，所以要用兩個 B 類操作──一者提供半個週期的正輸出，另一提供半個週期的負輸出，兩個半週合起來提供完整的 360° 輸出操作，這種接法稱為**推挽式**(push-pull)操作，本章稍後將作討論。注意到，B 類操作因只重製輸入訊號週期中的 180°，產生極度失真的輸出訊號。

AB 類：放大器的直流偏壓值可以高於 B 類的零基極電流，並高於 A 類電源電壓的一半，這種偏壓條件就是 AB 類。AB 類操作仍需要推挽式接法才能達到完整輸出週期，但直流偏壓值通常接近零基極電流以得到較佳的功率效率，稍後將作介紹。對 AB 類操作而言，輸出訊號擺幅會出現在 180°～360° 之間，和 A 類及 B 類都不相同。

C 類：C 類放大器的偏壓會使輸出操作低於週期的 180°，要和調諧（共振）電路一起工作，在共振頻率處可提供完整工作週期，因此這種電路用在特殊的調諧電路領域，如無線電或通訊方面。

D 類：此類操作中，放大器用於脈波（數位）訊號操作，導通週期較短而截止週期較長。利用數位技巧可得到完整週期變化的訊號（利用取樣保持電路），並由許多片段輸入訊號重組成輸出。D 類操作的主要優點是，放大器的"導通"（使用功率）週期很短，總效率極高，以下將作介紹。

放大器效率

放大器的功率效率定義為輸出功率對輸入功率的比值，從 A 類到 D 類，效率依次提高。一般而言，A 類放大器的直流偏壓值是電源電壓之半，要用相當大的功率來維持

表 3.1　各類放大器的比較

	類別				
	A	AB	B	C[a]	D
工作週期	360°	180° 到 360°	180°	小於 180°	脈波操作
功率效率	25%～50%	在 25% (50%)～78.5% 之間	78.5%		一般高於 90%

[a] C 類一般不用來傳送大功率，因此不給效率值。

偏壓，即使沒有外加輸入訊號時也是如此。這會造成很差的效率，特別是當輸入訊號小的時候，送到負載的交流功率會非常小。事實上，A 類電路的最大效率發生在輸出電壓和電流擺幅最大的時候，對串饋負載接法而言僅 25%，而對變壓器接法而言也僅 50%。在 B 類操作中，無輸入訊號時沒有直流偏壓功率，提供的最大效率可達 78.5%。而 D 類操作的功率效率則可達 90% 以上，在所有操作類型中提供最有效率的工作。因 AB 類的偏壓落在 A 類和 B 類之間，故其效率額定也落在這兩者之間──即 25%（或 50%）和 78.5% 之間。表 3.1 歸納各種放大器類型的操作，此表提供各類型輸出週期和功率效率的比較。在 B 類操作中，可利用變壓器耦合或利用 *npn* 和 *pnp* 電晶體的互補（或似互補）操作得到推挽式接法，以提供兩個相反極性週期的工作。雖然變壓器操作可提供相反週期的訊號，但在許多應用上，變壓器本身的體積太大，採用互補電晶體的無變壓器電路，可在相對小很多的空間內提供相同的操作，本章稍後將提供電路和實例。

3.2　串饋 A 類放大器

簡單的固定偏壓電路接法見圖 3.2，可用此電路來討論 A 類串饋放大器的主要特質。此電路和先前考慮的小訊號版本之間的唯一差異是，大訊號電路所處理的電路是伏特級，所用電晶體是能在幾瓦到幾十瓦範圍工作的功率電晶體。在本節中將會看到，此電路作為大訊號放大器並不是最好的，因其功率效率差。功率電晶體的 β 一般小於 100，採用功率電晶體的整體放大器電路有能力處理大功率或大電流，但無法提供大電壓增益。

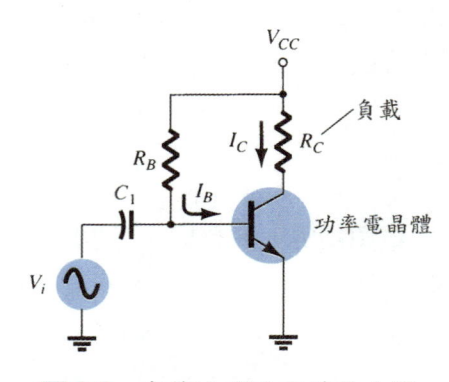

圖 3.2　串饋 A 類大訊號放大器

直流偏壓操作

直流偏壓由 V_{CC} 和 R_B 設定，直流基極電流固定在

$$I_B = \frac{V_{CC} - 0.7 \text{ V}}{R_B} \tag{3.1}$$

因此集極電流是

$$I_C = \beta I_B \tag{3.2}$$

集極射極電壓是

$$V_{CE} = V_{CC} - I_C R_C \tag{3.3}$$

為了解直流偏壓對功率電晶體操作的重要性，考慮圖 3.3 的集極特性，利用 V_{CC} 和 R_C 值畫出直流負載線。直流偏壓值 I_B 和直流負載線的交點決定電路的工作點（Q 點），利用式(3.1)～式(3.3)可計算出 Q 點值。若直流偏壓集極電流設在可能訊號擺幅（在 $0 \sim V_{CC}/R_C$ 之間）之半，將可得到最大的集極電流擺幅。另外，若靜態集極射極電壓設在電源電壓的一半，也會得到最大電壓擺幅。將 Q 點設在此最佳偏壓點，可決定圖 3.2 電路的功率考慮，描述如下。

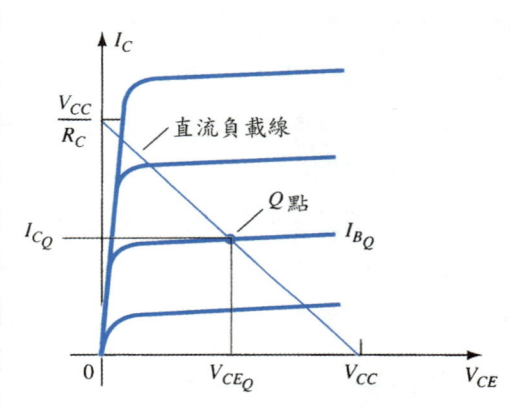

圖 3.3 顯示負載線和 Q 點的轉移特性

交流操作

輸入交流訊號加到圖 3.2 的放大器時，輸出會以直流偏壓操作電壓和電流為中心而變化。小輸入訊號會使基極電流在直流偏壓點上下變動，如圖 3.4 所示，接著會造成（輸出）集極電流以及集極射極電壓在直流偏壓點上下變動。輸入訊號愈大時，輸出以所建立的直流偏壓點為中心，變化幅度會更大，直到電流或電壓到達極限條件。對電流而言，此極限條件是擺幅的低限零電流或高限 V_{CC}/R_C。對集極射極電壓而言，極限是在 0 V 或電源電壓 V_{CC}。

功率考慮

輸入到放大器的功率是由電源供應，沒有輸入訊號時，得到的直流電流是集極偏壓電流 I_{C_Q}，由電源得到的功率是

$$P_i(\text{dc}) = V_{CC} I_{C_Q} \tag{3.4}$$

即使加入交流訊號，電源供應的平均電流會維持不變，即靜態電流。所以式(3.4)代表供應到 A 類串饋放大器的輸入功率。

輸出功率 輸出電壓和電流以偏壓點為中心作變動，提供交流功率給負載，此交流功率送到圖 3.2 電路中的負載 R_C。交流訊號 V_i 使基極電流以直流偏壓電流為中心變動，且集極電流以靜態值 I_{C_Q} 為中心變動。如圖 3.4 所示，交流輸入訊號產生交流電流和交流電壓訊號。輸入訊號愈大時，輸出擺幅也愈大，直到電路所設定的最大值為止。可用以下幾種方式表出送到負載(R_C)的交流功率。

用 RMS（均方根）訊號。 送到負載(R_C)的交流功率可表成

$$P_o(\text{ac}) = V_{CE}(\text{rms}) I_C(\text{rms}) \tag{3.5}$$

$$P_o(\text{ac}) = I_C^2(\text{rms}) R_C \tag{3.6}$$

$$P_o(\text{ac}) = \frac{V_C^2(\text{rms})}{R_C} \tag{3.7}$$

效　率

放大器的效率代表由直流電源轉換成交流功率的比例，放大器的效率可用下式計算：

$$\% \, \eta = \frac{P_o(\text{ac})}{P_i(\text{dc})} \times 100\% \tag{3.8}$$

最大效率 對 A 類串饋放大器而言，可用最大電壓和電流擺幅決定最大效率。電壓擺幅是

$$最大 \ V_{CE}(\text{p-p}) = V_{CC}$$

電流擺幅是

$$最大 \ I_C(\text{p-p}) = \frac{V_{CC}}{R_C}$$

將最大電壓擺幅代入式(3.7)，得

$$最大 \ P_o(\text{ac}) = \frac{V_{CC}(V_{CC}/R_C)}{8}$$

$$= \frac{V_{CC}^2}{8R_C}$$

(a)

(b)

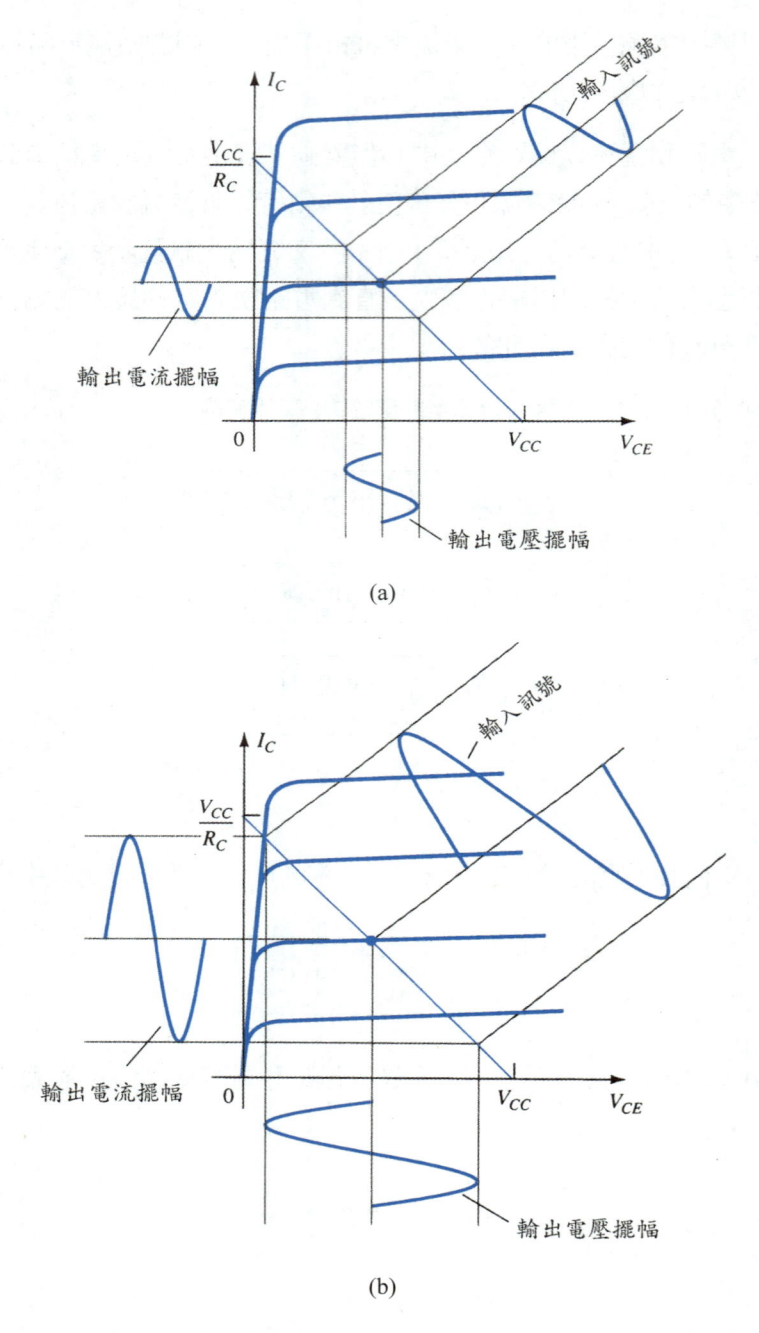

圖 3.4 放大器輸入和輸出訊號的變化

將直流偏壓電流設成最大值的一半,可算出最大輸入功率:

$$最大\ P_i(\text{dc}) = V_{CC}(最大\ I_C) = V_{CC}\frac{V_{CC}/R_C}{2}$$

$$= \frac{V_{CC}^2}{2R_C}$$

接著用式(3.8)算出最大效率：

$$\text{最大 \%} \eta = \frac{\text{最大 } P_o(\text{ac})}{\text{最大 } P_i(\text{dc})} \times 100\%$$

$$= \frac{V_{CC}^2/8R_C}{V_{CC}^2/2R_C} \times 100\%$$

$$= 25\%$$

因此可看出，A 類串饋放大器的最大效率是 25%，此最大效率僅發生在電壓及電流擺幅均處於理想條件時，大部分串饋電路所提供的效率會遠小於 25%。

例 3.1

圖 3.5 的放大器電路中，輸入電壓所產生基極電流的峰值是 10 mA，試計算輸入功率、輸出功率和效率。

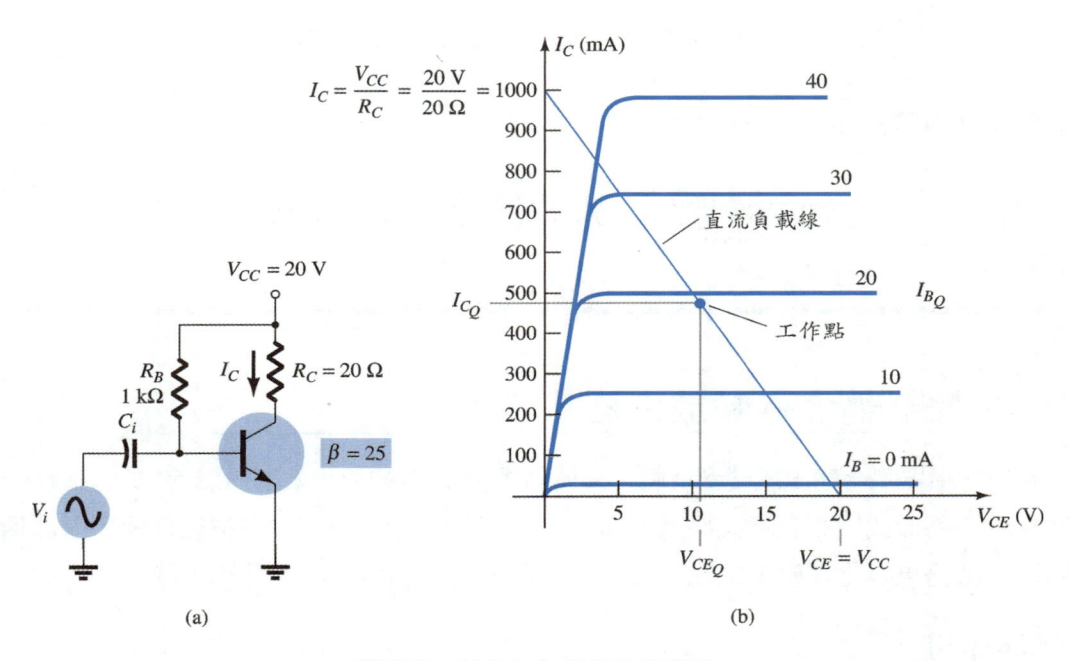

圖 3.5　例 3.1 串饋電路的操作

解：

利用式(3.1)～式(3.3)，可決定 Q 點：

$$I_{B_Q} = \frac{V_{CC} - 0.7 \text{ V}}{R_B} = \frac{20 \text{ V} - 0.7 \text{ V}}{1 \text{ k}\Omega} = 19.3 \text{ mA}$$

$$I_{C_Q} = \beta I_B = 25(19.3 \text{ mA}) = 482.5 \text{ mA} \cong 0.48 \text{ A}$$
$$V_{CE_Q} = V_{CC} - I_C R_C = 20 \text{ V} - (0.48\Omega)(20\Omega) = 10.4 \text{ V}$$

此偏壓點註記在圖 3.5b 的電晶體集極特性上，可利用圖形法，在圖 3.5b 上連接 $V_{CE} = V_{CC} = 20 \text{ V}$ 和 $I_C = V_{CC}/R_C = 1000 \text{ mA} = 1 \text{ A}$，形成負載線，而得輸出訊號的交流變化。輸入的交流基極電流自直流偏壓值上升時，集極電流的上升量可達

$$I_C(\text{p}) = \beta I_B(\text{p}) = 25(10 \text{ mA 峰值}) = 250 \text{ mA 峰值}$$

用式(3.6)，得

$$P_o(\text{ac}) = I_C^2(\text{rms}) R_C = \frac{I_C^2(\text{p})}{2} R_C = \frac{(250 \times 10^{-3} \text{A})^2}{2}(20 \text{ }\Omega) = \mathbf{0.625 \text{ W}}$$

用式(3.4)，得

$$P_i(\text{dc}) = V_{CC} I_{C_Q} = (20 \text{ V})(0.48 \text{ A}) = \mathbf{9.6 \text{ W}}$$

接著用式(3.8)算出放大器的功率效率：

$$\% \eta = \frac{P_o(\text{ac})}{P_i(\text{dc})} \times 100\% = \frac{0.625 \text{ W}}{9.6 \text{ W}} \times 100\% = \mathbf{6.5\%}$$

3.3 變壓器耦合 A 類放大器

利用變壓器耦合輸出訊號到負載，這種 A 類放大器的最大效率可達 50%，見圖 3.6。此簡化的電路形式用來表達某些基本概念，更實際的電路版本會在稍後介紹，因此種電路利用變壓器來變化電壓或電流，接下來將回顧電壓和電流的上升和下降。

變壓器作用

變壓器依據匝數比以提升或降低電壓值或電流值，以下將作說明。另外，接在變壓器某一側的阻抗，從另一側來看會變大或變小（步升或步降），決定於變壓器繞組匝數比的平方。以下的討論假定自一次側到二次側是理想(100%)的功率轉移，也就是考慮無任何功率損失。

(a) **(b)**

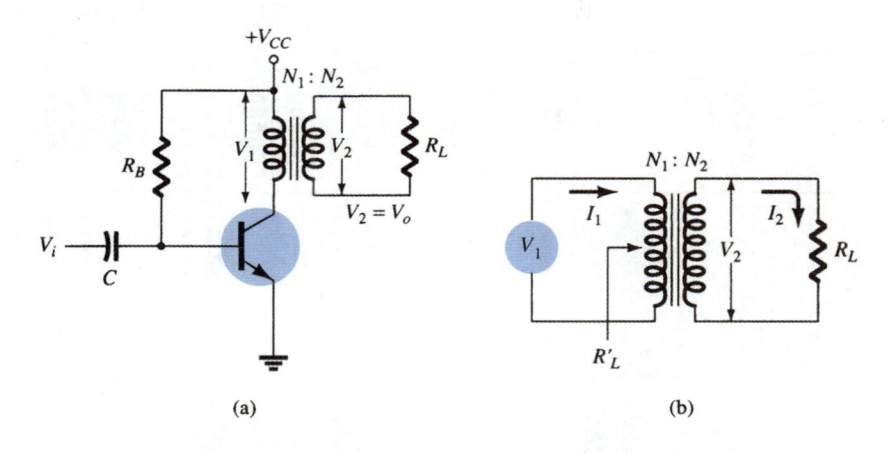

圖 3.6 變壓器耦合音頻功率放大器

電壓轉換　如圖 3.7a 所示，變壓器按照兩側的匝數比，將施加在某一側的電壓步升或步降，電壓轉換給定為

$$\boxed{\frac{V_2}{V_1}=\frac{N_2}{N_1}} \tag{3.9}$$

式(3.9)顯示，若二次側的匝數大於一次側時，二次側的電壓將大於一次側。

電流轉換　二次側繞組的電流則和繞組匝數成反比，電流轉換給定為

$$\boxed{\frac{I_2}{I_1}=\frac{N_1}{N_2}} \tag{3.10}$$

此關係見圖 3.7b，若二次側匝數大於一次側時，二次側電流會小於一次側。

阻抗轉換　因電壓和電流會被變壓器改變，任一側（一次側或二次側）"看到"的阻抗也會改變。如圖 3.7c 所示，阻抗 R_L 並接在變壓器的二次側，從一次側看此阻抗時，阻抗值(R'_L)會變化，可得之如下：

$$\frac{R_L}{R'_L}=\frac{R_2}{R_1}=\frac{V_2}{I_2}\frac{I_1}{V_1}=\frac{V_2}{V_1}\frac{I_1}{I_2}=\frac{N_2}{N_1}\frac{N_2}{N_1}=\left(\frac{N_2}{N_1}\right)^2$$

若定義 $a=N_1/N_2$，其中 a 為變壓器的匝數比，上式變成

$$\boxed{\frac{R'_L}{R_L}=\frac{R_1}{R_2}=\left(\frac{N_1}{N_2}\right)^2=a^2} \tag{3.11}$$

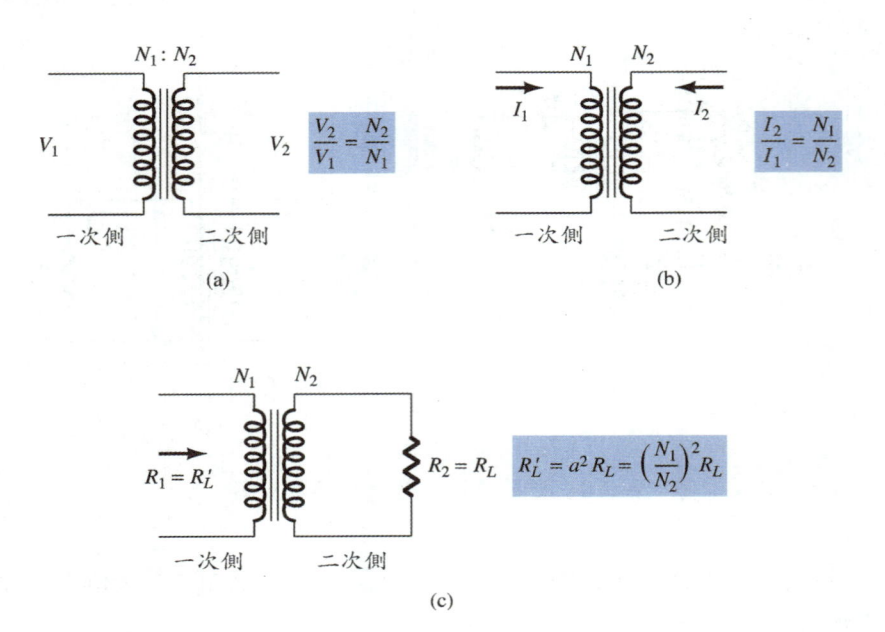

圖 3.7 變壓器操作：(a)電壓轉換；(b)電流轉換；(c)阻抗轉換

反映到一次側的負載電阻可表成

$$R_1 = a^2 R_2 \quad \text{或} \quad R_L' = a^2 R_L \tag{3.12}$$

R_L' 是反映後的阻抗。由式(3.12)看出，反映後的阻抗和匝數比的平方成正比。若二次側的匝數小於一次側，則看入一次側的阻抗會大於二次側，且為匝比的平方倍。

例 3.2

某 15：1 的變壓器接到 8 Ω 負載，試計算由一次側看入的有效電阻值。

解：

式(3.12)：

$$R_L' = a^2 R_L = (15)^2 (8\ \Omega) = 1800\ \Omega = \mathbf{1.8\ k\Omega}$$

例 3.3

欲匹配 16 Ω 的揚聲器，在一次側看到的有效負載電阻值須為 10 kΩ，則變壓器匝比要用多少？

解：

式(3.11)：

$$\left(\frac{N_1}{N_2}\right)^2 = \frac{R'_L}{R_L} = \frac{10 \text{ k}\Omega}{16 \text{ }\Omega} = 625$$

$$\frac{N_1}{N_2} = \sqrt{625} = \mathbf{25:1}$$

放大級的操作

直流負載線　圖 3.6 電路的直流負載線由變壓器繞組的直流電阻決定。一般而言，此直流電阻很小（理想為 0 Ω），0 Ω 的直流負載線是一條垂直線，如圖 3.8 所示。變壓器實際的繞組電阻會有幾歐姆，但在現在的討論中，我們只考慮理想情況，0 Ω 直流負載電阻沒有直流電壓降，負載線從電壓點 $V_{CE_Q} = V_{CC}$ 垂直畫下。

靜態工作點　利用圖形方法，由電路所設定的基極電流和直流負載線的交點，可得圖 3.8 特性曲線的工作點，接著可由工作點得到集極靜態電流。記住，在 A 類操作中，直流偏壓點同時設定集極電流和集極射極電壓的最大非失真擺幅的條件。若輸入訊號所產生的電壓擺幅低於最大可能值時，對應的電路效率會低於 50%，因此在設定 A 類串饋放大器

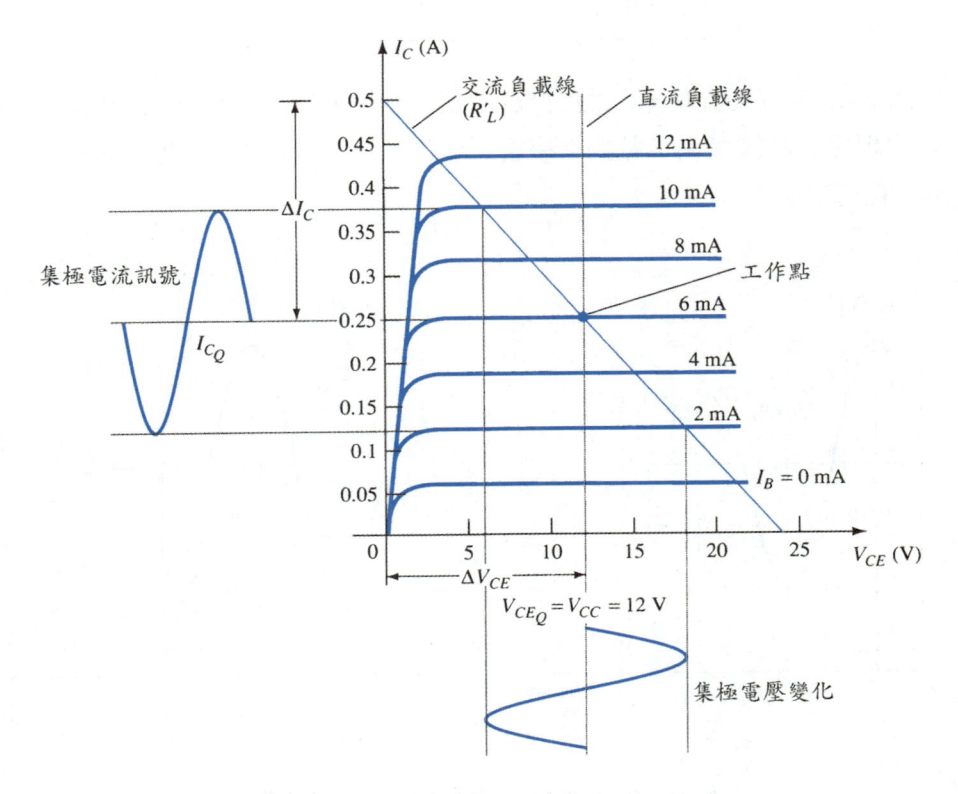

圖 **3.8**　A 類變壓器耦合放大器的負載線

的操作時，直流偏壓點的位置是很重要的。

交流負載線　為執行交流分析，需計算由變壓器一次側"看入"的交流負載電阻，然後在集極特性上畫出交流負載線。利用式(3.12)算出反映後的負載電阻(R'_L)，須代入二次側的負載值(R_L)和變壓器的匝數比。接著以圖形分析法進行如下。畫出通過工作點的交流負載線，其斜率等於 $-1/R'_L$（R'_L 是反映後的負載電阻），負載線斜率是交流負載電阻倒數的負值。注意到，從交流負載線看出，輸出訊號的擺幅可以超過 V_{CC} 值。事實上，變壓器一次側所產生的電壓可以很大，因此在得到交流負載線之後，需要檢查可能的電壓擺幅，不能超過電晶體的最大額定值。

訊號擺幅與輸出交流功率　圖 3.9 顯示圖 3.6 電路的電壓和電流訊號擺幅，由圖 3.9 所示的訊號變化，峰對峰訊號擺幅值是

$$V_{CE}(\text{p-p}) = V_{CE_{\max}} - V_{CE_{\min}}$$
$$I_C(\text{p-p}) = I_{C_{\max}} - I_{C_{\min}}$$

接著可用下式算出變壓器一次側產生的交流功率：

$$\boxed{P_o(\text{ac}) = \frac{(V_{CE_{\max}} - V_{CE_{\min}})(I_{C_{\max}} - I_{C_{\min}})}{8}} \tag{3.13}$$

這是變壓器一次側的交流功率，假定變壓器為理想（高效率變壓器的效率一般高於90%），可發現由二次側送到負載的功率會近似於式(3.13)所算者。也可用送到負載的電壓計算輸出的交流功率。

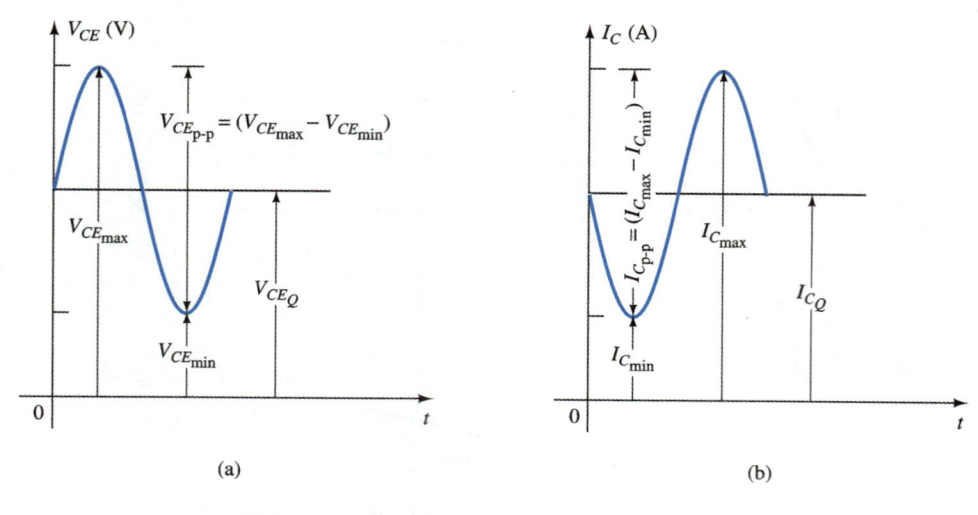

圖 3.9　變壓器耦合 A 類放大器的操作圖示

第 3 章　功率放大器　113

對理想的變壓器而言，可用式(3.9)算出送到負載的電壓：

$$V_L = V_2 = \frac{N_2}{N_1} V_1$$

負載功率可表成

$$P_L = \frac{V_L^2(\text{rms})}{R_L}$$

和用式(3.5)算出的功率相等。

利用式(3.10)計算負載電流，得

$$I_L = I_2 = \frac{N_1}{N_2} I_C$$

再利用下式計算輸出交流功率：

$$P_L = I_L^2(\text{rms}) R_L$$

例 3.4

試計算圖 3.10 電路中，送到 8 Ω 揚聲器的交流功率，電路元件值可產生 6 mA 的基極電流，且輸入訊號 (V_i) 會產生 4 mA 的峰值基極電流擺幅。

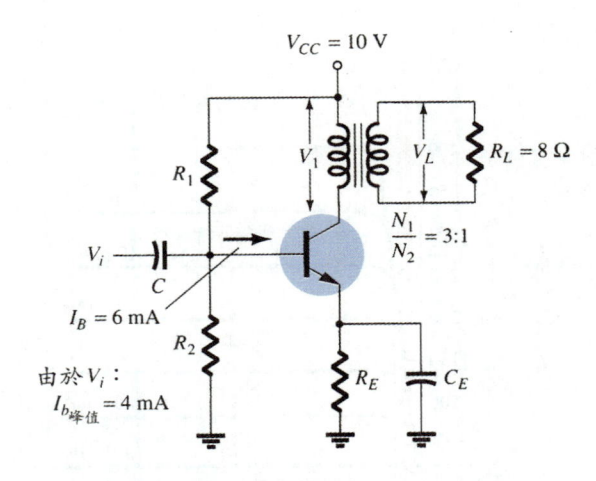

圖 3.10　例 3.4 的變壓器耦合 A 類放大器

解：

直流負載線由以下電壓點垂直畫出（見圖 3.11）：

$$V_{CE_Q} = V_{CC} = 10 \text{ V}$$

對 $I_B = 6$ mA，圖 3.11 上的工作點是

$$V_{CE_Q} = 10 \text{ V} \quad 和 \quad I_{C_Q} = 140 \text{ mA}$$

一次側看到的有效交流電阻是

$$R'_L = \left(\frac{N_1}{N_2}\right)^2 R_L = (3)^2(8) = 72 \text{ }\Omega$$

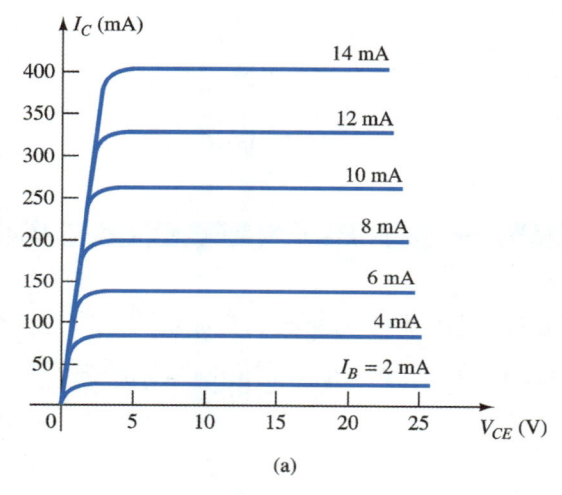

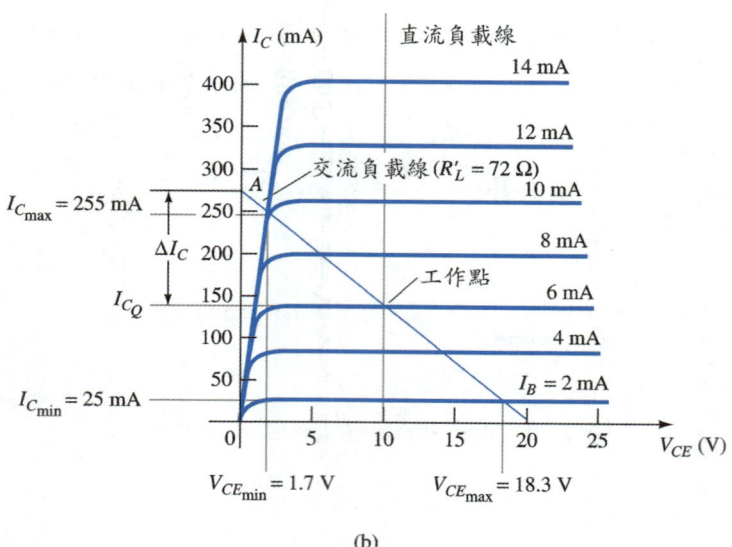

圖 3.11 例 3.4 和例 3.5 的變壓器耦合 A 類電晶體特性：(a)裝置特性；(b)直流和交流負載線

接著畫出交流負載線，斜率是 $-1/72$ 且通過圖上所示的工作點。為幫助畫出負載線，考慮以下程序，電流擺幅

$$I_C = \frac{V_{CE}}{R'_L} = \frac{10 \text{ V}}{72 \text{ }\Omega} = 139 \text{ mA}$$

標記 A 點：

$$I_{CE_Q} + I_C = 140 \text{ mA} + 139 \text{ mA} = 279 \text{ mA} \text{ 沿著 } y \text{ 軸}$$

連接 A 點和 Q 點，可得交流負載線。對給定的 4 mA 峰值的基極電流擺幅而言，可由圖 3.11 得到最大和最小的集極電流，以及集極射極電壓，分別如下：

$$V_{CE_{\min}} = 1.7 \text{ V} \qquad I_{C_{\min}} = 25 \text{ mA}$$
$$V_{CE_{\max}} = 18.3 \text{ V} \qquad I_{C_{\max}} = 255 \text{ mA}$$

可利用式(3.13)算出送到負載的交流功率：

$$P_o(\text{ac}) = \frac{(V_{CE_{\max}} - V_{CE_{\min}})(I_{C_{\max}} - I_{C_{\min}})}{8}$$
$$= \frac{(18.3 \text{ V} - 1.7 \text{ V})(255 \text{ mA} - 25 \text{ mA})}{8} = \mathbf{0.477 \text{ W}}$$

效　率

到目前為止，我們只考慮送到負載的交流功率計算，接下來考慮變壓器耦合 A 類放大器中來自電源的輸入功率、放大器的功率損耗，以及總功率效率。

由電源得到的輸入（直流）功率可用電源直流電壓算出，由電源取得的平均功率：

$$P_i(\text{dc}) = V_{CC} I_{C_Q} \tag{3.14}$$

對變壓器耦合放大器而言，變壓器的功率消耗小（因變壓器線圈的直流電阻很小），因此在現在的計算中可以忽略，唯一要考慮的功率損耗是功率電晶體的消耗，用下式算出：

$$P_Q = P_i(\text{dc}) - P_o(\text{ac}) \tag{3.15}$$

其中 P_Q 是以熱散出的功率消耗，雖然公式簡單，對 A 類放大器的操作仍極富意義。電

晶體的功率消耗量是直流電流供應功率（由偏壓點設定）和送到交流負載的功率兩者之差。當輸入訊號很小時，送到負載的交流功率也很小，電晶體的功率消耗會到最大。當輸入訊號愈大時，送到負載的功率會愈大，電晶體的功率消耗就會愈小。易言之，當放大器未接負載時，A 類放大器的電晶體工作最艱苦（消耗最多功率），反而當負載從電路得到最大功率時，電晶體消耗的功率最少。

例 3.5

就圖 3.10 的電路和例 3.4 的結果，針對例 3.4 的輸入訊號，計算電路的直流輸入功率、電晶體的功率消耗，以及電路的效率。

解：

式 (3.14)： $P_i(\text{dc}) = V_{CC} I_{C_Q} = (10 \text{ V})(140 \text{ mA}) = \mathbf{1.4 \text{ W}}$

式 (3.15)： $P_Q = P_i(\text{dc}) - P_o(\text{ac}) = 1.4 \text{ W} - 0.477 \text{ W} = \mathbf{0.92 \text{ W}}$

放大器的效率是

$$\% \eta = \frac{P_o(\text{ac})}{P_i(\text{dc})} \times 100\% = \frac{0.477 \text{ W}}{1.4 \text{ W}} \times 100\% = \mathbf{34.1\%}$$

理論上的最大效率　對 A 類變壓器耦合放大器而言，最大效率的理論值可達到 50%，根據放大器所能得到的訊號，效率可表成

$$\% \eta = 50 \left(\frac{V_{CE_{\max}} - V_{CE_{\min}}}{V_{CE_{\max}} + V_{CE_{\min}}} \right)^2 \% \tag{3.16}$$

當 $V_{CE_{\max}}$ 愈大且 $V_{CE_{\min}}$ 愈小時，效率值就會愈接近 50% 的理論極限。

例 3.6

某變壓器耦合 A 類放大器，電源為 12 V 且輸出分別如下，試分別計算其效率：
a. $V(\text{p}) = 12 \text{ V}$。
b. $V(\text{p}) = 6 \text{ V}$。
c. $V(\text{p}) = 2 \text{ V}$。

解：

a. 因 $V_{CE_Q} = V_{CC} = 12$ V，電壓擺幅的高低限分別是

$$V_{CE_{\max}} = V_{CE_Q} + V(\text{p}) = 12 \text{ V} + 12 \text{ V} = 24 \text{ V}$$
$$V_{CE_{\min}} = V_{CE_Q} - V(\text{p}) = 12 \text{ V} - 12 \text{ V} = 0 \text{ V}$$

可得

$$\% \eta = 50 \left(\frac{24 \text{ V} - 0 \text{ V}}{24 \text{ V} + 0 \text{ V}} \right)^2 \% = \mathbf{50\%}$$

b.

$$V_{CE_{\max}} = V_{CE_Q} + V(\text{p}) = 12 \text{ V} + 6 \text{ V} = 18 \text{ V}$$
$$V_{CE_{\min}} = V_{CE_Q} - V(\text{p}) = 12 \text{ V} - 6 \text{ V} = 6 \text{ V}$$

可得

$$\% \eta = 50 \left(\frac{18 \text{ V} - 6 \text{ V}}{18 \text{ V} + 6 \text{ V}} \right)^2 \% = \mathbf{12.5\%}$$

c.

$$V_{CE_{\max}} = V_{CE_Q} + V(\text{p}) = 12 \text{ V} + 2 \text{ V} = 14 \text{ V}$$
$$V_{CE_{\min}} = V_{CE_Q} - V(\text{p}) = 12 \text{ V} - 2 \text{ V} = 10 \text{ V}$$

可得

$$\% \eta = 50 \left(\frac{14 \text{ V} - 10 \text{ V}}{14 \text{ V} + 10 \text{ V}} \right)^2 \% = \mathbf{1.39\%}$$

注意到，放大器效率的變化何等劇烈，從 $V(\text{p}) = V_{CC}$ 對應的最大值時的 50%，降到 $V(\text{p}) = 2$ V 時僅略超過 1%。

3.4　B 類放大器操作

　　B 類所提供的操作是，直流偏壓恰使電晶體截止，一加上交流訊號時，電晶體即導通。電晶體本質上無偏壓電流，在整個訊號週期中可導通半個週期的電流。為得到訊號完整週期的輸出，需要用兩個電晶體輪流導通半個週期，總和操作可提供完整週期的輸

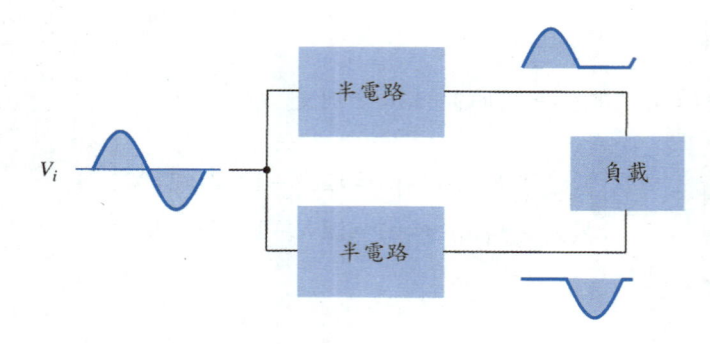

圖 3.12 推挽式操作的方塊表示

出訊號。因一部分電路在半個週期中將訊號推高，而另一部分電路則在另半個週期中將訊號拉低，故此電路稱為**推挽式**(push-pull)**電路**。當交流訊號加到推挽式電路時，兩部分電路輪流工作半個週期，因此負載可接收到完整交流週期的訊號。推挽式電路所用的功率電晶體能夠傳送所需的功率給負載，這些電晶體的 B 類操作和單一電晶體的 A 類操作相比，可提供更大的效率。

輸入（直流）效率

放大器供應給負載的功率是取自於電源供應器（見圖 3.13），電源（供應器）提供輸入或直流功率，此輸入功率的大小可用下式算出：

$$P_i(\text{dc}) = V_{CC} I_{\text{dc}} \tag{3.17}$$

其中的 I_{dc} 是電源（供應器）提供的平均或直流電流。在 B 類操作中，單電源供應的電

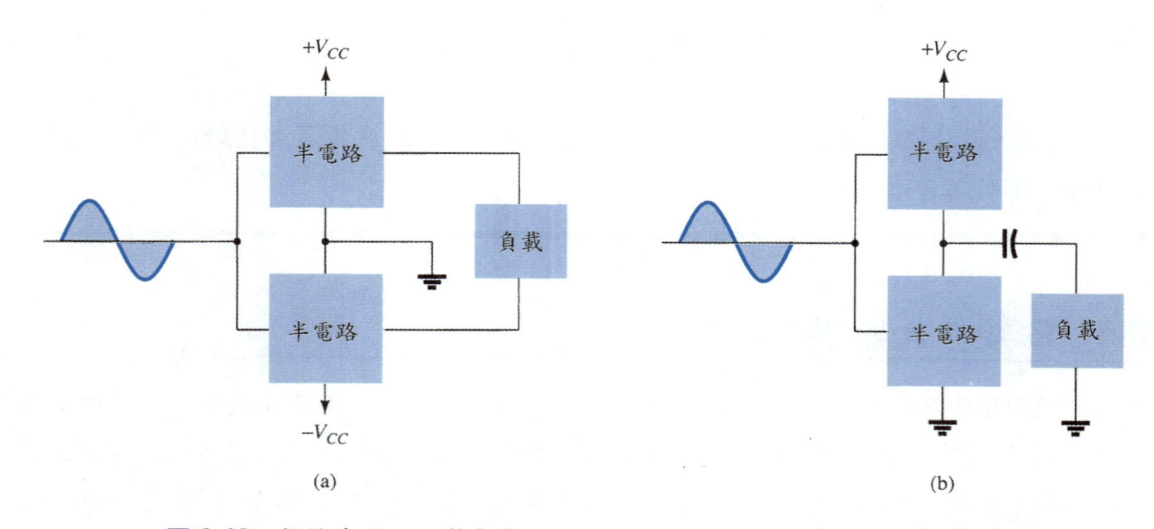

圖 3.13 推挽式放大器對負載的接法：(a)用雙電壓源；(b)用單電壓源

流是全波整流訊號的形式,而雙電源供應的電流,對各電源而言則是半波整流訊號的形式。無論何種形式,供應的平均電流值皆可表成

$$I_{dc} = \frac{2}{\pi} I(p) \qquad (3.18)$$

其中的 $I(p)$ 是輸出電流波形的峰值。將式(3.18)代入式(3.17)的輸入功率公式,可得

$$P_i(dc) = V_{CC}\left(\frac{2}{\pi} I(p)\right) \qquad (3.19)$$

輸出(交流)功率

送到負載(通常以電阻 R_L 表示)的功率可用數個公式中的任一式算出,若用交流(有效值)電表量出負載電壓,輸出功率可計算如下:

$$P_o(ac) = \frac{V_L^2(rms)}{R_L} \qquad (3.20)$$

若利用示波器量出峰值或峰對峰輸出電壓,輸出功率可計算如下:

$$P_o(ac) = \frac{V_L^2(p\text{-}p)}{8R_L} = \frac{V_L^2(p)}{2R_L} \qquad (3.21)$$

有效或峰值輸出電壓愈大時,送到負載的功率也愈大。

效　率

B 類放大器的效率可用以下基本公式算出:

$$\% \, \eta = \frac{P_o(ac)}{P_i(dc)} \times 100\%$$

將式(3.19)和式(3.21)代入上述效率公式,可得

$$\% \, \eta = \frac{P_o(ac)}{P_i(dc)} \times 100\% = \frac{V_L^2(p)/2R_L}{V_{CC}[(2/\pi)I(p)]} \times 100\% = \frac{\pi}{4} \frac{V_L(p)}{V_{CC}} \times 100\% \qquad (3.22)$$

(利用 $I(p) = V_L(p)/R_L$)。由式(3.22)看出,峰值電壓愈大時,電路的效率愈高,當 $V_L(p) = V_{CC}$ 時,可達最大值,此最大效率是

$$最大效率 = \frac{\pi}{4} \times 100\% = 78.5\%$$

輸出電晶體的功率消耗　輸出功率電晶體的功率消耗（成為熱能），是電源供應的輸入功率和送到負載的輸出功率之差，

$$P_{2Q} = P_i(\text{dc}) - P_o(\text{ac}) \tag{3.23}$$

其中的 P_{2Q} 是兩個輸出功率電晶體的功率消耗，因此單一電晶體的功率消耗是

$$P_Q = \frac{P_{2Q}}{2} \tag{3.24}$$

例 3.7

某 B 類放大器提供 20 V 的峰值訊號給 16 Ω 負載（揚聲器），電源供應器是 $V_{CC} =$ 30 V，試決定此放大器的輸入功率、輸出功率和電路效率。

解：

20 V 峰值訊號加在 16 Ω 負載上，提供的峰值負載電流是

$$I_L(\text{p}) = \frac{V_L(\text{p})}{R_L} = \frac{20 \text{ V}}{16 \text{ Ω}} = 1.25 \text{ A}$$

電源供應的電流的直流值是

$$I_{\text{dc}} = \frac{2}{\pi} I_L(\text{p}) = \frac{2}{\pi} (1.25 \text{ A}) = 0.796 \text{ A}$$

電源供應的輸入功率是

$$P_i(\text{dc}) = V_{CC} I_{\text{dc}} = (30 \text{ V})(0.796 \text{ A}) = \mathbf{23.9 \text{ W}}$$

送到負載的功率是

$$P_o(\text{ac}) = \frac{V_L^2(\text{p})}{2R_L} = \frac{(20 \text{ V})^2}{2(16 \text{ Ω})} = \mathbf{12.5 \text{ W}}$$

產生的效率是

$$\% \ \eta = \frac{P_o(\text{ac})}{P_i(\text{dc})} \times 100\% = \frac{12.5 \text{ W}}{23.9 \text{ W}} \times 100\% = \mathbf{52.3\%}$$

最大功率的考慮

對 B 類操作而言，送到負載的最大輸出功率發生在 $V_L(\text{p}) = V_{CC}$ 時，即

$$\boxed{最大 \ P_o(\text{ac}) = \frac{V_{CC}^2}{2R_L}} \tag{3.25}$$

因此對應的峰值交流電流 $I(\text{p})$ 是

$$I(\text{p}) = \frac{V_{CC}}{R_L}$$

所以電源供應的平均電流的最大值是

$$最大 \ I_{\text{dc}} = \frac{2}{\pi} I(\text{p}) = \frac{2V_{CC}}{\pi R_L}$$

利用此電流可算出輸入功率的最大值，得

$$\boxed{最大 \ P_i(\text{dc}) = V_{CC}\,(最大 \ I_{\text{dc}}) = V_{CC}\left(\frac{2V_{CC}}{\pi R_L}\right) = \frac{2V_{CC}^2}{\pi R_L}} \tag{3.26}$$

因此 B 類操作的最大電路效率是

$$最大 \ \% \ \eta = \frac{P_o(\text{ac})}{P_i(\text{dc})} \times 100\% = \frac{V_{CC}^2/2R_L}{V_{CC}[(2/\pi)(V_{CC}/R_L)]} \times 100\%$$

$$= \frac{\pi}{4} \times 100\% = \mathbf{78.54\%} \tag{3.27}$$

當輸入訊號產生的輸出訊號擺幅小於最大值時，電路效率會低於 78.5%。

對 B 類操作而言，輸出電晶體的最大功率消耗不會發生在出現最大輸入功率或最大輸出功率時。兩電晶體的最大功率消耗發生在負載輸出電壓為以下數值時，

$$V_L(\text{p}) = 0.636 V_{CC} \quad \left(= \frac{2}{\pi} V_{CC}\right)$$

對應的電晶體功率消耗最大值是

$$\text{最大 } P_{2Q} = \frac{2V_{CC}^2}{\pi^2 R_L} \tag{3.28}$$

例 3.8

某 B 類放大器採用電源 $V_{CC}=30$ V 且推動 16 Ω 的負載，試決定最大的輸入功率、輸出功率和電晶體的功率消耗。

解：

最大輸出功率是

$$\text{最大 } P_o(\text{ac}) = \frac{V_{CC}^2}{2R_L} = \frac{(30\text{ V})^2}{2(16\text{ Ω})} = \mathbf{28.125 \text{ W}}$$

電壓源供應的最大輸入功率是

$$\text{最大 } P_i(\text{dc}) = \frac{2V_{CC}^2}{\pi R_L} = \frac{2(30\text{ V})^2}{\pi(16\text{ Ω})} = \mathbf{35.81 \text{ W}}$$

因此電路的效率是

$$\text{最大 } \% \eta = \frac{P_o(\text{ac})}{P_i(\text{dc})} \times 100\% = \frac{28.125\text{ W}}{35.81\text{ W}} \times 100\% = 78.54\%$$

一如預期。各電晶體的最大功率消耗是

$$\text{最大 } P_Q = \frac{\text{最大 } P_{2Q}}{2} = 0.5\left(\frac{2V_{CC}^2}{\pi^2 R_L}\right) = 0.5\left[\frac{2(30\text{ V})^2}{\pi^2 16\text{ Ω}}\right] = \mathbf{5.7 \text{ W}}$$

在最大情況下，一對電晶體中各至多消耗 5.7 W，至多可供應 28.125 W 給 16 Ω 負載，至多由電源取得 35.81 W。

B 類放大器的最大效率可表示如下：

$$P_o(\text{ac}) = \frac{V_L^2(\text{p})}{2R_L}$$

$$P_i(\text{dc}) = V_{CC} I_{\text{dc}} = V_{CC}\left[\frac{2V_L(\text{p})}{\pi R_L}\right]$$

所以
$$\%\,\eta = \frac{P_o(\text{ac})}{P_i(\text{dc})} \times 100\% = \frac{V_L^2(\text{p})/2R_L}{V_{CC}[(2/\pi)(V_L(\text{p})/R_L)]} \times 100\%$$

$$\%\,\eta = 78.54 \frac{V_L(\text{p})}{V_{CC}}\% \tag{3.29}$$

例 3.9

某 B 類放大器的電源電壓 $V_{CC}=24$ V 且峰值電壓分別如下，試分別計算對應的效率：
a. $V_L(\text{p})=22$ V。
b. $V_L(\text{p})=6$ V。

解：

利用式(3.29)，可得

a. $\%\,\eta = 78.54 \dfrac{V_L(\text{p})}{V_{CC}}\% = 78.54 \left(\dfrac{22\text{ V}}{24\text{ V}}\right) = \mathbf{72\%}$

b. $\%\,\eta = 78.54 \left(\dfrac{6\text{ V}}{24\text{ V}}\right)\% = \mathbf{19.6\%}$

注意到，電壓接近最大值時（如(a)中的 22 V），產生的效率也接近最大值；而當電壓擺幅較小時（如(b)中的 6 V），提供的效率仍接近 20%。類似的電源電壓和訊號擺幅若用在 A 類放大器中，所產生的效率會變差很多。

3.5　B 類放大器電路

　　有好幾種電路接法可得到 B 類操作，本節將考慮幾種較普遍電路的優缺點。放大器的輸入可能是單一訊號，電路提供兩個不同輸出級，各工作半個週期。若輸入形式是兩個極性相反的訊號，則可用兩個相似級，因輸入訊號相反之故，各輪流工作半個週期。一種得到相反極性和相位的方法是用變壓器，變壓器耦合放大器已風行很久了。利用具有兩個相反輸出的運算放大器，可以很容易得到相反極性的輸入訊號；或者利用幾個運算放大級，也可得到兩個相反極性的訊號。使用單一輸入和互補電晶體（*npn* 和 *pnp*，或者 *n*MOS 和 *p*MOS），也可達成相反極性操作。

　　圖 3.14 顯示由單一輸入訊號得到反相訊號的不同方法，圖 3.14a 顯示用中間抽頭變壓器提供兩相反相位的訊號，若變壓器是正中間抽頭，則兩訊號會正好反相且大小相同。圖 3.14b 採用 BJT 放大級，射極輸出和輸入同相，集極輸出則和輸入反相，若兩輸出的對應增益都接近 1，會產生相同大小的輸出。可能最普遍的方法是用運算放大級，其一提供反相增益−1，另一提供非反相增益+1，共提供兩個大小相同但相位相反的輸出。

圖 3.14 分相電路

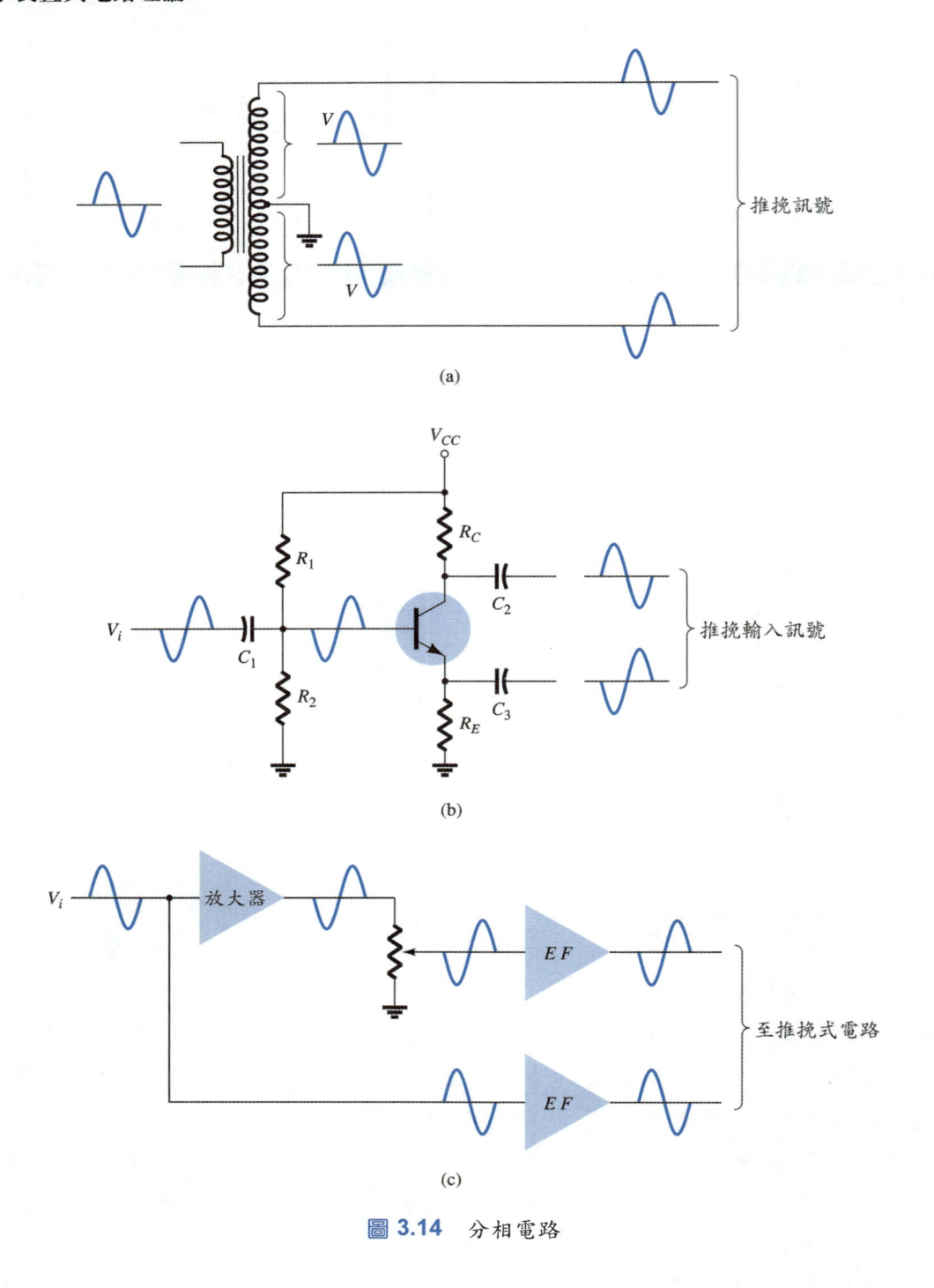

變壓器耦合推挽式電路

　　圖 3.15 電路中的中間抽頭變壓器,產生相反極性的訊號給電晶體的輸入,並用一個輸出變壓器以推挽式操作驅動負載,描述如下。

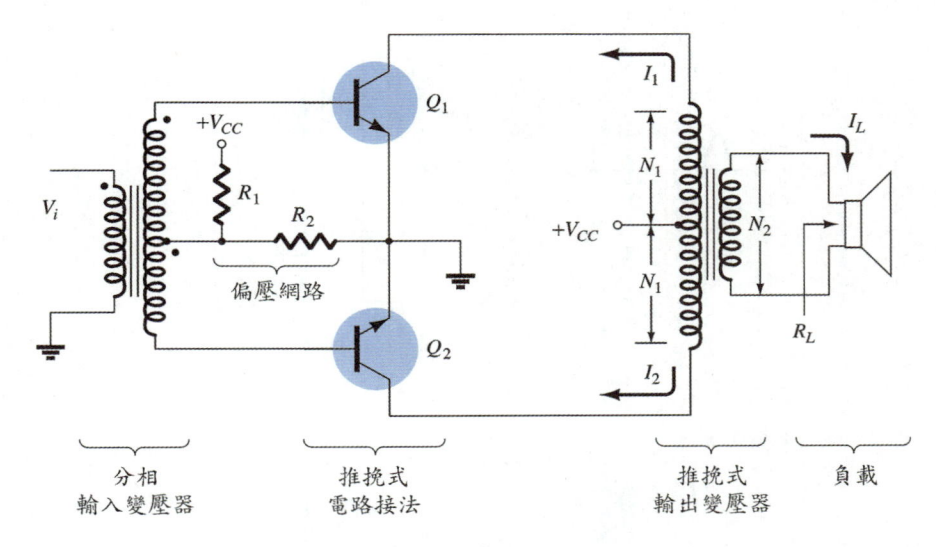

圖 3.15　推挽式電路

在操作的前半週，電晶體 Q_1 被驅動導通，而電晶體 Q_2 則截止，流經變壓器的電流 I_1 產生前半週的訊號給負載。而在輸入訊號的後半週，Q_2 導通而 Q_1 截止，流經變壓器的電流 I_2 產生後半週的訊號給負載，因此負載兩端產生的總訊號會在整個訊號操作的完整週期中變化。

互補對稱電路

使用互補電晶體，每個電晶體執行半個週期的操作，可在負載上得到完整週期的輸出，如圖 3.16a 所示。雖然單一輸入訊號同時加到兩個電晶體的基極，這兩個電晶體是相反型式，分別在輸入不同的半個週期內導通。在訊號的正半週，npn 電晶體會被正訊號偏壓導通，負載上產生的半週訊號如圖 3.16b 所示。而在訊號的負半週，pnp 電晶體會被負訊號偏壓導通，如圖 3.16c 所示。

對一整個輸入週期，負載兩端可產生完整一週期的輸出訊號。此電路的缺點是需要分開的雙電壓源，另一較不明顯的缺點是，互補電路會在輸出訊號上產生交越失真（見圖 3.16d）。交越失真(crossover distortion)意指訊號由正到負（或由負到正）時輸出訊號會出現非線性，這是因為電路無法剛好在零電壓處使一電晶體導通且使另一電晶體截止，即無法使兩電晶體同時作相反的切換，兩電晶體可能同時截止，所以在零電壓附近，輸出電壓無法追隨輸入。若將電晶體偏壓成 AB 類操作，即兩電晶體都導通超過半個週期，將可改善這種失真。

推挽式電路採用互補電晶體的更實用版本見圖 3.17，注意到，負載是射極隨耦器的輸出，使負載電阻可和驅動源的低輸出電阻相匹配，此電路採用互補的達靈頓接法電晶體，以提供較高的輸出電流和較低的輸出電阻。

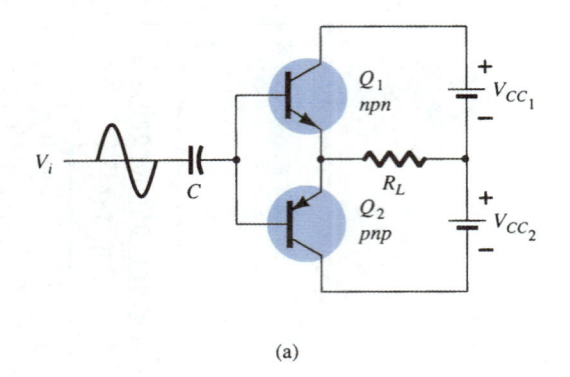

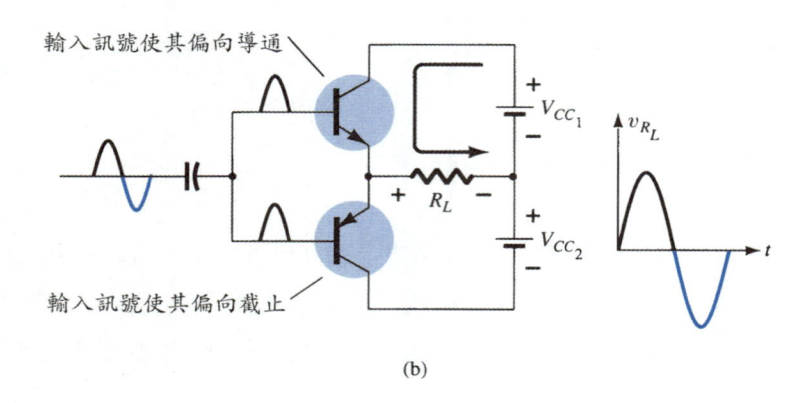

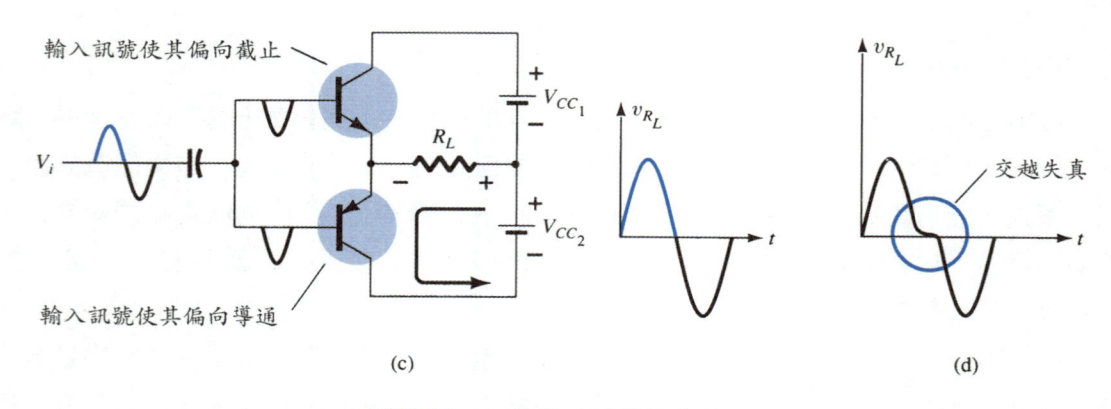

圖 3.16 互補對稱的推挽式電路

似互補推挽式放大器

在實用的功率放大器電路中，兩個高電流裝置較歡迎使用 npn 電晶體，因推挽式接法需要用互補裝置，所以一定要用 pnp 高功率電晶體。一種得到互補操作的實用方法是採用兩個匹配的 npn 輸出電晶體，這是似互補電路，如圖 3.18 所示。在匹配的 npn 輸出電晶體（Q_3 和 Q_4）之前使用互補電晶體（Q_1 和 Q_2），以達成推挽式操作。注意到，電晶體 Q_1 和 Q_3 形成達靈頓接法，由低阻抗射極隨耦器提供輸出。而電晶體 Q_2 和 Q_4 則形

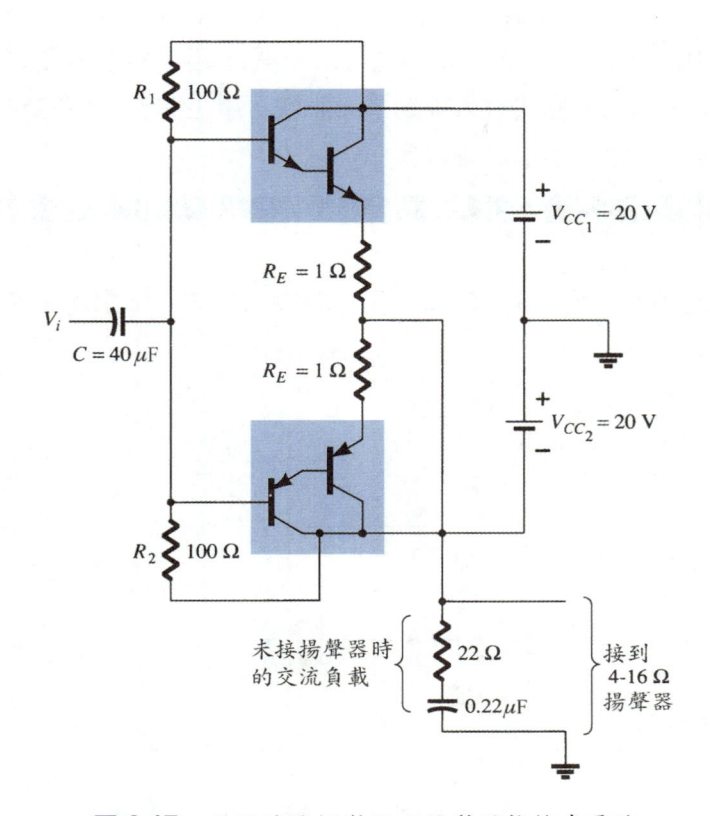

圖 3.17　使用達靈頓對的互補對稱推挽式電路

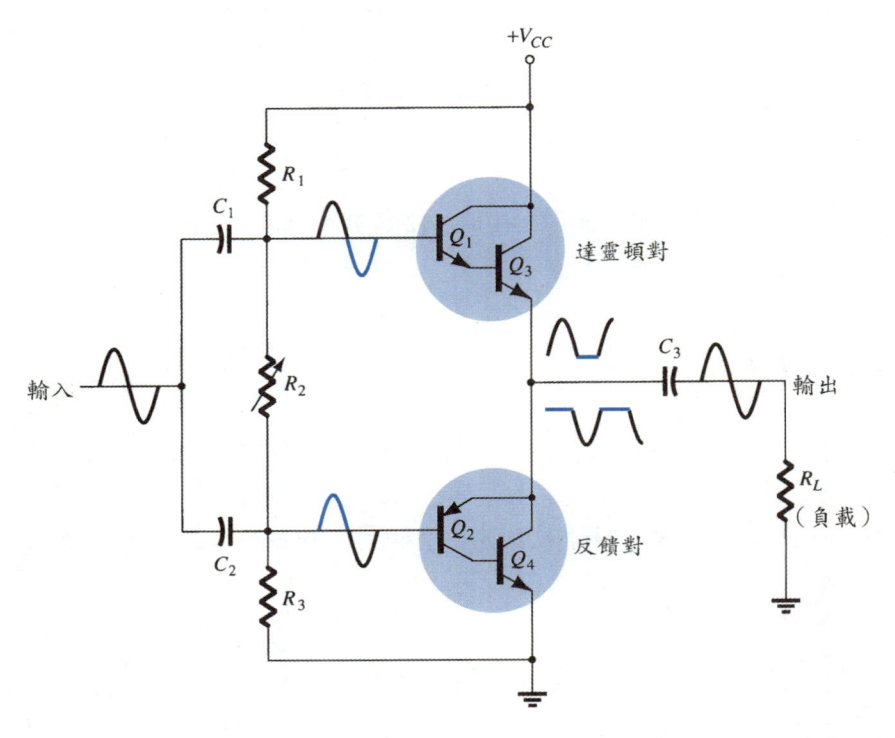

圖 3.18　似互補推挽式無變壓器的功率放大器

成反饋對，同樣提供低阻抗驅動電路給負載。可以調整電阻 R_2 以修正直流偏壓條件，將交越失真降到最小。加到推挽式放大級的單一訊號可產生完整週期的輸出給負載，似互補推挽式放大器是功率放大器中最普遍的形式。

例 3.10

就圖 3.19 的電路，若輸入 12 V rms，試計算輸入功率、輸出功率和各輸出電晶體的功率，以及電路效率。

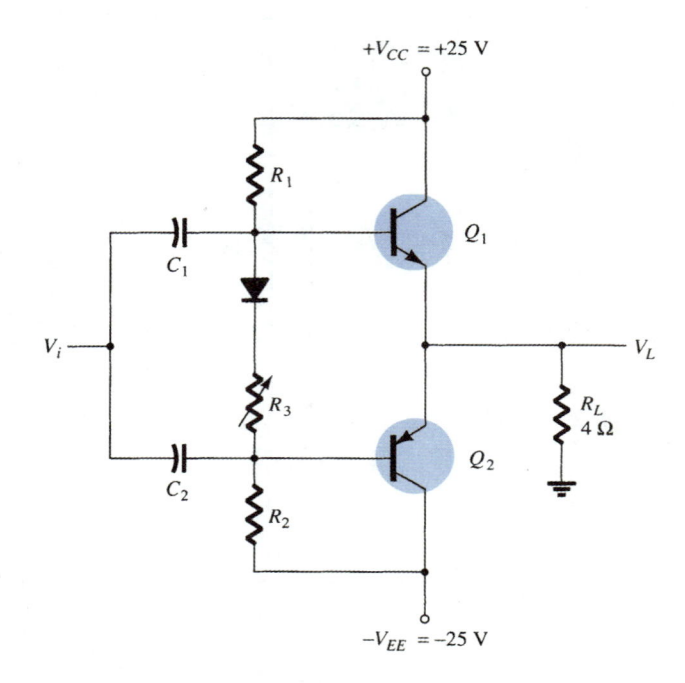

圖 3.19 例 3.10～例 3.12 的 B 類功率放大器

解：

峰值輸入電壓是

$$V_i(\text{p}) = \sqrt{2}\,V_i(\text{rms}) = \sqrt{2}\,(12\text{ V}) = 16.97\text{ V} \approx 17\text{ V}$$

因理想情況下，負載所得電壓和輸入訊號完全相同（理想情況下，放大器的電壓增益是 1），

$$V_L(\text{p}) = 17\text{ V}$$

負載得到的輸出功率是

$$P_o(\text{ac}) = \frac{V_L^2(\text{p})}{2R_L} = \frac{(17\text{ V})^2}{2(4\text{ }\Omega)} = \mathbf{36.125\text{ W}}$$

峰值負載電流是

$$I_L(\text{p}) = \frac{V_L(\text{p})}{R_L} = \frac{17\text{ V}}{4\text{ }\Omega} = 4.25\text{ A}$$

由此可算出電源供應的直流電流是

$$I_{\text{dc}} = \frac{2}{\pi} I_L(\text{p}) = \frac{2(4.25\text{ A})}{\pi} = 2.71\text{ A}$$

所以供應給電路的功率是

$$P_i(\text{dc}) = V_{CC} I_{\text{dc}} = (25\text{ V})(2.71\text{ A}) = \mathbf{67.75\text{ W}}$$

各輸出電晶體的消耗功率是

$$P_Q = \frac{P_{2Q}}{2} = \frac{P_i - P_o}{2} = \frac{67.75\text{ W} - 36.125\text{ W}}{2} = \mathbf{15.8\text{ W}}$$

因此電路效率（針對輸入 12 V rms），

$$\% \eta = \frac{P_o}{P_i} \times 100\% = \frac{36.125\text{ W}}{67.75\text{ W}} \times 100\% = \mathbf{53.3\%}$$

例 3.11

就圖 3.19 的電路，試計算最大輸入功率、最大輸出功率、最大功率操作時對應的輸入電壓，以及在此電壓下輸出電晶體的功率消耗。

解：

最大輸入功率是

$$\text{最大 } P_i(\text{dc}) = \frac{2V_{CC}^2}{\pi R_L} = \frac{2(25\text{ V})^2}{\pi 4\text{ }\Omega} = \mathbf{99.47\text{ W}}$$

最大輸出功率是

$$\text{最大 } P_o(\text{ac}) = \frac{V_{CC}^2}{2R_L} = \frac{(25 \text{ V})^2}{2(4 \text{ }\Omega)} = \mathbf{78.125 \text{ W}}$$

（注意，所達到的最大效率：

$$\% \eta = \frac{P_o}{P_i} \times 100\% = \frac{78.125 \text{ W}}{99.47 \text{ W}} \times 100\% = 78.54\%）$$

為達成最大功率操作，輸出電壓必須是

$$V_L(\text{p}) = V_{CC} = 25 \text{ V}$$

因此輸出電晶體的功率消耗是

$$P_{2Q} = P_i - P_o = 99.47 \text{ W} - 78.125 \text{ W} = \mathbf{21.3 \text{ W}}$$

例 3.12

就圖 3.19 的電路，試決定輸出電晶體最大的功率消耗，以及對應的輸入電壓。

解：

兩個輸出電晶體的最大功率消耗是

$$\text{最大 } P_{2Q} = \frac{2V_{CC}^2}{\pi^2 R_L} = \frac{2(25 \text{ V})^2}{\pi^2 4 \text{ }\Omega} = \mathbf{31.66 \text{ W}}$$

此最大功率消耗發生在

$$V_L = 0.636 V_L(\text{p}) = 0.636(25 \text{ V}) = \mathbf{15.9 \text{ V}}$$

（注意到，當 $V_L = 15.9$ V 時，電路要輸出電晶體消耗 31.66 W，但是當 $V_L = 25$ V 時，輸出電晶體只需消耗 21.3 W。）

3.6　放大器失真

　　純弦波具單一頻率，電壓以此頻率在正負之間等量變化。若訊號的變化期間不足完整的 360° 週期，此訊號可看成失真。理想放大器可放大純弦波訊號使其振幅更大，所產生的波形也是純單一頻率的弦波訊號。一旦出現失真時，除了振幅改變之外，輸出不再是輸入訊號的完全複製。

失真可能發生，因裝置特性是非線性的，這會產生非線性或振幅失真，且可能發生在所有類型的放大器操作中。失真也可能源於電路元件和裝置對不同頻率的輸入訊號，產生不同的反應，這是頻率失真。

有一種採用傅立葉分析的技巧來描述失真但週期性的波形，這種方法以基頻分量和整數倍頻率分量──稱為諧波(hormonic)分量來描述任何週期性波形。例如，某失真訊號原始頻率是 1000 Hz，可以產生 1000 Hz(1 kHz)的頻率分量和諧波分量 2 kHz(2×1 kHz)、3 kHz(3×1 kHz)、4 kHz(4×1 kHz) 等等，這些整數倍頻率分量都是諧波。2 kHz 分量稱為 2 階諧波(second harmonic)、3 kHz 分量則是 3 階諧波(third harmonic)等等。基頻不看成諧波，傅立葉分析不允許分數諧波──只能是基頻的整數倍。

諧波失真

當訊號存在諧波頻率分量（不單只有基波分量）時，即可認為訊號具有諧波失真。若基頻分量的振幅是 A_1，且第 n 階頻率分量的振幅是 A_n，諧波失真定義成

$$\% n \text{ 階諧波失真} = \% D_n = \frac{|A_n|}{|A_1|} \times 100\% \tag{3.30}$$

基波分量一般會大於任何諧波分量。

例 3.13

某輸出訊號的基波振幅 2.5 V，2 階諧波振幅是 0.25 V，3 階諧波振幅是 0.1 V，且 4 階諧波振幅是 0.05 V，試計算各階諧波失真。

解：

用式(3.30)，得

$$\% D_2 = \frac{|A_2|}{|A_1|} \times 100\% = \frac{0.25 \text{ V}}{2.5 \text{ V}} \times 100\% = \mathbf{10\%}$$

$$\% D_3 = \frac{|A_3|}{|A_1|} \times 100\% = \frac{0.1 \text{ V}}{2.5 \text{ V}} \times 100\% = \mathbf{4\%}$$

$$\% D_4 = \frac{|A_4|}{|A_1|} \times 100\% = \frac{0.05 \text{ V}}{2.5 \text{ V}} \times 100\% = \mathbf{2\%}$$

總諧波失真　當輸出包含數個諧波失真分量時，訊號可看成有一總諧波失真，根據以下關係式將各分量總和起來：

$$\% \text{THD} = \sqrt{D_2^2 + D_3^2 + D_4^2 + \cdots} \times 100\% \tag{3.31}$$

THD 是總諧波失真。

例 3.14

試利用例 3.13 所給各諧波分量的振幅，計算總諧波失真。

解：

利用已計算值 $D_2=0.10$、$D_3=0.04$，且 $D_4=0.02$，代入式(3.31)，可得

$$\begin{aligned}\% \text{THD} &= \sqrt{D_2^2 + D_3^2 + D_4^2} \times 100\% \\ &= \sqrt{(0.10)^2 + (0.04)^2 + (0.02)^2} \times 100\% = 0.1095 \times 100\% \\ &= \mathbf{10.95\%}\end{aligned}$$

像頻譜分析儀這樣的儀器可量測訊號中出現的諧波，它可將訊號的基波分量和一些諧波顯示在螢幕上。同樣地，波形分析儀可更精密量測失真訊號的諧波分量，可濾除每一分量並讀取這些分量的大小。無論何種情況，將失真訊號看成基波和諧波組合的技巧是很實用的。對 AB 類或 B 類操作所產生的訊號而言，失真可能以偶次諧波為主，其中以 2 階諧波最大。因此，理論上雖然失真訊號包含 2 階諧波以上的所有諧波分量，但以數量而言，最重要的是 2 階諧波。

2 階諧波失真　圖 3.20 顯示用來求取 2 階諧波的波形，此集極電流波形標記了訊號的靜態、最小和最大值，以及出現這些值對應的時刻。顯示的訊號波形出現某些失真，用一數學式近似描述此失真訊號波形如下：

$$i_C \approx I_{C_Q} + I_0 + I_1 \cos \omega t + I_2 \cos 2\omega t \tag{3.32}$$

電流波形包含原有的靜態電流 I_{C_Q}，零輸入訊號時會出現此電流。另外由於失真訊號的平均值不是零，產生額外的直流電流 I_0。失真交流訊號的基波分量 I_1，以及 2 階諧波分量 I_2，頻率是基波頻率的 2 倍。雖然也會出現其他諧波，但這裡只考慮 2 階諧波。針對電流波形在一週期中的幾個點，將對應電流代入式(3.32)，可得以下三個關係式：

在點 1 ($\omega t=0$)，

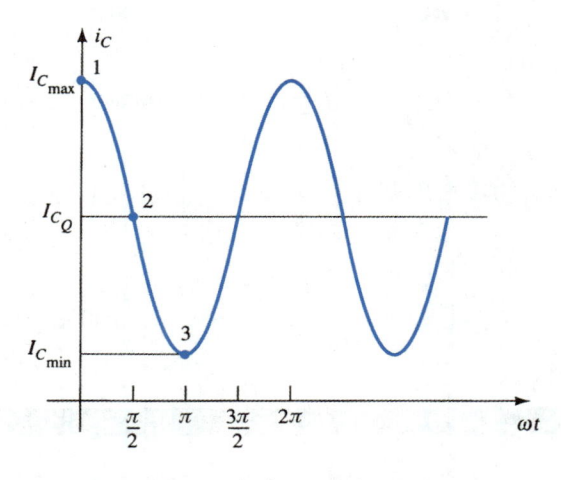

圖 3.20 用來求 2 階諧波的波形

$$i_C = I_{C_{\max}} = I_{C_Q} + I_0 + I_1 \cos 0 + I_2 \cos 0$$
$$I_{C_{\max}} = I_{C_Q} + I_0 + I_1 + I_2$$

在點 2 ($\omega t = \pi/2$)，

$$i_C = I_{C_Q} = I_{C_Q} + I_0 + I_1 \cos\frac{\pi}{2} + I_2 \cos\frac{2\pi}{2}$$
$$I_{C_Q} = I_{C_Q} + I_0 - I_2$$

在點 3 ($\omega t = \pi$)，

$$i_C = I_{C_{\min}} = I_{C_Q} + I_0 + I_1 \cos\pi + I_2 \cos 2\pi$$
$$I_{C_{\min}} = I_{C_Q} + I_0 - I_1 + I_2$$

聯立解以上三式，可得以下結果：

$$I_0 = I_2 = \frac{I_{C_{\max}} + I_{C_{\min}} - 2I_{C_Q}}{4}, \quad I_1 = \frac{I_{C_{\max}} - I_{C_{\min}}}{2}$$

參考式(3.30)，2 階諧波失真的定義可表成

$$D_2 = \left|\frac{I_2}{I_1}\right| \times 100\%$$

將前所得 I_1 和 I_2 值代入，得

$$D_2 = \left| \frac{\frac{1}{2}(I_{C_{\max}} + I_{C_{\min}}) - I_{C_Q}}{I_{C_{\max}} - I_{C_{\min}}} \right| \times 100\% \tag{3.33}$$

以類似的方式,可用量出的集極射極電壓表出 2 階諧波失真:

$$D_2 = \left| \frac{\frac{1}{2}(V_{CE_{\max}} + V_{CE_{\min}}) - V_{CE_Q}}{V_{CE_{\max}} - V_{CE_{\min}}} \right| \times 100\% \tag{3.34}$$

例 3.15

某輸出波形顯示在示波器上,提供以下量測值,試計算其 2 階諧波失真:
a. $V_{CE_{\min}} = 1$ V,$V_{CE_{\max}} = 22$ V,$V_{CE_Q} = 12$ V。
b. $V_{CE_{\min}} = 4$ V,$V_{CE_{\max}} = 20$ V,$V_{CE_Q} = 12$ V。

解:

利用式(3.34),可得

a. $D_2 = \left| \dfrac{\frac{1}{2}(22\text{ V} + 1\text{ V}) - 12\text{ V}}{22\text{ V} - 1\text{ V}} \right| \times 100\% = \mathbf{2.38\%}$

b. $D_2 = \left| \dfrac{\frac{1}{2}(20\text{ V} + 4\text{ V}) - 12\text{ V}}{20\text{ V} - 4\text{ V}} \right| \times 100\% = \mathbf{0\%}$ (無失真)

失真訊號的功率

出現失真時,針對未失真訊號所計算的輸出功率不再是正確的。出現失真時,送到負載電阻 R_C 的輸出功率中,由失真訊號的基波分量所產生的部分是

$$P_1 = \frac{I_1^2 R_C}{2} \tag{3.35}$$

接著可用下式算出,由失真訊號的全部諧波分量(含基波)產生的總功率如下:

$$P = (I_1^2 + I_2^2 + I_3^2 + \cdots)\frac{R_C}{2} \tag{3.36}$$

此總功率可表成總諧波失真的關係,

$$P=(1+D_2^2+D_3^2+\cdots)I_1^2\frac{R_C}{2}=(1+\text{THD}^2)P_1 \tag{3.37}$$

例 3.16

某諧波失真讀值是 $D_2=0.1$、$D_3=0.02$，且 $D_4=0.01$。又已知 $I_1=4$ A 且 $R_C=8$ Ω，試計算總諧波失真、基波功率分量，以及總功率。

解：

總諧波失真是

$$\text{THD}=\sqrt{D_2^2+D_3^2+D_4^2}=\sqrt{(0.1)^2+(0.02)^2+(0.01)^2}\approx\mathbf{0.1}$$

利用式(3.35)，基波功率是

$$P_1=\frac{I_1^2R_C}{2}=\frac{(4\text{ A})^2(8\text{ Ω})}{2}=\mathbf{64\text{ W}}$$

接著用式(3.37)，算出總功率是

$$P=(1+\text{THD}^2)P_1=[1+(0.1)^2]64=(1.01)64=\mathbf{64.64\text{ W}}$$

（注意，總功率主要來自基波分量，即使 2 階諧波失真高達 10%。）

失真訊號諧波分量的圖形描述

如發生在 B 類操作的失真波形，可用傅立葉分析將其表成基波和諧波分量。圖 3.21a 顯示 B 類放大器一側出現的波形，只有正半週。利用傅立葉分析技巧，可得此失真訊號的基波分量，見圖 3.21b。同樣地，也可分別得到 2 階和 3 階諧波分量，見圖 3.21c 和圖 3.21d。利用傅立葉技巧，將基波和各諧波分量加起來，可以建立失真波形，如圖 3.21e 所示。一般而言，任何週期性的失真波形可以用基波分量和所有諧波分量的加總來代表，每一分量具有各種不同的振幅和相角。

3.7 功率電晶體散熱

積體電路用在小訊號和低功率的應用，但大部分高功率的應用仍需要個別的功率電晶體。生產技術的改進使小型包裝也能提供更高的功率額定、增加電晶體最大崩潰電壓，

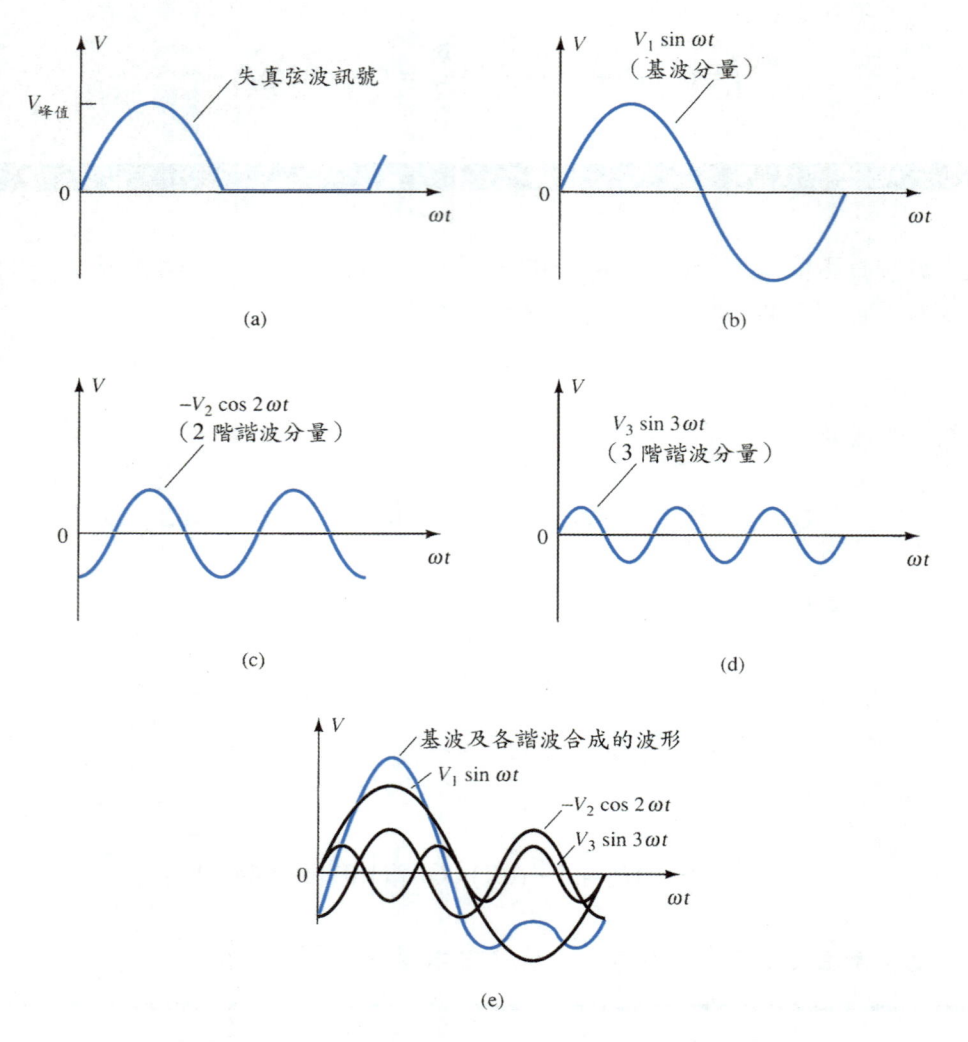

圖 3.21 失真訊號分解成基波和諧波分量的圖形表示

以及提供切換更快的功率電晶體。

　　特定裝置所能處理的最大功率和電晶體接面的溫度是相關的，因裝置的消耗功率會造成裝置接面溫度的上升。顯然地，100 W 電晶體會比 10 W 電晶體提供更大的功率能力。另方面，適當的散熱技術可使裝置能夠約以其最大功率額定值的一半工作。

　　在兩類型——鍺和矽——的雙載子電晶體中，矽電晶體提供的最大溫度額定值較高。一般而言，這兩種功率電晶體的最大接面溫度如下：

矽：150～200°C

鍺：100～110°C

對許多應用而言，平均功率消耗可近似如下：

$$P_D = V_{CE} I_C \tag{3.38}$$

但此功率消耗僅允許到最大溫度為止，溫度更高時，裝置的功率消耗能力必須降低（或遞減），因為在更高外殼溫度時，運作功率的能力下降了，當到達裝置最大外殼溫度時，會降到 0 W。

電晶體的功率愈大時，外殼溫度會愈高，實際上，限制特定電晶體功率的因素是裝置集極接面的溫度。功率電晶體固定在大的金屬殼上，此大面積可將裝置產生的熱輻射（轉移）出去。即使如此，因電晶體直接對空氣散熱（例如電晶體固定在塑膠電路板上），使裝置的功率額定受到嚴重限制。若將裝置固定在某種散熱片上（很常用），其功率能力將更接近額定的最大值。某些散熱片見圖 3.22，使用散熱片時，電晶體消耗功率所產生的熱可得到更大的面積，由此將熱輻射（轉移）到空氣中，因此可讓外殼溫度維持在更低值（和不用散熱片時相比）。如果用無窮大的散熱片（當然這是不可能的），外殼溫度將可降到與環境（空氣）溫度相同。接面溫度會高於外殼溫度，且必須考慮最大功率額定。

即使再好的散熱片也無法將電晶體的外殼溫度維持與環境相同（只要電晶體電路所在區域有其他裝置輻射相當的熱量，電晶體的外殼溫度就可能超過 25°C），因此對特定的電晶體而言，隨著外殼溫度的增加，降低容許最大功率值是必要的。

圖 3.23 顯示矽電晶體典型的功率衰減典線，此曲線顯示，製造商會指定一上限溫度點（不一定要在 25°C），超過此溫度時，會出現線性的功率遞減。對矽而言，當外殼溫度到達 200°C 時，裝置的最大功率會降到 0 W。

也可在裝置規格表上列出遞減因數，即可得到相同的資訊，而無需提供遞減曲線。以數學方式來描述，可得

$$P_D（溫度_1）= P_D（溫度_0）-（溫度_1 - 溫度_0）（遞減因數） \qquad (3.39)$$

其中，溫度 $_0$ 是指開始遞減時對應的溫度，溫度 $_1$ 則指所關注的特定溫度（高於溫度 $_0$）。

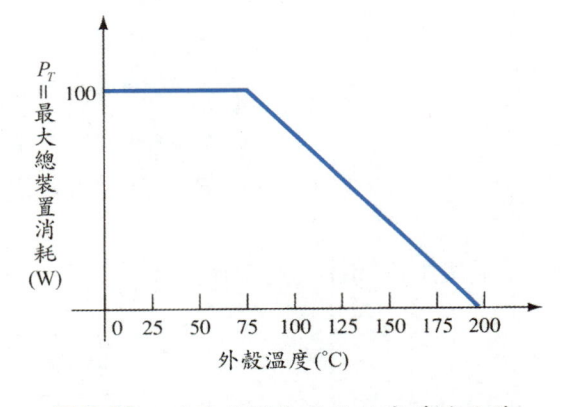

圖 3.22　典型的功率散熱片　　　　圖 3.23　矽電晶體典型的功率遞減曲線

P_D（溫度 $_0$）和 P_D（溫度 $_1$）是指這兩個溫度對應的最大功率消耗，而遞減因數由製造商給定，單位是瓦（或毫瓦）除以度（溫度）。

例 3.17

某 80 W（25°C 額定值）矽電晶體自 25°C 以上開始遞減，遞減因數為 0.5 W/°C，試決定外殼溫度 125°C 時，容許的最大功率消耗。

解：

$$P_D(125°C) = P_D(25°C) - (125°C - 25°C)(0.5 \text{ W/°C})$$
$$= 80 \text{ W} - 100°C(0.5 \text{ W°/C}) = \mathbf{30 \text{ W}}$$

要關注到，使用沒有散熱片的電晶體時，產生的功率額定。例如，某電晶體在 100°C（或以下）的額定是 100 W，但在 25°C 的空氣中的額定卻僅 4 W，即裝置不用散熱片時，在 25°C 的室溫中最大功率只能到 4 W。若使用足夠大的散熱片，可在外殼溫度 100°C 時，以最大功率額定 100 W 工作。

功率電晶體的熱電類比

適當選擇散熱片，此主題需探討相當多的細節，並不適合放在現在這種對功率電晶體的基本章節中。但對電晶體的熱特性以及功率消耗之間的關係，作更詳細的說明，會有助於更清楚了解功率如何受限於溫度，以下討論會證明這是有用的。

接面溫度 T_J，外殼溫度 T_C，和周遭（氣體）溫度 T_A 的關係，是繫於元件的熱處理能力──此熱係數通常稱為熱阻。而熱電類比關係，則見於圖 3.24。

熱阻(thermal resistance)一詞以電學術語描述熱效應，提供熱電類比，在圖 3.24 中的各參數定義如下：

$$\theta_{JA} = \text{總熱阻（接面到環境）}$$
$$\theta_{JC} = \text{電晶體熱阻（接面到外殼）}$$
$$\theta_{CS} = \text{絕緣片熱阻（外殼到散熱片）}$$
$$\theta_{SA} = \text{散熱片熱阻（散熱片到環境）}$$

對熱阻使用電類比，可寫出

$$\boxed{\theta_{JA} = \theta_{JC} + \theta_{CS} + \theta_{SA}} \tag{3.40}$$

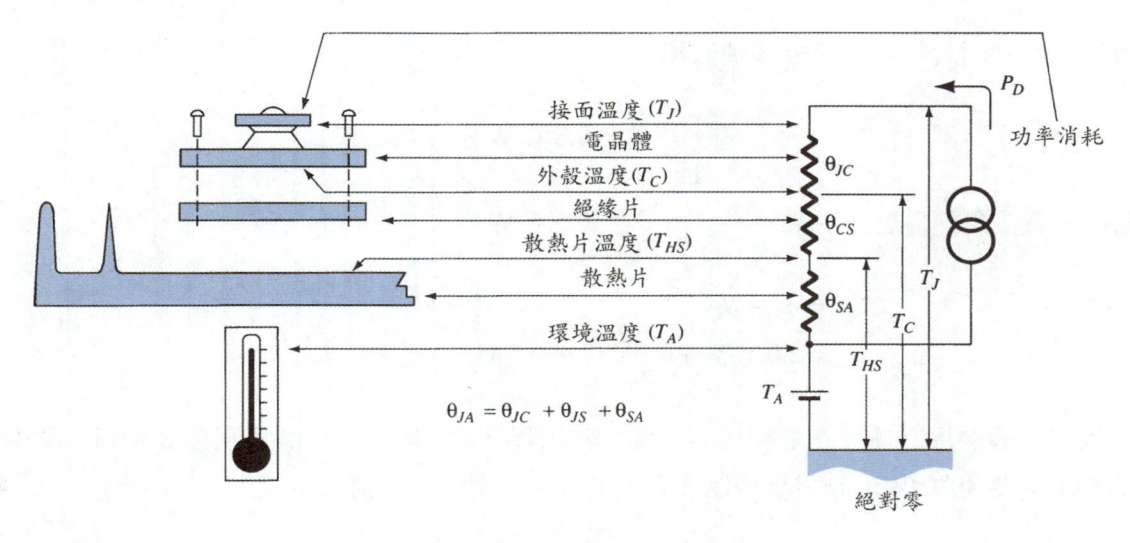

圖 3.24 熱對電的類比

此類比可引用克希荷夫定律，得

$$T_J = P_D \theta_{JA} + T_A \tag{3.41}$$

此關係顯示，接面溫度必在環境溫度之上，且環境溫度愈高時，裝置所允許的功率消耗值就愈低。

熱阻 θ 提供的資訊是，一定量的功率消耗會產生多少溫度降（或升）。例如，θ_{JC} 通常約 0.5°C/W，這表示當功率消耗 50 W 時，外殼溫度（用熱電偶量測）和內部接面溫之差僅

$$T_J - T_C = \theta_{JC} P_D = (0.5°C/W)(50 \text{ W}) = 25°C$$

因此，若散熱片可將外殼溫度維持在 50°C，則接面溫度只有 75°C，這是相當小的溫度差，特別是當功率消耗較低時。

由接面到空氣（不用散熱片時）的熱阻典型值是

$$\theta_{JA} = 40°C/W \quad （進入空氣）$$

就此熱阻而言，僅 1 W 的功率消耗就會使接面溫度比環境高 40°C。

現在散熱片可以看成提供外殼和空氣之間低熱阻——遠小於單使用電晶體外殼時的 40°C/W。使用具有以下熱阻的散熱片：

$$\theta_{SA} = 2°C/W$$

且絕緣片熱阻（從電晶體外殼到散熱片）是

$$\theta_{CS}=0.8°C/W$$

最後，電晶體熱阻是 $\theta_{CJ}=0.5°C/W$

可得
$$\theta_{JA}=\theta_{SA}+\theta_{CS}+\theta_{CJ}$$
$$=2.0°C/W+0.8°C/W+0.5°C/W=3.3°C/W$$

所以在用散熱片之後，空氣和接面之間的熱阻僅 3.3°C/W，若電晶體直接散熱到空氣中的熱阻則要 40°C/W。若電晶體以 2 W 工作，用上述的 θ_{JA} 值，可算出

$$T_J-T_A=\theta_{JA}P_D=(3.3°C/W)(2\ W)=6.6°C$$

易言之，此例中使用散熱片時，接面溫度僅上升 6.6°C，若不用散熱片時，接面溫度將上升 80°C。

例 3.18

某矽功率電晶體使用散熱片（$\theta_{SA}=15°C/W$）工作，此電晶體的額定在 150 W(25°C) 且 $\theta_{JC}=0.5°C/W$，絕緣片的 $\theta_{CS}=0.6°C/W$。若環境溫度是 40°C 且 $T_{J_{max}}=200°C$，可以消耗的最大功率是多少？

解：

$$P_D=\frac{T_J-T_A}{\theta_{JC}+\theta_{CS}+\theta_{SA}}=\frac{200°C-40°C}{0.5°C/W+0.6°C/W+1.5°C/W}\approx\mathbf{61.5\ W}$$

3.8　C 類與 D 類放大器

雖然 A 類、AB 類和 B 類放大器最常用作功率放大器，但 D 類放大器因效率極高，也很普遍。C 類放大器雖不能用作音頻放大器，但也會用在通訊方面的調諧電路中。

C 類放大器

C 類放大器如圖 3.25 所示，電晶體偏壓到操作週期不到輸入訊號的 180°，但輸出部分的調諧電路仍對基波或共振頻率提供完整週期的輸出訊號（調諧電路為 L 和 C 槽形電路），因此這種電路會限用於某一固定頻率，如用於通訊電路，C 類電路的操作主要並不是用於大訊號或功率放大器。

D 類放大器

　　D 類放大器設計以數位或脈波型式的訊號工作，使用此種電路時，效率可達 90% 以上，這在功率放大器中是很需要的，但在用來驅動大功率負載之前，要先將輸入訊號轉換成脈波波形，最後再將此種型式的訊號轉換回弦式訊號以回復原始訊號。圖 3.26 顯示，如何利用鋸齒或斬波波形和弦式訊號同時輸入比較器式運算放大器電路，以產生代表性的脈波型式訊號，由此轉換成脈波波形。雖然字母 D 用來代表 C 類之後的下一類偏壓操作，但 D 也可看成代表"數位"(Digital)，因為這是提供給 D 類放大器的訊號本質。

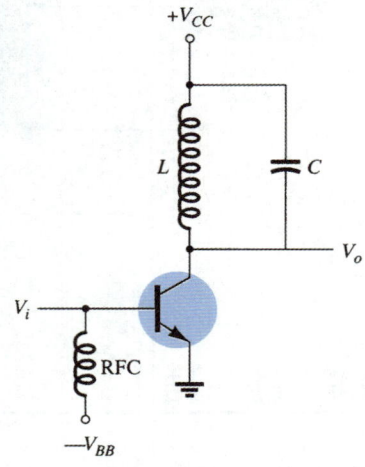

　　圖 3.27 顯示需要用來放大 D 類訊號，並利用低通濾波器轉換回弦式訊號的方塊圖。因提供輸出的放大器電晶體裝置，基本上不是導通就是截止，只有當導通時，才提供電流，且因"導通"電壓低，所以功率損耗很少。因大部分加到放大器的功率都轉移到負載，電路的效率一般極高。在 D 類放大器中，功率 MOSFET 裝置作為驅動器裝置，已極為普遍。

圖 3.25 C 類放大器電路

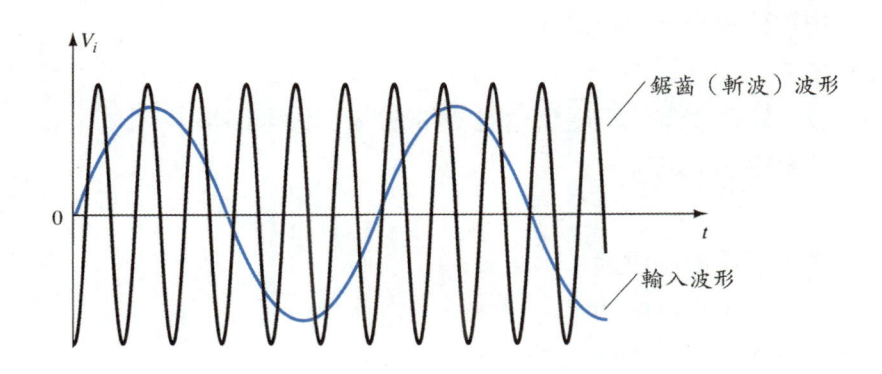

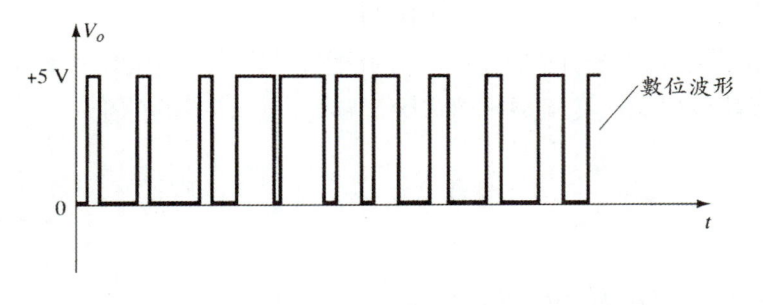

圖 3.26 對弦波波形斬波以提供數位波形

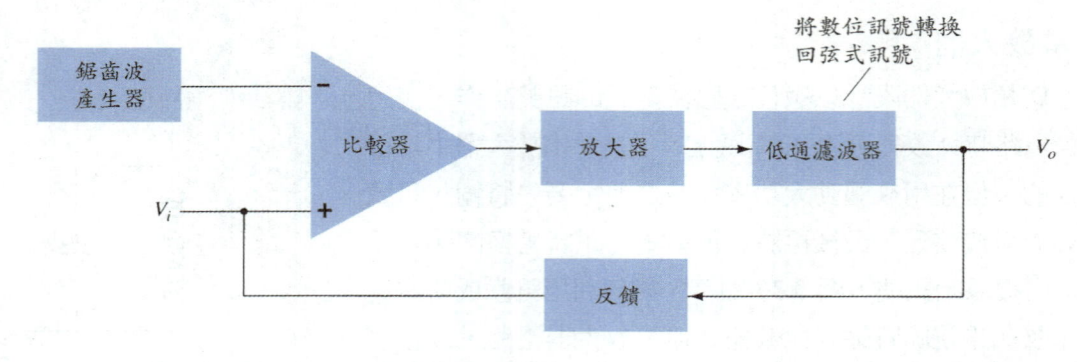

圖 3.27 D 類放大器的方塊圖

3.9 總　結

重要的結論與概念

1. 放大器類型：

   A 類——輸出級導通完整 360°（完整波形週期）。

   B 類——輸出級各導通 180°（組合成完整週期）。

   AB 類——輸出級各導通 180°～360° 之間（以較低效率提供完整週期）。

   C 類——輸出級導通不足 180°（用於調諧電路）。

   D 類——用數位或脈波訊號操作。

2. 放大器效率：

   A 類——最大效率 25%（不用變壓器）和 50%（用變壓器）。

   B 類——最大效率 78.5%。

3. 功率考慮：

   a. 輸入功率由直流電源提供。

   b. 輸出功率是送到負載的功率。

   c. 主動裝置消耗的功率是輸入和輸出功率之差。

4. 推挽式（互補）操作一般指兩裝置的操作相反且分別導通一段期間——其中一裝置"推"半個週期，另一裝置則"拉"另半個週期。

5. 諧波失真牽涉到週期性波形的非弦波本質——此種失真定義成基波頻率整數倍的弦波。

6. 散熱片使用金屬殼或框架以及風扇，以去除電路元件所產生的熱量。

方程式

$$P_i(\text{dc}) = V_{CC}I_{CQ}$$

$$P_o(\text{ac}) = V_{CE}(\text{rms})I_C(\text{rms}) = I_C^2(\text{rms})R_C = \frac{V_C^2(\text{rms})}{R_C}$$

$$P_o(\text{ac}) = \frac{V_{CE}(\text{p})I_C(\text{p})}{2} = \frac{I_C^2(\text{p})}{2R_C} = \frac{V_{CE}^2(\text{p})}{2R_C}$$

$$P_o(\text{ac}) = \frac{V_{CE}(\text{p-p})I_C(\text{p-p})}{8} = \frac{I_C^2(\text{p-p})}{8}R_C = \frac{V_{CE}^2(\text{p-p})}{8R_C}$$

$$\% \, \eta = \frac{P_o(\text{ac})}{P_i(\text{dc})} \times 100\%$$

變壓器作用：

$$\frac{V_2}{V_1} = \frac{N_2}{N_1}$$

$$\frac{I_2}{I_1} = \frac{N_1}{N_2}$$

B 類操作：

$$I_{\text{dc}} = \frac{2}{\pi} I(\text{p})$$

$$P_i(\text{dc}) = V_{CC}\left(\frac{2}{\pi} I(\text{p})\right)$$

$$P_o(\text{ac}) = \frac{V_L^2(\text{rms})}{R_L}$$

$$\text{最大 } P_o(\text{ac}) = \frac{V_{CC}^2}{2R_L}$$

$$\text{最大 } P_i(\text{dc}) = V_{CC}(\text{最大 } I_{\text{dc}}) = V_{CC}\left(\frac{2V_{CC}}{\pi R_L}\right) = \frac{2V_{CC}^2}{\pi R_L}$$

$$\text{最大 } P_{2Q} = \frac{2V_{CC}^2}{\pi^2 R_L}$$

諧波失真：

$$\% \, n \text{ 階諧波失真} = \% \, D_n = \frac{|A_n|}{|A_1|} \times 100\%$$

散熱片：

$$\theta_{JA} = \theta_{JC} + \theta_{CS} + \theta_{SA}$$

3.10 計算機分析

程式 3.1──串饋 A 類放大器

利用 Design Center，畫出串饋 A 類放大器電路如圖 3.28 所示，圖 3.29 顯示某些分析結果的輸出資料。電晶體模型的數值編輯為 **BF**＝90 且 **IS**＝2E-15，這使電晶體模型更理想，所以 PSpice 的計算會和以下的結果更為吻合。

可看出集極電壓的直流偏壓是

$$V_c(\text{dc}) = 12.47 \text{ V}$$

當電晶體的 β 設在 90，交流增益計算如下：

$$I_E = I_c = 95 \text{ mA}（由 PSpice 的分析輸出結果）$$
$$r_e = 26 \text{ mV}/95 \text{ mA} = 0.27 \text{ }\Omega$$

增益

$$A_v = -R_c/r_e = -100/0.27 = -370$$

因此輸出電壓是

$$V_o = A_v V_i = (-370) \cdot 10 \text{ mV} = -3.7 \text{ V}（峰值）$$

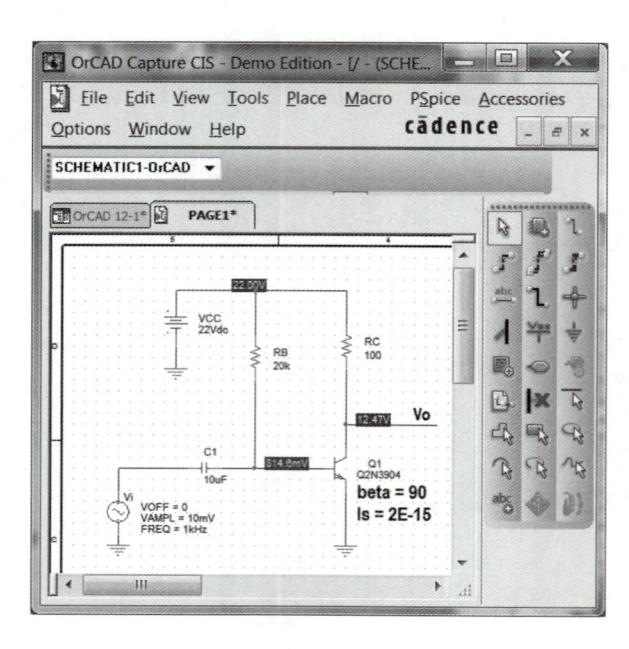

圖 3.28 串饋 A 類放大器

圖 3.29　圖 3.28 電路分析結果的輸出資料

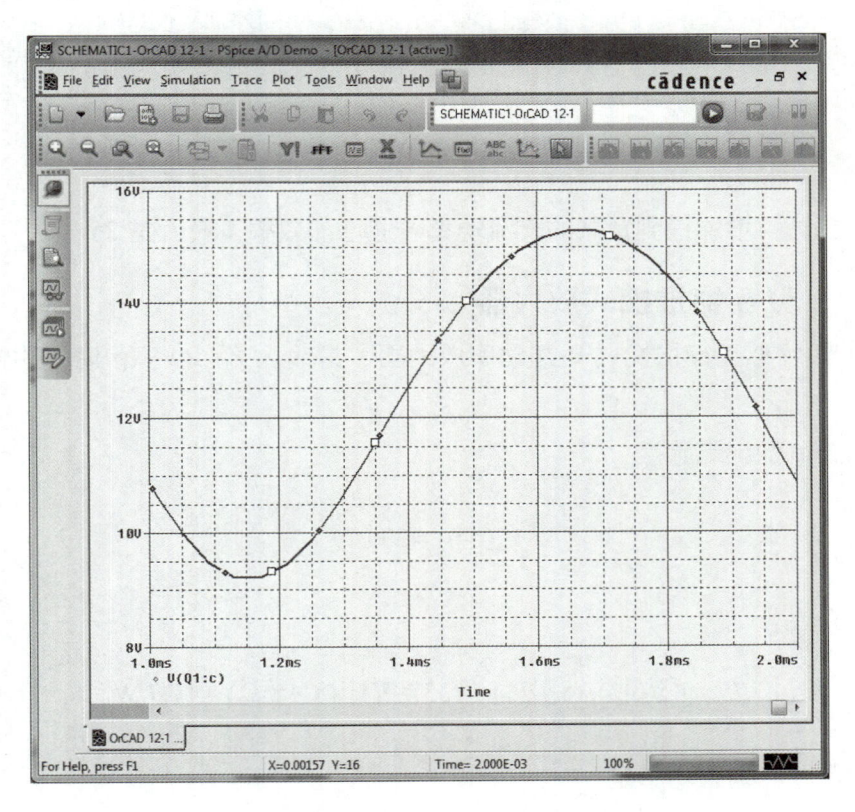

圖 3.30　圖 3.28 電路的測棒輸出

用**測棒**所得輸出波形見圖 3.30，峰對峰輸出是

$$V_o(\text{p-p}) = 15.6 \text{ V} - 8.75 \text{ V} = 6.85 \text{ V}$$

峰值輸出是

$$V_o(\text{p}) = 6.85\text{ V}/2 = 3.4\text{ V}$$

可和以下計算值比較，相當不錯。

由電路的輸出分析，輸入功率是

$$P_i = V_{CC}I_C = (22\text{ V}) \cdot (95\text{ mA}) = 2.09\text{ W}$$

由測棒的交流資料，輸出功率是

$$P_o(\text{ac}) = V_o(\text{p-p})^2/[8 \cdot R_L] = (6.85)^2/[8 \cdot 100] = 58\text{ mW}$$

因此效率是

$$\% \eta = P_o/P_i \cdot 100\% = (58\text{ mW}/2.09\text{ W}) \cdot 100\% = 2.8\%$$

較大的輸入訊號會增加送到負載的交流功率，並增加效率（最大是 25%）。

程式 3.2──似互補推挽式放大器

圖 3.31 顯示似互補推挽式 B 類功率放大器，當輸入 $V_i = 20\text{ V(p)}$ 時，用**測棒**所得輸出波形見圖 3.32。

可看出交流輸出電壓是

$$V_o(\text{p-p}) = 33.7\text{ V}$$

所以

$$P_o = V_o^2(\text{p-p})/(8 \cdot R_L) = (33.7\text{ V})^2/(8 \cdot 8\text{ }\Omega) = 17.7\text{ W}$$

此振幅訊號對應的輸入功率是

$$P_i = V_{CC}I_{\text{dc}} = V_{CC}[(2/\pi)(V_o(\text{p-p})/2)/R_L]$$
$$= (22\text{ V}) \cdot [(2/\pi)(33.7\text{ V}/2)/8] = 29.5\text{ W}$$

因此電路效率是

$$\% \eta = P_o/P_i \cdot 100\% = (17.7\text{ W}/29.5\text{ W}) \cdot 100\% = 60\%$$

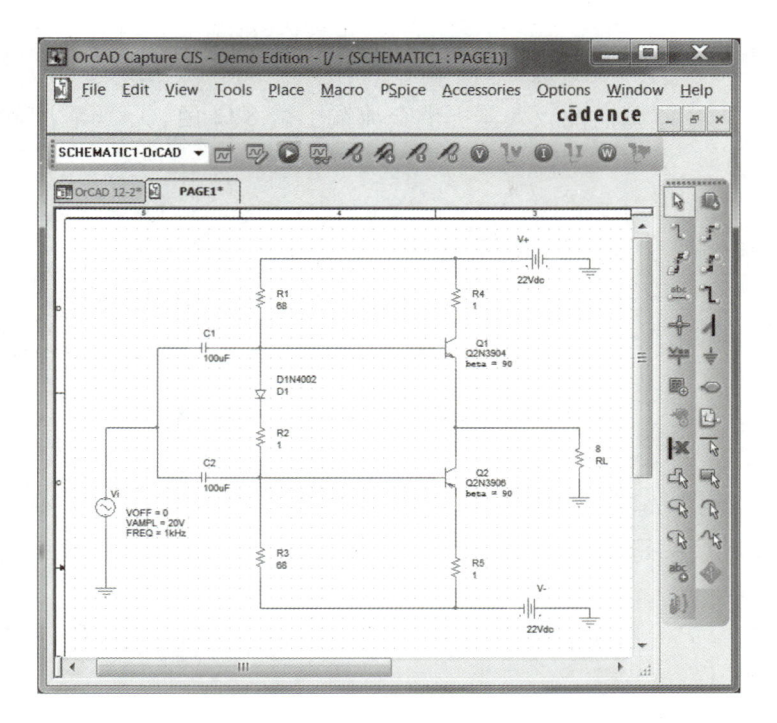

圖 3.31　似互補 B 類功率放大器

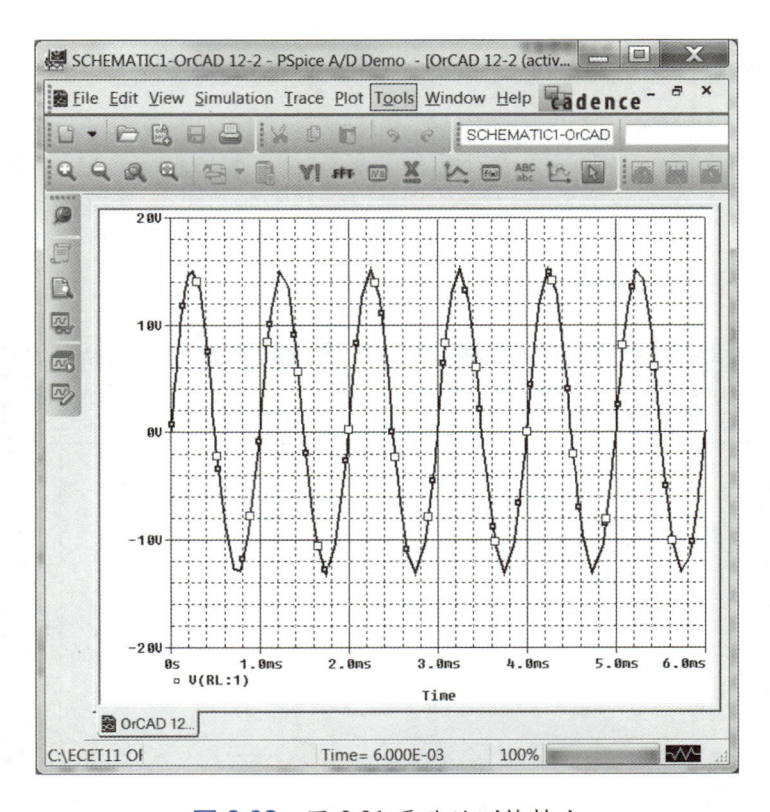

圖 3.32　圖 3.31 電路的測棒輸出

程式 3.3──運算推挽放大器

圖 3.33 顯示,某運算推挽放大器提供交流輸出給 8 Ω 負載,可看出運算放大器提供的增益是

$$A_v = -R_F/R_1 = -47 \text{ k}\Omega/18 \text{ k}\Omega = -2.6$$

就輸入 $V_i = 1$ V,輸出是

$$V_o(\text{p}) = A_v V_i = -2.6 \cdot (1 \text{ V}) = -2.6 \text{ V}$$

圖 3.34 顯示在示波器上的輸出電壓波形。

接著計算輸出功率是

$$P_o = V_o^2(\text{p-p})/(8 \cdot R_L) = (20.4 \text{ V})^2/(8 \cdot 8 \text{ Ω}) = 6.5 \text{ W}$$

對應於此振幅訊號的輸入功率是

$$P_i = V_{CC} I_{dc} = V_{CC}[(2/\pi)(V_o(\text{p-p})/2)/R_L]$$
$$= (12 \text{ V}) \cdot [(2/\pi) \cdot (20.4 \text{ V}/2)/8] = 9.7 \text{ W}$$

因此電路效率是

$$\% \eta = P_o/P_i \cdot 100\% = (6.5 \text{ W}/9.7 \text{ W}) \cdot 100\% = 6.7\%$$

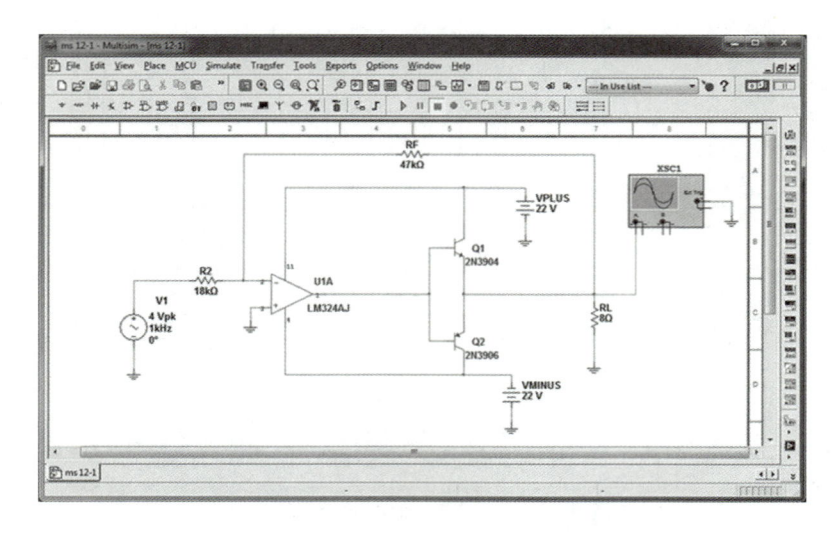

圖 3.33 運算 B 類放大器

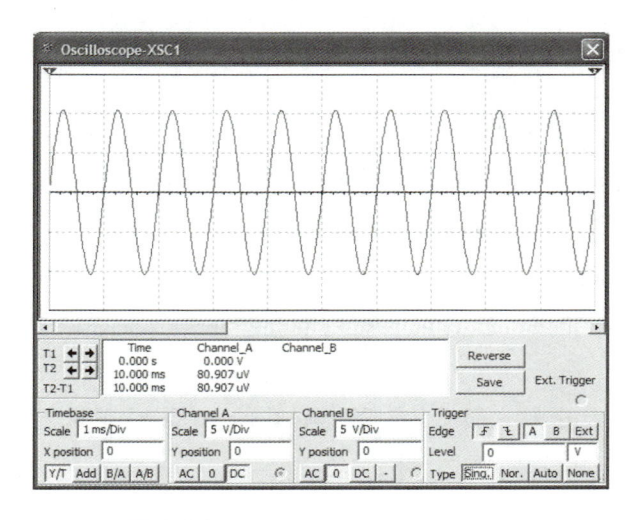

圖 3.34　圖 3.33 電路的測棒輸出

習　題

*注意：星號代表較困難的習題。

3.2　串饋 A 類放大器

1. 試計算圖 3.35 電路的輸入和輸出功率，輸入訊號可產生 5 mA rms 的基極電流。

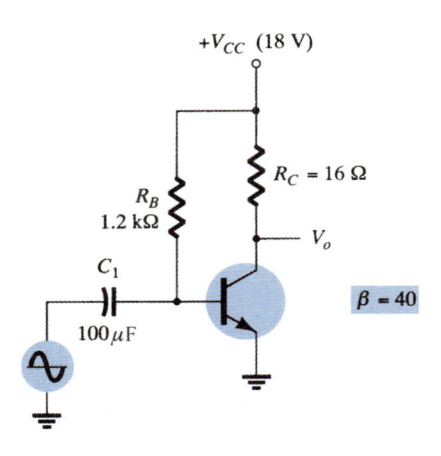

圖 3.35　習題 1～4 和 26

2. 圖 3.35 電路中，若 R_B 改成 1.5 kΩ，試計算此電路的輸入功率。
3. 圖 3.35 電路中，若 R_B 改成 1.5 kΩ，試計算此電路送出的最大輸出功率。
4. 若圖 3.35 電路偏壓在中心電壓和中心集極電流工作點，且當最大輸出功率 1.5 W

時，對應的輸入功率是多少？

3.3 變壓器耦合 A 類放大器

5. 某 A 類變壓器耦合放大器採用 25：1 的變壓器推動 4 Ω 負載，試計算有效的交流負載（即接到變壓器高匝數側的電晶體所看到的負載）。
6. 變壓器耦合到 8 Ω 負載，且所看到的有效負載是 8 kΩ，則所需的匝數是多少？
7. 四個 16 Ω 揚聲器並接，試計算所需的變壓器匝數，使並聯揚聲器看起來的有效負載是 8 kΩ。
*8. 某變壓器耦合放大器經 3.87：1 的變壓器推動 16 Ω 揚聲器，使用電源 $V_{CC}=36$ V，且電路送出 2 W 給負載。試計算：
   a. 變壓器一次側的 P(ac)。
   b. V_L(ac)。
   c. 變壓器一次側的 V(ac)。
   d. 負載和一次電流的有效值。
9. 試計算習題 8 電路的效率，偏壓電流 $I_{C_Q}=150$ mA。
10. 試利用 npn 電晶體畫出 A 類變壓器耦合放大器的電路圖。

3.4 B 類放大器操作

11. 試利用變壓器耦合作為輸入，畫出 B 類 npn 推挽式放大器的電路圖。
12. 某 B 類放大器提供 22 V 峰值訊號給 8 Ω 負載，且電源 $V_{CC}=25$ V，試決定：
    a. 輸入功率。
    b. 輸出功率。
    c. 電路效率。
13. 某 B 類放大器驅動 8 Ω 負載，且 $V_{CC}=25$ V，試決定：
    a. 最大輸入功率。
    b. 最大輸出功率。
    c. 最大電路效率。
*14. 某 B 類放大器的電源電壓 $V_{CC}=22$ V，推動 4 Ω 負載，且峰值輸出電壓分別如下，試計算其效率：
    a. V_L(p) = 20 V。
    b. V_L(p) = 4 V。

3.5 B 類放大器電路

15. 試畫出似互補放大器的電路圖，並示出電路的電壓波形。

16. 就圖 3.36 的 B 類放大器電路，試算出：
   a. 最大 P_o(ac)。
   b. 最大 P_i(dc)。
   c. 最大 % η。
   d. 兩電晶體的最大功率效率。

*17. 若圖 3.36 功率放大器的輸入電壓是 8 V rms，試計算：
   a. P_i(dc)。
   b. P_o(ac)。
   c. % η。
   d. 兩功率輸出電晶體的功率消耗。

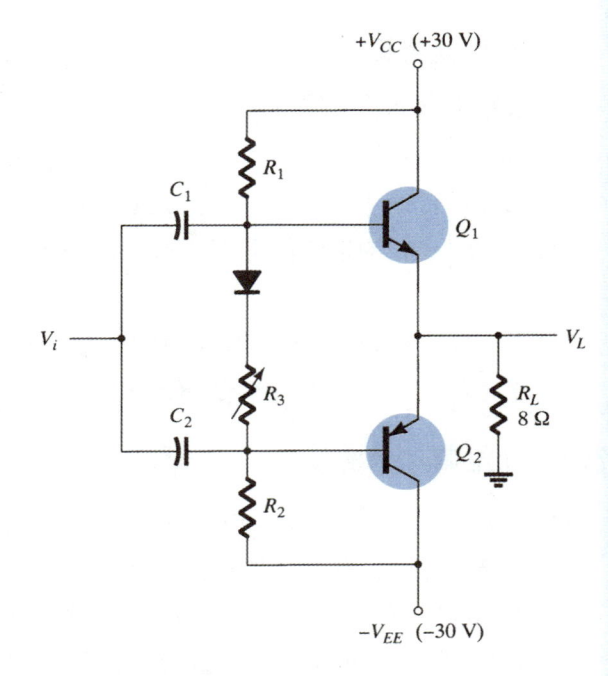

*18. 就圖 3.37 的功率放大器，試計算：
   a. P_o(ac)。
   b. P_i(ac)。
   c. % η。
   d. 兩輸出電晶體的功率消耗。

圖 **3.36** 習題 16、17 和 27

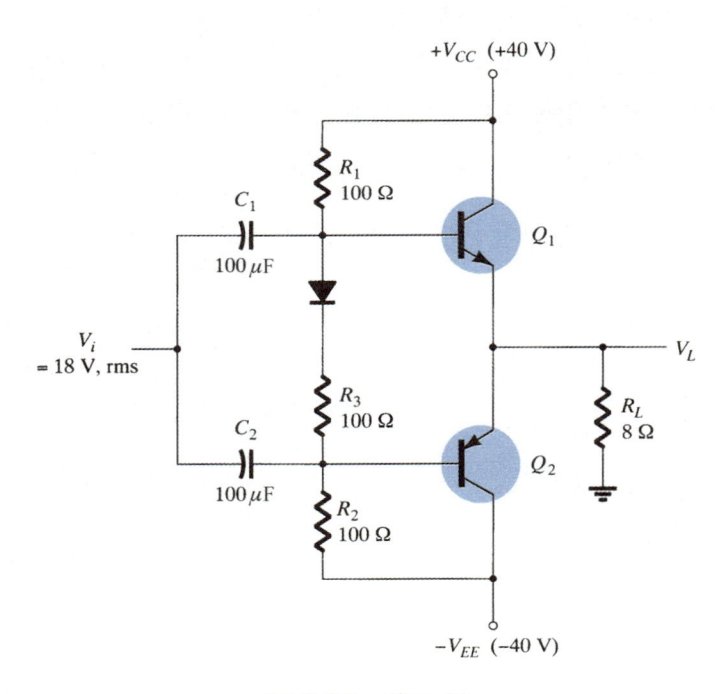

圖 **3.37** 習題 18

3.6 放大器失真

19. 某輸出訊號基波振幅是 2.1 V，2 階諧波振幅是 0.3 V，3 階諧波振幅是 0.1 V，且 4 階諧波振幅是 0.05 V，試計算此訊號的各諧波失真分量。

20. 試計算習題 19 中，各振幅分量的總諧波失真。

21. 某輸出波形的量測值是 $V_{CE_{min}}=2.4$ V、$V_{CE_Q}=10$ V、$V_{CE_{max}}=20$ V，試計算其 2 階諧波失真。

22. 就失真讀值 $D_2=0.15$、$D_3=0.01$，$D_4=0.05$，且 $I_1=3.3$ A 以及 $R_C=4\ \Omega$，試計算總諧波失真、基波功率分量和總功率。

3.7 功率電晶體散熱

23. 某 100 W 矽電晶體（25°C 時的額定）在外殼溫度 150°C 時的遞減因數是 0.6 W/°C，試決定此電晶體允許的最大功率消耗。

*24. 某 160 W 矽功率電晶體和散熱片（$\theta_{SA}=1.5$°C/W）一起工作，其 $\theta_{JC}=0.5$°C/W，且絕緣片的 $\theta_{CS}=0.8$°C/W。當環境溫度在 80°C 時，電晶體可處理的最大功率是多少？（接面溫度不應超過 200°C。）

25. 當環境溫度 80°C 時，矽電晶體（$T_{J_{max}}=200$°C）可直接消散到空氣的最大功率是多少？

3.10 計算機分析

*26. 試利用 Design Center 畫出圖 3.35 的電路圖，且 $V_i=9.1$ mV。

*27. 試利用 Design Center 畫出圖 3.36 的電路圖，且 $V_i=25$ V(p)，並決定電路的效率。

*28. 試利用 Multisim 畫出如圖 3.33 的運算 B 類放大器的電路圖，採用 $R_1=10$ kΩ、$R_F=50$ kΩ 且 $V_i=2.5$ V(p)，並決定電路的效率。

線性－數位積體電路 (IC)

本章目標

- 關於類比至數位轉換
- 關於數位至類比轉換
- 計時器電路操作
- 鎖相迴路操作

4.1 導言

雖然有很多 IC 只包含數位電路，也有很多 IC 只包含線性電路，但有一些 IC 同時包含線性與數位電路，這種線性／數位 IC 有比較器電路、數位／類比轉換器、介面電路、計時器電路、壓控振盪器 (VCO) 電路，以及鎖相迴路 (PLL)。

比較器電路將類比輸入電壓和另一參考電壓作比較，輸出則是數位狀態，反映輸入電壓是否超過參考電壓。

將數位訊號轉換成類比或線性電壓，以及將線性電壓轉換成數位值的電路，在航太設備、汽車設備和 CD 播放器等方面都很普遍。

介面電路用來連結不同數位電壓位準的訊號，電壓位準不同是源於不同類型的輸出裝置或不同的阻抗，所以驅動級和接收級都要正確工作。

計時器 IC 提供線性和數位電路，用於各種不同的計時操作，如汽車警報器、啟動燈具亮滅的家用計時器，以及提供正確計時以符合所要單元工作的電磁設備電路。555 計時器這個 IC 普遍已久，而壓控振盪器提供輸出時鐘脈波訊號，其頻率可用輸入電壓改變或調整。VCO 的一種普遍應用是鎖相迴路，用在各種不同的通訊發射器和接收器。

4.2 比較器 IC（單元）操作

比較器電路接受線性輸入電壓並提供數位輸出，以指示某一輸入是小於或大於另一輸入。基本的比較器可用圖 4.1a 代表，當非反相(+)輸入高於反相輸入(−)電壓時，輸出的數位訊號會維持在高電壓位準，而當非反相輸入電壓低於反相輸入電壓時，輸出則會切換到低電壓位準。

圖 4.1b 顯示，其中一輸入（此例中為反相輸入）接到參考電壓，而另一輸入則接到輸入訊號電壓。只要 V_{in} 低於參考電壓值 +2 V，輸出就會維持在低電壓位準（接近 −10 V）。當輸入上升到恰高於 +2 V 時，輸出會很快切換到高電壓位準（接近 +10 V）。因此，高位準輸出代表輸入訊號大於 +2 V。

因用來建構比較器的內部電路中，本質上包含極高電壓增益的運算放大器電路，可利用 741 運算放大器來檢視比較器的操作，見圖 4.2。參考輸入（第 2 腳）設在 0 V，而弦波輸入加到非反相輸入（第 3 腳），使輸出在兩種輸出狀態之間切換，如圖 4.2b 所示。輸入電壓 V_i 只要比 0 V 高一些些，就會被極高的電壓增益（一般高於 100,000），使輸出上升到正輸出飽和值，當輸入維持在 $V_{ref}=0$ V 之上時，輸出即維持不變。當輸入一掉到 0 V 參考位準以下時，輸出會推到低飽和值，當輸入維持低於 $V_{ref}=0$ V 時，輸出即維持不變。圖 4.2b 清楚顯示，輸入訊號是類比的，而輸出則是數位的。

一般使用上，參考位準不一定要 0 V，可以是任意所要的正或負電壓。參考電壓也可以接到正或負輸入端，而輸入訊號則接到另一輸入端即可。

用運算放大器作比較器

圖 4.3a 顯示以正參考電壓接到負輸入端工作的電路，輸出接到 LED 指示燈，參考電壓位準設在

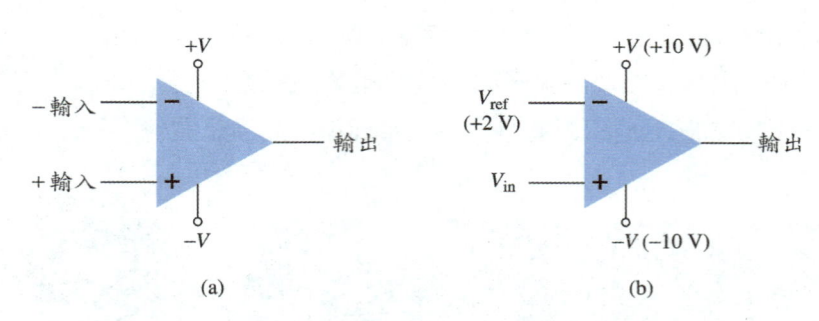

$$V_{ref}=\frac{10\ k\Omega}{10\ k\Omega + 10\ k\Omega}(+12\ V) = +6\ V$$

圖 4.1 比較器 IC 單元：(a)基本單元；(b)典型應用

第 4 章　線性－數位積體電路(IC)　155

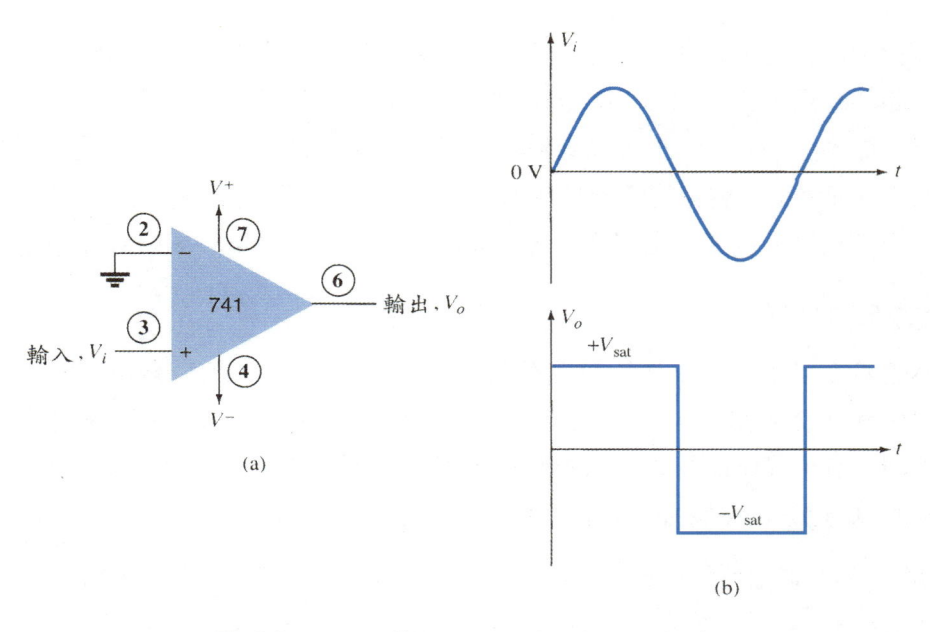

圖 4.2　741 運算放大器用作比較器的操作

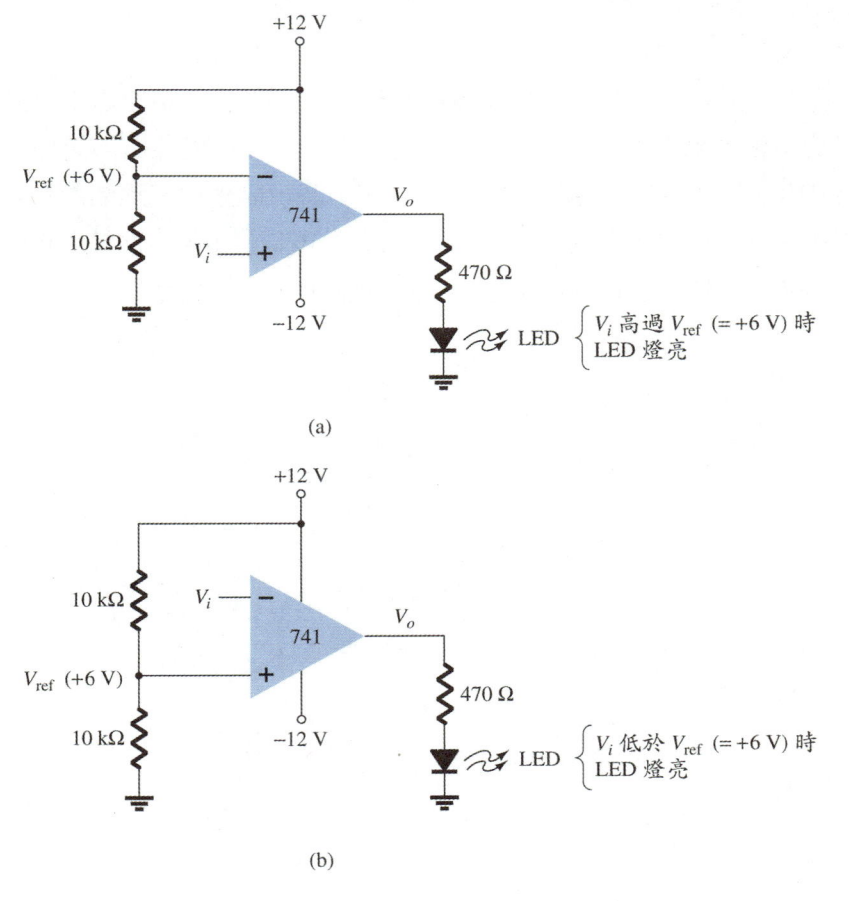

圖 4.3　741 運算放大器用作比較器

因參考電壓接到反相輸入端，當輸入 V_i 比 +6 V 參考電壓值更正時，輸出會切換到正飽和位準，此時的輸出 V_o 會使 LED 燈亮，代表輸入比參考值更正（高）。

換另一種接法，參考電壓可以接到非反相輸入端，如圖 4.3b 所示，用此接法時，當輸入訊號低於參考值，就會使輸出驅動 LED 燈亮。因此根據訊號輸入和參考輸入分別接到非反相和反相輸入或者相反，當輸入訊號高於或低於參考值時，LED 燈會亮。

使用比較器 IC 單元

雖然運算放大器可用來作比較器電路，但仍以獨立的 IC 比較器單元較為合適。某些改良已建構在比較器 IC 中，使兩輸出位準間的切換更快速，內建雜訊排除使輸入越過參考值時可避免輸出的振盪，以及使輸出可直接驅動各種不同的負載。以下介紹一些普遍用到的 IC 比較器，將描述腳位和使用的方法。

311 比較器　311 電壓比較器見圖 4.4，內含比較器電路，可在雙電源 ±15 V 之下工作，也可在單電源 +5 V 之下工作（用在數位邏輯電路），輸出可提供兩種不同的電壓位準，可用來驅動燈泡或繼電器。注意到，輸出從雙載子電晶體接出，可驅動各種不同的負載。此 IC 單元具有平衡和激發輸入，激發輸入用來閘控輸出。以下用一些例子展示，如何應用這種比較器 IC 到一些普通的應用上。

圖 4.5 顯示，利用 311 IC 建立零交越檢測器，可感知輸入電壓越過 0 V 的情況。反相輸入端接地（參考電壓），當輸入訊號為正時會驅動電晶體導通，使輸出降到低位準（本例中為 −10 V）。當輸入訊號為負（低於 0 V）時，驅動輸出電晶體截止，輸出會升到高位準（到 +10 V）。因此，輸出會指示輸入高於或低於 0 V。當輸入是任意的正電壓時輸出在低位準，而輸入是任意的負電壓時會使輸出到正電壓位準。

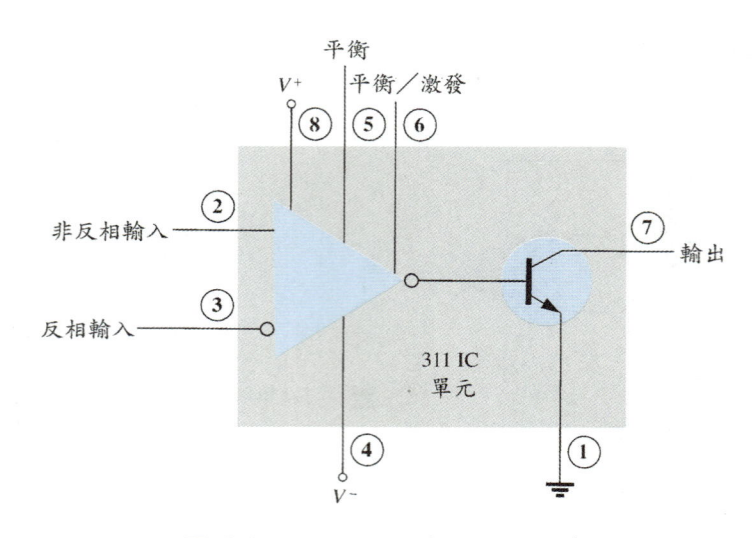

圖 4.4　311 比較器（8 腳 DIP IC）

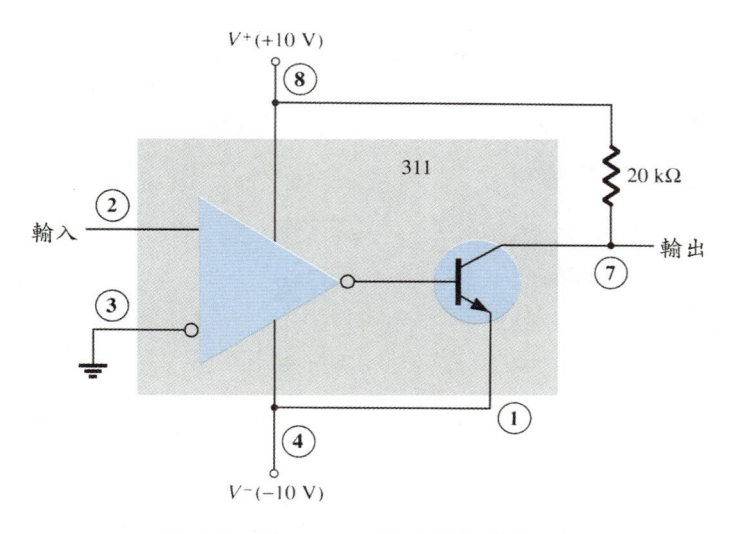

圖 4.5 使用 311 IC 的零交越檢測器

　　圖 4.6 顯示，如何使用 311 比較器的激發輸入，在此例中，當輸入高於參考值時輸出會到達高位準——但只有當 TTL 的激發輸入截止（或 0 V）時才能如此。若 TTL 的激發輸入到高位準時，會使 311 的第 6 腳激發輸入在低位準，而使輸出維持在"截止"狀態，無論輸入訊號如何，輸出都會在高位準。以作用來看，除非激發 IC，輸出會一直維持在高位準。若激發 IC（第 6 腳要在高位準），輸出即可正常工作，輸出可根據輸入訊號值在高位位準間切換。操作上，只有當激發訊號允許工作時，比較器的輸出才會回應輸入訊號的變化。

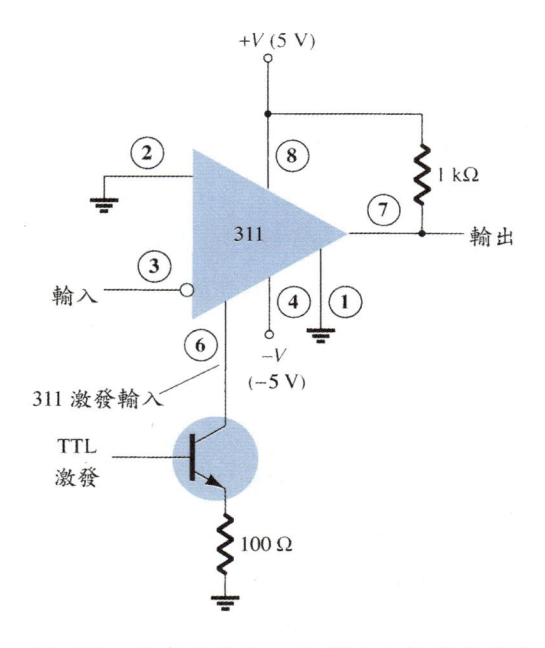

圖 4.6 具有激發輸入的 311 比較器的操作

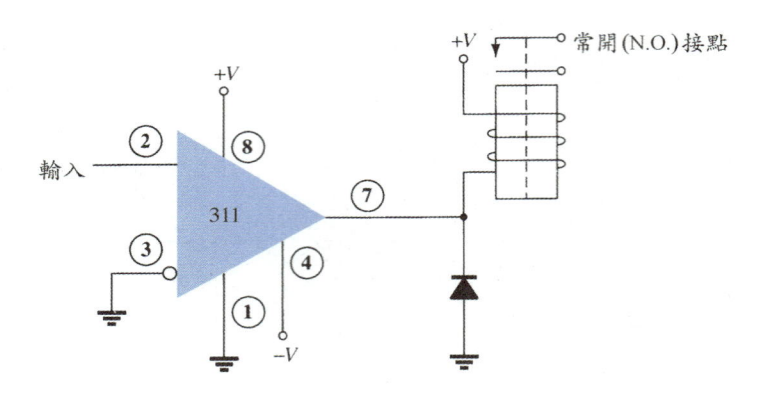

圖 4.7 311 比較器接繼電器輸出的操作

圖 4.7 顯示，比較器的輸出驅動一繼電器。當輸入低於 0 V 時，驅動輸出到低位準，繼電器被激磁，常開(N.O.)接點會閉路，這些接點可連接到多種裝置，例如蜂鳴器或電鈴，只要輸入電壓一低於 0 V，即可經由接點驅動這些裝置。而輸入端是正壓時，蜂鳴器等裝置就會維持截止。

339 比較器 339 IC 是四個比較器的 IC，內含四個獨立的電壓比較器電路，接到外部腳位，如圖 4.8 所示。每個比較器都有反相和非反相輸入，以及單一輸出。電源電壓加到一對腳位，提供功率給全部四個比較器。即使只用一個比較器，仍會同時對四個比較器供電。

為了解如何使用這些比較器電路，圖 4.9 顯示將 339 中的一個比較器接成零交越檢測器。只要輸入訊號高於 0 V，輸出就會切換到 V^+，而當輸入低於 0 V 時，輸出會切換到 V^-。

參考位準也可以用 0 V 以外的值，且任一輸入端皆可用作參考輸入腳，而另一腳則接到輸入訊號。339 IC 中單一個比較器電路的操作描述於下。

差動輸入電壓（兩輸入端之間的電壓差）為正時，驅動輸出電晶體截止（開路），而負的差動輸入電壓會驅動電晶體導通——輸出會在低電源電壓位準。

若負輸入端設在參考位準 V_{ref}，當正輸入端高於 V_{ref} 時會產生正差動輸入電壓，驅動輸出到開路狀態。當非反相（正）輸入端低於 V_{ref} 時會產生負差動輸入電壓，驅動輸出到 V^-。

若正輸入端設在參考位準，當反相（負）輸入低於 V_{ref} 時會使輸出開路，但當反相（負）輸入高於 V_{ref} 時會使輸出在 V^-。整個操作歸納在圖 4.10。

因這些比較器的輸出都是從開路的電晶體集極接出，應用上可將這些電路的輸出接在一起，形成接線 AND。圖 4.11 顯示兩個比較器電路的輸出接在一起，且輸入也接在一起。比較器 1 的 +5 V 參考電壓輸入接到非反相輸入端，當輸入訊號高於 +5 V 時輸出

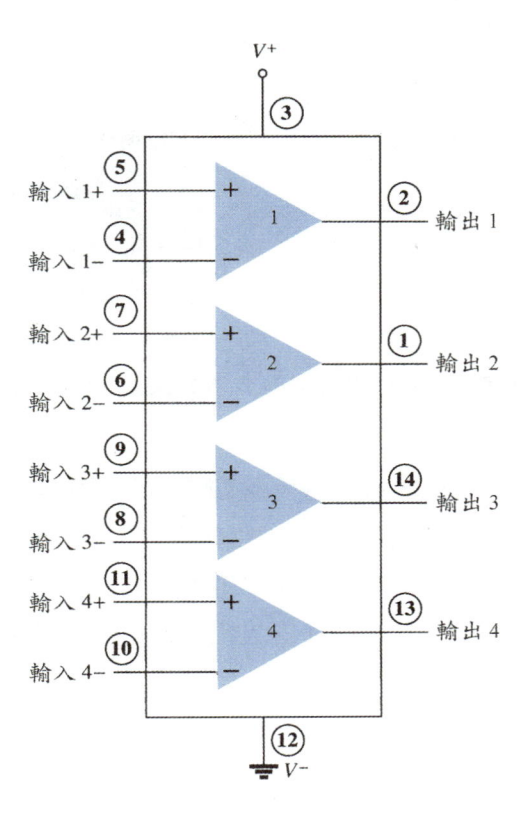

圖 4.8 四個比較器的 IC(339)

(a)

(b)

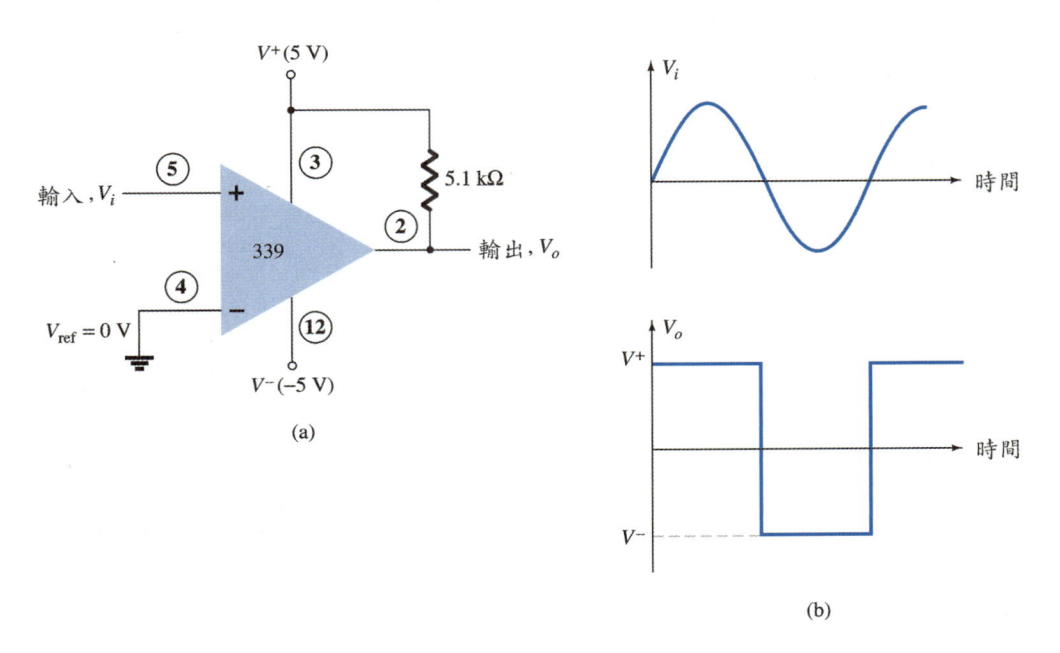

圖 4.9 339 比較器電路作零交越檢測器的操作

160 電子裝置與電路理論

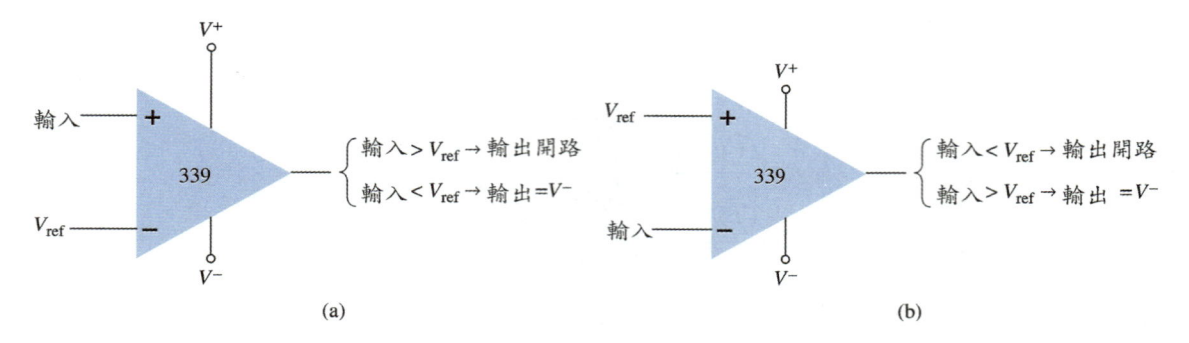

圖 4.10 具有參考輸入的 339 比較器電路的操作：(a) 負輸入；(b) 正輸入

會被比較器 1 驅動到低位準。比較器 2 的參考電壓 +1 V 則接到反相輸入端，當輸入訊號低於 +1 V 時比較器 2 的輸出會被驅動到低位準。總之，只要輸入低於 +1 V 或高於 +5 V 時輸出都會到低位準，如圖 4.11 所示。總和的操作結果是，這是窗型電壓檢測器，高位準輸出代表輸入是落在 +1～+5 V 之間（邊界電壓值用參考電壓位準加以設定）。

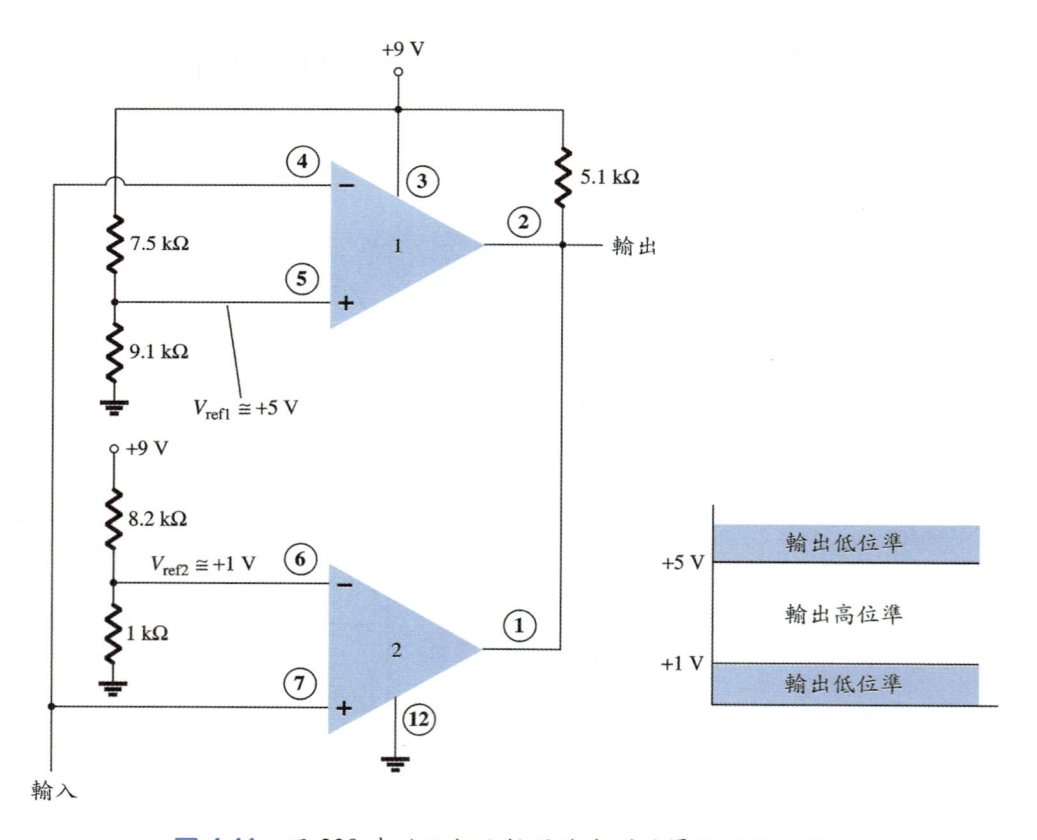

圖 4.11 用 339 中的兩個比較器作窗型電壓檢測器的操作

4.3 數位－類比轉換器

電子電路中有許多電壓電流會在某些數值範圍內連續變化，但在數位電路中訊號只有兩種位準，分別代表二進位值 1 或 0。可利用類比－數位轉換器(ADC)得到代表輸入類比電壓的數位值，而數位－類比轉換器(DAC)則可將數位值轉換回類比電壓。

數位對類比轉換

階梯網路轉換 可用一些不同的方法達成數位對類比轉換，其中一種普遍用的方法是利用電阻組成階梯網路，階梯網路接受二進位值的輸入，0 或 1 一般以 0 V 或 V_ref 代表，階梯網路的輸出電壓和二進位輸入值成正比。圖 4.12a 顯示一具有四個輸入電壓（代表 4 位元的數位資料）的階梯網路，以及一直流電壓輸出，此輸出電壓和數位輸入值成正比，關係如下：

$$V_o = \frac{D_0 \times 2^0 + D_1 \times 2^1 \times D_2 \times 2^2 + D_3 \times 2^3}{2^4} V_\text{ref} \tag{4.1}$$

在圖 4.12b 的例子中，所得輸出電壓是

$$V_o = \frac{0 \times 1 + 1 \times 2 + 1 \times 4 + 0 \times 8}{16}(16 \text{ V}) = 6 \text{ V}$$

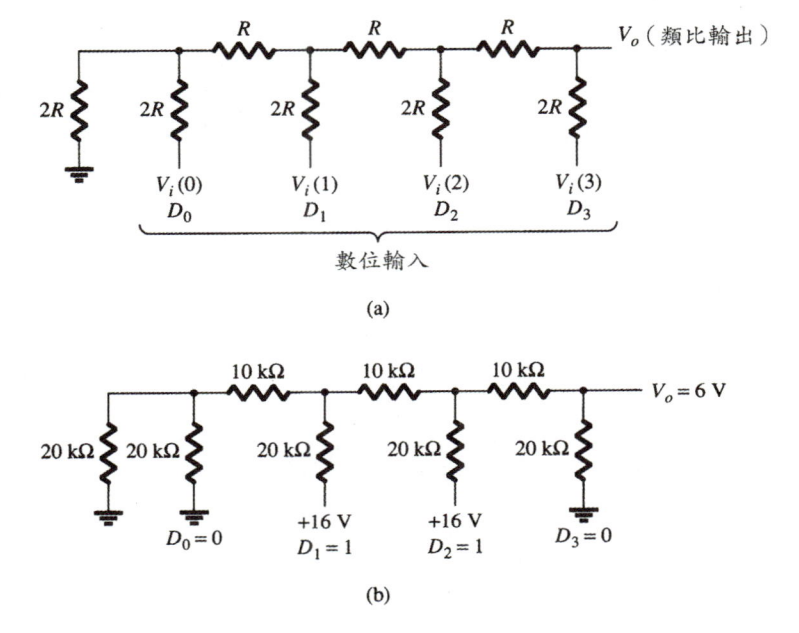

圖 4.12 用 4 級階梯網路作 DAC：(a)基本電路；(b)電路例且輸入 0110

因此，數位值 0110_2 轉換成類比電壓 6 V。

階梯網路的功能是將 0000～1111 這 16 個可能的二進位值，轉換成 16 個電壓位準，相鄰兩電壓的間隔是 $V_{ref}/16$。如果用更多段的階梯電阻，輸入就可用更多位元，輸出電壓間的間隔就會更小。例如，10 級的階梯網路會將電壓步距或電壓解析度延伸到 $V_{ref}/2^{10}$ 或 $V_{ref}/1024$。若參考電壓 $V_{ref} = 10$ V，則提供的輸出電壓步距是 10 V/1024，約為 10 mV。階梯級數愈多時，可提供更好的電壓解析度。一般而言，n 級階梯的電壓解析度是

$$\boxed{\frac{V_{ref}}{2^n}} \tag{4.2}$$

圖 4.13 顯示使用階梯網路的典型 DAC 的方塊圖，圖上的階梯網路稱為 *R-2R* 階梯，夾在參考電流源和接到各二進位輸入的電流開關之間，所得的輸出電流會和輸入的二進位值成正比。二進位輸入依各位元值（0 或 1），決定是否導通階梯網路的各分支腳，各分支腳電流經階梯網路加權後產生輸出電流。若需要，可將輸出電流通過電阻，產生類比電壓。

類比對數位轉換

雙斜率轉換 普遍用來將類比電壓轉換成數位值的方法是雙斜率法，圖 4.14a 顯示基本雙斜率轉換器的方塊圖。要轉換的類比電壓經電子開關加到積分器或斜波產生器電路（本質上是用電流源對電容充電，以產生線性斜波電壓），在積分器的正斜率和負斜率週期中，由計數器得到數位輸出。

轉換的方法進行如下，在固定的時間週期（對應於計數器的滿計數週期），接到積分器的類比電壓會使比較器的輸入電壓上升到某一正值，圖 4.14b 顯示，在固定週期的最後，輸入電壓愈大時積分器的輸出電壓也愈高。在此固定（計數）週期的最後，計數器重置為零且電子開關將積分器的輸入接到參考（或固定）輸入電壓，此時積分器的輸

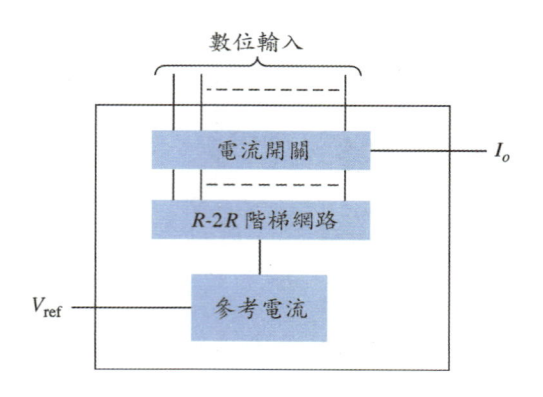

圖 4.13 使用 *R-2R* 階梯網路的 DAC IC

(a)

(b)

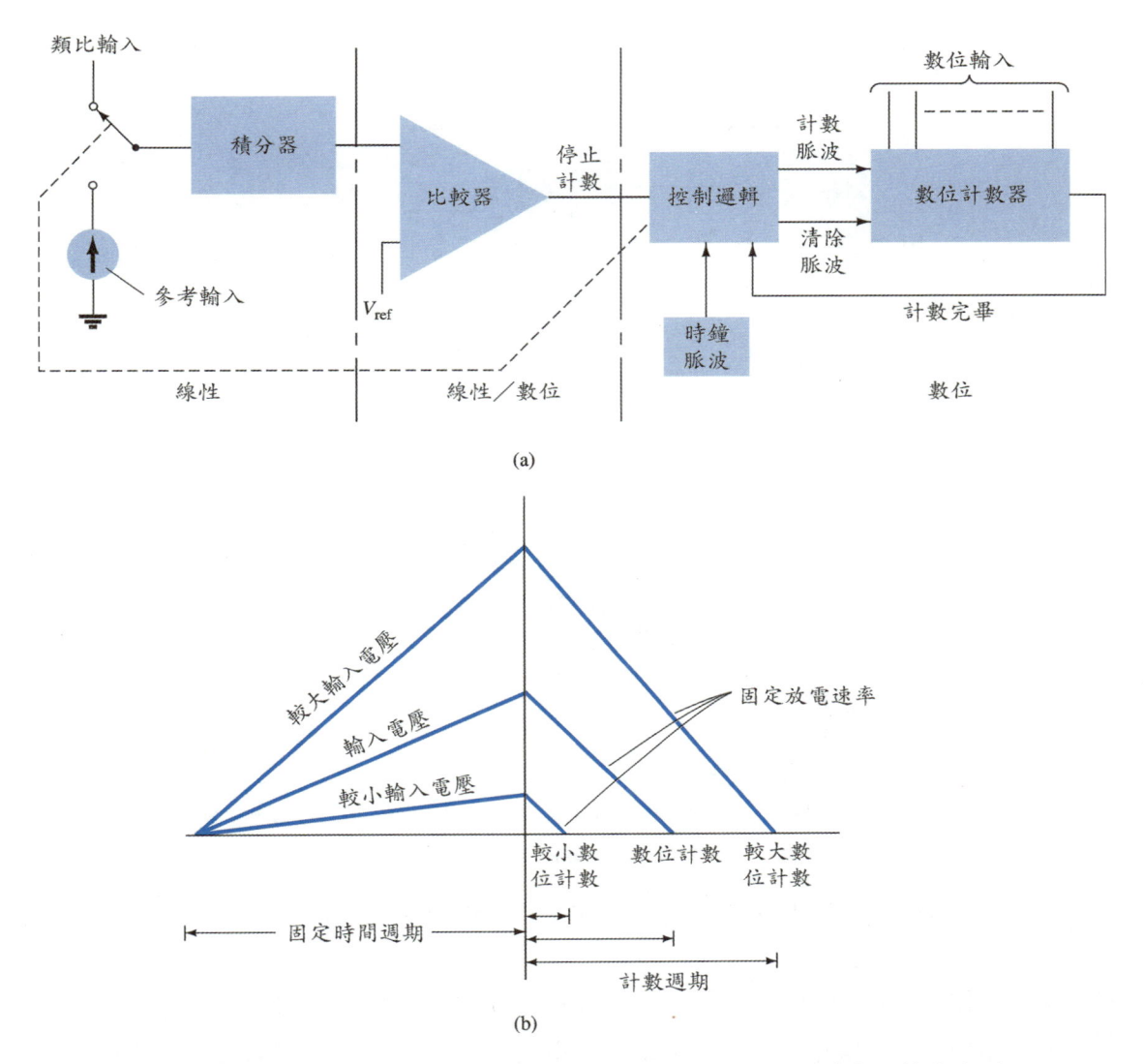

圖 4.14 利用雙斜率法的類比對數位轉換：(a)邏輯圖；(b)積分器輸出波形

出（或電容器的輸入）會以固定速率下降，同時間內計數器往前計數，而積分器輸出卻以定速下降，直到低於比較器的參考電壓，此時控制邏輯收到比較器的輸出訊號就會停止計數，而儲存在計數器的數位值就是轉換器的數位輸出。

在正斜率和負斜率週期採用相同的時鐘脈波和積分器以執行轉換，可抵補時鐘頻率的漂移和積分器準確度的限制。可依實際需求，設定參輸入值和時鐘頻率，以調整計數器輸出。計數器可以用二進位，BCD（二進位編碼，十進位制），或其他符合所需的數位計數器型式。

階梯網路轉換 另一種普遍應用在類比對數位轉換的方法，是結合階梯網路、計數器和比較器電路（見圖 4.15）。計數器由零往前計數時，同時驅動階梯網路，使其輸出階梯

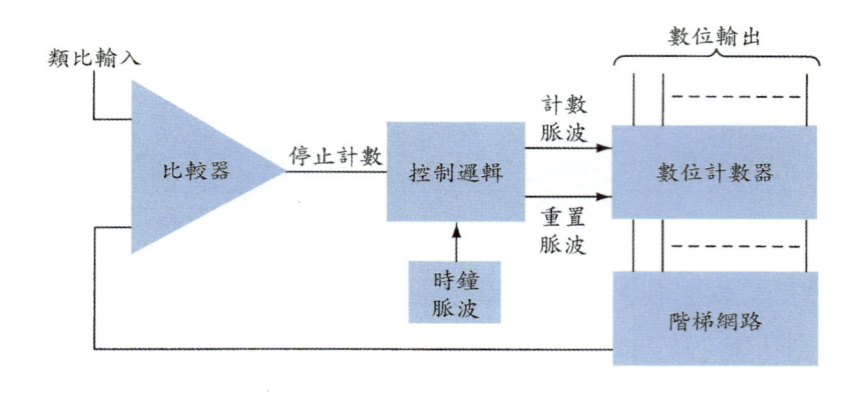

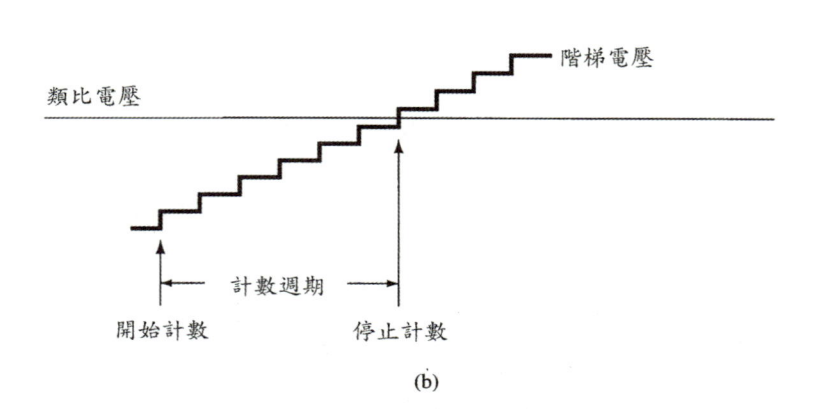

圖 4.15 利用階梯網路作類比對數位轉換：(a)邏輯圖；(b)波形

式的電壓，如圖 4.15b 所示，每計數一步時即產生一電壓增量。比較器電路同時接收到階梯電壓和類比輸入電壓，當階梯電壓高於類比輸入電壓時，比較器會提供訊號以停止計數，此時的計數值即數位輸出。

階梯訊號的每步變化量決定於所用的計數位元數目，若用 12 位元的計數器配合 12 級的階梯網路，且參考電壓為 10 V 時，每計數一步產生的電壓變化量是

$$\frac{V_{\text{ref}}}{2^{12}} = \frac{10 \text{ V}}{4096} = 2.4 \text{ mV}$$

所產生的轉換解析度是 2.4 mV。計數器的時鐘頻率會影響執行轉換所需的時間，12 位元計數器以 1 MHz 的時鐘頻率工作時，所需的最大轉換時間是

$$4096 \times 1 \ \mu s = 4096 \ \mu s \approx 4.1 \text{ ms}$$

因此，每秒可執行的最少轉換次數是

轉換次數＝1/4.1 ms≈244 次轉換／秒

因有些轉換所需的計數時間很短，有些可能接近最大轉換時間，平均而言，所需轉換時間是 4.1 ms/2＝2.05 ms，且平均轉換次數是 2×244＝488 次轉換／秒。時鐘頻率愈慢時，每秒轉換次數會愈少，轉換器所用的計數級數愈少（即轉換解析度愈差）時，每秒執行的轉換次數會愈多，轉換的準確度則決定於比較器的準確度。

4.4 計時器 IC 單元操作

另一種普遍使用的類比－數位積體電路是多用途的 555 計時器，此 IC 是由線性的比較器和數位的正反器組合而成，見圖 4.16。整個電路通常裝設在 8 腳包裝內，如圖 4.16 中所指定。三個串聯電阻將兩個比較器的參考電壓值設在 $2V_{CC}/3$ 和 $V_{CC}/3$，這兩個比較器的輸出分別設定或重置正反器單元，正反器的輸出再經輸出級接出。正反器也對 IC 內的電晶體操作，通常電晶體的集極被驅動到低位準時，可使外部的計時電容放電。

無穩操作

555 計時器 IC 的一種普遍應用，是作為無穩多諧振器或時鐘電路。以下對 555 無穩電路的分析，包括 IC 中各不同部分的細節，以及如何使用各不同的輸入和輸出。圖 4.17 顯示建構好的無穩電路，利用外部電阻和電容設定輸出訊號的時間週期。

V_{CC} 經電阻 R_A 和 R_B 對電容 C 充電，參考圖 4.17，可看到電容電壓持續上升，直到 $2V_{CC}/3$，此電壓接到第 6 腳臨限電壓，會驅動比較器 1 而觸發正反器，使第 3 腳的輸出降到低位準。另外，放電電晶體被驅動導通後，使電容經電阻 R_B 和第 7 腳的輸出放電，

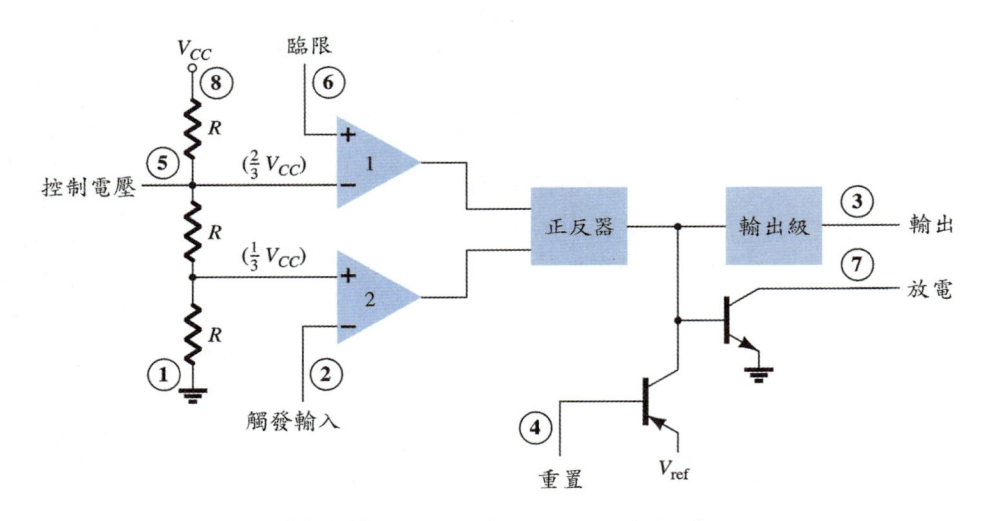

圖 4.16 555 計時器 IC 的細部架構

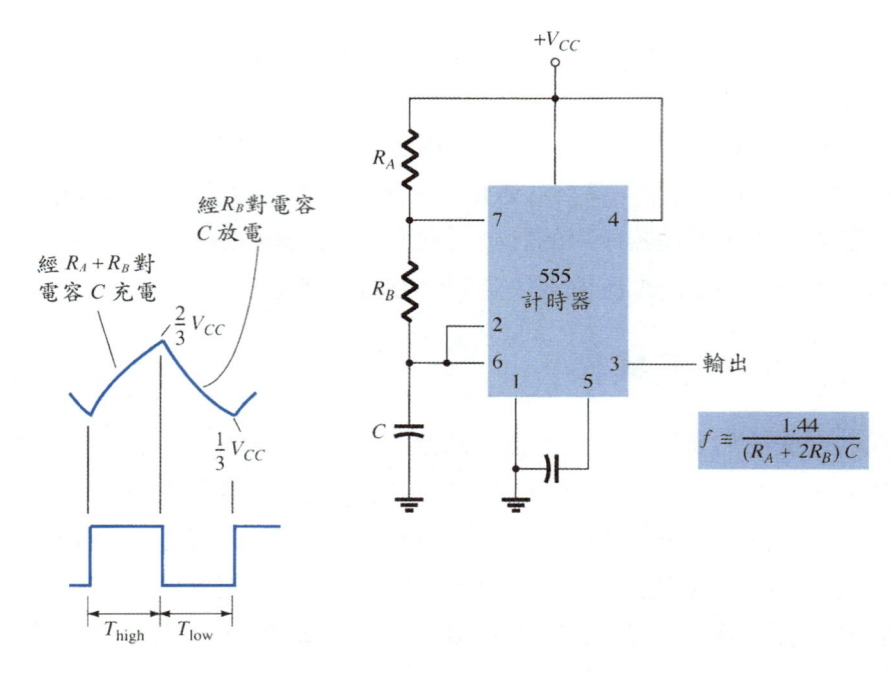

圖 4.17 用 555 IC 建立無穩多諧振器

使電容電壓下降,直到低於觸發位準($V_{CC}/3$),這會觸發正反器,使輸出回到高位準且放電電晶體截止,V_{CC} 再度經 R_A 和 R_B 對電容充電。

圖 4.18a 顯示此無穩電路中電容和輸出的波形,輸出在高位準和低位準的時間週期,可分別用以下的關係式算出:

$$T_{\text{high}} \approx 0.7(R_A + R_B)C \tag{4.3}$$

$$T_{\text{low}} \approx 0.7 R_B C \tag{4.4}$$

總週期是

$$T = 週期 = T_{\text{high}} + T_{\text{low}} \tag{4.5}$$

因此,可用下式算出無穩電路的頻率*:

---

*週期可直接用下式計算:

$$T = 0.693(R_A + 2R_B)C \approx 0.7(R_A + 2R_B)C$$

頻率則為

$$f \approx \frac{1.44}{(R_A + 2R_B)C}$$

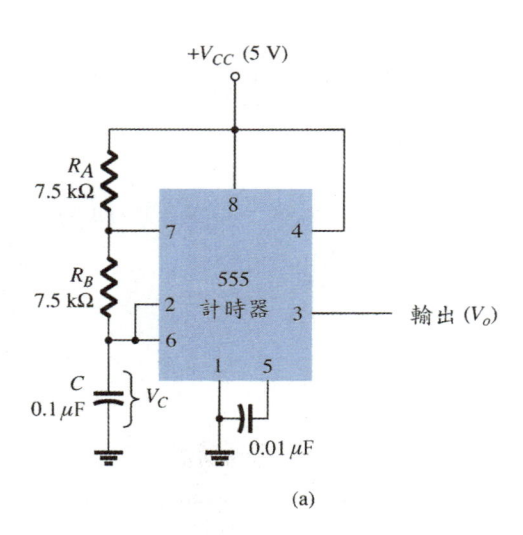

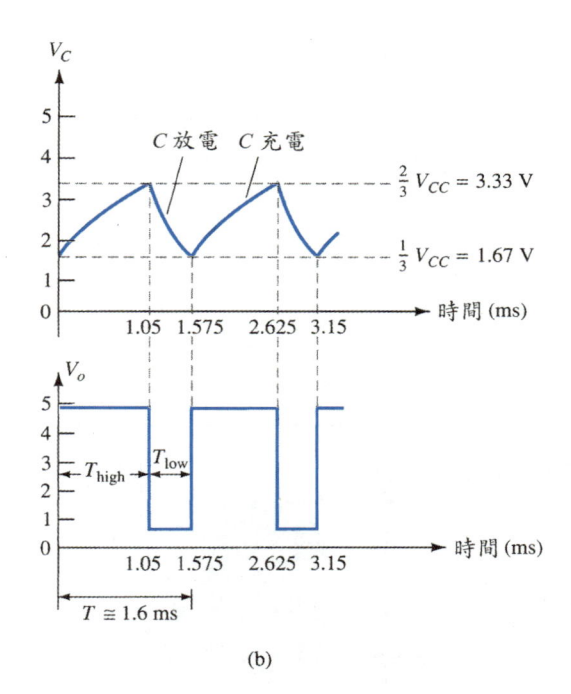

圖 4.18 例 4.1 無穩多諧振器：(a)電路；(b)波形

$$f=\frac{1}{T}\approx\frac{1.44}{(R_A+2R_B)C} \tag{4.6}$$

例 4.1

決定圖 4.18a 電路的頻率，並畫出輸出波形。

解：

利用式(4.3)～式(4.6)，可得

$$T_{\text{high}}=0.7(R_A+R_B)C=0.7(7.5\times10^3+7.5\times10^3)(0.1\times10^{-6})$$
$$=1.05 \text{ ms}$$
$$T_{\text{low}}=0.7R_BC=0.7(7.5\times10^3)(0.1\times10^{-6})=0.525 \text{ ms}$$
$$T=T_{\text{high}}+T_{\text{low}}=1.05 \text{ ms}+0.525 \text{ ms}=1.575 \text{ ms}$$
$$f=\frac{1}{T}=\frac{1}{1.575\times10^{-3}}\approx\mathbf{635 \text{ Hz}}$$

波形畫在圖 4.18b。

單穩操作

555 計時器也可用作單擊或單穩多諧振電路,如圖 4.19 所示。當觸發輸入轉負時,會觸發單擊電路,第 3 腳輸出會到達高位準維持一段時間,週期是

$$T_{\text{high}} = 1.1 R_A C \tag{4.7}$$

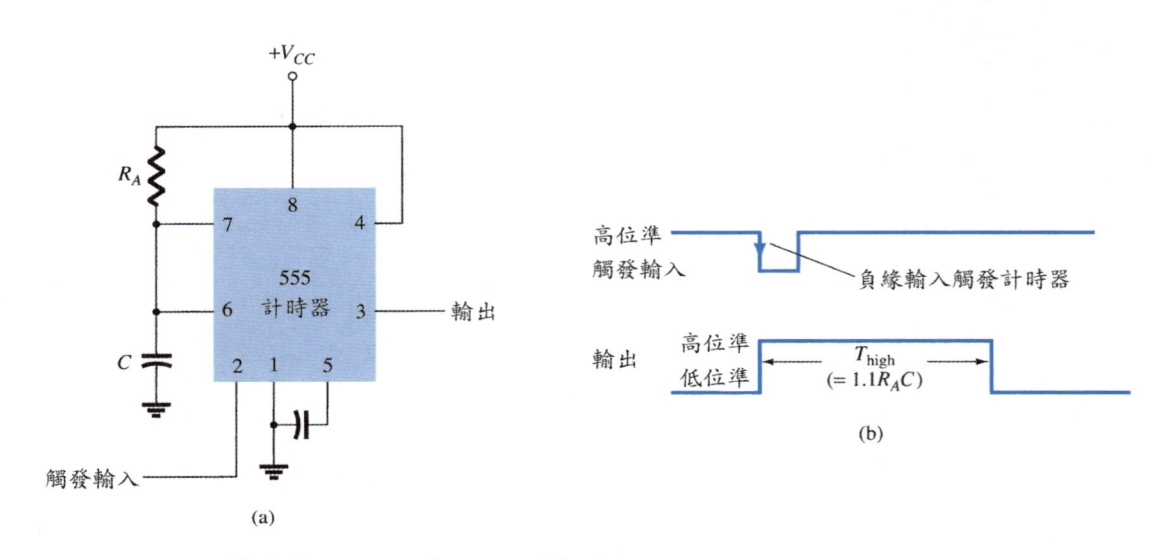

圖 4.19 555 計時器用作單擊電路的操作:(a)電路;(b)波形

回到圖 4.16,可看出,觸發輸入的負緣會使比較器 2 觸發正反器,且第 3 腳的輸出會到達高位準,此時 V_{CC} 經電阻 R_A 對電容 C 充電,在充電期間內,輸出會維持在高位準。當電容的壓降到達臨限值 $2V_{CC}/3$ 時,比較器 1 會觸發正反器,輸出會降到低位準。放電電晶體的輸出也會到低位準,使電容電壓幾乎維持在 0 V,直到再次觸發為止。

圖 4.19b 顯示,555 計時器以單擊電路工作時的輸入觸發訊號和所得的輸出波形。此電路的時間週期的調整範圍可從毫秒到甚多秒,使 555 IC 適用於許多應用範圍。

例 4.2

圖 4.20 的電路經負脈波觸發,試決定其輸出波形的週期。

解:

用式(4.7),得

$$T_{\text{high}} = 1.1 R_A C = 1.1 (7.5 \times 10^3)(0.1 \times 10^{-6})$$
$$= \mathbf{0.825 \text{ ms}}$$

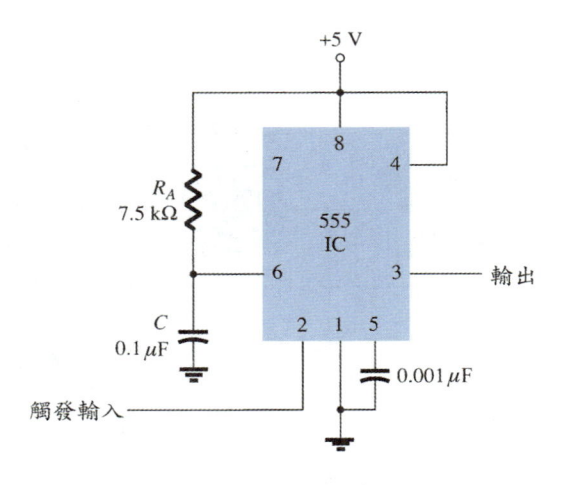

圖 4.20 例 4.2 的單穩電路

4.5 壓控振盪器

壓控振盪器(VCO)是一種提供變動輸出訊號的電路（一般為方波或三角波形式），其頻率可在一定範圍內調整，且由直流電壓控制。VCO 的一個例子是 566 IC 單元，內部包含可產生方波和三角波的電路，訊號頻率由外接的電阻電容和外加的直流電壓設定。圖 4.21a 顯示，566 內含電流源，對外部電容 C_1 充放電，充放電速度由外部電阻 R_1 和調變直流電壓共同設定。施密特觸發器電路用來作電流源對電容充電和放電之間的切換。電容兩端產生的三角波電壓和施密特觸發器產生的方波波形，都經過緩衝放大器後再作為輸出。

圖 4.21b 顯示 566 IC 的腳位，並整理了公式和限制值。此振盪器可規劃的頻率範圍超過 10 倍頻，藉著適當選用電阻和電容，再利用控制電壓 V_C 調變頻率，高低頻率相差可達 10 倍以上。

自由操作或中間操作頻率可由下式算出：

$$f_o = \frac{2}{R_1 C_1}\left(\frac{V^+ - V_C}{V^+}\right) \tag{4.8}$$

且需符合以下實際電路值的限制：

1. R_1 的範圍應在 $2\ k\Omega \le R_1 \le 20\ k\Omega$。
2. V_C 的範圍應在 $\frac{3}{4}V^+ \le V_C \le V^+$。
3. f_o 應低於 1 MHz。
4. V^+ 範圍應在 10 V～24 V 之間。

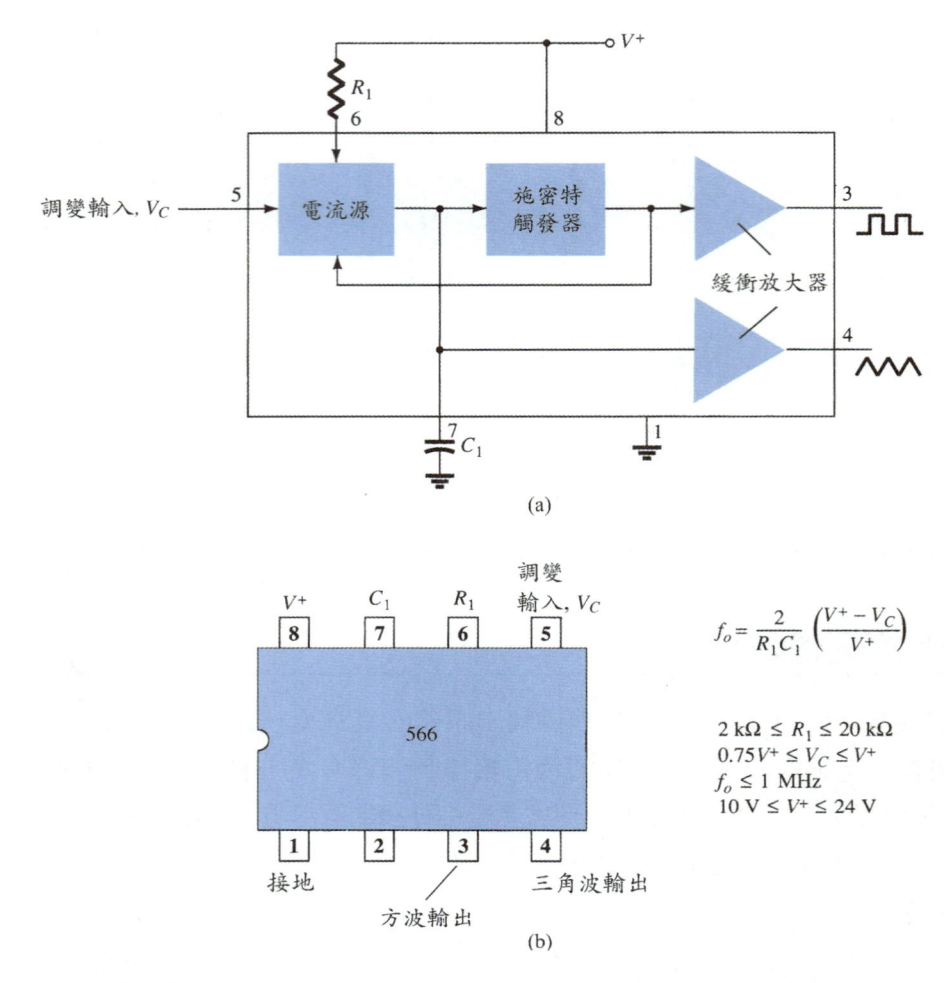

圖 4.21 566 函數產生器：(a)方塊圖；(b)腳位和操作數據整理

圖 4.22 的例子中，566 函數產生器用來提供固定頻率的方波和三角波訊號，此固定頻率由 R_1、C_1 和 V_C 設定。分壓器電阻 R_2 和 R_3 將直流調變電壓設在定值

$$V_C = \frac{R_3}{R_2 + R_3} V^+ = \frac{10\ k\Omega}{1.5\ k\Omega + 10\ k\Omega}(12\ V) = 10.4\ V$$

（此值適當落在電壓範圍 $0.75\ V^+ = 9\ V$ 和 $V^+ = 12\ V$ 之間）。利用式(4.8)，得

$$f_o = \frac{2}{(10 \times 10^3)(820 \times 10^{-12})}\left(\frac{12 - 10.4}{12}\right) \approx 32.5\ kHz$$

圖 4.23 的電路顯示如何用輸入電壓 V_C 調整輸出方波頻率，使訊號頻率變化。電位計 R_3 可使 V_C 的變化範圍由約 9 V 到接近 12 V，使頻率調整範圍超過 10 倍。電位計的

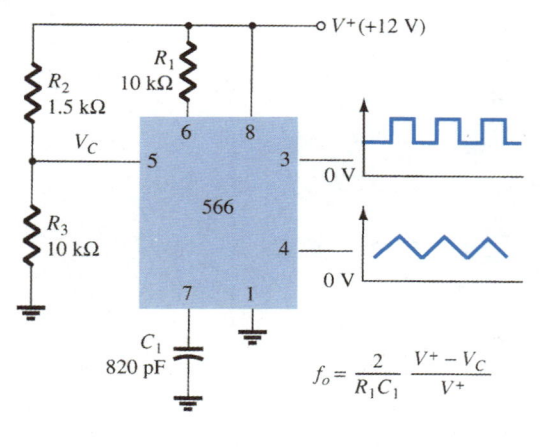

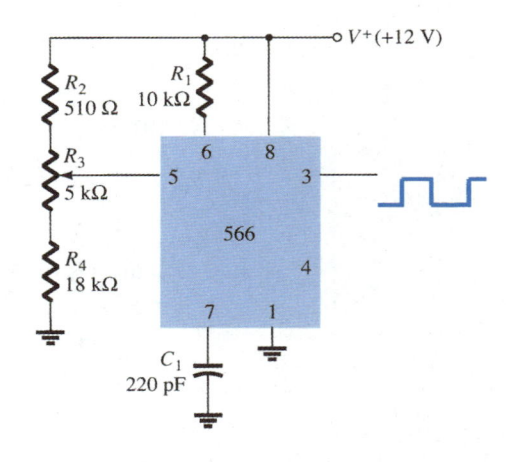

圖 4.22 566 VCO 的接法

圖 4.23 566 接成 VCO

滑動臂設在最高處時，控制電壓是

$$V_C = \frac{R_3 + R_4}{R_2 + R_3 + R_4}(V^+) = \frac{5\ \text{k}\Omega + 18\ \text{k}\Omega}{510\ \Omega + 5\ \text{k}\Omega + 18\ \text{k}\Omega}(+12\ \text{V}) = 11.74\ \text{V}$$

可產生輸出頻率的下限是

$$f_o = \frac{2}{(10 \times 10^3)(220 \times 10^{-12})}\left(\frac{12 - 11.74}{12}\right) \approx 19.7\ \text{kHz}$$

將 R_3 的滑動臂設到最低，控制電壓是

$$V_C = \frac{R_4}{R_2 + R_3 + R_4}(V^+) = \frac{18\ \text{k}\Omega}{510\ \Omega + 5\ \text{k}\Omega + 18\ \text{k}\Omega}(+12\ \text{V}) = 9.19\ \text{V}$$

可產生輸出頻率的上限是

$$f_o = \frac{3}{(10 \times 10^3)(220 \times 10^{-12})}\left(\frac{12 - 9.19}{12}\right) \approx 212.9\ \text{kHz}$$

利用電位計 R_3，輸出方波的頻率高低變化已超過 10 倍以上。

也可以不用電位計改變 V_C 值，而直接外加輸入調變電壓 V_{in}，如圖 4.24 所示。分壓器將 V_C 設在約 10.4 V，輸入交流電壓的峰值約 1.4 V，驅動 V_C 以偏壓點為中心在 9 V～11.8 V 之間變化，使輸出頻率在約大於 10 倍的範圍變化。因此，輸入訊號 V_{in} 對輸出電壓調變頻率，中心頻率由偏壓值 V_C=10.4 V 設定（f_o=121.2 kHz）。

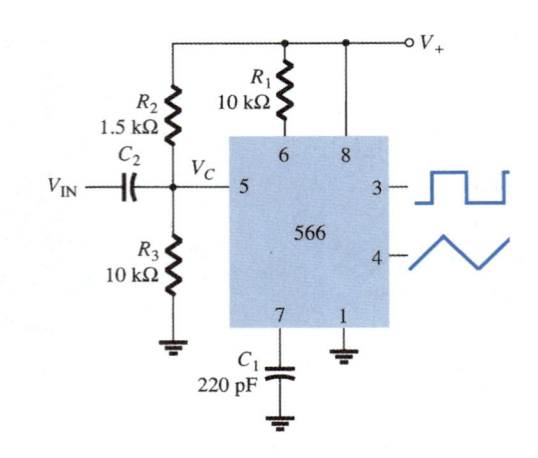

圖 4.24　具有頻率調變輸入的 VCO 的操作

4.6　鎖相迴路

鎖相迴路 (PLL) 是包含相位檢測器，低通濾波器和壓控振盪器的電路，其接法如圖 4.25 所示。PLL 的普通應用包含：(1) 頻率合成，可提供參考訊號頻率的整數倍頻率（例如，多頻道的市政頻帶 (CB) 或船用頻道的載波頻率，先用單晶控制頻率產生載波，再利用 PLL 產生整數倍頻率）；(2) FM 解調變網路，在 FM 操作時，提供輸入訊號頻率和 PLL 輸出電壓之間極佳的線性關係；(3) 用在數位資料傳輸的頻移鍵碼 (FSK) 操作，作資料傳輸或載波頻率的解調變；以及 (4) 包括調變解調變器、遙測接收器與發射器、音調解碼器、調幅檢測器和追蹤濾波器等各種廣大的不同領域。

相位比較器（參考圖 4.25）比較輸入訊號 V_i 和 VCO 的輸出訊號 V_o，比較器的輸出電壓代表兩訊號間的相位差，此電壓再輸入到低通濾波器，所提供的輸出電壓（有需要時再加以放大）即作為 PLL 的輸出電壓，並且在電路內部作為調變 VCO 頻率的電壓。此電路的閉迴路操作，可使 VCO 頻率維持鎖定在輸入訊號頻率上。

PLL 的基本操作

可用圖 4.25 的電路作參考，解釋 PLL 電路的基本操作。先考慮鎖相迴路中迴路鎖住時（即輸入訊號頻率和 VCO 頻率相同），電路中各部分的操作，當輸入到比較器的 VCO 頻率和輸入訊號頻率相同時，作為輸出的電壓 V_d 值必須使 VCO 鎖住輸入訊號，VCO 會以輸入訊號頻率提供固定振幅的方波訊號，若 VCO 的中心頻率 f_o 設在對應於直流偏線性工作範圍的電壓中點，可得到最佳操作，在濾波器所得的輸出之後，放大器允許這種直流電壓的調整。當迴路鎖住時，輸入到比較器的兩個訊號頻率相同，但不會同相，兩訊號之間的固定相差會產生固定的直流電壓到 VCO。當輸入訊號頻率改變時，會使輸入到 VCO 的直流電壓跟著改變，在捕捉鎖定的頻率範圍內，輸入到 VCO 的直流電壓會驅使 VCO 頻率和輸入訊號頻率一致。

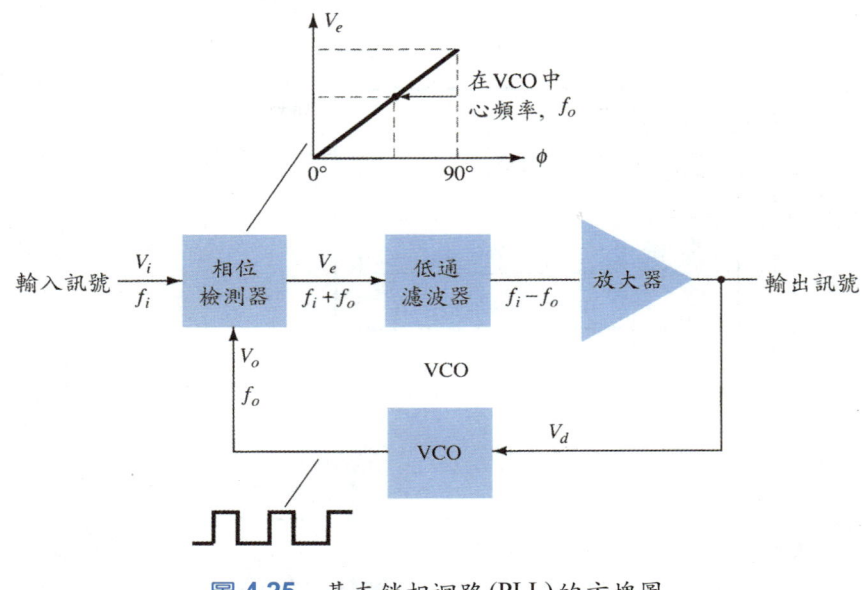

圖 4.25 基本鎖相迴路(PLL)的方塊圖

當迴路試圖達成鎖定時，相位比較器的輸出包含兩個頻率分量，頻率分別是輸入訊號頻率和 VCO 頻率的和與差，低通濾波器只允許通過低頻分量，使迴路可以在輸入與 VCO 訊號間達成鎖定。

由於 VCO 有限的工作範圍，以及 PLL 的反饋接法，PLL 規範了兩個重要的頻帶。**捕捉範圍**是以 VCO 自由振盪頻率 f_o 為中心，且 PLL 迴路可從未鎖定進入鎖定狀態的輸入訊號頻率範圍。一旦 PLL 捕捉且鎖住輸入訊號後，輸入訊號頻率可在更寬的**鎖定範圍**內變化而仍能維持在鎖定狀態。

應　用

PLL 可用於廣大的各種不同的應用，包括：(1)頻率解調變；(2)頻率合成；和(3)FSK 解碼器。以下是這些應用實例。

頻率解調變　可直接用 PLL 電路達成 FM 的解調變或偵測。若 PLL 的中心頻率選擇或設計在 FM 的載波頻率，則圖 4.25 電路濾波後的（或輸出）電壓就是所要的解調變電壓，電壓值的變化會和訊號頻率的變化成比例。因此，PLL 電路的操作，會如同用在 FM 接收器中完整的中頻(IF)去除器、限制器和解調變器一樣。

一種普通的 PLL IC 是 565，如圖 4.26a 所示。565 IC 包含相位檢測器、放大器和壓控振盪器。只有部分已在內部接好，外部需分別用電阻 R_1 和電容 C_1 設定 VCO 的自由或中心頻率，另外要用外部電容 C_2 設定低通濾波器的通過帶，並且 VCO 的輸出要接回到相位檢測器的輸入，以形成閉迴路。565 IC 一般使用雙電源，V^+ 和 V^-。

174 電子裝置與電路理論

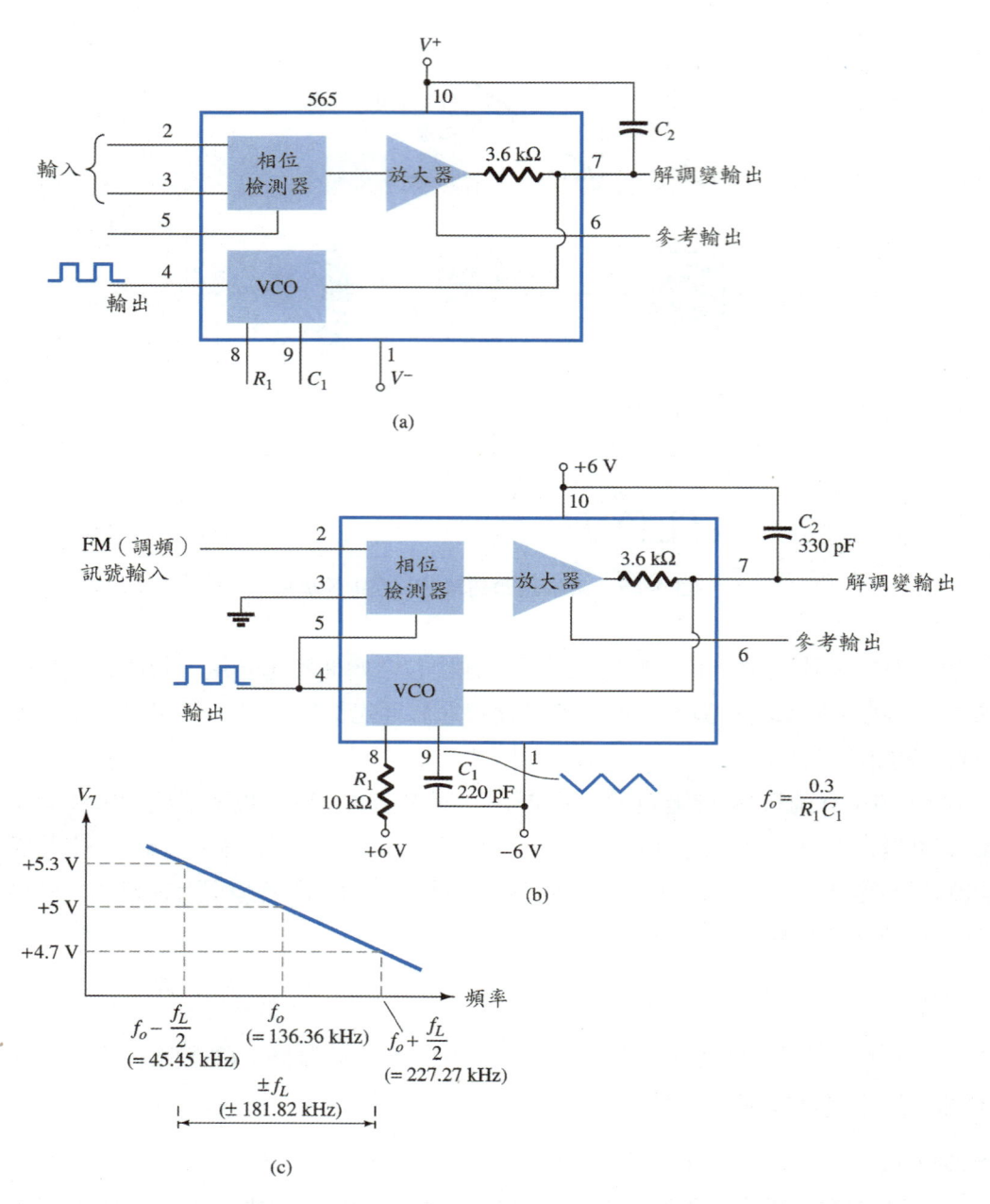

圖 4.26 鎖相迴路(PLL)：(a)基本方塊圖；(b) PLL 接成頻率解調變器；(c)輸出電壓對頻率的圖形

圖 4.26b 顯示 PLL IC 作為 FM 解調變器的接法，電阻 R_1 和電容 C_1 設定自由振盪頻率 f_o 如下：

$$f_o = \frac{0.3}{R_1 C_1} \tag{4.9}$$

$$= \frac{0.3}{(10 \times 10^3)(220 \times 10^{-12})} = 136.36 \text{ kHz}$$

且限制 $2\ \text{k}\Omega \leq R_1 \leq 20\ \text{k}\Omega$。鎖定範圍是

$$f_L = \pm \frac{8f_o}{V}$$

$$= \pm \frac{8(136.36 \times 10^3)}{6} = \pm 181.8\ \text{kHz}$$

電源電壓 $V = \pm 6\ \text{V}$。捕捉範圍是

$$f_C = \pm \frac{1}{2\pi} \sqrt{\frac{2\pi f_L}{R_2 C_2}}$$

$$= \pm \frac{1}{2\pi} \sqrt{\frac{2\pi (181.8 \times 10^3)}{(3.6 \times 10^3)(330 \times 10^{-12})}} = 156.1\ \text{kHz}$$

第 4 腳的訊號是 136.36 kHz 的方波。當輸入落在鎖定範圍內時，會使第 7 腳的輸出以輸入訊號在 f_o 所設直流電壓值為中心作變動。當輸入頻率落在以中心頻率 136.36 kHz 上下共 181.8 kHz 的頻率範圍內時，第 7 腳的直流電壓會和輸入訊號頻率成線性對應關係。在規定的操作範圍內，輸出電壓是解調變訊號，會隨著頻率而變化。

頻率合成 頻率合成器可利用 PLL 作基礎來建構，如圖 4.27 所示。在 VCO 的輸出和相位比較器之間置入除頻器，使 VCO 輸出頻率在 Nf_o 時，輸入到比較器的迴路訊號頻率是 f_o。只要迴路鎖住時，輸出頻率必為輸入頻率的整數倍。若迴路已設好鎖在基頻（即 $f_o = f_1$），則輸入訊號可穩定在 f_1，且所得的 VCO 輸出頻率會在 Nf_1。圖 4.27b 顯示用 565 PLL 作倍頻器且用 7490 IC 作除頻器，頻率 f_1 的輸入 V_i 和第 5 腳的輸入（頻率 f_o）比較，頻率 Nf_o（本例中為 $4f_o$）的輸出經反相器電路接到 7490 IC 的第 14 腳輸入，此輸入腳電壓在 0 V 和 +5 V 之間變動。利用第 9 腳的輸出，此輸出頻率是 7490 輸入頻率的 1/4，可發現，只要迴路維持鎖定狀態，PLL 第 4 腳的訊號頻率會是輸入頻率的 4 倍。因 VCO 僅能在中心頻率附近的有限範圍內變化，只要一改變除頻值時，可能需要改變 VCO 頻率。一旦 PLL 電路鎖住，VCO 的輸出會正好等於輸入頻率的 N 倍。只需將 f_o 重新調整到 f_1 的捕捉鎖定範圍內，閉迴路會使 VCO 的輸出頻率變到剛好是 Nf_1 且鎖住。

FSK 解碼器 可建構頻移鍵碼(FSK)訊號解碼器如圖 4.28 所示，解碼器接收兩種不同頻率的載波訊號，1270 Hz 或 1070 Hz，分別代表 RS-232C 的兩個邏輯位準，即記號(-5 V)或空白($+14$ V)。當記號出現在輸入端時，迴路會鎖住輸入頻率，並在兩個頻率間追蹤，使輸出產生對應的直流移位。

RC 階梯濾波器（$C = 0.02\ \mu\text{F}$ 且 $R = 10\ \text{k}\Omega$，共三段）用來去除頻率和的分量，用 R_1 調整自由振盪（中心）頻率，使第 7 腳（輸出）的直流電壓值和第 6 腳相同。當輸入的頻率是 1070 Hz 時，會驅使解碼器的輸出電壓到達更正的電壓值，驅動輸出到高位準（空

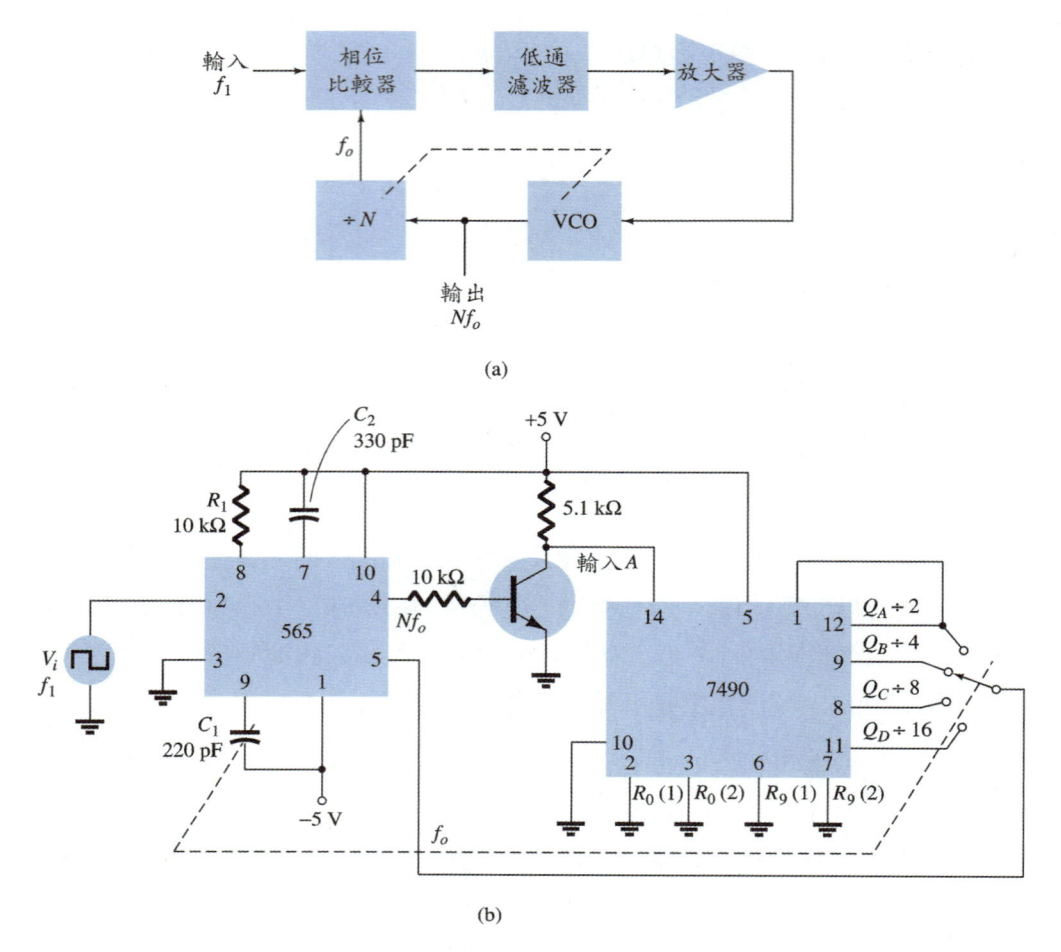

圖 4.27 頻率合成器：(a) 方塊圖；(b) 用 565 PLL IC 建構

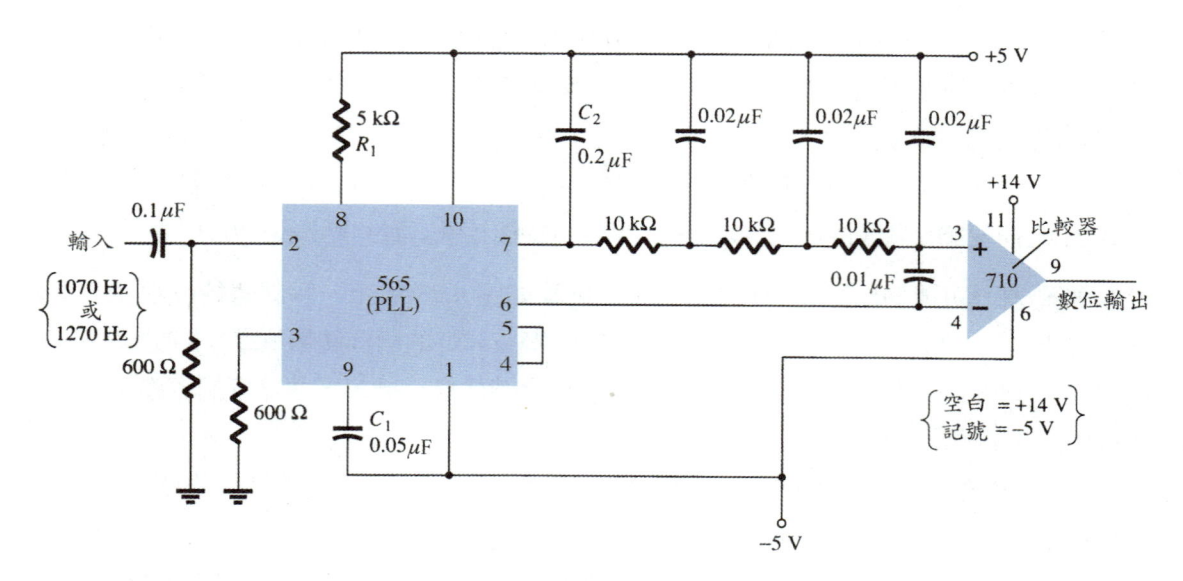

圖 4.28 565 IC 接成 FSK 解碼器

白，或 +14 V）。而輸入在 1270 Hz 時，565 的直流輸出則會下降，因而使數位輸出降到低位準（記號，或 –5 V）。

4.7　介面電路

　　無論是數位或類比電路，可能需要某種電路來連接不同型式的電路。介面電路可以用來驅動負載，或作為接收器電路以得到訊號。驅動器電路提供適當大小的電壓和電流，供各種負載或某些裝置如繼電器、顯示器或功率單元等工作。接收器電路本質上接受輸入訊號，提供高輸入阻抗使輸入訊號受到的負載效應降到最小。另外，介面電路可以包括激發功能，可在特定時間內用激發建立介面訊號的連結。

　　圖 4.29a 顯示一 2 路驅動器，每一驅動器接受 TTL 訊號輸入，提供可驅動 TTL 或 MOS 裝置電路的輸出。這類介面電路會以各種不同的型式出現，某些採用反相單元，而其他則採用非反相單元。圖 4.29b 的電路則是一 2 路接收器，同時具有反相和非反相輸入，故可隨意選擇操作條件。例如，將輸入訊號接到反相輸入端時，會從接收器單元得

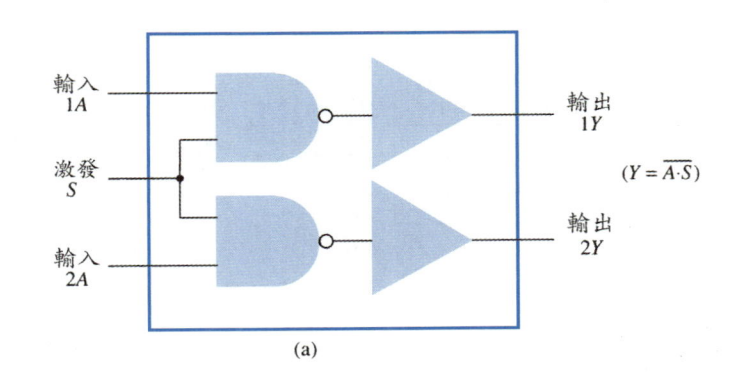

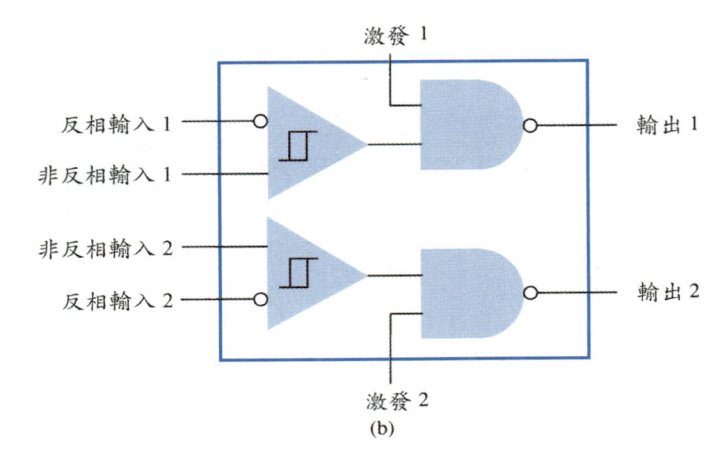

圖 4.29　介面電路：(a) 2 路驅動器 (SN75150)；(b) 2 路接收器 (SN75152)

到反相輸出。而當輸入接到非反相輸入時，所提供的介面是相同的，但所得輸出的極性會和輸入收到的訊號相同。圖 4.29 的驅動器－接收器 IC 中，有激發訊號時才提供輸出（本例中激發訊號是高位準）。

另一類介面電路用來連接各種不同的數位輸入和輸出裝置，這些裝置如鍵盤、監視器（終端機）和印表機等。有一種 EIA 電子工業標準稱為 RS-232C，此標準描述代表記號（邏輯 1）和空白（邏輯 0）的數位訊號。記號和空白的定義隨所用電路的類型而變（當然在完整讀完標準之後，將可拼湊出記號和空白訊號可接受的限制範圍）。

RS-232C 對 TTL 轉換器

對 TTL 電路而言，+5 V 是記號（邏輯 1），而 0 V 是空白（邏輯 0）。而對 RS-232C 而言，記號可能是 −12 V，而空白則是 +12 V。圖 4.30a 提供某些記號和空白的定義表。對於採用 RS-232C 定義輸出的單元而言，若要和以 TTL 訊號位準工作的另一單元連接時，可能要用到如圖 4.30b 所示的介面電路。驅動器的記號輸出(−12 V)會被二極體截掉，使介面電路的輸入接近 0 V，可得 +5 V（TTL 的記號）輸出。而 +12 V 的記號輸出會驅動反相器的輸出到低位準，而得 TTL 的 0 V 輸出（空白）。

	電流迴路	RS-232-C	TTL
記號	20 mA	−12 V	+5 V
空白	0 mA	+12 V	0 V

(a)

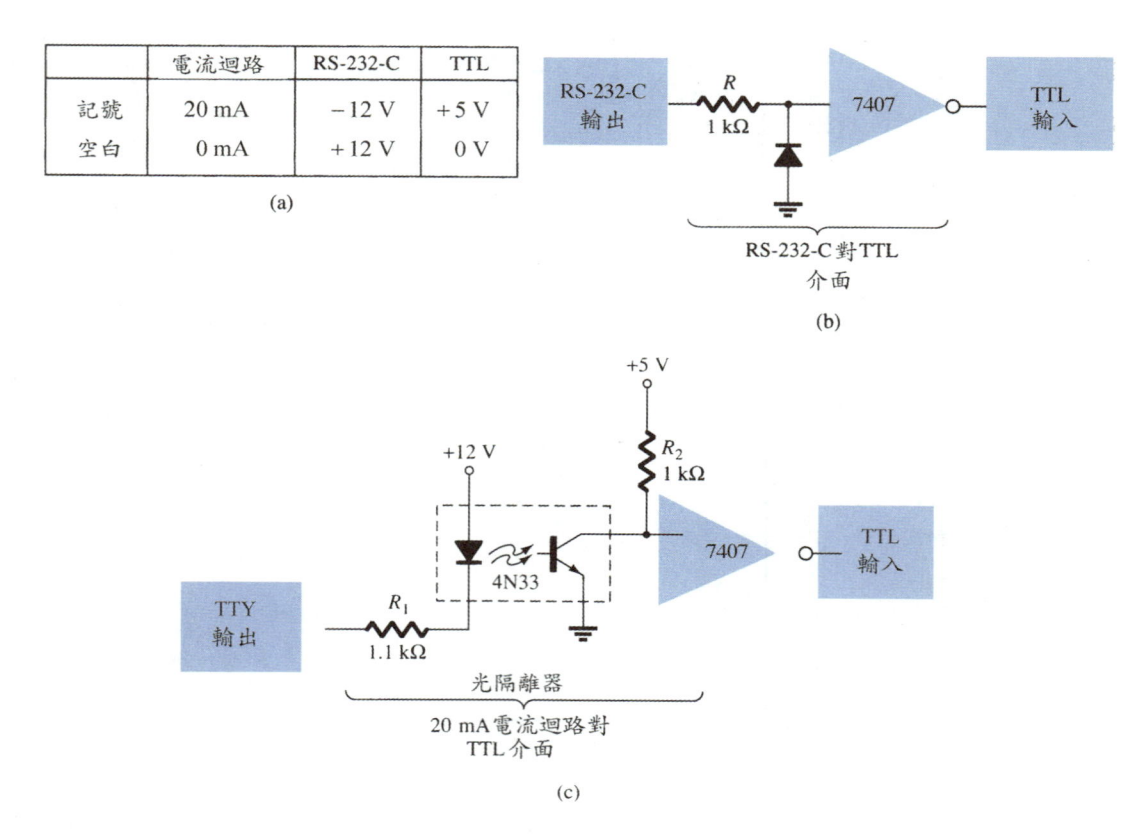

(b) RS-232-C 對 TTL 介面

(c) 20 mA 電流迴路對 TTL 介面

圖 4.30 介面訊號標準與轉換器電路

另一個介面電路的例子是將 TTY 電流迴路訊號轉換成 TTL 位準，如圖 4.30c 所示。當 20 mA 電流由電源流出，經由話線型式(TTY)輸出線，產生輸入記號（邏輯 1），此電流再流經光隔離器中的發光二極體，會驅動電晶體導通，使反相器的輸入降到低位準，使 7407 反相器產生 +5 V 訊號輸出，因此，電話線(TTY)的記號輸出產生了 TTL 的記號輸入。電話線電流迴路的空白是無電流，使光隔離器的電晶體維持截止，使反相器輸出 0 V，即 TTL 的空白訊號。

另一種數位介面方法是採用開集極輸出或三態輸出，當訊號由電晶體集極輸出時（見圖 4.31），並未接到任何其他的電子元件，此輸出是開集極，這種方法允許好幾個訊號接到同一條線（或匯流排）。只要有任一電晶體導通，即可提供低位準輸出電壓，而當所有電晶體都截止時，則提供高位準輸出電壓。

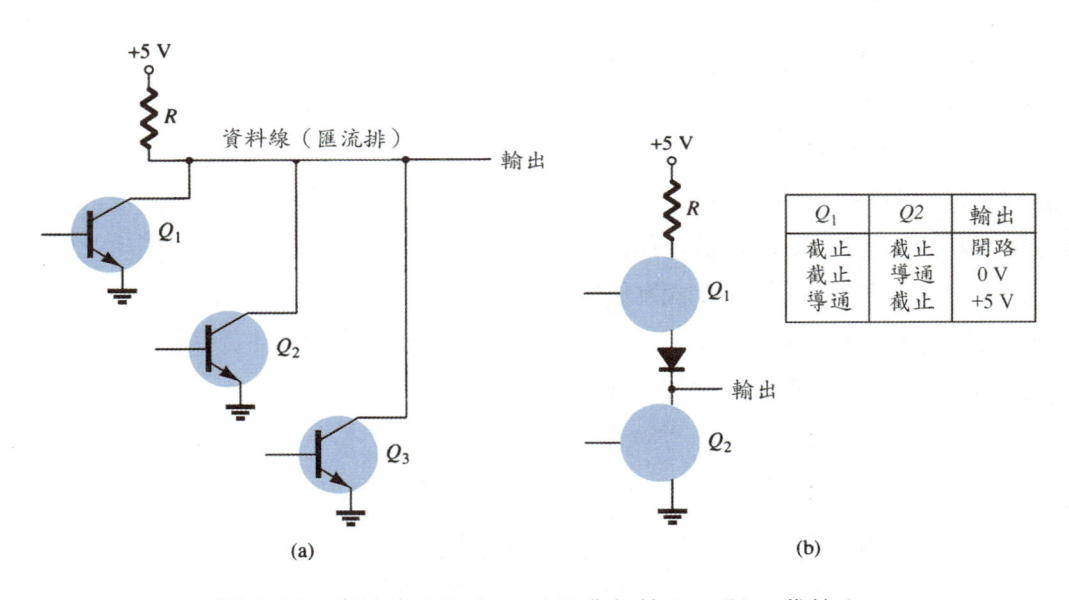

Q_1	Q_2	輸出
截止	截止	開路
截止	導通	0 V
導通	截止	+5 V

圖 4.31 資料線的接法：(a)開集極輸出；(b)三態輸出

4.8 總　結

重要的結論與概念

1. 當比較器其中一輸入高於或低於另一輸入時，會提供最高或最低的輸出。
2. DAC 是數位對類比轉換器。
3. ADC 是類比對數位轉換器。
4. 計時器 IC：
   a. 無穩電路的作用如時鐘（產生時鐘脈波）。
   b. 單穩電路的作用如單擊電路或計時器。

5. 鎖相迴路(PLL)電路包含相位檢測器、低通濾波器和壓控振盪器(VCO)。
6. 有兩種標準的介面電路：**RS-232C** 和 **TTL**。

4.9　計算機分析

PSpice 視窗版

本章所涵蓋的實用的運算放大器應用，很多都可用 PSpice 分析。對各種不同問題的分析，可顯示所得的直流偏壓，或者可用**測棒**顯示所得波形。

程式 4.1——用來驅動 LED 的比較器電路　利用 Design Center 畫出用比較器電路的輸出驅動 LED 指示燈的電路圖，見圖 4.32。為能看到直流輸出電壓的大小，將 **VPRINT1** 元件放在 V_o，並選取**直流**和**大小**。為檢視 LED 通過的電流，將 **IPRINT** 元件和 **LED** 串聯，如圖 4.32 所示。**分析設立**提供直流掃描，如圖 4.33 所示。可看到，**直流掃描**設 V_i 由 4 V 到 8 V，每步 1 V。在執行掃描後，所得到的分析輸出部分顯示在圖 4.34。

圖 4.32 的電路中，分壓器提供 6 V 給負輸入端，所以任何低於 6 V 的輸入 V_i，都會使輸出在負飽和電壓（接近 −10 V），而任何高於 +6 V 的輸入，會使輸出到達正飽和值（接近 +10 V）。因此 LED 會被任何高於參考位準 +6 V 以上的輸入驅動導通（點亮），而被任何低於 +6 V 的輸入截止。圖 4.34 顯示輸入從 4 V 變到 8 V 時，輸出電壓列表和 LED 的電流列表。此表顯示在輸入到達 +6 V 之前，LED 的電流值幾近為 0，而輸入在 6 V 或更高時，約 20 mA 的電流點亮 LED。

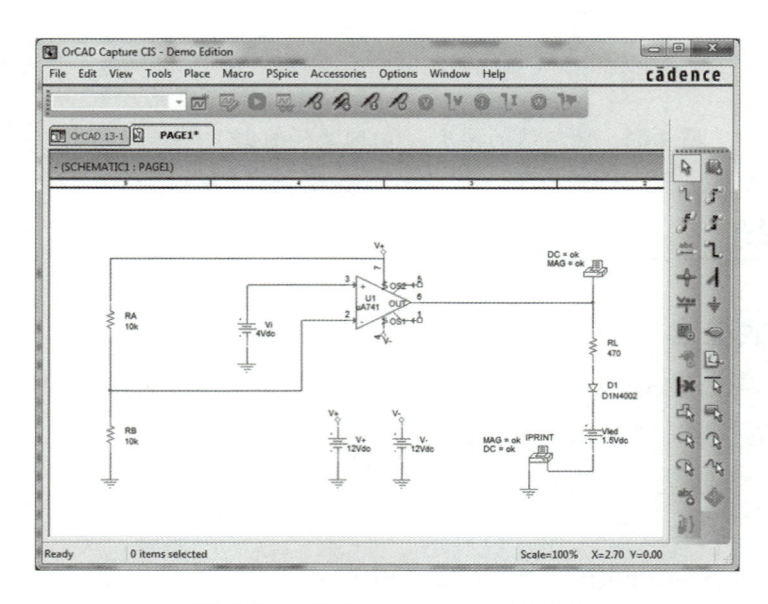

圖 4.32　用比較器電路驅動 LED

圖 4.33　圖 4.32 電路的直流掃描的分析設立

圖 4.34　圖 4.32 電路的分析輸出（有編輯過）

程式 4.2──比較器操作　可以用圖 4.35 的 741 運算放大器說明比較器 IC 的工作，輸入時，峰值 5 V 的弦波訊號。**分析設立選取列印步幅 20 ns 和終止時間 3 ms**。因輸入訊號加到非反相輸入，輸出會和輸入同相。當輸入高於 0 V 時，輸出會到達正飽和值，接近 +5 V。而當輸入低於 0 V 時，輸出會到達負飽和值──0 V，因負壓源設在 0 V。圖 4.36 顯示輸入和輸出電壓的**測棒**輸出。

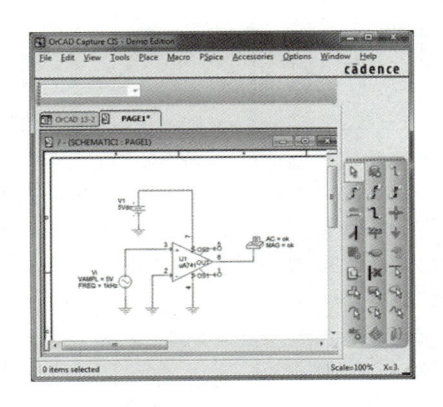

圖 4.35　比較器電路

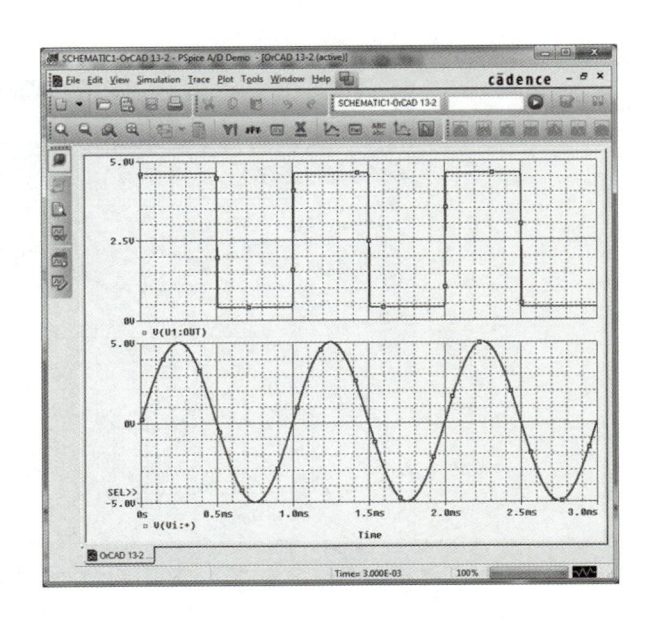

圖 4.36　圖 4.35 比較器的測棒輸出

程式 4.3──555 計時器作為振盪器的操作 圖 4.37 顯示 555 計時器接成振盪器,可用式(4.3)和式(4.4)計算充電與放電時間如下:

$$T_{high} = 0.7(R_A + R_b)C = 0.7(7.5 \text{ k}\Omega + 7.15 \text{ k}\Omega)(0.1 \text{ }\mu\text{F}) = 1.05 \text{ ms}$$
$$T_{low} = 0.7R_BC = 0.7(7.5 \text{ k}\Omega)(0.1 \text{ }\mu\text{F}) = 0.525 \text{ ms}$$

所得的觸發和輸出波形見圖 4.38,當觸發電壓朝高觸發位準充電時,輸出是在低輸出位準 0 V,直到觸發輸入開始朝低觸發位準放電為止,此時輸出會到達高位準 +5 V。

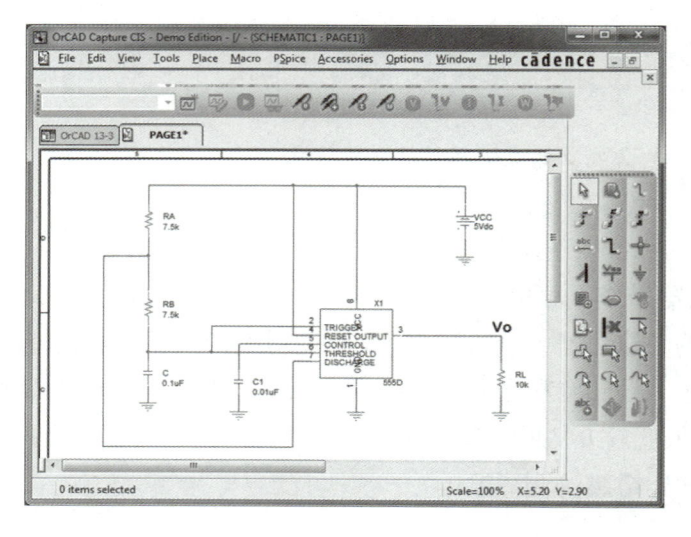

圖 4.37 555 計時器作振盪器的電路圖

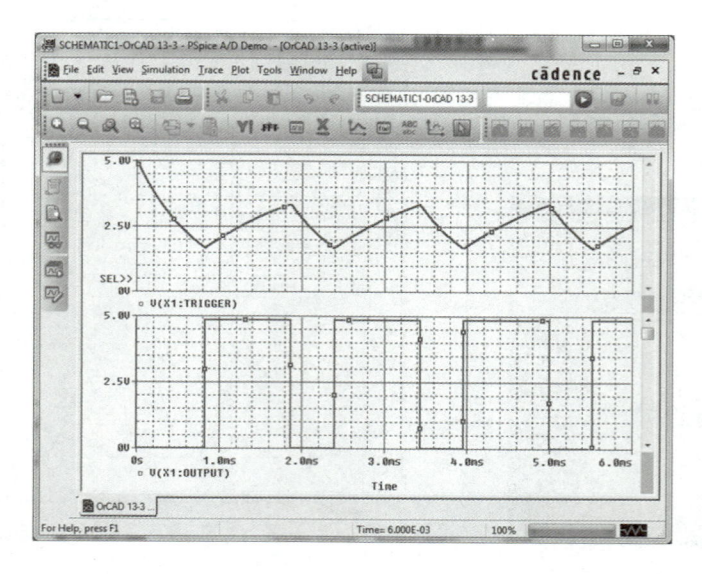

圖 4.38 圖 4.37 中 555 振盪器的測棒輸出

Multisim

程式 4.4──555 計時器作為振盪器　圖 4.39a 顯示和程式 4.3 相同的振盪器電路，但現在用 Multisim 建立電路，並在示波器上顯示所產生的波形。利用示波器量測，可得到電容和輸出的波形，如圖 4.39b 所示。

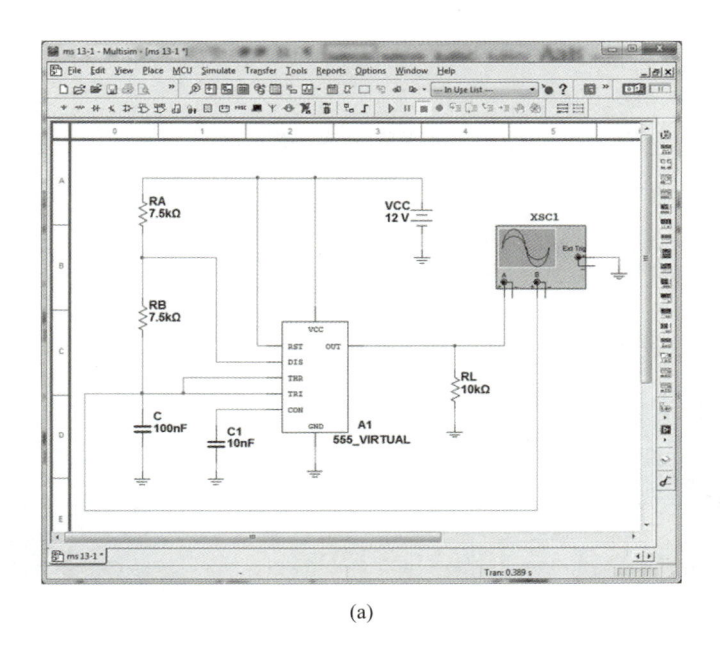

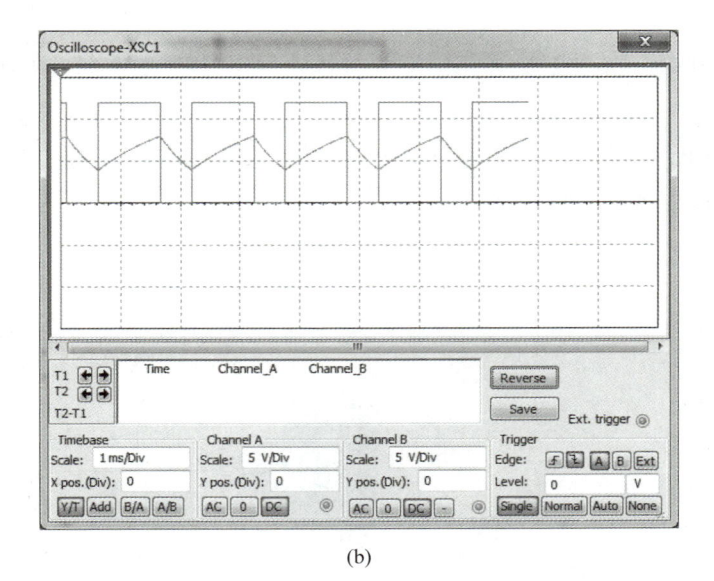

圖 4.39　(a)用 EWB 畫 555 振盪器並模擬；(b)示波器波形

習　題

*注意：星號代表較困難的習題。

4.2　比較器 IC（單元）操作

1. 試畫出 741 運算放大器接 ±15 V 電源且 $V_i(-)=0$ V、$V_i(+)=+5$ V 的電路圖，包括腳位的接法。
2. 試畫出圖 4.40 電路的輸出波形。
3. 10 V rms 輸入加到 311 運算放大器的反相輸入端且正輸入端接地，試畫出此電路圖，標明所有腳位。
4. 試畫出圖 4.41 電路所產生的輸出波形。

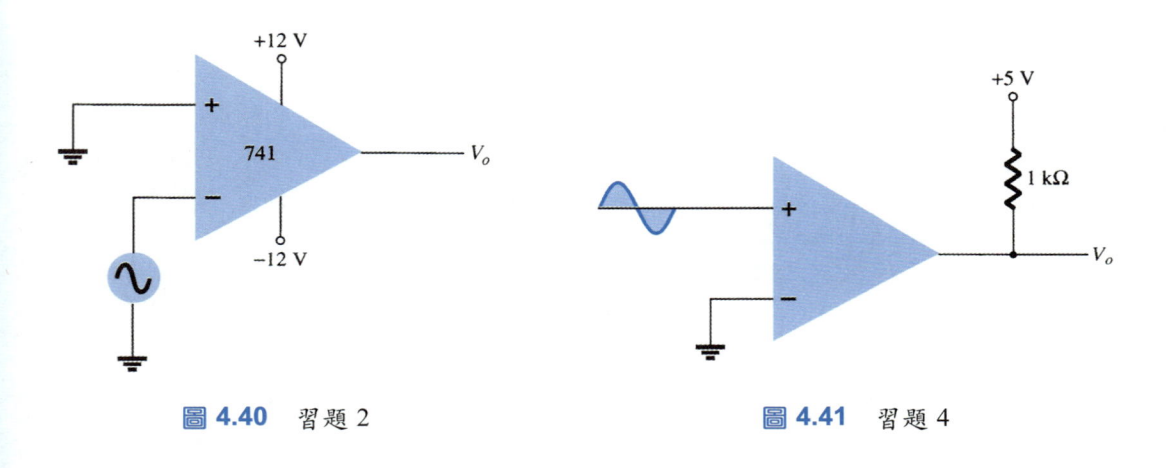

圖 4.40　習題 2

圖 4.41　習題 4

5. 試利用 339 IC 中單一個比較器，畫出零交越檢測器的電路圖，採用 ±12 V 電源。
6. 試畫出圖 4.42 電路的輸出波形。

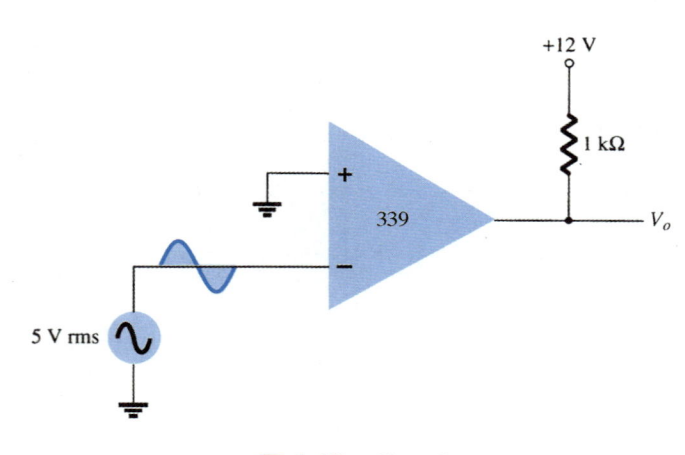

圖 4.42　習題 6

* **7.** 試描述圖 4.43 電路的操作。

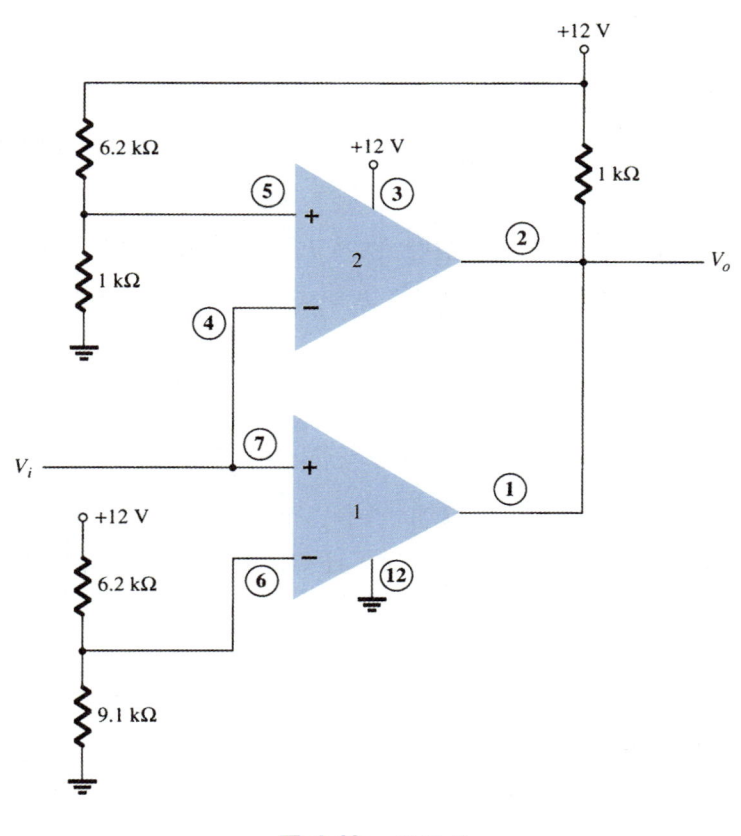

圖 4.43 習題 7

4.3 數位－類比轉換器

8. 試利用 15 kΩ 和 30 kΩ 電阻畫出 5 級階梯網路。

9. 就 16 V 的參考電壓，試計算習題 8 的電路輸入 11010 時對應的輸出電壓。

10. 利用 12 級的階梯網路和 10 V 參考電壓，可得到的電壓解析度是多少？

11. 對雙斜率轉換器而言，試描述固定時間週期和計數週期中所發生的情況。

12. 在 ADC 的輸出用 12 級的數位計數器，可計數多少步？

13. 某 12 級計數器以 20 MHz 的時鐘脈波頻率工作，則最大計數週期是多少？

4.4 計時器 IC 單元操作

14. 試畫出 555 計時器的電路，將其接成無穩多諧振器，且以 350 kHz 工作。試決定採用 $R_A = R_B = 7.5$ kΩ 時的電容 C 之值。

15. 試利用 555 計時器畫出單擊電路，以提供 20 μs 的週期。若 $R_A = 7.5$ kΩ，則 C 值需要多少？

16. 試畫出使用 555 計時器的單擊電路的輸入和輸出波形，觸發訊號用 10 kHz 時鐘脈波，已知 R_A=5.1 kΩ 和 C=5 nF。

4.5 壓控振盪器

17. 試計算如圖 4.22 中用 555 IC 所得 VCO 的中心頻率，已知 R_1=4.7 kΩ、R_2=1.8 kΩ、R_3=11 kΩ，且 C_1=0.001 μF。

*18. 圖 4.23 的電路中，若 C_1=0.001 μF，則產生的頻率範圍是多少？

19. 圖 4.22 的電路中，若要得到 200 kHz 的輸出，試決定所需要的電容。

4.6 鎖相迴路

20. 圖 4.26b 的電路中，若 R_1=4.7 kΩ 且 C_1=0.001 μF，試計算 VCO 的自由振盪（中心）頻率。

21. 圖 4.26b 的電路中，為得到 100 kHz 的中心頻率，則電容 C_1 所需之值是多少？

22. 圖 4.26b 的 PLL 電路中，若 R_1=4.7 kΩ 且 C_1=0.001 μF，則鎖定範圍是多少？

4.7 介面電路

23. 試描述電流迴路和 RS-232C 介面的訊號條件。
24. 資料匯流排是什麼？
25. 開集極和三態輸出之間有何差異？

4.9 計算機分析

*26. 試利用 Design Center 畫出如圖 4.32 的電路圖，採用 LM111 且 V_i=5 V rms 加到負(−)輸入端，+5 V rms 加到正(+)輸入端。利用測棒觀測輸出波形。

*27. 試利用 Design Center 畫出如圖 4.35 的電路圖，並檢查結果的輸出列表。

*28. 試利用 Multisim 畫出 555 振盪器所產生輸出波形，取 t_{low}=2 ms 且 t_{high}=5 ms。

反饋與振盪器電路

本章目標

- 負反饋的概念
- 有關實用的反饋電路
- 各種類型的振盪器電路

5.1 反饋概念

先前已提過反饋,特別是在第 1 章和第 2 章中介紹運算放大器電路時。根據訊號反饋到電路的相對極性,可決定是正反饋或負反饋。負反饋會使電壓增益降低,但可以改善某些電路性質,整理如下。

典型的反饋接法見圖 5.1,「輸入訊 V_s 加到混合單元,和反饋訊號 V_f 結合,這兩個訊號的差 V_i 成為放大器的輸入電壓 V_i。放大器的輸出接到反饋網路(β),取輸出的一小部分比例作為反饋訊號,再接到輸入混合單元。

若圖 5.1 中反饋訊號的極性和輸入訊號相反,就產生負反饋。雖然負反饋會降低總電壓增益,但可得到一些改善,諸如:

1. 更高的輸入阻抗。
2. 更穩定的電壓增益。
3. 更好的頻率響應。
4. 更低的輸出阻抗。
5. 更低的雜訊。
6. 更線性的操作。

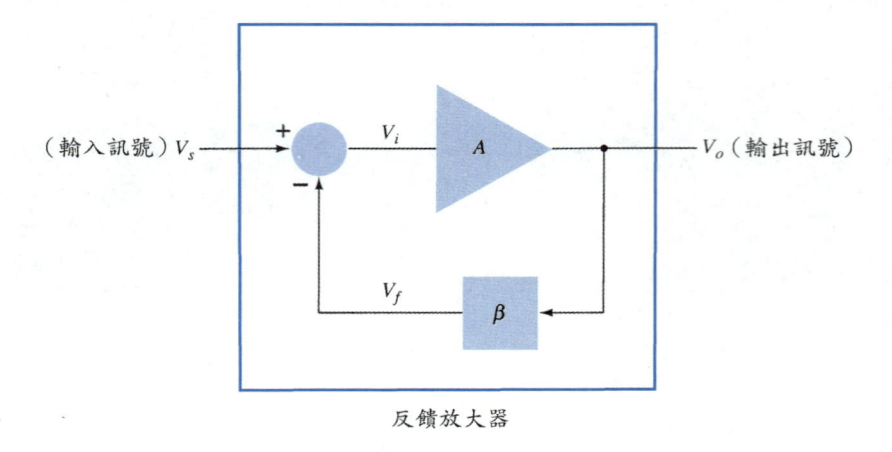

圖 5.1 反饋放大器的簡單方塊圖

5.2　反饋接法類型

有四種基本方式用來連接反饋訊號，輸出的電壓和電流可用串聯或並聯的接法反饋回輸入端。分別為：

1. 電壓－串聯反饋（圖 5.2a）。
2. 電壓－並聯反饋（圖 5.2b）。
3. 電流－串聯反饋（圖 5.2c）。
4. 電流－並聯反饋（圖 5.2d）。

在以上所列中，電壓代表將輸出電壓接到反饋網路；電流代表取出某些輸出電流且流回反饋網路。串聯代表反饋訊號和輸入電壓訊號串聯；而並聯則代表反饋訊號和輸入電流訊號（源）並聯。

串聯反饋接法傾向於增加輸入電阻，而並聯反饋接法則傾向於降低輸入電阻。電壓反饋傾向於降低輸出阻抗，而電流反饋則傾向於增加輸出阻抗。一般而言，大部分的串級放大器需要較高的輸入阻抗和較低的輸出阻抗，這兩者都要用電壓串聯反饋接法才能提供，因此我們會先把注意力集中在這種放大器接法。

反饋後的增益

本節將探討圖 5.2 中各反饋電路接法的增益。無反饋的放大器增益是 A，加上反饋後的電路總增益會下降$(1+\beta A)$倍，會在以下詳細說明。圖 5.2 的增益、反饋因數和反饋後的增益，提供在表 5.1 作參考。

電壓串聯反饋　圖 5.2a 顯示的電壓串聯反饋接法，輸出電壓反饋回輸入，並和輸入訊號串聯，會使總和增益下降。若無反饋$(V_f=0)$，放大器的增益是

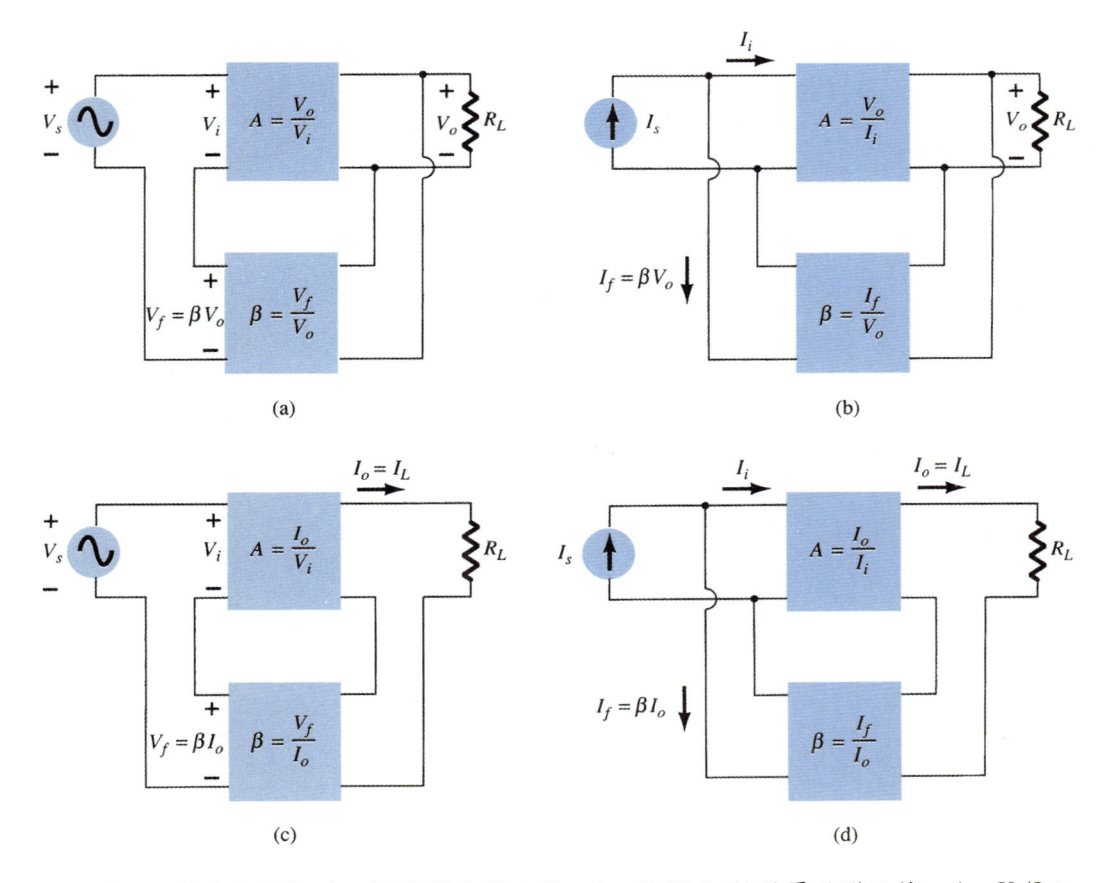

圖 **5.2** 反饋放大器類型：(a) 電壓串聯反饋，$A_f = V_o/V_s$；(b) 電壓並聯反饋，$A_f = V_o/I_s$；(c) 電流串聯反饋，$A_f = I_o/V_s$；(d) 電流並聯反饋，$A_f = I_o/I_s$

表 **5.1** 圖 5.2 中，增益、反饋因數和反饋後增益的歸納整理

		電壓串聯	電壓並聯	電流串聯	電流並聯
無反饋增益	A	$\dfrac{V_o}{V_i}$	$\dfrac{V_o}{I_i}$	$\dfrac{I_o}{V_i}$	$\dfrac{I_o}{I_i}$
反饋	β	$\dfrac{V_f}{V_o}$	$\dfrac{I_f}{V_o}$	$\dfrac{V_f}{I_o}$	$\dfrac{I_f}{I_o}$
反饋後增益	A_f	$\dfrac{V_o}{V_s}$	$\dfrac{V_o}{I_s}$	$\dfrac{I_o}{V_s}$	$\dfrac{I_o}{I_s}$

$$A = \frac{V_o}{V_s} = \frac{V_o}{V_i} \tag{5.1}$$

若反饋訊號 V_f 和輸入訊號接成串聯，則

$$V_i = V_s - V_f$$

因
$$V_o = AV_i = A(V_s - V_f) = AV_s - AV_f = AV_s - A(\beta V_o)$$

則
$$(1+\beta A)V_o = AV_s$$

所以反饋後的總電壓增益是

$$A_f = \frac{V_o}{V_s} = \frac{A}{1+\beta A} \tag{5.2}$$

式(5.2)顯示，反饋後的增益是原放大器增益除以因數$(1+\beta A)$，此因數將被看成電路性質（包括輸入和輸出阻抗）受反饋影響度的因數。

電壓並聯反饋 對圖 5.2b 的網路，反饋後的增益是

$$A_f = \frac{V_o}{I_s} = \frac{AI_i}{I_i + I_f} = \frac{AI_i}{I_i + \beta V_o} = \frac{AI_i}{I_i + \beta AI_i}$$

$$A_f = \frac{A}{1+\beta A} \tag{5.3}$$

反饋後的輸入阻抗

電壓串聯反饋 更詳細的電壓串聯反饋接法見圖 5.3，輸入阻抗可決定如下：

$$I_i = \frac{V_i}{Z_i} = \frac{V_s - V_f}{Z_i} = \frac{V_s - \beta V_o}{Z_i} = \frac{V_s - \beta AV_i}{Z_i}$$

$$I_i Z_i = V_s - \beta AV_i$$

$$V_s = I_i Z_i + \beta AV_i = I_i Z_i + \beta A I_i Z_i$$

$$Z_{if} = \frac{V_s}{I_i} = Z_i + (\beta A)Z_i = Z_i(1+\beta A) \tag{5.4}$$

串聯反饋後的輸入阻抗，可看成是無反饋時的輸入阻抗值乘上因數$(1+\beta A)$，此關係可同時應用到電壓串聯反饋（圖 5.2a）和電流串聯（圖 5.2c）電路。

電壓並聯反饋 更詳細的電壓並聯反饋接法見圖 5.4，輸入阻抗可決定如下：

$$Z_{if} = \frac{V_i}{I_s} = \frac{V_i}{I_i + I_f} = \frac{V_i}{I_i + \beta V_o}$$
$$= \frac{V_i/I_i}{I_i/I_i + \beta V_o/I_i}$$

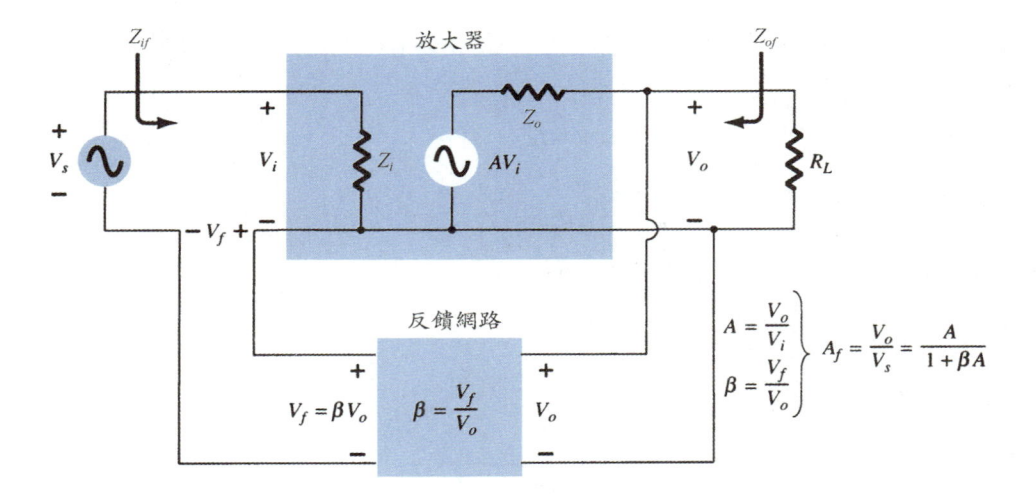

圖 5.3 電壓串聯反饋接法

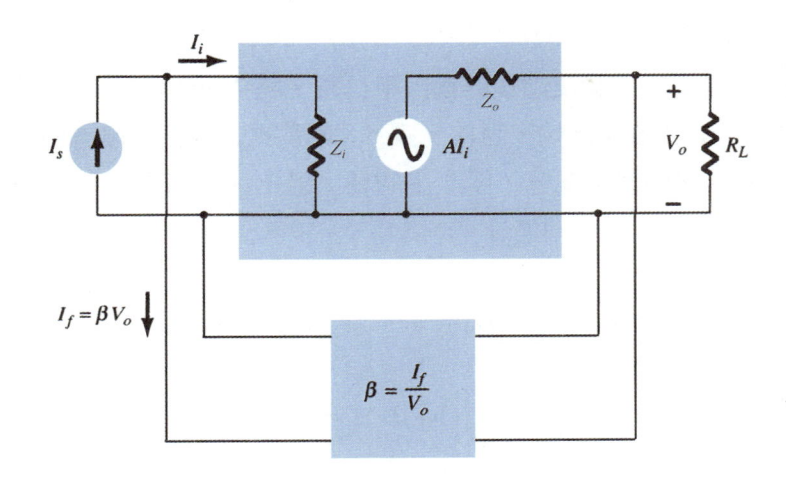

圖 5.4 電壓並聯反饋接法

$$Z_{if} = \frac{Z_i}{1+\beta A} \tag{5.5}$$

輸入阻抗降低，此式可同時應用到圖 5.2a 的電壓並聯接法和圖 5.2b 的電流並聯接法。

反饋後的輸出阻抗

　　圖 5.2 的接法中，輸出阻抗決定於採用電壓或者是電流反饋。電壓反饋會降低輸出阻抗，而電流反饋則會增加輸出阻抗。

電壓串聯反饋　圖 5.3 的電壓串聯反饋電路，提供充足的細部電路，可決定反饋後的輸出阻抗。決定輸出阻抗時將 V_s 短路($V_s=0$)，在輸出端外加電壓 V 可得電流 I，使電壓 V 可表成

$$V=IZ_o+AV_i$$

由 $V_s=0$，
$$V_i=-V_f$$
所以
$$V=IZ_o-AV_f=IZ_o-A(\beta V)$$
整理得
$$V+\beta AV=IZ_o$$

由此可解出反饋後的輸出電阻：

$$\boxed{Z_{of}=\frac{V}{I}=\frac{Z_o}{1+\beta A}} \tag{5.6}$$

式(5.6)顯示，電壓串聯反饋後的輸出電阻會比無反饋時下降$(1+\beta A)$倍。

電流串聯反饋 決定電流串聯反饋後的輸出阻抗時，將 V_s 短路掉，在輸出端外加訊號 V 可得電流 I，V 對 I 的比值即為輸出阻抗。圖 5.5 顯示更為詳細的電流串聯反饋接法，對圖 5.5 上此種反饋接法的輸出部分，所產生的輸出阻抗決定如下。令 $V_s=0$，

$$V_i=-V_f$$
$$I=\frac{V}{Z_o}-AV_i=\frac{V}{Z_o}+AV_f=\frac{V}{Z_o}-A\beta I$$

$$Z_o(1+\beta A)I=V$$

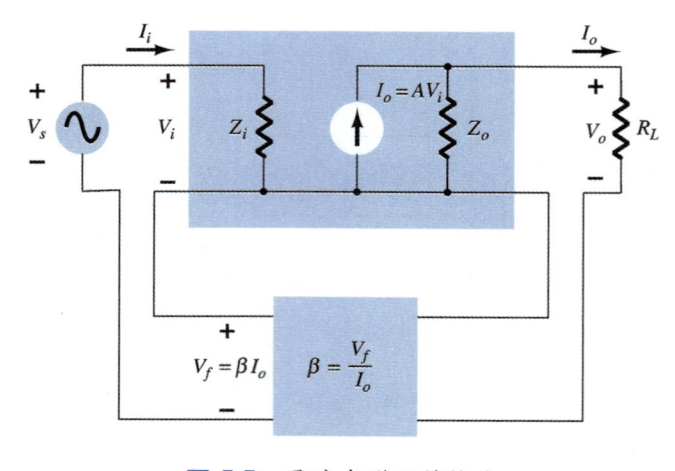

圖 5.5 電流串聯反饋接法

表 5.2　反饋接法對輸入和輸出阻抗的效應

電壓串聯	電流串聯	電壓並聯	電流並聯
$Z_{if}\ Z_i(1+\beta A)$	$Z_i(1+\beta A)$	$\dfrac{Z_i}{1+\beta A}$	$\dfrac{Z_i}{1+\beta A}$
（增加）	（增加）	（降低）	（降低）
$Z_{of}\ \dfrac{Z_o}{1+\beta A}$	$Z_o(1+\beta A)$	$\dfrac{Z_o}{1+\beta A}$	$Z_o(1+\beta A)$
（降低）	（增加）	（降低）	（增加）

$$Z_{of} = \frac{V}{I} = Z_o(1+\beta A) \tag{5.7}$$

反饋對輸入和輸出阻抗的效應，整理歸納提供在表 5.2。

例 5.1

某電壓串聯反饋，已知 $A=-100$、$R_i=10\ \text{k}\Omega$ 且 $R_o=20\ \text{k}\Omega$，試分別就(a)$\beta=-0.1$ 和 (b)$\beta=-0.5$，決定反饋後的電壓增益、輸入和輸出阻抗。

解：

利用式(5.2)、式(5.4)和式(5.6)，可得

a. $A_f = \dfrac{A}{1+\beta A} = \dfrac{-100}{1+(-0.1)(-100)} = \dfrac{-100}{11} = \mathbf{-9.09}$

$Z_{if} = Z_i(1+\beta A) = 10\ \text{k}\Omega\,(11) = \mathbf{110\ k\Omega}$

$Z_{of} = \dfrac{Z_o}{1+\beta A} = \dfrac{20\times 10^3}{11} = \mathbf{1.82\ k\Omega}$

b. $A_f = \dfrac{A}{1+\beta A} = \dfrac{-100}{1+(-0.5)(-100)} = \dfrac{-100}{51} = \mathbf{-1.96}$

$Z_{if} = Z_i(1+\beta A) = 10\ \text{k}\Omega\,(51) = \mathbf{510\ k\Omega}$

$Z_{of} = \dfrac{Z_o}{1+\beta A} = \dfrac{20\times 10^3}{51} = \mathbf{392.16\ \Omega}$

例 5.1 說明以增益為代價來改善輸入和輸出電阻，增益降低 11 倍（由 100 到 9.09），而輸出電阻和輸入電阻也分別下降和上升了相同的 11 倍。若將增益降低 51 倍，則增益僅剩 2，但輸入阻抗卻可提高 51 倍（到達 500 kΩ 以上），且輸出電阻會從 20 kΩ 降到 400 Ω 以下。反饋提供設計者折衷權衡的選擇，可適度調整原有的放大器增益以得到其他電路性質的改善。

頻率失真的降低

負反饋放大器的 $\beta A \gg 1$ 時，反饋後的增益 $A_f \cong 1/\beta$。由此知，若反饋網路是純電阻性的，即使基本放大器的增益會受頻率影響，但反饋後的增益卻可和頻率無關。實用上，因放大器增益隨頻率變化所產生的頻率失真，在負反饋電壓放大器中會大幅降低。

雜訊和非線性失真的降低

訊號反饋會傾向於壓低噪音（如電源供應器的嗡聲）和非線性失真。輸入雜訊和產生的非線性失真都會降低$(1+\beta A)$倍，這是可觀的改善，但總增益也下降了（這是電路性能改善所付的代價）。若再串放大級使總增益回到反饋前的大小，則多串的放大級所帶來的雜訊可能比反饋放大器所降低的還多。所以較好的解決方法是，適度調整反饋放大器電路的增益，使增益可以高一些且雜訊仍能降到所需的程度。

負反饋對增益和頻率的影響

在式(5.2)中，負反饋後的總增益已導出

$$A_f = \frac{A}{1+\beta A} \cong \frac{A}{\beta A} = \frac{1}{\beta} \quad 對 \beta A \gg 1$$

只要 $\beta A \gg 1$，總增益近似為 $1/\beta$。就實用的放大器（單一個低頻以及一個高頻轉折點）而言，由於主動元件和電路電容的作用，開迴路增益 A 會在高頻隨頻率的增加而下降。又因放大級間的耦合電容，增益也會在低頻隨頻率的減少而下降。當開迴路增益 A 降到足夠低時，因數 βA 將不再遠大於 1，式(5.2)的結論即 $A_f \cong 1/\beta$ 將不再成立。

圖 5.6 顯示，放大器在負反饋後的頻寬(B_f)會大於無反饋的頻寬(B)。和無反饋相比，反饋放大器有更高的高頻 3 dB 頻率，以及更低的低頻 3 dB 頻率。

值得注意的是，採用反饋雖使電壓增益降低，但也使頻寬 B，特別是高頻 3 dB 頻率提高。事實上，增益和頻率乘積維持定值，所以基本放大器和反饋放大器的增益頻寬積的數值相同。但因反饋放大器的增益較低，所以淨作用是用增益交換頻寬（一般而言，因 $f_2 \gg f_1$，所以我們用頻寬代表高頻 3 dB 頻率）。

反饋後的增益穩定性

除了 β 因數可決定精確的增益值之外，我們也對放大器反饋前後的相對穩定程度有興趣，對式(5.2)微分得

$$\left|\frac{dA_f}{A_f}\right| = \frac{1}{|1+\beta A|}\left|\frac{dA}{A}\right| \tag{5.8}$$

圖 5.6 負反饋對增益和頻寬的影響

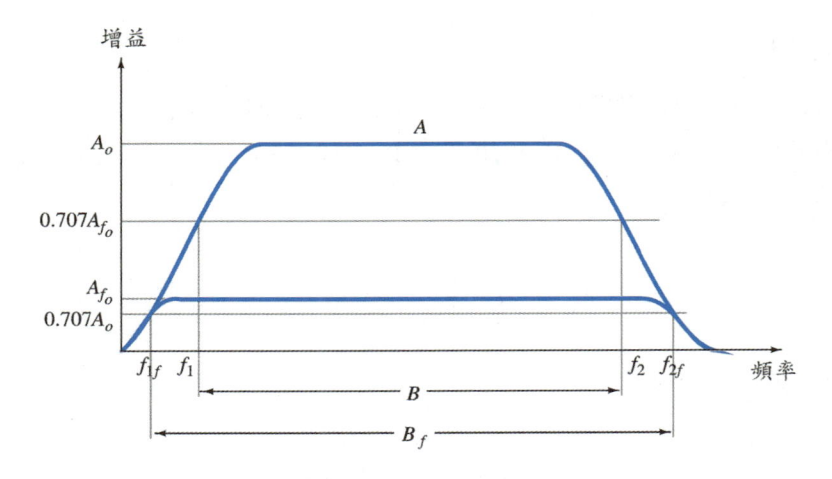

$$\left|\frac{dA_f}{A_f}\right| \cong \left|\frac{1}{\beta A}\right|\left|\frac{dA}{A}\right| \quad 對 \beta A \gg 1 \tag{5.9}$$

這顯示反饋後增益的變化比例 $\left|\dfrac{dA_f}{A_f}\right|$ 比無反饋時 $\left(\left|\dfrac{dA}{A}\right|\right)$ 下降了 $|\beta A|$ 倍。

例 5.2

某放大器的增益 -1000 且反饋因數 $\beta = -0.1$，因溫度變化使增益改變了 20%，試計算反饋放大器增益的變化。

解：

試利用式(5.9)，可得

$$\left|\frac{dA_f}{A_f}\right| \cong \left|\frac{1}{\beta A}\right|\left|\frac{dA}{A}\right| = \left|\frac{1}{-0.1(-1000)}(20\%)\right| = \mathbf{0.2\%}$$

改善了 100 倍。因此，雖然放大器增益由 $|A|=1000$ 起變化 20%，但反饋後的增益自 $|A_f|=100$ 起只改變了 0.2%。

5.3　實用的反饋電路

可利用實際的反饋電路來說明反饋對各種接法類型的影響，本節僅提供對此主題的基本介紹。

電壓串聯反饋

圖 5.7 顯示採用電壓串聯反饋的 FET 放大器，利用電阻 R_1 和 R_2 的反饋網路，可擷取部分輸出訊號(V_o)，反饋電壓 V_f 和訊號源 V_s 接成串聯，兩者之差即輸入訊號 V_i。

無反饋的放大器增益是

$$A = \frac{V_o}{V_i} = -g_m R_L \tag{5.10}$$

其中 R_L 是三個電阻的並聯：

$$R_L = R_D // R_o // (R_1 + R_2) \tag{5.11}$$

反饋網路提供反饋因數

$$\beta = \frac{V_f}{V_o} = \frac{-R_2}{R_1 + R_2} \tag{5.12}$$

將以上的 A 和 β 值代入式(5.2)，可得負反饋後的增益是

$$A_f = \frac{A}{1 + \beta A} = \frac{-g_m R_L}{1 + [R_2 R_L / (R_1 + R_2)] g_m} \tag{5.13}$$

若 $\beta A \gg 1$，可得

$$\boxed{A_f \cong \frac{1}{\beta} = -\frac{R_1 + R_2}{R_2}} \tag{5.14}$$

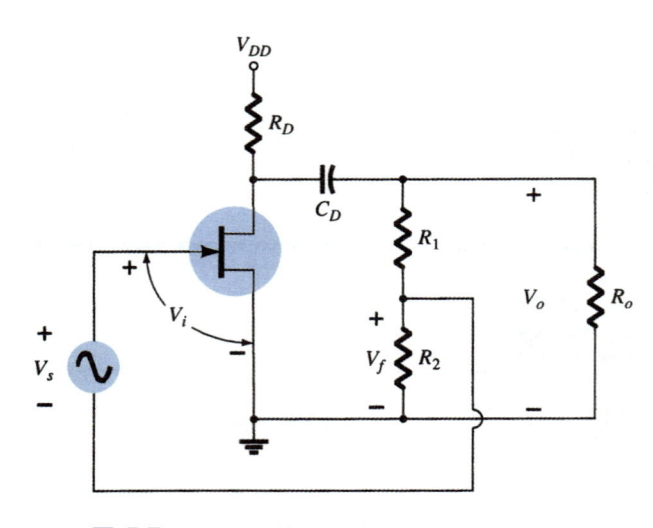

圖 5.7 採用電壓串聯反饋的 FET 放大級

例 5.3

對圖 5.7 的 FET 放大器電路，試計算無反饋和反饋後的增益，電路中參數值如下：$R_1=80\text{ k}\Omega$、$R_2=20\text{ k}\Omega$、$R_o=10\text{ k}\Omega$、$R_D=10\text{ k}\Omega$、$g_m=4000\text{ }\mu\text{S}$。

解：

$$R_L \cong \frac{R_o R_D}{R_o + R_D} = \frac{10\text{ k}\Omega\,(10\text{ k}\Omega)}{10\text{ k}\Omega + 10\text{ k}\Omega} = 5\text{ k}\Omega$$

若 R_1 和 R_2 的串聯電阻 $100\text{ k}\Omega$ 忽略不計，可得

$$A = -g_m R_L = -(4000\times 10^{-6}\,\mu\text{S})(5\text{ k}\Omega) = \boldsymbol{-20}$$

反饋因數是

$$\beta = \frac{-R_2}{R_1 + R_2} = \frac{-20\text{ k}\Omega}{80\text{ k}\Omega + 20\text{ k}\Omega} = -0.2$$

反饋後的增益是

$$A_f = \frac{A}{1+\beta A} = \frac{-20}{1+(-0.2)(-20)} = \frac{-20}{5} = \boldsymbol{-4}$$

圖 5.8 顯示用運算放大器接成的電壓串聯反饋，無反饋的運算放大器增益是 A，在反饋後會下降 β 倍，β 是

$$\beta = \frac{R_2}{R_1 + R_2} \tag{5.15}$$

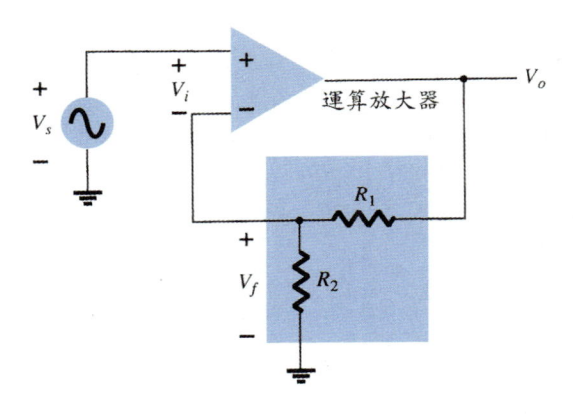

圖 5.8 用運算放大器接成電壓串聯反饋

例 5.4

圖 5.8 電路中，運算放大器的增益 $A=100,000$，且電阻 $R_1=1.8\ \text{k}\Omega$ 及 $R_2=200\ \Omega$，試計算此放大器的增益。

解：

$$\beta=\frac{R_2}{R_1+R_2}=\frac{200\ \Omega}{200\ \Omega+1.8\ \text{k}\Omega}=0.1$$

$$A_f=\frac{A}{1+\beta A}=\frac{100,000}{1+(0.1)(100,000)}$$
$$=\frac{100,000}{10,001}=9.999$$

注意，因 $\beta A \gg 1$，

$$A_f\cong\frac{1}{\beta}=\frac{1}{0.1}=\mathbf{10}$$

圖 5.9 的射極隨耦器電路，$V_f=0$ 時訊號源電壓 V_s 即輸入電壓 V_i，輸出電壓 V_o 也是反饋電壓，和輸入電壓串聯。放大器如圖 5.9 所示，提供反饋操作。無反饋時 $V_f=0$，可得電路增益

$$A=\frac{V_o}{V_s}=\frac{h_{fe}I_bR_E}{V_s}=\frac{h_{fe}R_E(V_s/h_{ie})}{V_s}=\frac{h_{fe}R_E}{h_{ie}}$$

且

$$\beta=\frac{V_f}{V_o}=1$$

因此反饋後的電路增益是

$$A_f=\frac{V_o}{V_s}=\frac{A}{1+\beta A}=\frac{h_{fe}R_E/h_{ie}}{1+(1)(h_{fe}R_E/h_{ie})}$$
$$=\frac{h_{fe}R_E}{h_{ie}+h_{fe}R_E}$$

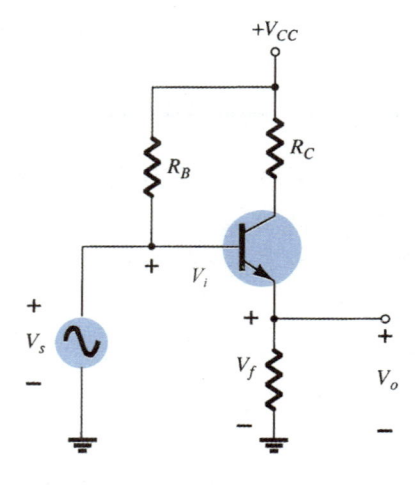

圖 5.9 電壓串聯反饋電路（射極隨耦器）

對 $h_{fe}R_E \gg h_{ie}$，

$$A_f\cong1$$

電流串聯反饋

另一種反饋技巧是擷取輸出電流 I_o，並反饋成比例的電壓和輸入串聯。這種電流串聯反饋接法會增加輸入電阻，也能穩定放大器增益。

圖 5.10 顯示單一電晶體放大級，因放大級的射極未接旁路電容，故能產生電流串聯反饋的效果。電流流經電阻 R_E 產生反饋電壓，此電壓會抵抗外加的訊號源電壓，使輸出電壓 V_o 降低。如欲除去電流串聯反饋，必須拿掉射極電阻或者並聯旁路電容（這是通常的作法）。

無反饋 參考圖 5.2c 的基本形式和表 5.1 所整理，可得

$$A = \frac{I_o}{V_i} = \frac{-I_b h_{fe}}{I_b h_{ie} + R_E} = \frac{-h_{fe}}{h_{ie} + R_E} \tag{5.16}$$

$$\beta = \frac{V_f}{I_o} = \frac{-I_o R_E}{I_o} = -R_E \tag{5.17}$$

輸入和輸出阻抗分別為

$$Z_i = R_B \| (h_{ie} + R_E) \cong h_{ie} + R_E \tag{5.18}$$

$$Z_o = R_C \tag{5.19}$$

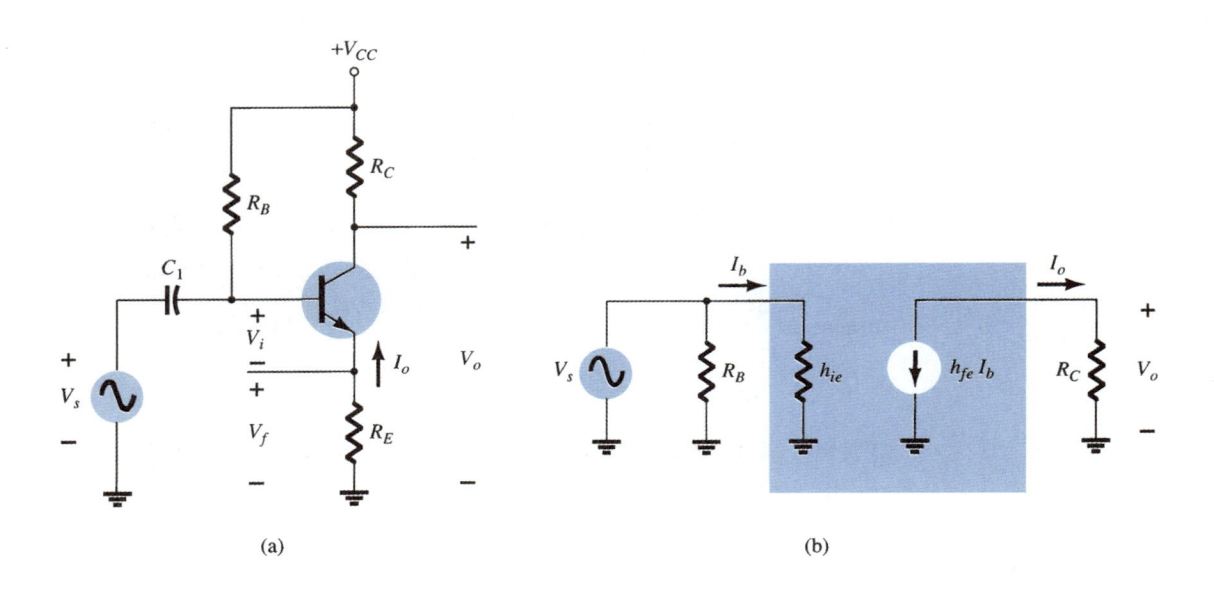

圖 5.10 射極電阻(R_E)未旁路的電晶體放大器，接成電流串聯反饋：(a)放大器電路；(b)無反饋的交流等效電路

反饋後

$$A_f = \frac{I_o}{V_s} = \frac{A}{1+\beta A} = \frac{-h_{fe}/h_{ie}}{1+(-R_E)\left(\frac{-h_{fe}}{h_{ie}+R_E}\right)} = \frac{-h_{fe}}{h_{ie}+h_{fe}R_E} \tag{5.20}$$

輸入和輸出阻抗計算如下，如表 5.2 所定：

$$Z_{if} = Z_i(1+\beta A) \cong h_{ie}\left(1+\frac{h_{fe}R_E}{h_{ie}}\right) = h_{ie}+h_{fe}R_E \tag{5.21}$$

$$Z_{of} = Z_o(1+\beta A) = R_C\left(1+\frac{h_{fe}R_E}{h_{ie}}\right) \tag{5.22}$$

反饋後的電壓增益 A_{vf} 是

$$A_{vf} = \frac{V_o}{V_s} = \frac{I_o R_C}{V_s} = \left(\frac{I_o}{V_s}\right)R_C = A_f R_C \cong \frac{-h_{fe}R_C}{h_{ie}+h_{fe}R_E} \tag{5.23}$$

例 5.5

試計算圖 5.11 電路的電壓增益。

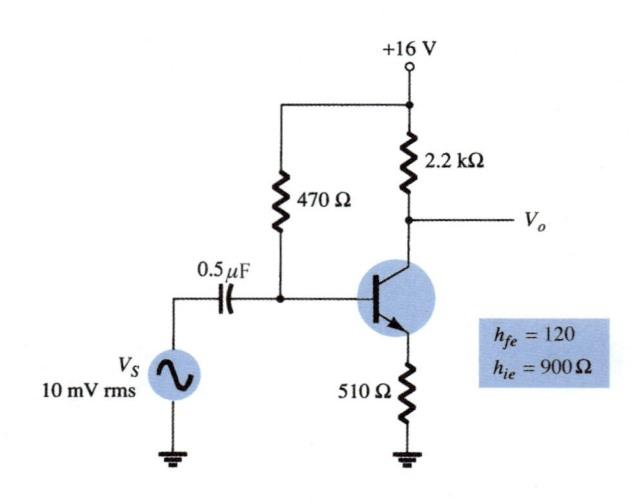

圖 5.11 例 5.5 中採用電流串聯反饋的 BJT 放大器

解：

無反饋，

$$A = \frac{I_o}{V_i} = \frac{-h_{fe}}{h_{ie}+R_E} = \frac{-120}{900+510} = -0.085$$

$$\beta = \frac{V_f}{I_o} = -R_E = -510$$

因此，因數 $(1+\beta A)$ 是

$$1+\beta A = 1+(-0.085)(-510) = 44.35$$

反饋後的增益是

$$A_f = \frac{I_o}{V_s} = \frac{A}{1+\beta A} = \frac{-0.085}{44.35} = -1.92 \times 10^{-3}$$

反饋後的電壓增益是

$$A_{vf} = \frac{V_o}{V_s} = A_f R_C = (-1.92 \times 10^{-3})(2.2 \times 10^3) = \mathbf{-4.2}$$

無反饋 $(R_E = 0)$ 的電壓增益是

$$A_v = \frac{-R_C}{r_e} = \frac{-2.2 \times 10^3}{7.5} = \mathbf{-293.3}$$

電壓並聯反饋

圖 5.12a 的定增益運算放大器電路提供電壓並聯反饋，參考圖 5.2b 和表 5.1，且理想運算放大器的特性是 $I_i = 0$、$V_i = 0$ 和無窮大的電壓增益，可得

$$A = \frac{V_o}{I_i} = \infty \tag{5.24}$$

$$\beta = \frac{I_f}{V_o} = \frac{-1}{R_o} \tag{5.25}$$

因此反饋後的增益是

$$A_f = \frac{V_o}{I_s} = \frac{V_o}{I_i} = \frac{A}{1+\beta A} = \frac{1}{\beta} = -R_o \tag{5.26}$$

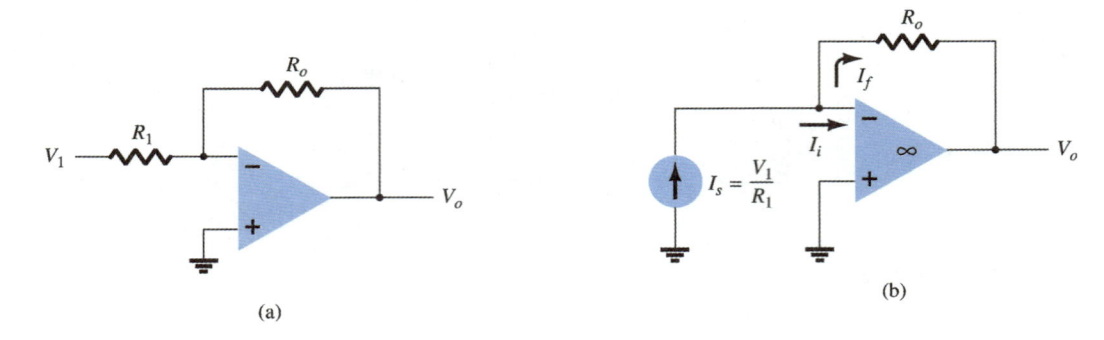

圖 5.12 電壓並聯負反饋放大器：(a)定增益電路；(b)等效電路

此為轉阻增益，更通用的增益是反饋後的電壓增益，

$$A_{vf} = \frac{V_o}{I_s}\frac{I_s}{V_1} = (-R_o)\frac{1}{R_1} = \frac{-R_o}{R_1} \tag{5.27}$$

圖 5.13 的電路是 FET 電壓並聯反饋放大器，無反饋時 $I_f=0$。

$$A = \frac{V_o}{I_i} \cong -g_m R_D R_S \tag{5.28}$$

反饋因數是

$$\beta = \frac{I_f}{V_o} = \frac{-1}{R_F} \tag{5.29}$$

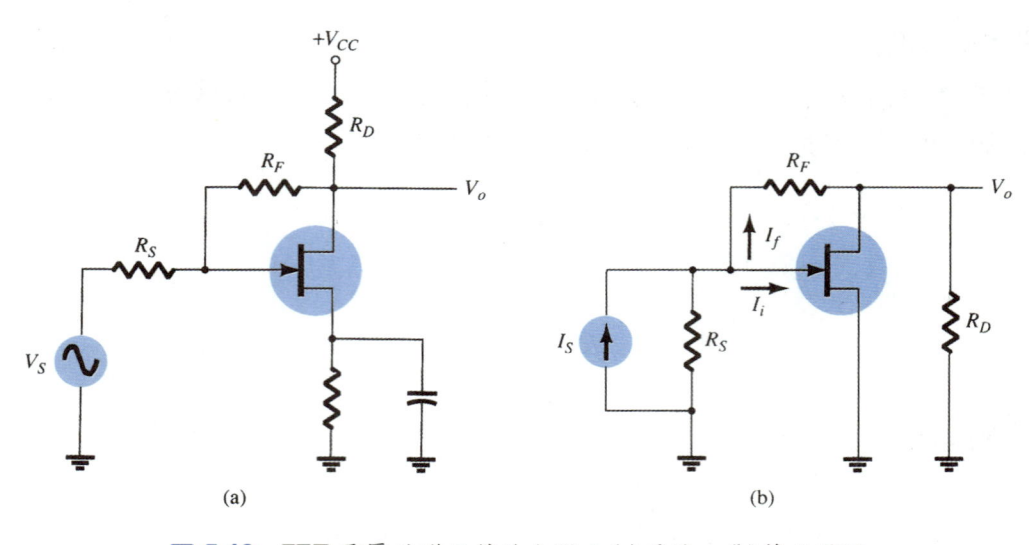

圖 5.13 FET 電壓並聯反饋放大器：(a)電路；(b)等效電路

反饋後的電路增益是

$$A_f = \frac{V_o}{I_s} = \frac{A}{1+\beta A} = \frac{-g_m R_D R_S}{1+(-1/R_F)(-g_m R_D R_S)}$$
$$= \frac{-g_m R_D R_S R_F}{R_F + g_m R_D R_S} \tag{5.30}$$

因此反饋後電路的電壓增益是

$$A_{vf} = \frac{V_o}{I_s}\frac{I_s}{V_s} = \frac{-g_m R_D R_S R_F}{R_F + g_m R_D R_S}\left(\frac{1}{R_S}\right)$$
$$= \frac{-g_m R_D R_F}{R_F + g_m R_D R_S} = (-g_m R_D)\frac{R_F}{R_F + g_m R_D R_S} \tag{5.31}$$

例 5.6

就圖 5.13a 的電路，若 $g_m = 5$ mS、$R_D = 5.1$ kΩ、$R_S = 1$ kΩ 且 $R_F = 20$ kΩ，試計算無反饋和反饋後的電壓增益。

解：

無反饋的電壓增益是

$$A_v = -g_m R_D = -(5 \times 10^{-3})(5.1 \times 10^3) = \mathbf{-25.5}$$

反饋後的增益降到

$$A_{vf} = (-g_m R_D)\frac{R_F}{R_F + g_m R_D R_S}$$
$$= (-25.5)\frac{20 \times 10^3}{(20 \times 10^3) + (5 \times 10^{-3})(5.1 \times 10^3)(1 \times 10^3)}$$
$$= -25.5(0.44) = \mathbf{-11.2}$$

5.4 反饋放大器——相位和頻率的考慮

到目前為止，我們所考慮的反饋放大器操作中，反饋訊號都會抵制輸入訊號——負反饋。在實際的電路中，這種情況只會出現在中頻範圍。我們知道放大器的增益會隨頻率變化，在高頻時增益會隨著頻率的增加，自中頻增益逐漸下降。另外，放大器的相移也會隨頻率變化。

若隨著頻率的增加，相位移變化，使某部分反饋訊號反而會加到輸入訊號，此種正反饋可能導致放大器進入振盪。若放大器以某種低頻或高頻振盪時，就不宜再用作放大器。適當的反饋放大器設計需要電路在所有頻率都穩定，不能只在某一特定範圍中穩定，否則隨便一個暫態的干擾就會使原本看起來穩定的放大器突然起振。

奈氏法則

反饋放大器受頻率的影響，判斷其穩定性時 βA 乘積以及輸入輸出之間的相移是決定因數。最普遍用來探討穩定性的技巧是奈氏法，用奈氏圖將增益和相移對頻率的函數畫在複數平面上。以作用而言，奈氏圖結合兩種波德圖，即增益對頻率和相位對頻率在同一圖上。用奈氏圖可很快看出放大器是否在所有頻率皆穩定，以及相對於增益或相移法則之下放大器的穩定程度。

從考慮圖 5.14 的複數平面開始，圖上顯示幾點，每一點有不同的增益(βA)值和不同的相移角度。以正實軸(0°)為參考，可看到點 1 的大小 $\beta A=2$ 且相移 0°。另外，點 2 的大小 $\beta A=3$ 且相移 $-135°$，以及點 3 的大小 $\beta A=1$ 且相位 180°，因此圖上每一點同時代表增益大小 βA 和相位移。若圖上各點代表放大器電路的增益和相移，且根據頻率的增加而逐點畫出，即可得奈氏圖，如圖 5.15 所示。圖上原點對應於頻率 0，所得增益為 0（就 RC 耦合電路），隨著頻率的上升，對應於 f_1、f_2 和 f_3 各點，相移和 βA 的大小都在增加。到頻率 f_4，由圖看出增益原點到點 f_4 的向量長度（距離），而相移則是角度 ϕ。在頻率 f_5，相移

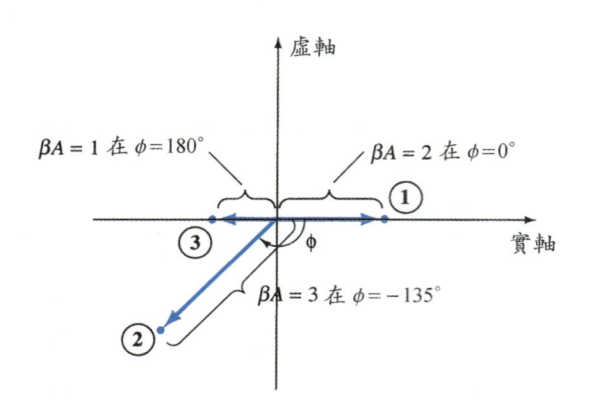

奈奎士 1989 年生於瑞典，1907 年移民到美國，1976 年逝於德州。1917年獲得耶魯大學物理學博士，自 1917 年起到 1954 年退休為止，都任職於 AT&T 研發部及貝爾實驗室。身為貝爾實驗室的工程師，奈奎士在熱雜訊、反饋放大器的穩定性、電信學、傳真、電視，以及其他重要通訊問題上作出重大貢獻。1932 年，奈奎士出版了反饋放大器穩定度的經典論文：奈奎士穩定性法則在現今所有反饋控制理論的教科書上都可看到。
（採自 AT&T 檔案歷史中心）

圖 5.14　顯示典型增益—相位點的複數平面

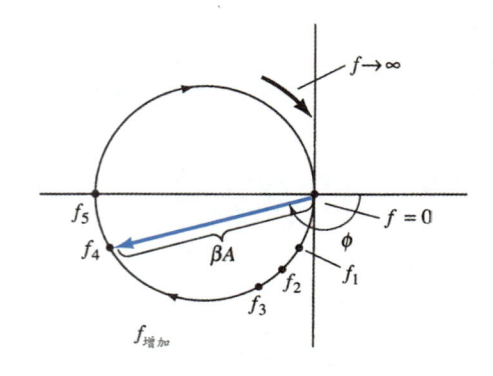

圖 5.15　奈氏圖

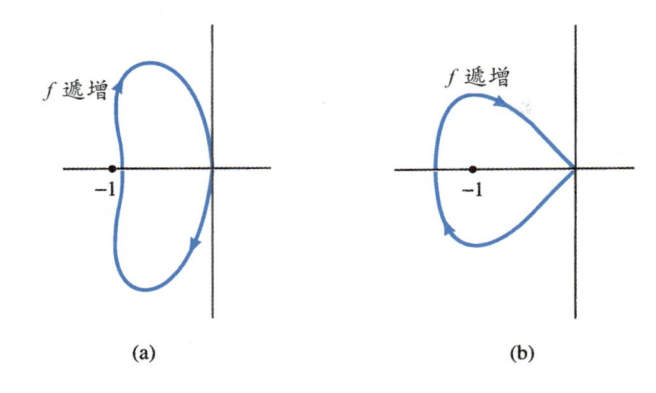

圖 5.16 顯示穩定性條件的奈氏圖：(a)穩定；(b)不穩定

是 180°。頻率更高時，增益就開始下降，逐漸回復。

穩定性的奈氏法則陳述如下：

若奈氏曲線繞過 $-1+j0$ 時，放大器會不穩定，若未繞過就會穩定。

用圖 5.16 的曲線作例子說明奈氏法則，圖 5.16a 的奈氏圖未環繞 $-1+j0$，對應的電路穩定。而圖 5.16b 中的曲線則環繞 $-1+j0$，所以對應的電路不穩定。記住，環繞 $-1+j0$ 表示相移 180° 時迴路增益 (βA) 大於 1，因此反饋訊號會和輸入訊號同相，且會產生比原來更大的輸入訊號，因而造成振盪。

增益邊限與相位邊限

由奈氏法則知，反饋放大器迴路增益 (βA) 的相角 180° 時，若增益值小於 1(0 dB)，則反饋放大器為穩定。可另再決定穩定性的邊限，以指示放大器接近不穩定的程度。也就是說，增益 (βA) 都是小於 1，比如 $\beta A=0.95$ 就會比 $\beta A=0.7$ 來得接近不穩定（βA 都對應於 180° 的量測值）。當然，放大器的迴路增益 0.95 和 0.7 都是穩定的，但有一個比較接近不穩定，定義以下術語：

增益邊限 (gain margin, GM) 定義的 $|\beta A|$ 在相角 180° 處對應的 dB 值的負值，因此 0 dB，即 $\beta A=1$ 就在穩定和不穩定的邊界上。$|\beta A|$ 的 dB 值為負時，GM 必為正，代表反饋放大器穩定。GM 可由圖 5.17 的曲線求出，單位是 dB。

相位邊限 (phase margin, PM) 代表角度 180° 加上 $|\beta A|=1(0\text{ dB})$ 時，對應的相角，也可直接由圖 5.17 的曲線求出。

5.5 振盪器操作

反饋放大器出現正反饋時，在滿足相位條件（迴路增益 $A\beta$ 的相位角度 180°）之下的閉迴路增益 $|A_f|$ 會大於 1，利用這種正反饋可產生振盪器電路的操作。振盪器電路提

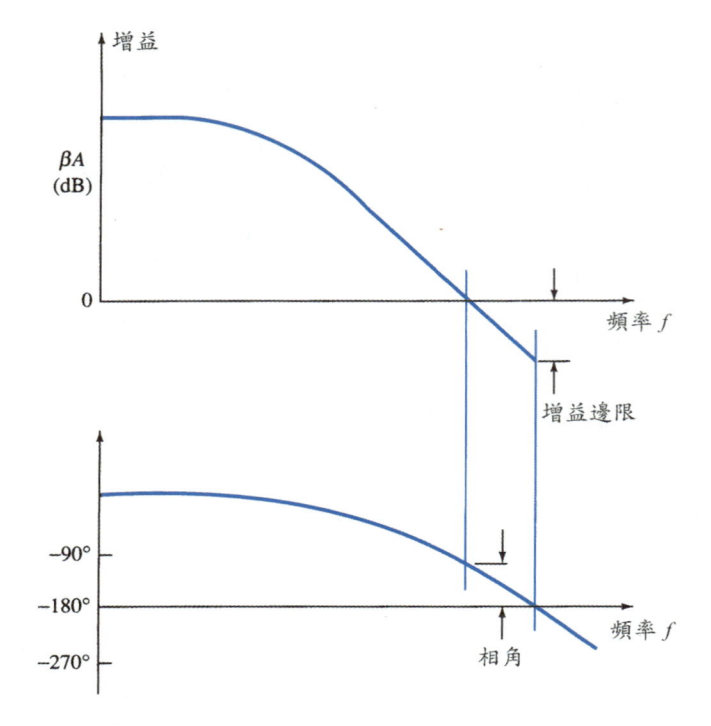

圖 5.17 顯示增益和相位邊限的波德圖

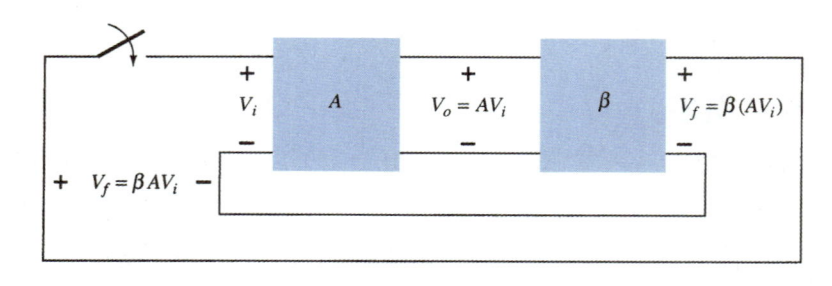

圖 5.18 用作振盪器的反饋電路

供隨時間變化的輸出訊號，若輸出訊號以弦波形式變化，這種電路稱為弦式振盪器 (sinusoidal oscillator)。若輸出電壓是在高低兩輸出位準之間快速升降，則電路稱為脈波 (pulse) 或方波振盪器 (square-wave oscillator)。

為了解反饋電路如何以振盪器運作，考慮圖 5.18 的反饋電路。當放大器輸入端的開關開路時，不會出現振盪。考慮放大器的輸入端有一虛擬電壓 V_i，這會在放大級之後產生輸出電壓 $V_o=AV_i$，並在反饋級之後產生 $V_f=\beta AV_i$，βA 稱為迴路增益。若基本放大器電路和反饋網路提供正確大小和相位的 βA，可使 V_f 等於 V_i。此時將開關閉路並除去虛擬電壓 V_i，電路仍可繼續工作，因反饋電壓已足以驅動放大器和反饋電路，可產生適當的輸入電壓來維持迴路工作。如能滿足以下條件，則在開關閉路之後仍能維持輸出波形：

第 5 章　反饋與振盪器電路　207

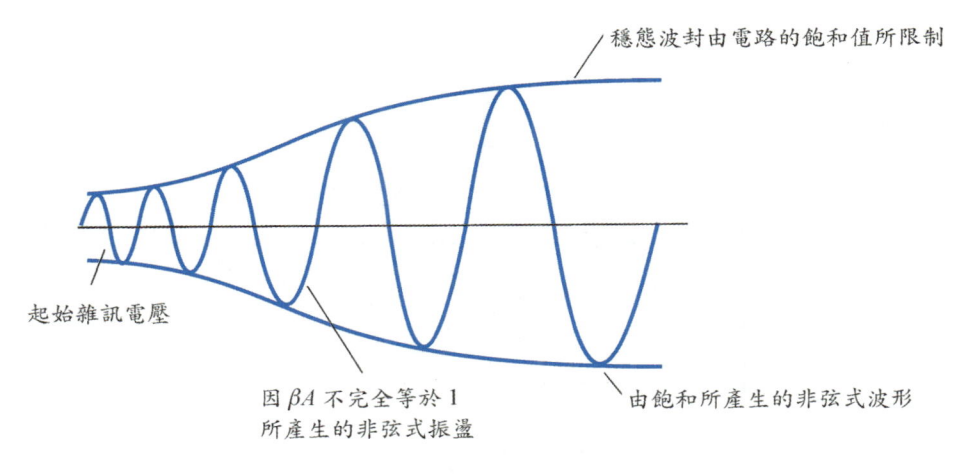

穩態波封由電路的飽和值所限制

起始雜訊電壓

因 βA 不完全等於 1 所產生的非弦式振盪

由飽和所產生的非弦式波形

圖 5.19　穩態振盪的建立

$$\beta A = 1 \tag{5.32}$$

此稱為達成振盪的巴克豪生法則。

　　事實上，無需輸入訊號就可使振盪器起振，只要滿足 $\beta A = 1$，振盪就可自行維持。實用上，會使 $\beta A > 1$，使系統放大雜訊電壓而起振，雜訊電壓是無所不在的。實際電路中的飽和因數會使 βA 的"平均"值為 1 時，所產生的波形不會是完全正確的弦波。當 βA 值愈恆定在 1 時，輸出波形就會愈接近真正的弦波。圖 5.19 顯示如何從雜訊訊號建立穩態的振盪條件。

　　另一個可看出以反饋電路提供振盪工作的方式是，由基本反饋公式(5.2)，即 $A_f = A/(1+\beta A)$ 的分母看出，當 $\beta A = -1$ 時，表示大小是 1 且相角 180°，此時分母為 0 且反饋後的增益 A_f 變成無窮大，因此無窮小的訊號（雜訊電壓）可產生相當大的輸出電壓，即使沒有輸入訊號，電路也可成為振盪器。

　　本章剩餘篇幅都用來介紹使用各種不同元件的各式振盪器電路，會加上實務上的考慮，所以每種不同情況都會討論到可實際工作的電路。

5.6　移相振盪器

　　由反饋電路的基本發展而得的振盪器電路例子是*移相*(phase-shift)*振盪器*，此電路的理想版本見圖 5.20。回想振盪的條件是，迴路增益 βA 大於 1 且反饋迴路相移 180°（提供正反饋）。在現在的理想考慮下，反饋網路是由理想訊號源（源阻抗為零）所驅動，且反饋網路的輸出接到理想負載（無窮大負載阻抗）。這種理想化情況可讓我們發展出移相振盪器的操作理論，之後再討論實際的電路版本。

　　將注意力集中在移相網路，我們關注的是相移恰為 180° 時的頻率所對應的網路衰減量。利用傳統的網路分析法，可得

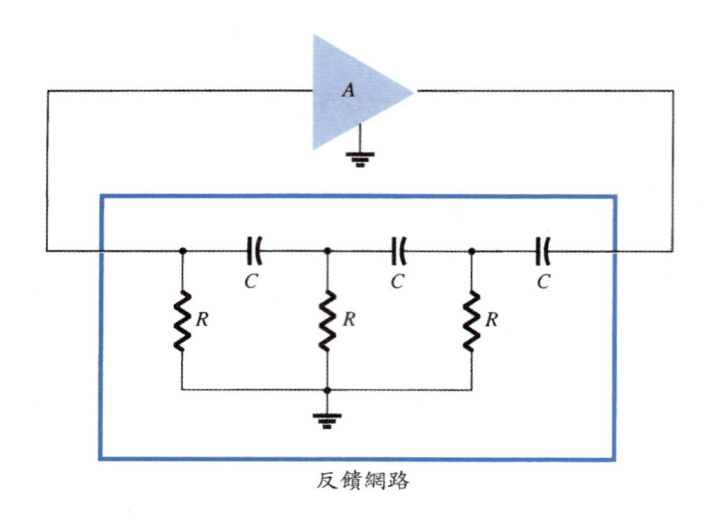

圖 5.20　理想的移相振盪器

$$f=\frac{1}{2\pi RC\sqrt{6}} \tag{5.33}$$

$$\beta=\frac{1}{29} \tag{5.34}$$

且相移為 180°。

當迴路增益 βA 大於 1 時，放大級的增益必須大於 $1/\beta$，即 29：

$$A>29 \tag{5.35}$$

考慮反饋網路的操作時，有人可能會天真地選取 R、C 值，使其在特定頻率處對應的單一段 RC 的相移為 60°，認為三段共可產生 180° 的相移。但這是不對的，因反饋網路中的每一段 RC 都會對前一段產生負載效應。重點是總相移為 180°，式(5.33)所給的頻率正對應於總相移 180°。若量測每一 RC 段的相移，每一段不會提供相同的相移（雖然總相移是 180°）。如果希望每一 RC 段都提供剛好 60° 的相移，則每兩個 RC 段之間都要接射極隨耦器放大級，以避免後一段電路對前一段產生負載效應。

FET 移相振盪器

移相振盪器電路的實際版本見圖 5.21a，所畫出的電路清楚顯示放大器和反饋網路。放大級使用自穩偏壓，源極電阻 R_S 以電容旁路，再加上一個汲極電阻。FET 裝置參數是 g_m 和 r_d，由 FET 放大器理論，放大器的增益大小由下式算出：

$$|A|=g_m R_L \tag{5.36}$$

第 5 章　反饋與振盪器電路　209

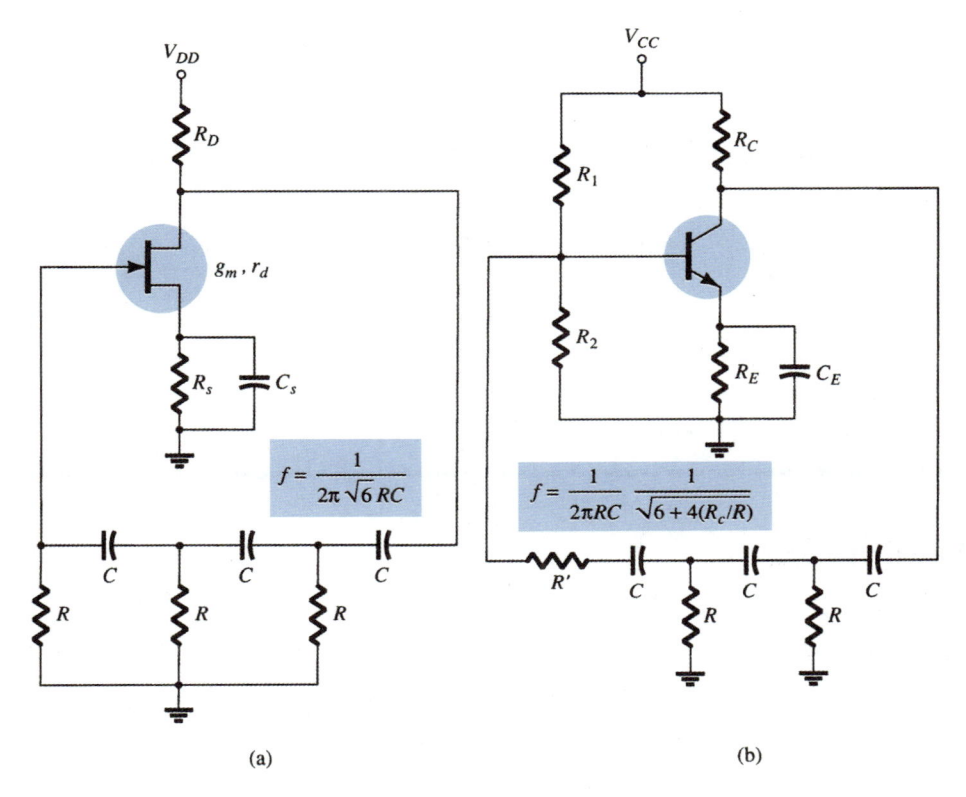

圖 5.21　實際的移相振盪器：(a)FET 版本；(b)BJT 版本

其中 R_L 是 R_D 和 r_d 的並聯電阻，

$$R_L = \frac{R_D r_d}{R_D + r_d} \tag{5.37}$$

假定 FET 放大器的輸入阻抗無窮大，這是很好的近似，只要振盪器的工作頻率足夠低，FET 的電容性阻抗即可忽略不計。放大器的輸出阻抗 R_L 也要足夠小，使反饋網路對放大器幾無負載效應，不會造成增益的衰減。實用上，這些效應不可能完全忽略不計，因此為確保振盪器可以動作，放大器增益要選取比所需的 29 大一些。

例 5.7

某 FET 的 $g_m = 5000\ \mu S$ 且 $r_d = 40\ k\Omega$，試利用此 FET 設計一移相振盪器（如圖 5.21a），反饋電路的 $R = 10\ k\Omega$。試選取 C 和 R_D 的值使振盪器在 1 kHz 工作且 $A > 29$，確保振盪器動作。

解：

用式(5.33)解出電容值，因 $f = 1/2\pi RC\sqrt{6}$，可解出 C：

$$C=\frac{1}{2\pi Rf\sqrt{6}}=\frac{1}{(6.28)(10\times 10^3)(1\times 10^3)(2.45)}=6.5\text{ nF}$$

用式(5.36)，解出 R_L 以提供 $A=40$（以允許反饋網路的負載效應）：

$$|A|=g_m R_L$$

$$R_L=\frac{|A|}{g_m}=\frac{40}{5000\times 10^{-6}}=8\text{ k}\Omega$$

用式(5.37)，解出 $R_D = 10\text{ k}\Omega$。

電晶體移相振盪器

若放大器的主動元件改用雙載子電晶體，則電晶體較低的輸入電阻(h_{ie})會對反饋網路的輸出形成可觀的負載效應。當然，也可在共射放大器之前加一級射極隨耦器。但如只想用一個電晶體，則採取電壓並聯反饋（見圖 5.21b）會更適合。在這種接法中，反饋電流訊號會通過和放大器輸入電阻(R_i)串聯的反饋電阻 R'。

進行交流分析，可得表盪器頻率的公式如下：

$$f=\frac{1}{2\pi RC}\frac{1}{\sqrt{6+4(R_C/R)}} \tag{5.38}$$

就大於 1 的迴路增益而言，電晶體的電流增益必須滿足

$$h_{fe}>23+29\frac{R}{R_C}+4\frac{R_C}{R} \tag{5.39}$$

IC 移相振盪器

隨著 IC 電路愈為普遍，也已經有用 IC 作成的振盪器電路，只要買一個運算放大器就可得到穩定增益的放大器電路，再結合某種訊號反饋方法即可產生振盪器電路，例如圖 5.22 的移相振盪器。運算放大器的輸出接到 3 級 RC 網路，可提供所需的 180° 相移（對應於衰減因數 1/29）。若運算放大器提供的增益（由 R_i 和 R_f 設定）超過 29，迴路增益會大於 1，電路就會以振盪器工作（振盪器頻率給在式(5.33)）。

5.7　韋恩電橋振盪器

實用的振盪器電路採用運算放大器和 RC 電橋電路，振盪器頻率由 R、C 元件設定。圖 5.23 顯示韋恩電橋振盪器電路的基本組成。注意到基本的電橋接法，電阻 R_1 和 R_2，

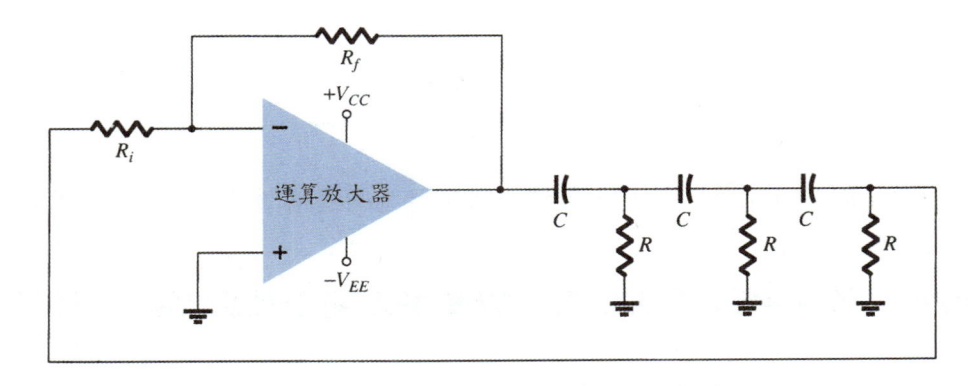

圖 5.22 用運算放大器建立移相振盪器

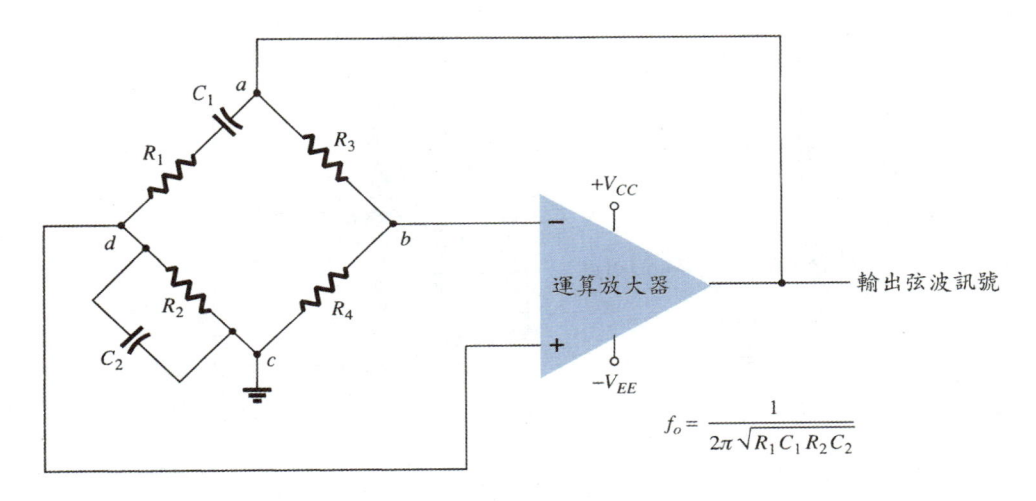

圖 5.23 用運算放大器建立韋恩電橋振盪器

以及電容 C_1 和 C_2 形成頻率調整元件。另外，電阻 R_3 和 R_4 組成部分反饋路徑。運算放大器的輸出接到電橋的輸入點 a 和 c（c 接地），電橋電路的輸出點 b 和 d 則接到運算放大器的輸入。

運算放大器輸入和輸出阻抗的負載效應忽略不計，分析電橋電路得

$$\frac{R_3}{R_4} = \frac{R_1}{R_2} + \frac{C_2}{C_1} \tag{5.40}$$

且

$$f_o = \frac{1}{2\pi\sqrt{R_1 C_1 R_2 C_2}} \tag{5.41}$$

考慮特別情況，若 $R_1 = R_2 = R$ 且 $C_1 = C_2 = C$，所得振盪器頻率是

$$f_o = \frac{1}{2\pi RC} \tag{5.42}$$

且
$$\boxed{\frac{R_3}{R_4}=2} \tag{5.43}$$

因此，當 R_3 對 R_4 的比值大於 2 時，電路可得到足夠的迴路增益而振盪，振盪頻率可用式(5.42)算出。

例 5.8

試計算圖 5.24 韋恩電橋振盪器的共振頻率。

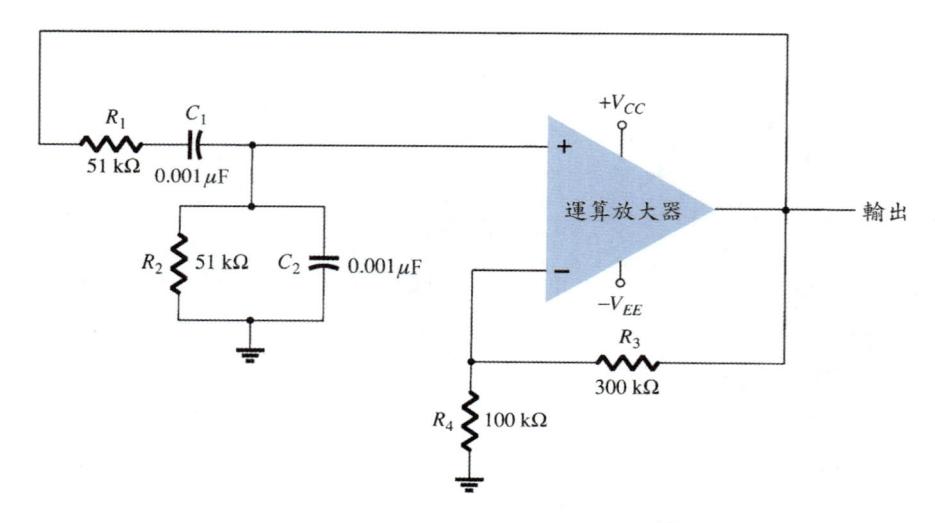

圖 5.24 例 5.8 的韋恩電橋振盪器

解：

用式(5.42)，得

$$f_o = \frac{1}{2\pi RC} = \frac{1}{2\pi (51\times 10^3)(0.001\times 10^{-6})} = \mathbf{3120.7\ Hz}$$

例 5.9

如圖 5.24 的韋恩電橋振盪器，欲在 $f_o=10$ kHz 工作，試設計 RC 元件。

解：

所有 R 值和 C 值皆取相同，選取 $R=100$ kΩ，利用式(5.42)算出所需之 C 值：

$$C = \frac{1}{2\pi f_o R} = \frac{1}{6.28(10\times 10^3)(100\times 10^3)} = \frac{10^{-9}}{6.28} = \mathbf{159\ pF}$$

可用 $R_3 = 300\ k\Omega$ 和 $R_4 = 100\ k\Omega$ 提供 R_3/R_4 的比值大於 2，以產生振盪。

5.8 調諧振盪器電路

調諧輸入－調諧輸出振盪器電路

可用圖 5.25 的基本組態，藉由調整電路的輸入和輸出部分，建構各種不同的電路。分析圖 5.25 的電路可發現，代入不同的電抗元件可得到以下幾種振盪器：

振盪器類型	電抗元件		
	X_1	X_2	X_3
考畢子振盪器	C	C	L
哈特萊振盪器	L	L	C
調諧輸入，調諧輸出	LC	LC	－

考畢子振盪器

FET 考畢子振盪器　FET 考畢子振盪器的實際版本見圖 5.26，此電路基本上和圖 5.25 的形式相同，再加上 FET 放大器偏壓所需的元件。可求出振盪器的頻率：

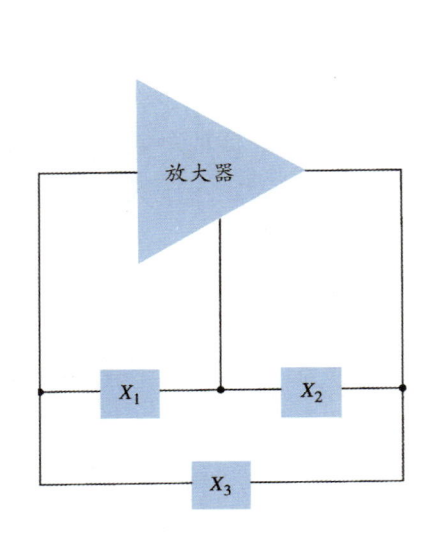

圖 5.25　共振電路振盪器的基本組態

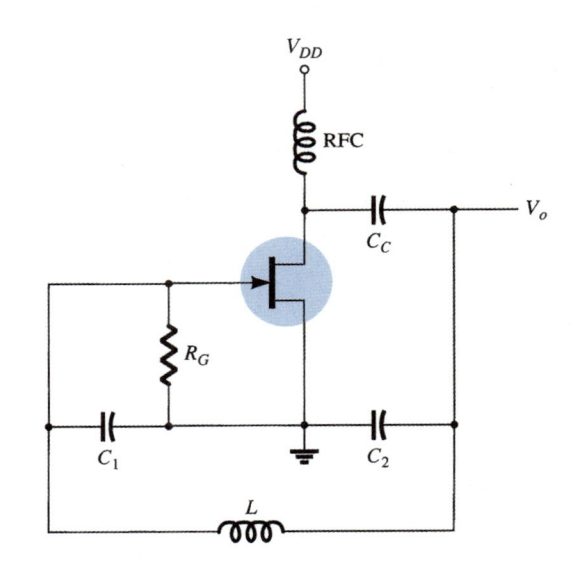

圖 5.26　FET 考畢子振盪器

考畢子(1872-1949)是通訊界先驅,最有名的是發明了考畢子振盪器。在 1915 年,其西方電氣團隊最先成功展示跨越大西洋的無線電話。在 1895 年,考畢子進入哈佛大學研習物理和數學,1896 年得到學士學位,1897 自研究所得到碩士學位。考畢子在 1899 年得到美國貝爾電話公司的職位,在 1907 年轉到西方電氣。其同事哈特萊發明了電感耦合振盪器,考畢子在 1915 年加以改進。第一次世界大戰時,考畢子服務於陸軍訊號公司,並待在法國一段時間擔任重要幹部,參與軍事通訊。考畢子於 1949 年逝於紐澤西州橘郡家中。
(採自 AT&T 檔案歷史中心)

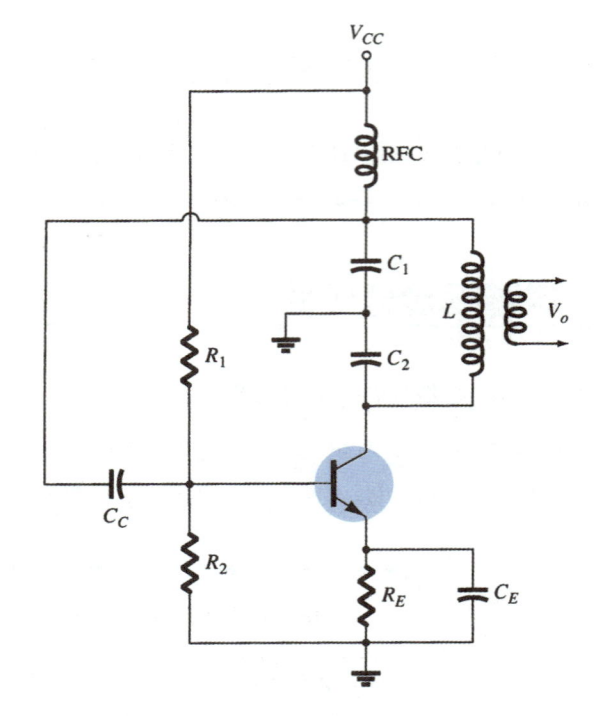

圖 5.27 電晶體考畢子振盪器

$$f_o = \frac{1}{2\pi\sqrt{LC_{eq}}} \qquad (5.44)$$

其中
$$C_{eq} = \frac{C_1 C_2}{C_1 + C_2} \qquad (5.45)$$

電晶體考畢子振盪器 可作出電晶體考畢子振盪器如圖 5.27 所示,電路的振盪頻率給在式(5.44)。

IC 考畢子振盪器 運算放大器考畢子振盪器如圖 5.28 所示,同樣利用運算放大器提供所需的基本放大倍數,振盪頻率是由考畢子組態中的 LC 網路設定,振盪器頻率給在式(5.44)。

哈特萊振盪器

若圖 5.25 基本共振電路中的元件 X_1 和 X_2 用電感,而 X_3 用電容,則產生的電路稱為哈特萊振盪器。

FET 哈特萊振盪器 FET 哈特萊振盪器電路見圖 5.29,此圖的畫法和基本共振電路(圖 5.25)的形式一致。但注意到,電感 L_1 和 L_2 之間有互相耦合,互感為 M,在決定共振(槽形)電路的等效電感時,必須考慮此效應。電路的振盪頻率的近似式如下:

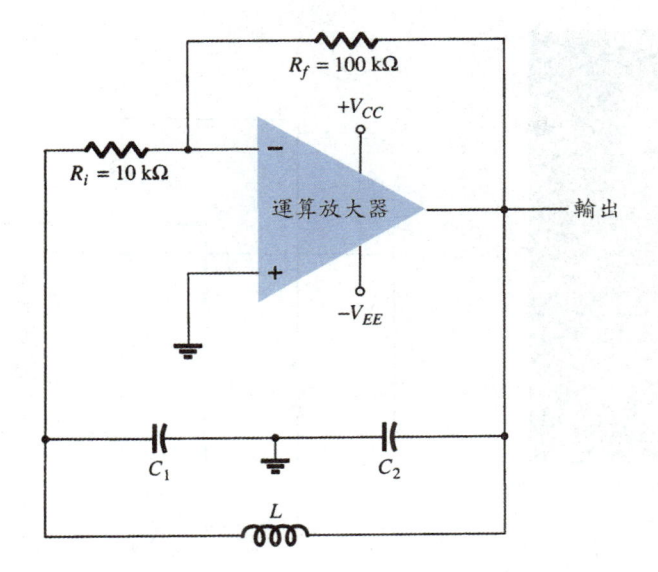

圖 5.28 運算放大器考畢子振盪器

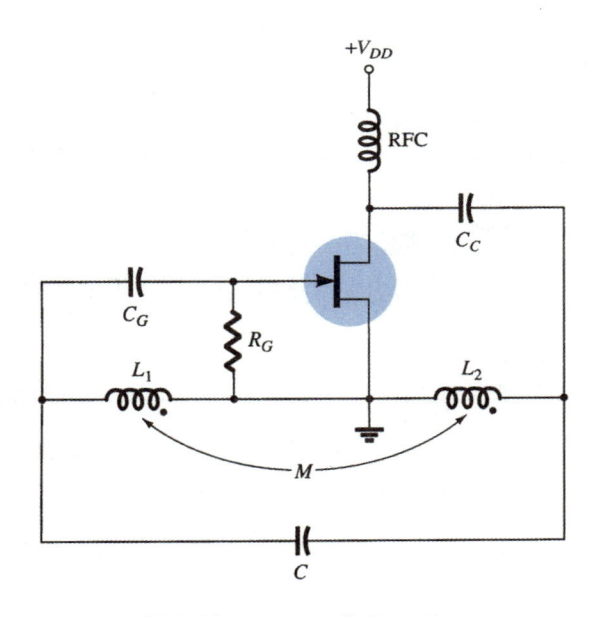

圖 5.29 FET 哈特萊振盪器

$$f_o = \frac{1}{2\pi\sqrt{L_{eq}C}} \tag{5.46}$$

且

$$L_{eq} = L_1 + L_2 + 2M \tag{5.47}$$

哈特萊 1888 年生於內華達州。進入猶他大學，1909 年獲得藝術學士學位。1910 年在牛津大學成為羅德學者，1912 年獲得藝術學士學位。1913 年獲得科學學士學位。

哈特萊回到美國後，受僱於西方電氣公司研究實驗室。1915 年負責貝爾系統無線電接收器的開發，哈特萊發展出哈特萊振盪器，這也是一種中和式電路，可去除導因於內部耦合的三極鳴聲。第一次世界大戰期間，哈特萊建立了音向追蹤法則。哈特萊在 1950 年自貝爾實驗室退休，1970 年 5 月 1 日去世。（採自 AT&T 檔案歷史中心）

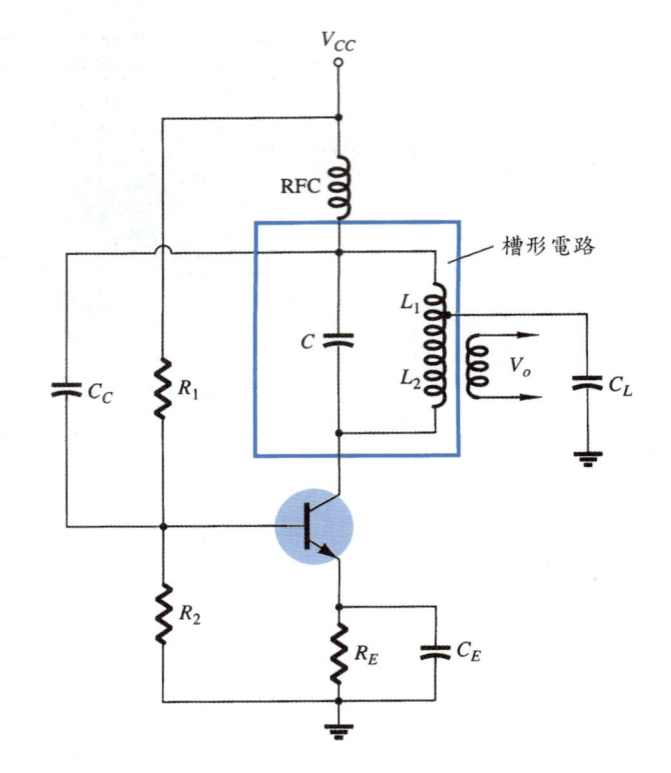

圖 5.30 電晶體哈特萊振盪器電路

電晶體哈特萊振盪器 圖 5.30 顯示電晶體哈特萊振盪器電路，此電路的工作頻率給在式(5.46)。

5.9 石英晶體振盪器

　　石英晶體振盪器基本上也是調諧電路振盪器，用壓電石英晶體作為共振槽形電路。石英晶體在切割完成後，在維持頻率的恆定方面有更佳的穩定性。在需要高穩定性的場合，如通訊上的發射器和接收器，就會用到石英晶體振盪器。

石英晶體特性

　　石英晶體（晶體類型中的一種）顯現一種性質，當機械應力施加到晶體兩面時，會在兩面之間感應電位差，這種性質稱為壓電(piezoelectric)效應。同樣地，在石英晶體兩面施加電壓時，也會造成機械應變。

　　當交變電壓施加到石英晶體時，會產生機械振動——這種振動有其自然的共振頻率，與石英晶體相關。石英晶體具機電共振特性，但在電方面可用等效共振電路代表石英晶體的作用。電感 L 和電容 C 可分別類比於機械的質量和彈性，而電阻 R 則等同於石英晶體結構的內部摩擦，並聯電容 C_M 代表石英晶體嵌入包裝時產生的電容。因石英晶體

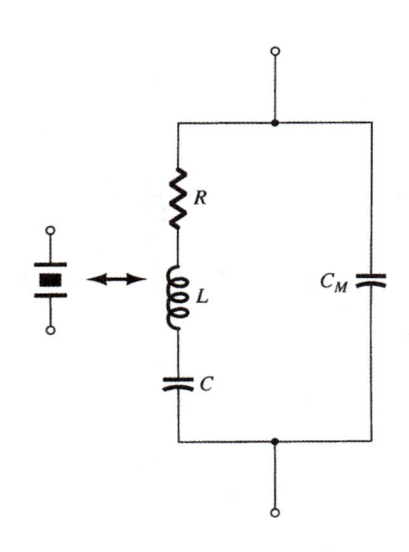

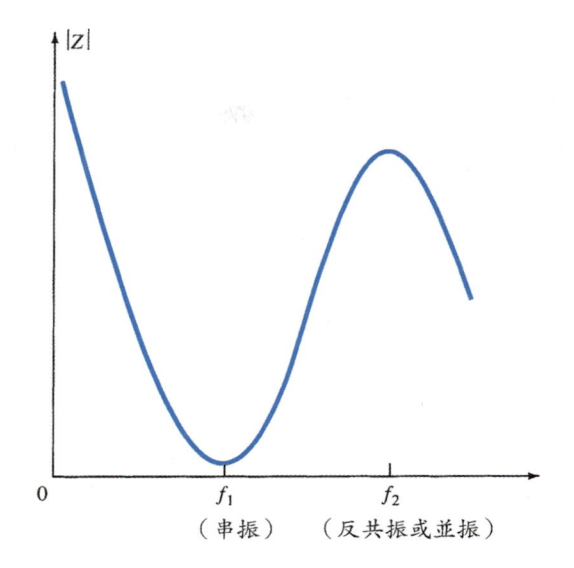

圖 5.31 石英晶體在電方面的等效電路　　**圖 5.32** 石英晶體阻抗對頻率的變化

的損耗（以 R 代表）很小，其等效 Q 值（品質因數）很高——典型值 20,000。使用石英晶體產生的 Q 值，最高幾可達 10^6。

圖 5.31 的等效電路所代表的石英晶體有兩個共振頻率，其中之一發生在串聯 RLC 中的感抗與容抗相等（但正負號相反）時，在此情況下，串振(series-resonant)阻抗極低（等於 R）。另一種共振情況發生在較高頻率，對應於串聯 RLC 的電抗和電容 C_M 的電抗相等時，此為石英晶體的並振或反共振，在此頻率時，石英晶體提供極高的阻抗給外部電路。石英晶體的阻抗對頻率的關係見圖 5.32，為正確使用石英晶體，電路必須接成使石英晶體選擇在低阻抗串振工作模式，或者在高阻抗反共振工作模式。

串振電路

為激發石英晶體在串振模式工作，可以在反饋路徑上接成串聯元件，在石英晶體的串振頻率處，其阻抗最小且（正）反饋量最大。典型的電晶體電路見圖 5.33，電阻 R_1、R_2 和 R_E 提供分壓器穩定的直流偏壓電路，電容 C_E 提供射極電阻的交流旁路。且對直流偏壓而言，RFC 線圈可排除電源線上的任何交流訊號，避免影響到輸出訊號。當石英晶體的阻抗最小時，自集極到基極的電壓反饋可達最大（串振模式）。在電路的工作頻率處，耦合電容 C_C 的阻抗極微小可忽略不計，但在直流時卻可阻絕集極和基極直接聯繫。

因此電路所得的振盪頻率設成石英晶體的串振頻率，石英晶體使電路的工作頻率保持穩定，使其不受電源電壓、電晶體裝置參數等等的影響。

並振電路

因石英晶體的並振阻抗是最大值，所以要接成並聯，在並振工作頻率處，石英晶體

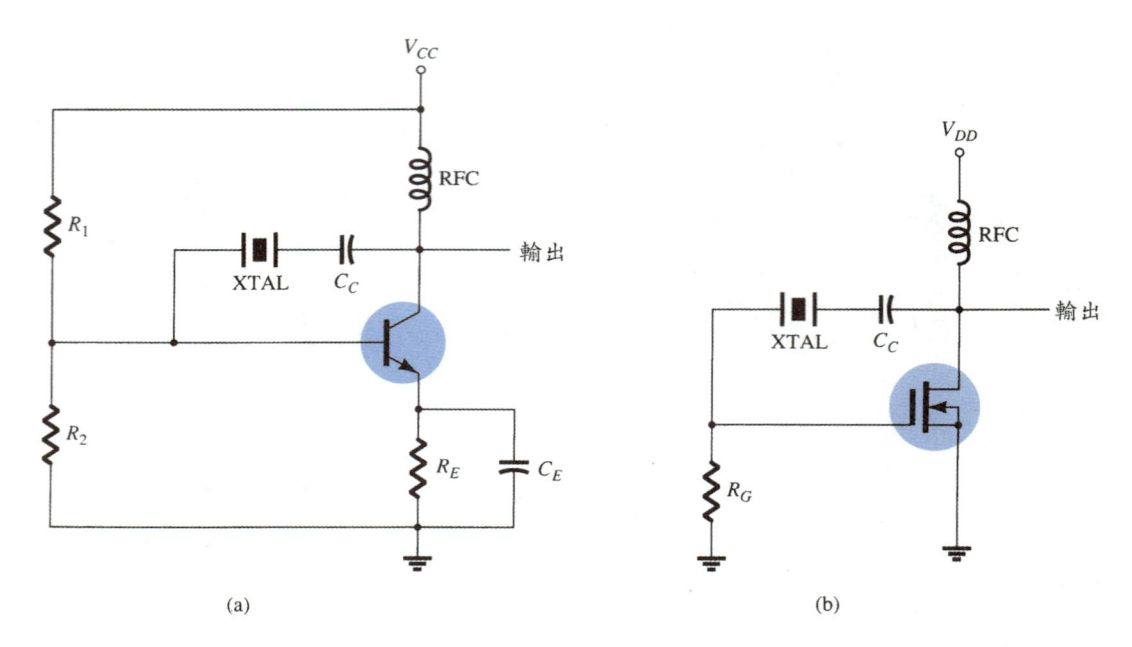

圖 5.33 利用石英晶體(XTAL)接在串聯反饋路徑以建立石英晶體（控制的）振盪器：
(a)BJT 電路；(b)FET 電路

會出現最大感抗。圖 5.34 顯示，石英晶體在改良的考畢子電路中是接在電感元件的位置。基本的直流偏壓電路應很明確，不必贅述。輸出最大電壓出現在並振頻率上，且經電容分壓器（C_1 和 C_2）耦合到射極。

米勒石英晶體（控制的）振盪器電路見圖 5.35，在汲極部分的調諧 LC 電路調整到接近石英晶體的並振頻率，最大的閘極對源極訊號會出現在石英晶體的反共振（並振）頻率處，控制住電路的工作頻率。

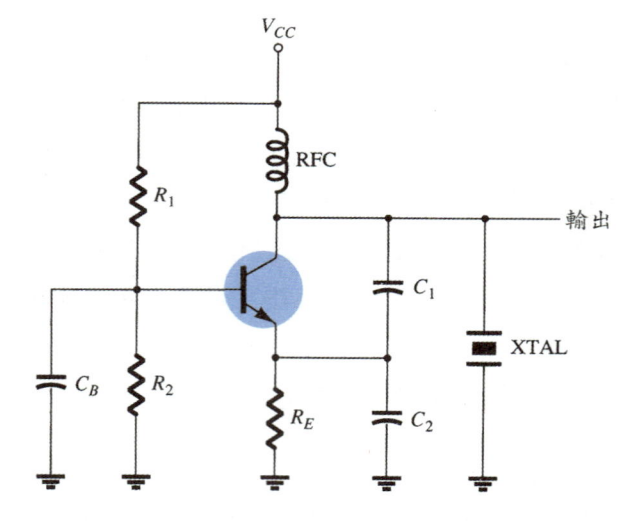

圖 5.34 以並振模式工作的石英晶體（控制的）振盪器

圖 5.35 米勒石英晶體（控制的）振盪器

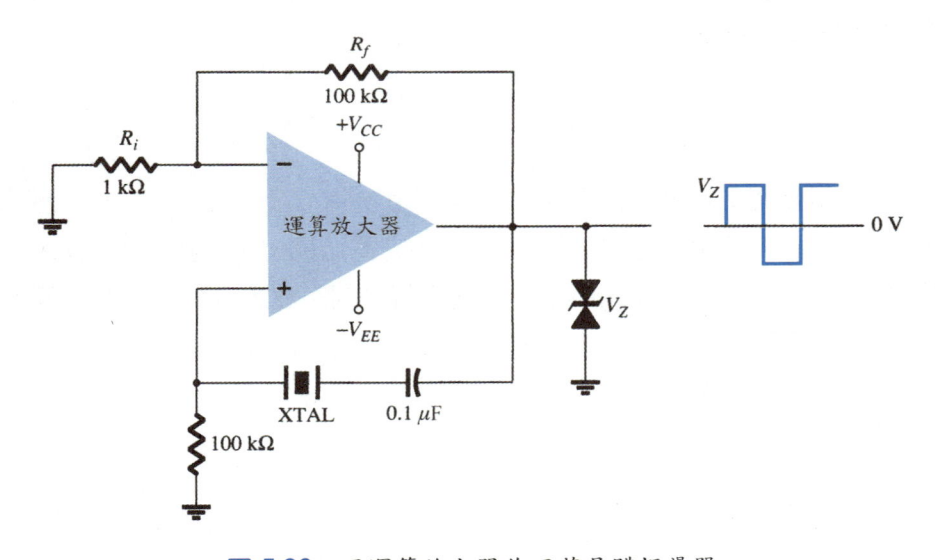

圖 5.36 用運算放大器作石英晶體振盪器

石英晶體振盪器

運算放大器可用在石英晶體振盪器，見圖 5.36。石英晶體接在串振路徑上，會以石英晶體的串振頻率工作。因為此電路具高增益，所以會產生方波輸出，如圖所示，圖上輸出處的一對二極體提供的輸出振幅正好是齊納電壓(V_Z)。

5.10　單接面振盪器

有一種特別的裝置稱為單接面電晶體，可用在單級振盪器電路以提供適用於數位電路應用的脈波訊號。單接面電晶體用在所謂的弛張振盪器(relaxation oscillator)，其基本電路如圖 5.37 所示。電阻 R_T 和電容 C_T 是定時元件，可設定電路的振盪頻率。振盪頻率可用式(5.48)算出，式中包含單接面電晶體的純質分隔比(intrinsic stand-off ratio) η（以及 R_T 和 C_T），振盪器工作頻率如下：

$$f_o \cong \frac{1}{R_T C_T \ln[1/(1-\eta)]} \tag{5.48}$$

一般而言，單接面電晶體的分隔比從 0.4～0.6，取 $\eta = 0.5$ 可得

$$f_o \cong \frac{1}{R_T C_T \ln[1/(1-0.5)]} = \frac{1.44}{R_T C_T \ln 2} = \frac{1.44}{R_T C_T}$$

$$\cong \frac{1.5}{R_T C_T} \tag{5.49}$$

電源電壓 V_{BB} 經電阻 R_T 對電容 C_T 充電，直到電容電壓 V_E 到達分隔電壓 V_P 為止，V_P 由 $B_1 - B_2$ 的電壓降和電晶體的分隔比 η 設定，

$$V_P = \eta V_{B_2} V_{B_1} + V_D \tag{5.50}$$

V_E 小於 V_P 時，電晶體的射極接腳開路。當電容電壓降 C_T 超過 V_P 時，單接面電晶體導通，電容放電，之後電晶體截止，開始新一輪的充電週期。當單接面電晶體導通時，R_1 和 R_2 的電壓降會上升，如圖 5.38 所示。射極訊號呈鋸齒波，B_1 的波形是正脈波，而 B_2 則是負脈波。一些單接面電晶體振盪器的電路變化，見圖 5.39。

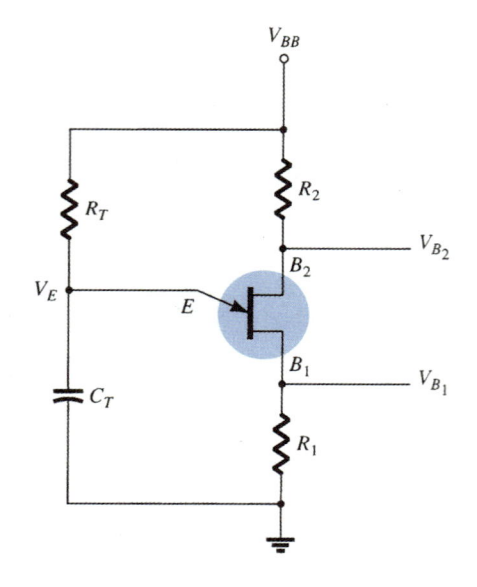

圖 5.37 基本的單接面振盪器電路

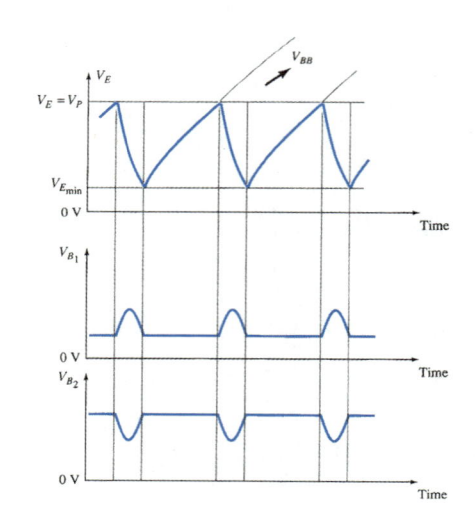

圖 5.38 單接面振盪器波形

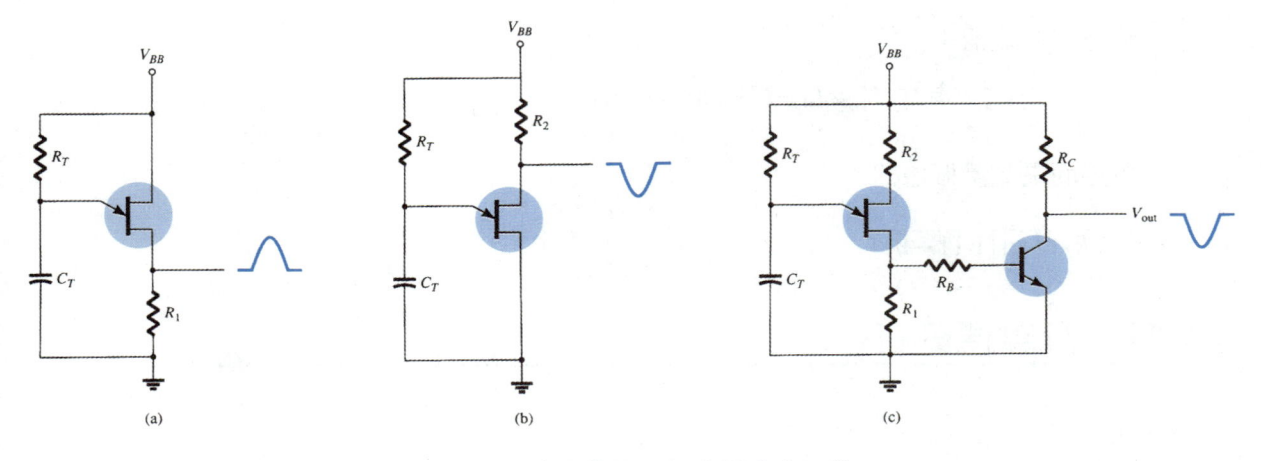

圖 5.39　某些單接面振盪器電路組態

5.11　總　結

方程式

電壓串聯反饋：

$$A_f = \frac{V_o}{V_s} = \frac{A}{1+\beta A},\ Z_{if} = \frac{V_s}{I_i} = Z_i + (\beta A)Z_i = Z_i(1+\beta A),\ Z_{of} = \frac{V}{I} = \frac{Z_o}{(1+\beta A)}$$

電壓並聯反饋：

$$A_f = \frac{A}{1+\beta A},\ Z_{if} = \frac{Z_i}{(1+\beta A)}$$

電流串聯反饋：

$$Z_{if} = \frac{V}{I} = Z_i(1+\beta A),\ Z_{of} = \frac{V}{I} = Z_o(1+\beta A)$$

電流並聯反饋：

$$Z_{if} = \frac{Z_i}{(1+\beta A)},\ Z_{of} = \frac{V}{I} = Z_o(1+\beta A)$$

移相振盪器：

$$f_o = \frac{1}{2\pi RC\sqrt{6}},\ \beta = \frac{1}{29}$$

韋恩電橋振盪器：

$$f_o = \frac{1}{2\pi\sqrt{R_1 C_1 R_2 C_2}}$$

考畢子振盪器：

$$f_o = \frac{1}{2\pi\sqrt{LC_{eq}}},\ 其中\ C_{eq} = \frac{C_1 C_2}{C_1 + C_2}$$

哈特萊振盪器：

$$f_o = \frac{1}{2\pi\sqrt{L_{eq}C}}，其中 L_{eq} = L_1 + L_2 + 2M$$

單接面電晶體振盪器：

$$f_o \cong \frac{1}{R_T C_T \ln[1/(1-\eta)]}$$

5.12 計算機分析

Multisim

例 5.10——IC 移相振盪器　利用 Multisim 可畫出如圖 5.40 所示的移相振盪器，二極體網路幫助電路進入自振，輸出頻率用下式算出：

$$f_o = 1/(2\pi\sqrt{6}RC)$$
$$= 1/[2\pi\sqrt{6}(20\times10^3)(0.001\times10^{-6})] = 3,248.7 \text{ Hz}$$

圖 5.41 的示波器波形顯示一週期約占 3 格，每格設在 0.1 ms／格，量到的頻率是

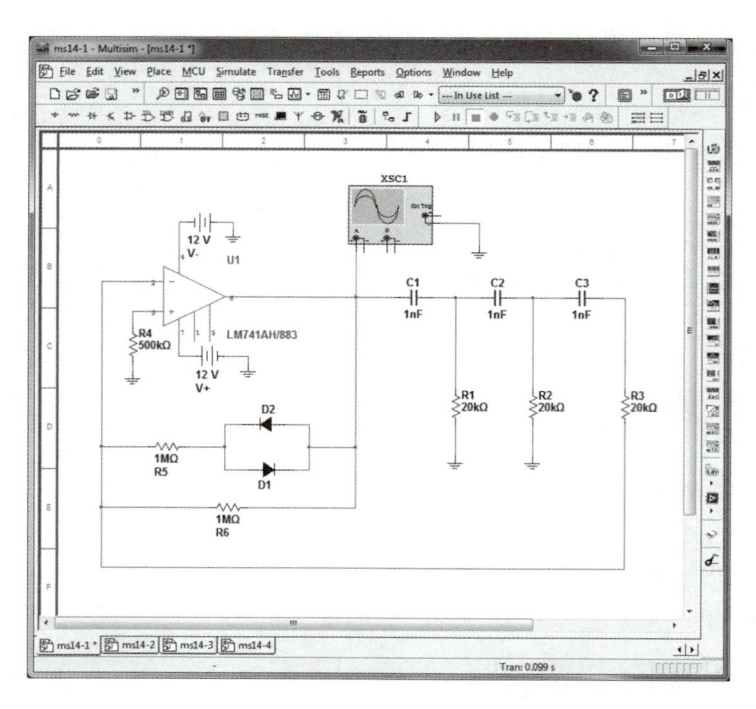

$$f_{量測值} = 1/（3\ 格\times0.1\text{ ms}／格）= 3,333 \text{ Hz}$$

圖 5.40　用 Multisim 畫出移相振盪器

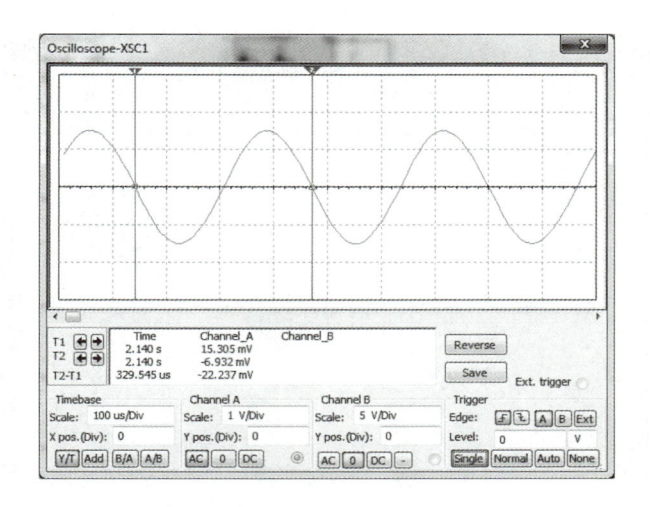

圖 5.41 示波器波形

例 5.11──IC 韋恩電橋振盪器 利用 Multisim 建構 IC 韋恩電橋振盪器如圖 5.42a 所示，用下式算出振盪器頻率：

$$f_o = 1/(2\pi\sqrt{R_1 C_1 R_2 C_2})$$

其中，$R_1 = R_2 = R$ 且 $C_1 = C_2 = C$，即

$$f_o = 1/(2\pi RC) = \frac{1}{2\pi(51\text{ k})(1\text{ }nf)} = 312\text{ Hz}$$

圖 5.42b 上的示波器波形顯示，帶著游標的共振波形的 $T2 - T1 = 329.545\text{ }\mu S$，示波器上看出頻率是

$$f = \frac{1}{T} = \frac{1}{329.545\text{ }\mu S} \cong 3{,}034.5\text{ Hz}$$

例 5.12──IC 考畢子振盪器 用 Multisim 建構考畢子振盪器，如圖 5.43a 所示。

用式(5.45)：

$$Ce_1 = \frac{C_1 C_2}{C_1 + C_2} = \frac{(150\text{ pF})(150\text{ pF})}{(150\text{ pF} + 150\text{ pF})} = 75\text{ pF}$$

此電路的振盪頻率如下（式 5.44）：

$$f_o = \frac{1}{(2\pi\sqrt{LC_{eq}})} = \frac{1}{2\pi\sqrt{(100\text{ }\mu H)(75\text{ pF})}}$$

$$= 1{,}837{,}762.985\text{ Hz} \cong 1.8\text{ MHz}$$

(a)

(b)

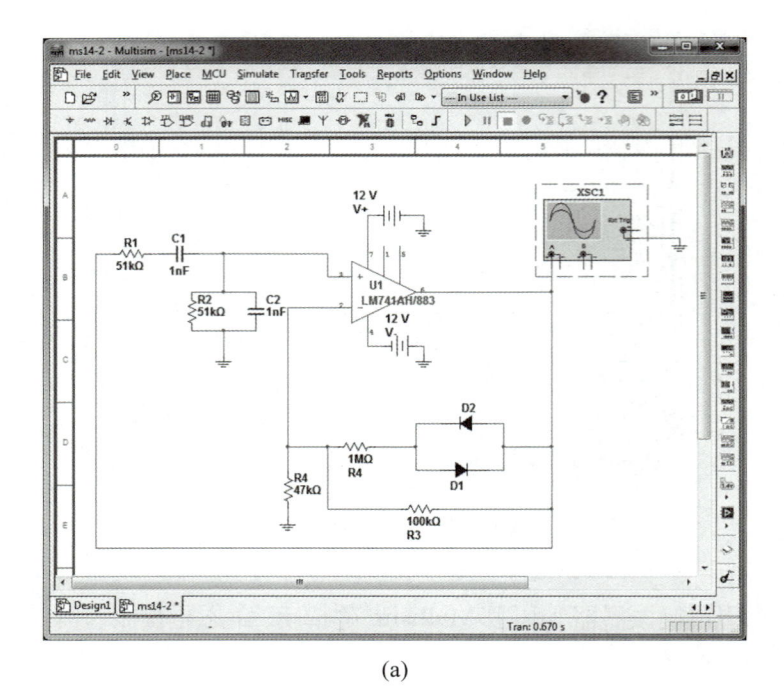

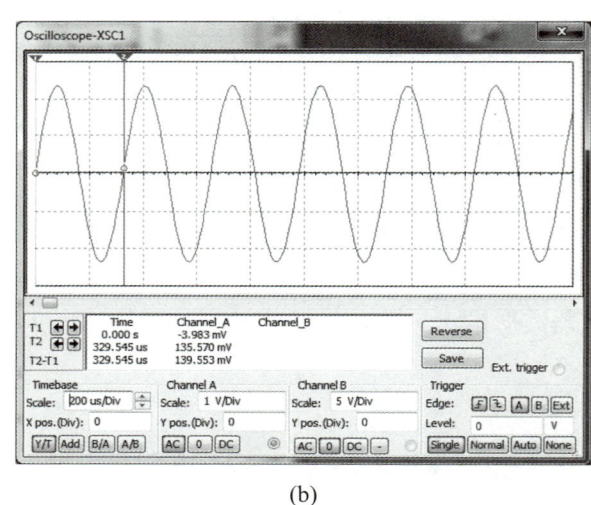

圖 5.42 (a)用 Multisim 建立韋恩電橋振盪器；(b)示波器的波形

圖 5.43b 顯示示波器的波形，且

$$f = \frac{1}{T} = \frac{1}{(852.273\ \mu S)} \cong 1.2\ \text{MHz}$$

例 5.13──石英晶體振盪器 用 Multisim，我們畫出石英晶體振盪器，見圖 5.44a。振盪器頻率因所用石英晶體而異，圖 5.44b 的波形顯示週期約為 2.383 μS。

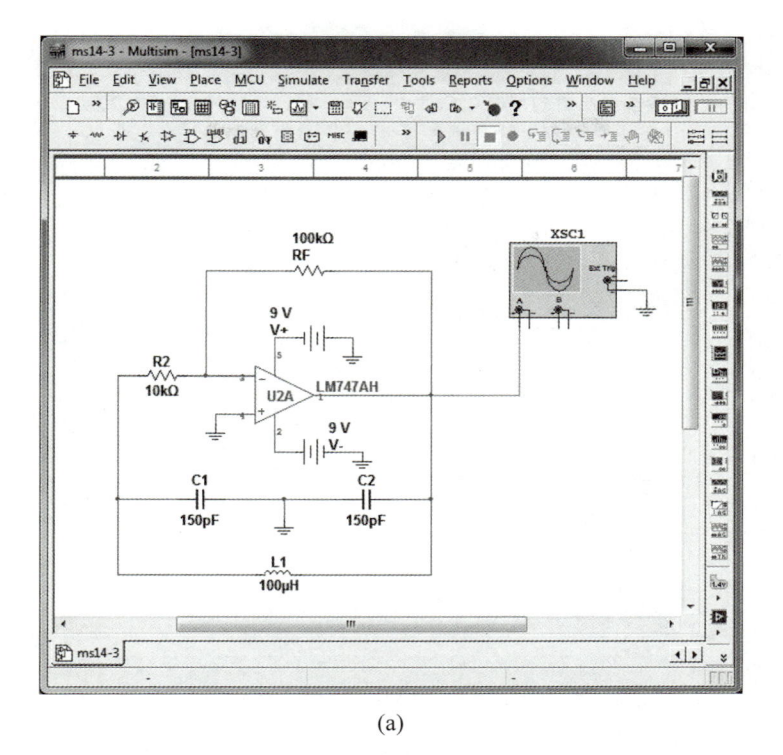

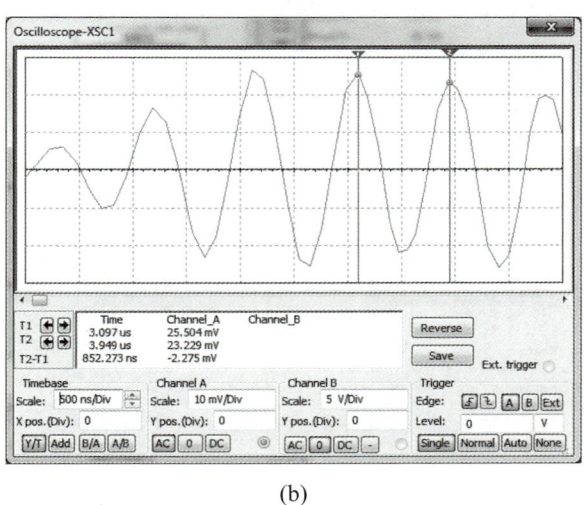

圖 5.43 (a)用 Multisim 建立 IC 考畢子振盪器；(b)示波器的波形

因此頻率是

$$f = 1/T = 1/2.383\ \mu s = 0.42\ \text{MHz}$$

226 電子裝置與電路理論

(a)

(b)

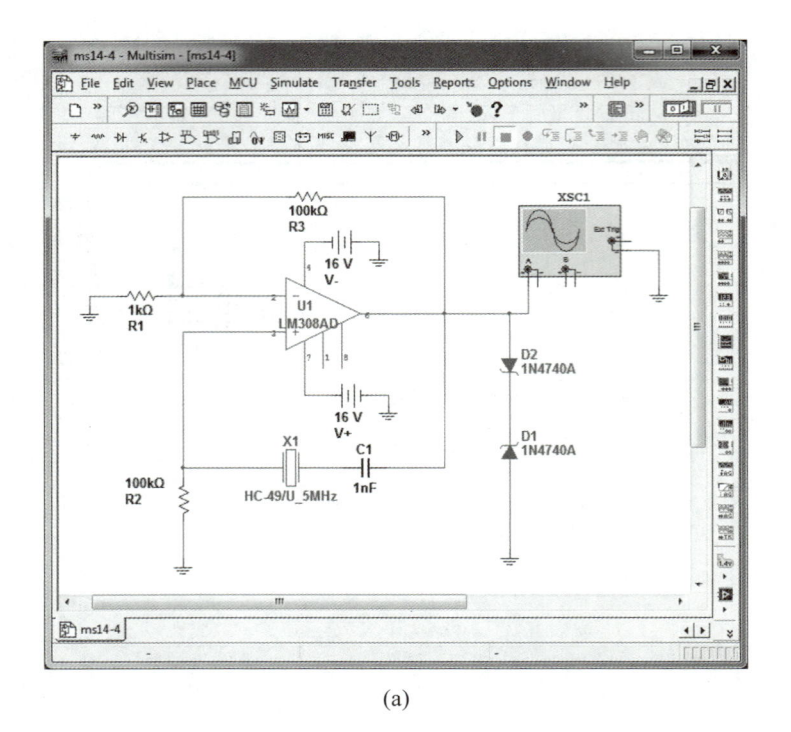

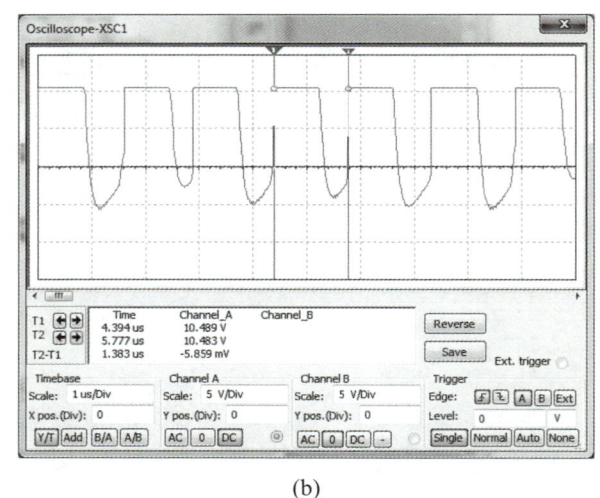

圖 5.44 (a)用 Multisim 建立石英晶體振盪器；(b)用 Multisim 的示波器輸出

習 題

*注意：星號代表較困難的習題。

5.2 反饋接法類型

1. 某負反饋放大器的 $A=-2000$ 且 $\beta=-1/10$，試計算其增益。

2. 某放大器的增益由 -1000 變化 10%，若放大器所在反饋電路的 $\beta=-1/20$，試計算總增益的變化。

3. 某電壓串聯反饋放大器的 $A=-300$、$R_i=1.5\ \text{k}\Omega$、$R_o=50\ \text{k}\Omega$ 且 $\beta=-1/15$，試計算總增益、輸入和輸出阻抗。

5.3 實用的反饋電路

*4. 某 FET 放大器如圖 5.7 所示，電路數值採用 $R_1=800\ \text{k}\Omega$、$R_2=200\ \Omega$、$R_o=40\ \text{k}\Omega$、$R_D=8\ \text{k}\Omega$ 且 $g_m=5000\ \mu\text{S}$，試計算無反饋和反饋後的增益。

5. 就如圖 5.11 的電路和以下的電路參數值，試計算電路在無反饋和反饋後的增益、輸入阻抗和輸出阻抗：$R_B=600\ \text{k}\Omega$、$R_E=1.2\ \text{k}\Omega$、$R_C=4.7\ \text{k}\Omega$ 且 $\beta=75$，取 $V_{CC}=16\ \text{V}$。

5.6 移相振盪器

6. 某 FET 移相振盪器的 $g_m=6000\ \mu\text{S}$、$r_d=36\ \text{k}\Omega$ 且反饋電阻 $R=12\ \text{k}\Omega$，要在 2.5 kHz 工作，試選取 C 值以符合指定的振盪器工作。

7. 試計算如圖 5.21b 所示的 BJT 移相振盪器的工作頻率，已知 $R=6\ \text{k}\Omega$，$C=1500\ \text{pF}$ 且 $R_C=18\ \text{k}\Omega$。

5.7 韋恩電橋振盪器

8. 試計算韋恩電橋振盪器電路（如圖 5.23）的頻率，已知 $R=10\ \text{k}\Omega$ 且 $C=2400\ \text{pF}$。

5.8 調諧振盪器電路

9. 就圖 5.26 的 FET 考畢子振盪器和以下電路參數值，試決定振盪頻率：$C_1=750\ \text{pF}$、$C_2=2500\ \text{pF}$ 且 $L=40\ \mu\text{H}$。

10. 就圖 5.27 的電晶體考畢子振盪器和以下電路參數值，試計算振盪頻率：$L=100\ \mu\text{H}$、$L_{RFC}=0.5\ \text{mH}$、$C_1=0.005\ \mu\text{F}$、$C_2=0.01\ \mu\text{F}$ 且 $C_C=10\ \mu\text{F}$。

11. 試計算如圖 5.29 的 FET 哈特萊振盪器的振盪頻率，根據以下電路參數值：$C=250\ \text{pF}$、$L_1=1.5\ \text{mH}$、$L_2=1.5\ \text{mH}$ 和 $M=0.5\ \text{mH}$。

12. 試計算圖 5.30 的電晶體哈特萊電路的振盪頻率，根據以下電路參數值：$L_{RFC}=0.5\ \text{mH}$、$L_1=750\ \mu\text{H}$、$L_2=750\ \mu\text{H}$、$M=150\ \mu\text{H}$ 和 $C=150\ \text{pF}$。

5.9 石英晶體振盪器

13. 試畫出(a)串聯工作和(b)並聯激振的石英晶體振盪器。

5.10 單接面振盪器

14. 試設計單接面電晶體振盪器電路，分別在(a) 1 kHz 和(b) 150 kHz 工作。

電源供應器
（穩壓器）

6

本章目標

- 電源供應器電路如何工作
- *RC* 濾波器的工作
- 分立型穩壓器的工作
- 實用 IC 穩壓器的相關知識

6.1 導 言

　　第 6 章介紹由濾波器、整流器和穩壓器建構的電源供應器電路（參考基礎篇第 2 章對二極體整流器電路的初步描述），從交流電壓開始，對交流電壓整流而得到穩定的直流電壓，接著經過濾波產生直流位準，最後經穩壓得到所要的固定直流電壓。穩壓通常可由 IC 穩壓單元得到，此種穩壓器將輸入的直流電壓調整到較低的直流輸出電壓，當輸入電壓變化或接到輸出的負載變動時，輸出電壓仍可維持不變。

　　包含典型電源供應器各部的方塊圖，以及系統中各不同點的電壓波形見圖 6.1。交流電壓一般是 120 V rms，接到變壓器之後降到較低電壓值，以便得到所要的直流輸出。接著二極體整流器提供全波整流電壓，再用簡單的電容濾波器產生直流電壓，所得直流電壓通常有一些漣波或交流電壓變化，穩壓器電路可將此直流輸入調整成輸出直流電壓，不止漣波電壓極小，且直流值維持不變，不受直流輸入電壓變化或輸出負載變動的影響，此種電壓調整通常可利用某種普遍的穩壓器 IC 得到。

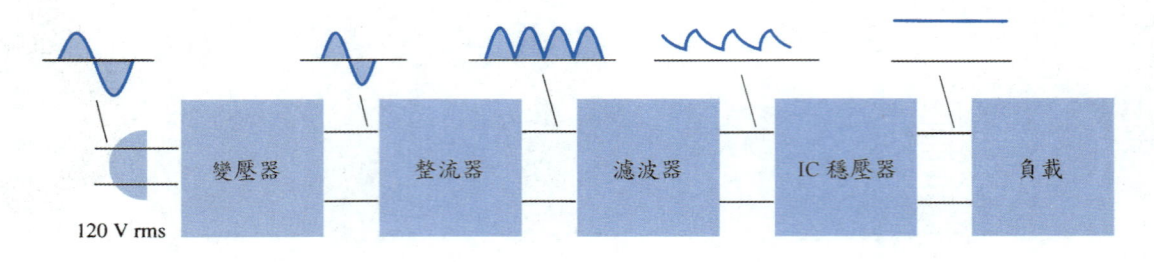

圖 6.1　電源供應器各部方塊圖

6.2　濾波器的一般考慮

要將平均值為零的訊號轉換成非零平均值時，需要用到整流器電路，整流器產生的輸出是脈波式的直流電壓，尚不適合直接作為直流電源，這種電壓可以用在電池充電器，只要平均的直流電壓夠大，即可對電池提供充電電流。就作為直流電源電壓而言，整流器產生的脈波式直流電壓並不夠好，不適合直接用在收音機、音響系統和計算機等設備上，因此需要用濾波器電路提供較穩定的直流電壓。

濾波器的電壓調整率和漣波電壓

在進入濾波器電路的細節之前，考慮評定濾波器電路的常用方法，藉以比較電路作為濾波器的有效性，這是蠻恰當的。圖 6.2 顯示一般濾波器的輸出電壓，可用來定義某些訊號因數。圖 6.2 濾波後的輸出波形，有一直流值和某些交流變動（漣波）。雖然電池本質上具恆定或直流輸出電壓，但由交流電源經整流濾波產生的直流電壓就會有交流的變動（漣波）。當交流變動相對於直流值愈小時，濾波器電路的工作也就愈好。

考慮用直流電壓表和交流（有效值）電壓表量測濾波器電路的輸出電壓，直流電壓表只能讀出輸出電壓的平均或直流值，而交流電表則只能讀出輸出電壓中交流分量（假定交流訊號經電容耦合接出，已阻絕直流值）。

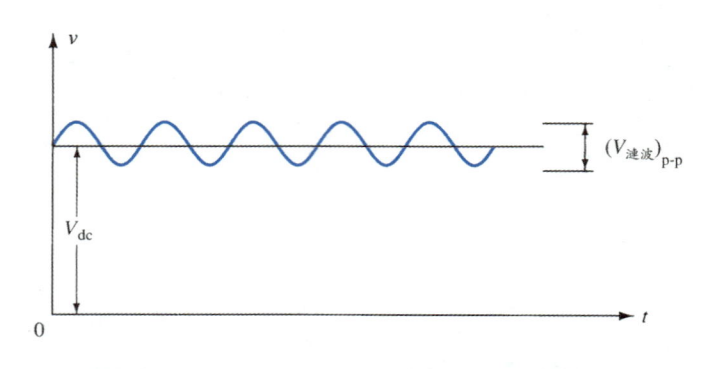

圖 6.2　顯示直流和漣波電壓的濾波器電壓波形

定義：漣波（因數）定義如下：

$$r = \frac{\text{漣波電壓(rms)}}{\text{直流電壓}} = \frac{V_r(\text{rms})}{V_{dc}} \times 100\% \tag{6.1}$$

例 6.1

利用直流和交流電表量測某濾波器電路的輸出訊號，分別得到讀值 25 V dc 和 1.5 V rms，試計算此濾波器輸出電壓的漣波（因數）。

解：

$$r = \frac{V_r(\text{rms})}{V_{dc}} \times 100\% = \frac{1.5 \text{ V}}{25 \text{ V}} \times 100\% = \textbf{6\%}$$

電壓調整率　在電源供應器有另一重要因數，即直流輸出電壓變化對電路工作範圍的比率。無載情況（電源供應器未供應電流）下輸出所提供的電壓，在有載時會因負載電流而降低。直流電壓在無載和有載情況之間的直流電壓變化量，可用電壓調整率這種因數來描述。

定義：電壓調整率給定為

$$\text{電壓調整率} = \frac{\text{無載電壓} - \text{全載電壓}}{\text{全載電壓}}$$

$$\%\text{V.R.} = \frac{V_{NL} - V_{FL}}{V_{FL}} \times 100\% \tag{6.2}$$

例 6.2

某直流電壓源在無載時提供 60 V 的輸出，接負載後降到 56 V，試計算電壓調整率的數值。

解：

$$\text{式 (6.2)}：\%\text{V.R.} = \frac{V_{NL} - V_{FL}}{V_{FL}} \times 100\% = \frac{60 \text{ V} - 56 \text{ V}}{56 \text{ V}} \times 100\% = \textbf{7.1\%}$$

若全載電壓值和無載電壓值相同,則算出之電壓調整率是 0%,這是最好的預期值,這表示電源是理想電壓源,輸出電壓值不受電源供應電流的影響。電壓調整率愈小時,代表電源供應器的操作愈好。

整流訊號的漣波因數 雖然整流後的電壓和濾波後的電壓不同,但即使如此也包含了直流與漣波分量。將會發現,和半波整流相比,全波整流有較大的直流分量和較少的漣波。

半波:對半波整流的訊號而言,輸出直流電壓是

$$V_{dc} = 0.318 V_m \tag{6.3}$$

輸出訊號的交流分量的有效值可算出(見附錄 C)是

$$V_r(\text{rms}) = 0.385 V_m \tag{6.4}$$

由此可算出半波整流訊號的漣波百分率是

$$r = \frac{V_r(\text{rms})}{V_{dc}} \times 100\% = \frac{0.385 V_m}{0.318 V_m} \times 100\% = 121\% \tag{6.5}$$

全波:對全波整流電壓而言,直流值是

$$V_{dc} = 0.636 V_m \tag{6.6}$$

輸出訊號的交流分量的有效值可算出(見附錄 C)是

$$V_r(\text{rms}) = 0.308 V_m \tag{6.7}$$

由此可算出全波整流訊號的漣波百分率是

$$r = \frac{V_r(\text{rms})}{V_{dc}} \times 100\% = \frac{0.308 V_m}{0.636 V_m} \times 100\% = 48\% \tag{6.8}$$

總之,全波整流訊號的漣波比半波整流訊號還要少,更適合接到濾波器。

6.3 電容濾波器

極普遍的濾波器電路是電容濾波器電路,見圖 6.3。電容接到整流器的輸出,可在電容兩端得到直流電壓。圖 6.4a 顯示全波整流器的輸出在尚未濾波時的電壓訊號,而圖

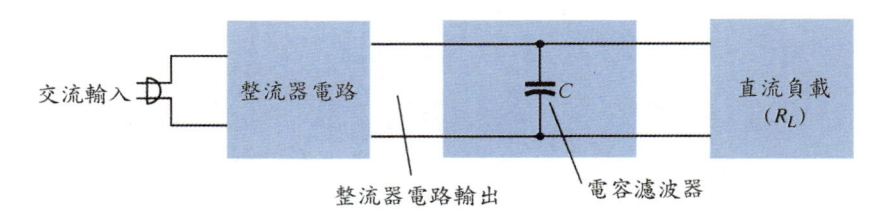

圖 6.3 簡單的電容濾波器

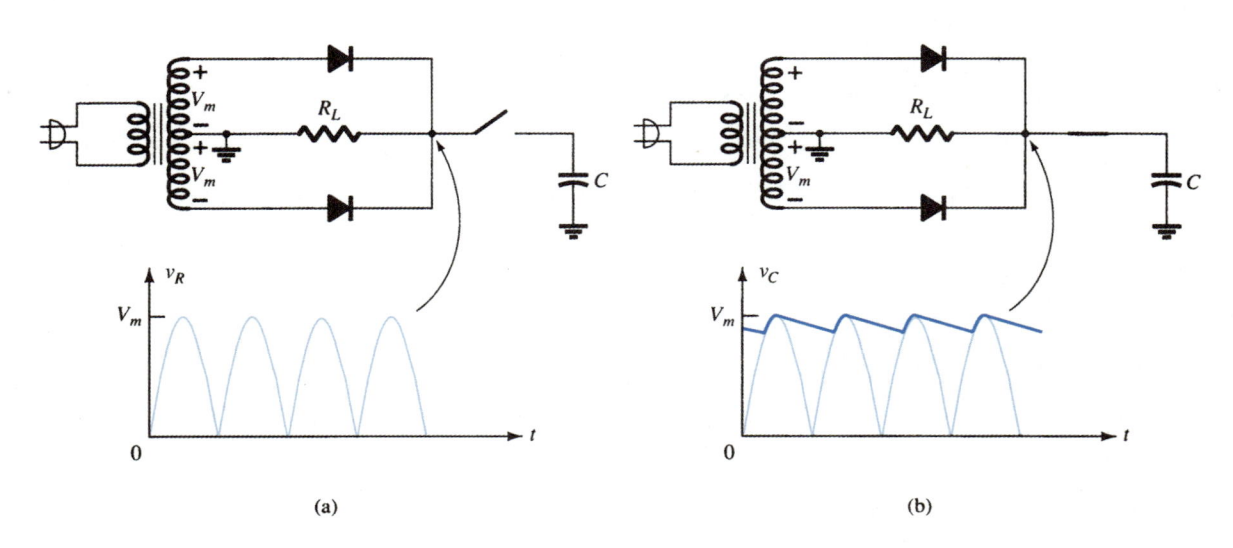

圖 6.4 電容濾波器的工作：(a)全波整流器電壓；(b)濾波後的輸出電壓

6.4b 則顯示整流器輸出接上濾波電容之後產生的波形。注意到，濾波後的波形幾乎為直流電壓，只有一些漣波（或交流變動）。

圖 6.5a 顯示全波橋式整流器以及濾波器電路接到負載(R_L)時得到的輸出波形。若電容未並接負載，輸出波形會十分理想，為定直流值且等於整流電路所得的峰值電壓(V_m)。但得到直流電壓的目的，是要提供此電壓給各種不同的電子電路使用，因此濾波器的輸出必然有負載，所以討論時一定要考慮有負載的實際情況。

輸出波形的相關時間

圖 6.5b 顯示電容濾波器的電壓波形，時間 T_1 是全波整流器中任一二極體的導通時間，在此時間內將電容充到整流器的峰值電壓 V_m，而時間 T_2 則是整流器電壓低於電容電壓的時間，此時電容經負載放電。對全波整流器而言，每半週會充電放電一次，因此整流波形的週期是 $T/2$，是輸入訊號週期的一半。濾波後的電壓波形見圖 6.6，顯示輸出波形的直流值是V_{dc}，隨著電容充放電的漣波電壓是 V_r (rms)。這些波形和電路元件的細節，將在以下討論。

234　電子裝置與電路理論

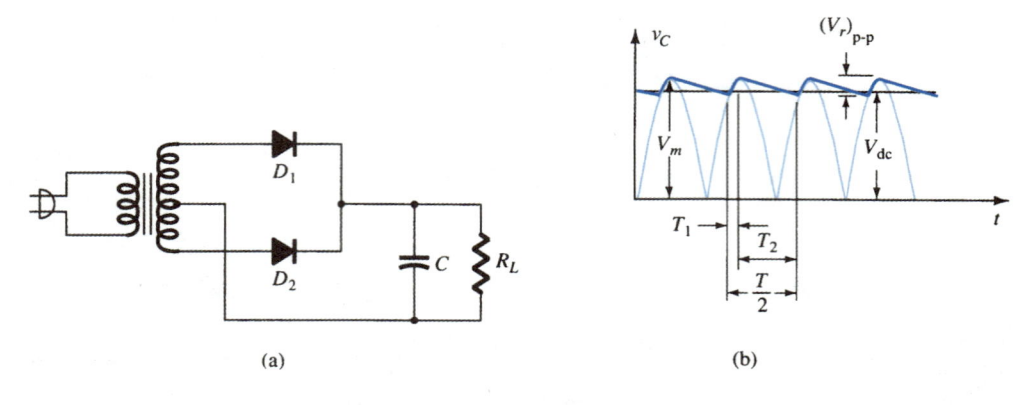

圖 6.5　電容濾波器：(a)電容濾波器電路；(b)輸出電壓波形

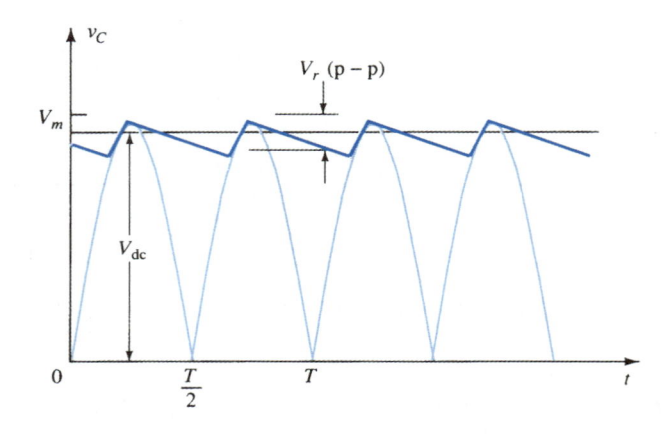

圖 6.6　電容濾波器電路近似的輸出電壓

漣波電壓 V_r(rms)　用其他電路參數決定漣波電壓值的細節，提供在附錄 C，漣波電壓可用下式算出

$$V_r(\text{rms}) = \frac{I_{dc}}{4\sqrt{3}fC} = \frac{2.4 I_{dc}}{C} = \frac{2.4 V_{dc}}{R_L C} \tag{6.9}$$

其中，I_{dc} 的單位是 mA，C 是 μF，且 R_L 是 kΩ。

例 6.3

某全波整流器用 100 μF 的濾波電容，且所接負載取用 50 mA 的電流，試計算其漣波電壓。

解：

$$式(6.9)：V_r(\text{rms}) = \frac{2.4(50)}{100} = \mathbf{1.2\ V}$$

直流電壓 V_{dc}　由附錄 C，可表出濾波電容兩端電壓波形的直流值如下：

$$V_{dc} = V_m - \frac{I_{dc}}{4fC} = V_m - \frac{4.17 I_{dc}}{C} \tag{6.10}$$

其中，V_m 是整流器輸出的峰值電壓，I_{dc} 是負載電流且單位是 mA，而 C 則是濾波電容值且單位是 μF。

例 6.4

若例 6.3 中濾波器的峰值整流電壓是 30 V，試計算濾波器的直流電壓。

解：

$$式(6.10)：V_{dc} = V_m - \frac{4.17 I_{dc}}{C} = 30 - \frac{4.17(50)}{100} = \mathbf{27.9\ V}$$

濾波電容的漣波

利用漣波（式(6.1)）的定義，以及式(6.9)和式(6.10)，取 $V_{dc} \approx V_m$，可得全波整流器和濾波電容電路輸出波形的漣波的表示式：

$$r = \frac{V_r(\text{rms})}{V_{dc}} \times 100\% = \frac{2.4 I_{dc}}{C V_{dc}} \times 100\% = \frac{2.4}{R_L C} \times 100\% \tag{6.11}$$

其中，I_{dc} 的單位是 mA，C 的單位是 μF，V_{dc} 的單位為 Volt，且 R_L 的單位是 kΩ。

例 6.5

某電容濾波器的峰值整流電壓是 30 V、電容 $C = 50\ \mu$F，且負載電流是 50 mA，試計算漣波因數。

解：

$$式(6.11)：r=\frac{2.4I_{dc}}{CV_{dc}}\times 100\% = \frac{2.4(50)}{100(27.9)}\times 100\% = \mathbf{4.3\%}$$

也可用基本定義計算出漣波（因數）：

$$r=\frac{V_r(\text{rms})}{V_{dc}}\times 100\% = \frac{1.2\text{ V}}{27.9\text{ V}}\times 100\% = \mathbf{4.3\%}$$

二極體導通週期和峰值電流

由先前的討論應很清楚，電容值愈大時，所提供的漣波愈小且平均電壓愈高，因此可提供更佳的濾波器動作。由此可能會有以下結論，即為了改進電容濾波器的性能，只需加大濾波電容的尺寸。但電容也會影響到整流二極體所供應的最大電流。以下將證明，電容值愈大時，整流二極體供應的峰值電流也愈大。

回想在二極體的導通週期 T_1（見圖 6.5）中，二極體必須提供足夠的平均電流對電容充電，當 T_1 愈短時，充電電流量就會愈大。圖 6.7 顯示半波整流時，T_1 和充電電流量的關係（全波整流時也是如此）。注意到，電容值愈小時 T_1 愈大，二極體的峰值電流也會比較小。

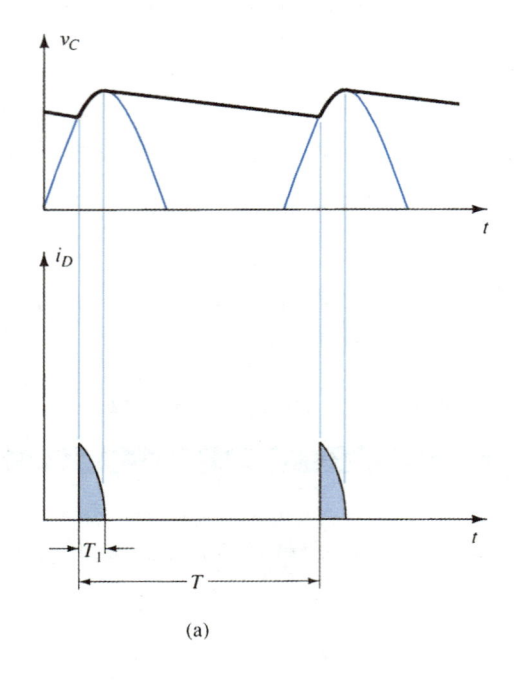

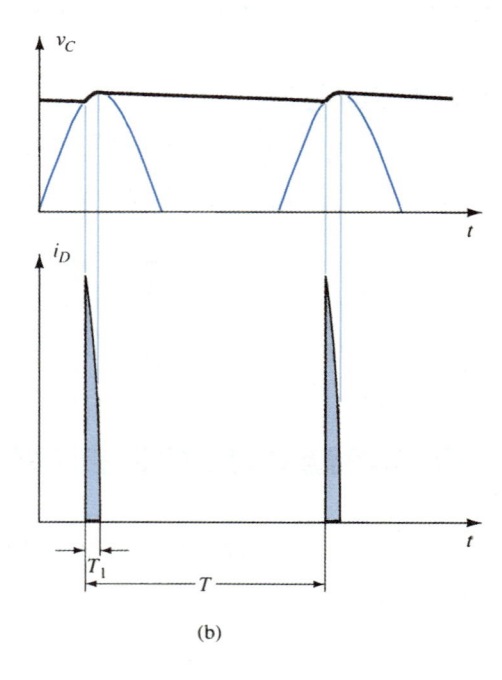

圖 6.7 輸出電壓和二極體的電流波形：(a)小 C 值；(b)大 C 值

在充電週期(T_1)中，電源供應的平均電流必等於二極體的平均電流，可用以下關係式（假定在充電週期內，二極體的電流為定值）：

$$I_{dc} = \frac{T_1}{T} I_{峰值}$$

由此可得

$$I_{峰值} = \frac{T}{T_1} I_{dc} \tag{6.12}$$

其中，T_1＝二極體導通時間

$T = 1/f$（對全波而言，$f = 2 \times 60$）

I_{dc}＝濾波器供應的平均電流

$I_{峰值}$＝流經導通二極體的峰值電流

6.4 RC 濾波器

在濾波電容之後再加上一 RC 段，可進一步降低漣波量，如圖 6.8 所示。加上 RC 段的目的是要在通過大部分的直流分量時，盡可能衰減掉更多的交流分量。圖 6.9 顯示在具電容濾波器的全波整流器之後，接上 RC 濾波器。可利用訊號中直流與交流分量的重疊，來分析濾波器電路的工作。

RC 濾波段的直流工作

圖 6.10a 顯示用來分析圖 6.9 RC 濾波電路的直流等效電路，因兩個電容在直流工作時皆開路，所得的輸出直流電壓是

$$V'_{dc} = \frac{R_L}{R + R_L} V_{dc} \tag{6.13}$$

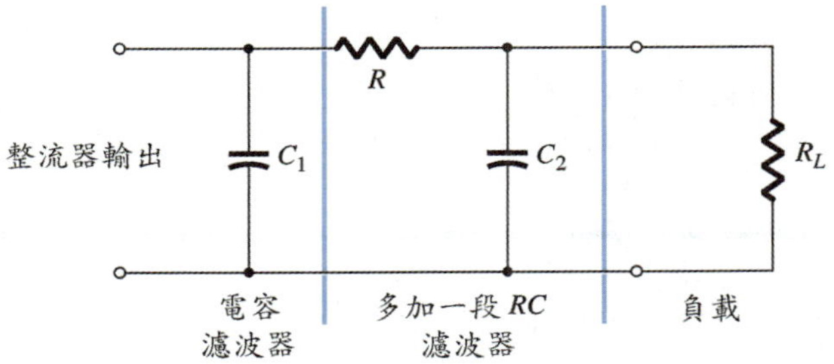

圖 6.8 RC 濾波級

238　電子裝置與電路理論

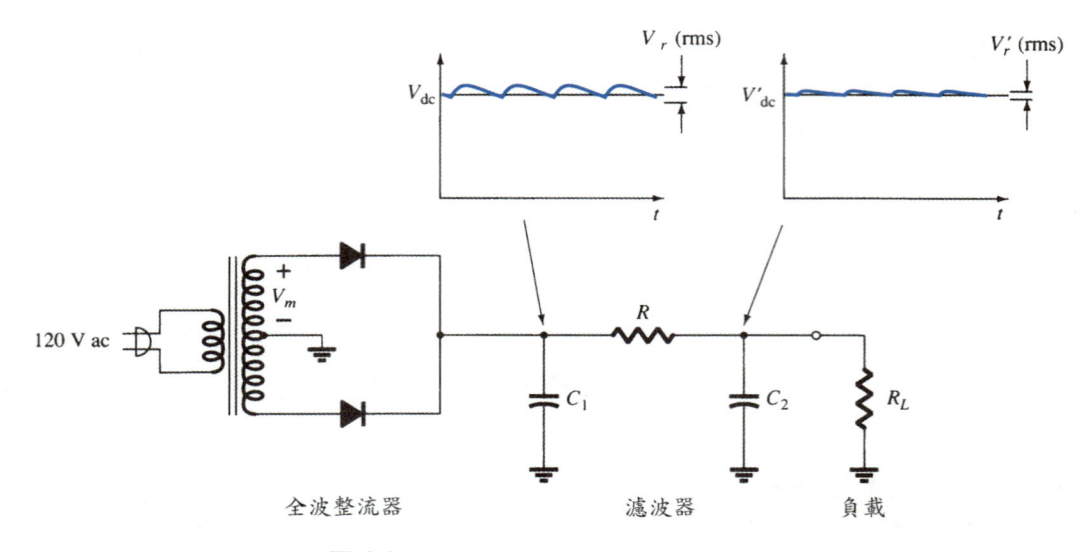

圖 6.9　全波整流器和 RC 濾波器電路

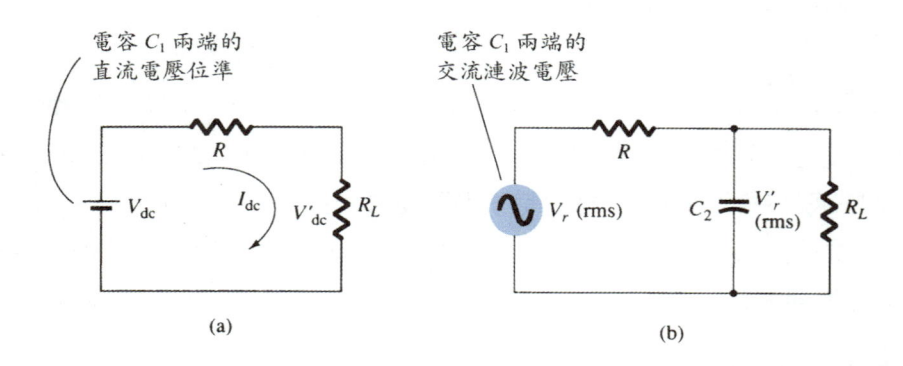

圖 6.10　RC 濾波器的：(a) 直流和 (b) 交流等效電路

例 6.6

濾波電容的直流電壓降是 $V_{dc}=60$ V，其後是 RC 濾波段($R=120$ Ω、$C=10$ μF)，再接 1 kΩ 負載，試計算負載的直流電壓降。

解：

$$\text{式 (6.13)}：V'_{dc}=\frac{R_L}{R+R_L}V_{dc}=\frac{1000}{120+1000}(60 \text{ V})=\mathbf{53.6 \text{ V}}$$

RC 濾波段的交流工作

圖 6.10b 顯示 *RC* 濾波段的交流等效電路，由於電容的交流阻抗和負載電阻所形成的分壓作用，負載兩端得到的交流電壓分量是

$$V'_r(\text{rms}) \approx \frac{X_C}{R} V_r(\text{rms}) \tag{6.14}$$

對全波整流器而言，交流漣波頻率是 120 Hz，電容阻抗可用下式算出

$$X_C = \frac{1.3}{C} \tag{6.15}$$

其中，C 的單位是 μF，而 X_C 的單位是 kΩ。

例 6.7

試計算圖 6.11 電路中負載 R_L 兩端輸出訊號的直流和交流分量，並計算輸出波形的漣波（因數）。

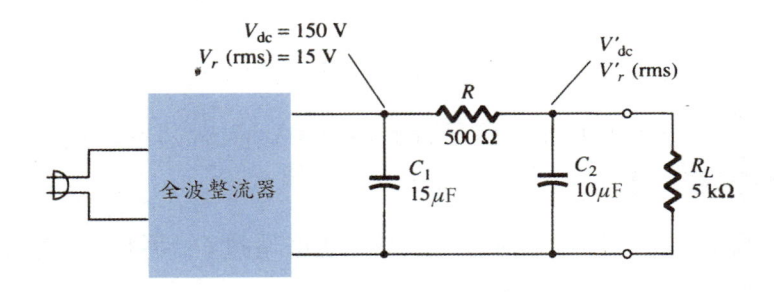

圖 6.11 例 6.7 的 *RC* 濾波電路

解：

直流計算 可算出

$$\text{式}(6.13): V'_{dc} = \frac{R_L}{R+R_L} V_{dc} = \frac{5 \text{ k}\Omega}{500 + 5 \text{ k}\Omega}(150 \text{ V}) = \mathbf{136.4 \text{ V}}$$

交流計算 *RC* 段的電容阻抗是

$$\text{式}(6.15): X_C = \frac{1.3}{C} = \frac{1.3}{10} = 0.13 \text{ k}\Omega = 130 \text{ }\Omega$$

用式(6.14)算出輸出電壓的交流分量是

$$V'_r(\text{rms}) = \frac{X_C}{R} V_r(\text{rms}) = \frac{130}{500}(15\text{ V}) = \mathbf{3.9\text{ V}}$$

因此,輸出波形的漣波(因數)是

$$r = \frac{V'_r(\text{rms})}{V'_{\text{dc}}} \times 100\% = \frac{3.9\text{ V}}{136.4\text{ V}} \times 100\% = \mathbf{2.86\%}$$

6.5　個別電晶體的穩壓電路

有兩種電晶體穩壓器,分別是串聯穩壓器和並聯穩壓器。無論輸入電壓或接到輸出的負載是否變化,每種電路都會提供穩定在預設值的輸出直流電壓。

串聯穩壓電路

串聯穩壓器電路的基本接法見圖 6.12 的方塊圖,由串聯元件控制輸入電壓到達輸出的電壓量。電路對輸出電壓取樣後,提供反饋電壓和參考電壓作比較。

1. 輸出電壓增加時,比較器電路會提供控制訊號,使串聯控制元件降低輸出電壓值——因而維持住輸出電壓。
2. 輸出電壓降低時,比較器電路會提供控制訊號,使串聯控制元件增加輸出電壓值。

串聯穩壓電路　簡單的串聯穩壓電路見圖 6.13,電晶體 Q_1 是串聯控制元件,齊納二極體 D_Z 則提供參考電壓。穩壓操作可描述如下:

1. 輸出電壓降低時,增加的基極對射極電壓會使電晶體 Q_1 導通更大電流,因而提升輸出電壓——使輸出電壓維持定值。
2. 輸出電壓上升時,下降的基極對射極電壓會使電晶體 Q_1 導通較少電流,因而降低輸出電壓——使輸出電壓維持定值。

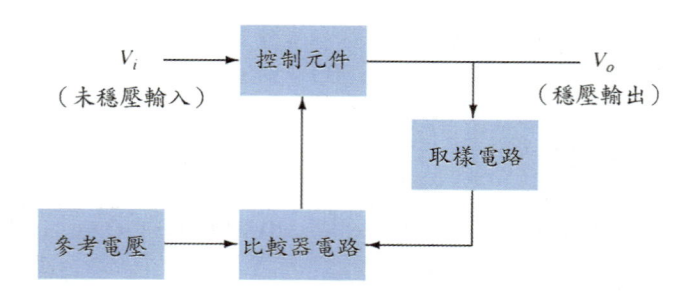

圖 6.12　串聯穩壓器的方塊圖

圖 6.13 串聯穩壓電路

例 6.8

圖 6.14 的穩壓器電路中，若 $R_L = 1\ \text{k}\Omega$，試計算輸出電壓和齊納電流。

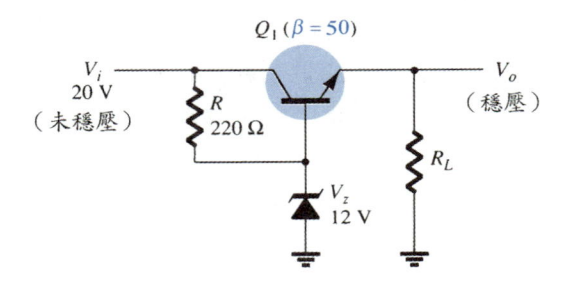

圖 6.14 例 6.8 的電路

解：

$$V_o = V_Z - V_{BE} = 12\ \text{V} - 0.7\ \text{V} = \mathbf{11.3\ V}$$

$$V_{CE} = V_i - V_o = 20\ \text{V} - 11.3\ \text{V} = 8.7\ \text{V}$$

$$I_R = \frac{20\ \text{V} - 12\ \text{V}}{220\ \Omega} = \frac{8\ \text{V}}{220\ \Omega} = 36.4\ \text{mA}$$

就 $R_L = 1\ \text{k}\Omega$，

$$I_L = \frac{V_o}{R_L} = \frac{11.3\ \text{V}}{1\ \text{k}\Omega} = 11.3\ \text{mA}$$

$$I_B = \frac{I_C}{\beta} = \frac{11.3\ \text{mA}}{50} = 226\ \mu\text{A}$$

$$I_Z = I_R - I_B = 36.4\ \text{mA} - 226\ \mu\text{A} \approx \mathbf{36\ mA}$$

改良式串聯穩壓器　改良式串聯穩壓電路見圖 6.15，電阻 R_1 和 R_2 作為取樣電路，而齊納二極體 D_Z 則提供參考電壓，然後電晶體 Q_2 控制輸入到 Q_1 的基極電流，藉著調整通

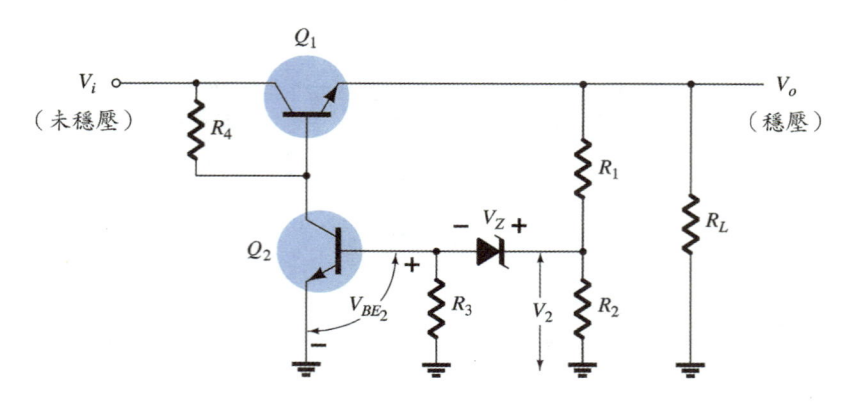

圖 6.15 改良式串聯穩壓電路

過電晶體 Q_1 的電流，使輸出電壓保持定值。

若輸出電壓欲上升時，經由 R_1 和 R_2 會使 V_2 的電壓上升，這會使電晶體 Q_2 的基極對射極電壓上升（因 V_Z 維持定值）。Q_2 會導通更大電流，因而使流進電晶體 Q_1 基極的電流減少，使通到負載的電流變少，而降低了輸出電壓──因此維持輸出電壓在定值。反過來，若輸出電壓想要降低時，所發生的情況會相反，供應到負載的電流會增加，避免輸出電壓下降。

感測電阻 R_1 和 R_2 所提供的電壓 V_2，必須等於 Q_2 基極對射極電壓和齊納二極體電壓的總和，也就是

$$V_{BE_2}+V_Z=V_2=\frac{R_2}{R_1+R_2}V_o \qquad (6.16)$$

解式(6.16)，可得穩壓的輸出電壓 V_o

$$\boxed{V_o=\frac{R_1+R_2}{R_2}(V_Z+V_{BE_2})} \qquad (6.17)$$

例 6.9

圖 6.15 電路中元件 $R_1=20\,\text{k}\Omega$、$R_2=30\,\text{k}\Omega$ 且 $V_Z=8.3\,\text{V}$，則電路提供的穩壓輸出電壓是多少？

解：

由式(6.17)，穩壓輸出電壓是

$$V_o=\frac{20\,\text{k}\Omega+30\,\text{k}\Omega}{30\,\text{k}\Omega}(8.3\,\text{V}+0.7\,\text{V})=\mathbf{15\,V}$$

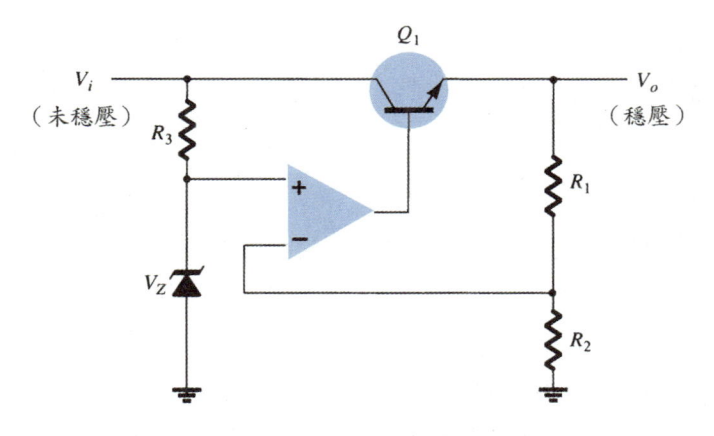

圖 6.16 運算放大器建立串聯穩壓電路

用運算放大器建立串聯穩壓器 另一種串聯穩壓器見圖 6.16，利用運算放大器比較齊納二極體的參考電壓和電阻 R_1 及 R_2 取得的反饋電壓。當輸出電壓變化時，會控制電晶體 Q_1 的導通電流，使輸出電壓維持在定值。輸出電壓值會維持在

$$V_o = \left(1 + \frac{R_1}{R_2}\right) V_Z \tag{6.18}$$

例 6.10

試計算圖 6.17 電路的穩壓輸出電壓。

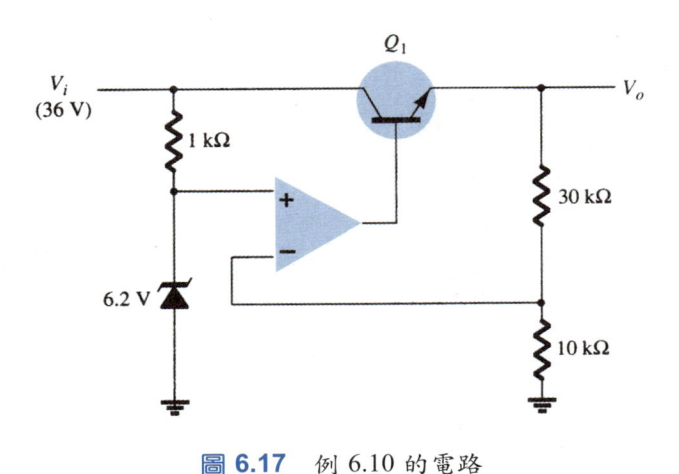

圖 6.17 例 6.10 的電路

解：

$$\text{式 (6.18)：} V_o = \left(1 + \frac{30 \text{ k}\Omega}{10 \text{ k}\Omega}\right) 6.2 \text{ V} = \mathbf{24.8 \text{ V}}$$

限流電路　限流電路是短路或過載保護的一種形式，如圖 6.18 所示。當負載電流 I_L 增加時，短路感測電阻 R_{SC} 的壓降會上升。當 R_{SC} 的電壓降足夠大時，會使 Q_2 導通，而引開 Q_1 的基極電流，使流經 Q_1 的負載電流降低，避免負載 R_L 的電流再增加。元件 R_{SC} 和 Q_2 的作用，限制了最大負載電流。

捲退限制　當電流超過限制值時，限流的結果會造成負載電壓的降低。圖 6.19 的電路提供捲退限制，可同時降低輸出電壓和輸出電流，使負載免於過電流並保護穩壓器。

　　捲退限制藉由加上第 2 組分壓網路 R_4 和 R_5 來提供，見圖 6.19（和圖 6.17 比較），此分壓電路感知 Q_1 輸出（射極）的電壓。當 I_L 上升到最大值時，R_{SC} 的電壓大到可驅動 Q_2 導通，此提供了限流。若負載電阻變小時，驅動 Q_2 導通所需的電壓也會變小，因此 V_L 和 I_L 值雙雙下降──此種作用即捲退限制。當負載電阻回到額定值時，電路才會回復穩壓作用。

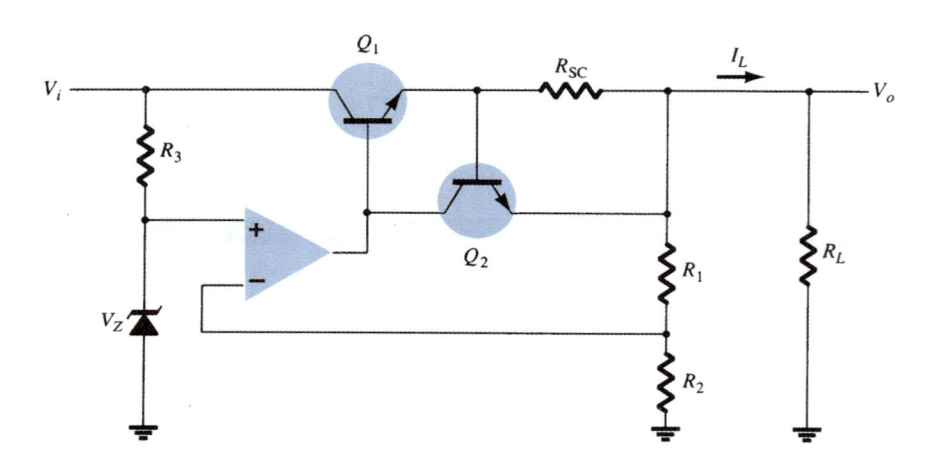

圖 6.18　限流保護的穩壓器

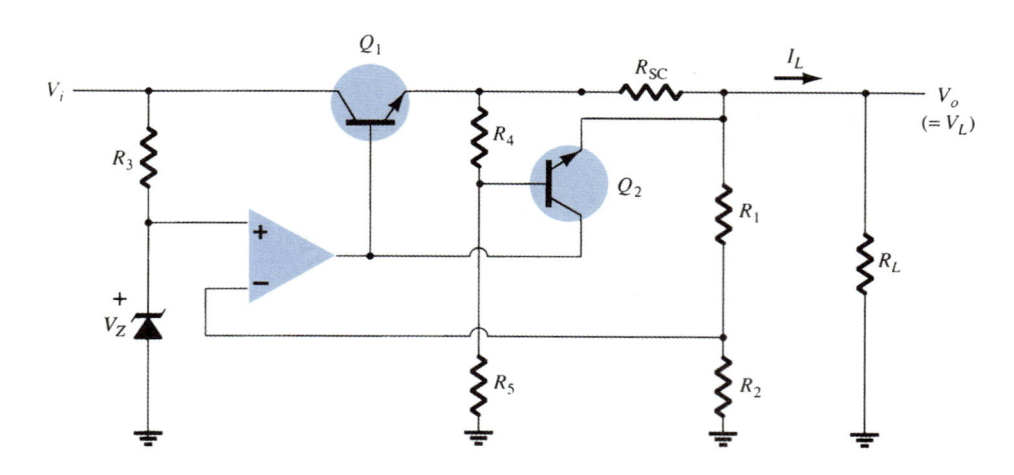

圖 6.19　捲退限制保護的串聯穩壓電路

並聯穩壓電路

並聯穩壓器提供的穩壓方式,是將負載電流導至並聯路徑,藉此達成穩壓輸出,圖 6.20 顯示此種穩壓器的方塊圖。輸入的未穩壓電壓供應電流給負載,其中部分電流導至控制元件以維持負載的穩壓電壓輸出。當負載變動使負載電壓想要變化時,取樣電路會提供反饋訊號給比較器,接著產生控制訊號,以變化從負載分流到控制元件的電流量。例如輸出電壓想要變大時,取樣電路會提供反饋訊號給比較器電路,接著產生控制訊號使控制元件通過更多的分流量,以降低負載電流,因此避免了輸出電壓的上升。

基本的電晶體並聯穩壓器　簡單的並聯穩壓電路見圖 6.21,接到未穩壓輸入的電阻 R_S,其電壓降決定於供應到負載 R_L 的電流。負載的電壓降,由齊納二極體電壓和電晶體的基極對射極電壓所設定。當負載電阻降低時,進到 Q_1 基極的驅動電流會減少,集極的分流跟著減少,因此負載電流會變大,使負載兩端的電壓可維持穩壓。送到負載的輸出電壓是

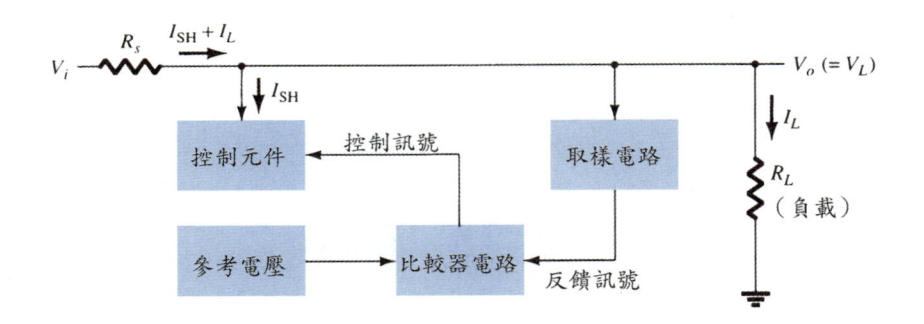

$$V_L = V_Z + V_{BE} \tag{6.19}$$

圖 6.20　並聯穩壓器的方塊圖

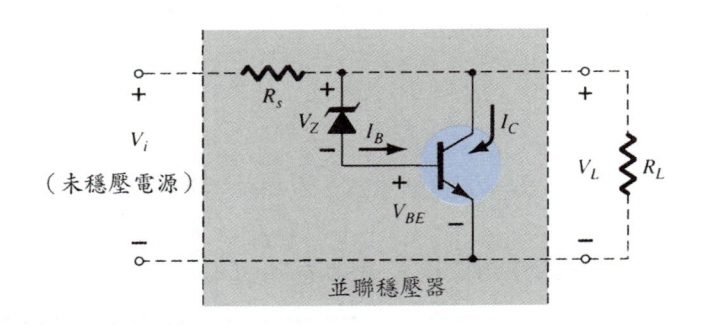

圖 6.21　電晶體並聯穩壓器

例 6.11

試決定圖 6.22 並聯穩壓器的穩壓電壓和電路中的各電流。

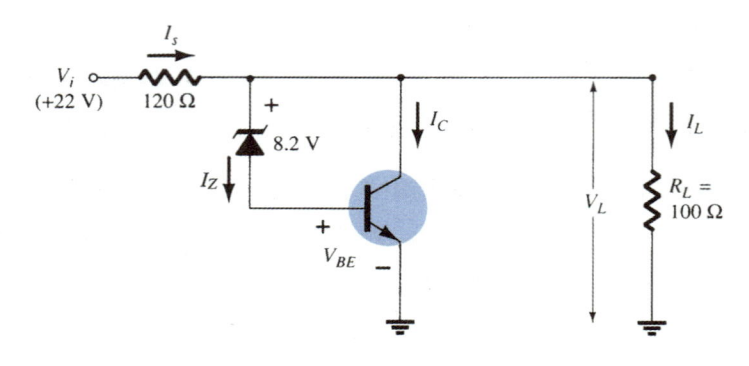

圖 6.22 例 6.11 的電路

解：

負載電壓是

$$\text{式 (6.19)}：V_L = 8.2\ \text{V} + 0.7\ \text{V} = \mathbf{8.9\ V}$$

對給定負載，

$$I_L = \frac{V_L}{R_L} = \frac{8.9\ \text{V}}{100\ \Omega} = \mathbf{89\ mA}$$

已知未穩壓輸入電壓在 22 V，流經 R_S 的電流是

$$I_S = \frac{V_i - V_L}{R_S} = \frac{22\ \text{V} - 8.9\ \text{V}}{120} = \mathbf{109\ mA}$$

所以集極電流是

$$I_C = I_S - I_L = 109\ \text{mA} - 89\ \text{mA} = \mathbf{20\ mA}$$

（流經齊納二極體和電晶體基極的電流，會比 I_C 小 β 倍。）

改良式並聯穩壓器 圖 6.23 的電路是改良式並聯穩壓器電路，齊納二極體提供參考電壓，使 R_1 可感測到輸出電壓。當輸出電壓想要變化時，電晶體 Q_1 的分流量會變化以維

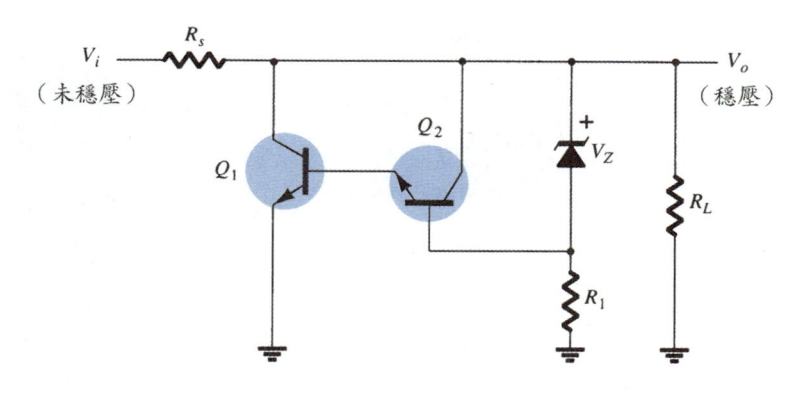

圖 6.23 改良式並聯穩壓電路

持輸出電壓的恆定。電晶體 Q_2 可提供比圖 6.21 更大的基極電流給電晶體 Q_1，所以這種穩壓器可處理更大的負載電流。輸出電壓由齊納電壓和兩個電晶體的基射電壓所設定，

$$V_o = V_L = V_Z + V_{BE_2} + V_{BE_1} \tag{6.20}$$

用運算放大器建立並聯穩壓器　圖 6.24 顯示並聯穩壓器的另一版本，這是利用運算放大器作為電壓比較器。由分壓器 R_1 和 R_2 所得的反饋電壓和齊納電壓相比，可提供驅動（控制）電流給並聯元件 Q_1，因此可控制流經電阻 R_S 的電流和 R_S 的電壓降，藉此維持住輸出電壓。

切換式穩壓

有一種穩壓器電路很普遍，即切換式穩壓器，其電力轉換極有效率。基本上，切換式穩壓器以脈波方式將電壓供應給負載，再經濾波之後提供平穩的直流電壓。圖 6.25 顯示這種穩壓器的基本組成，可再增加電路的複雜度，以獲取更好的工作效率。

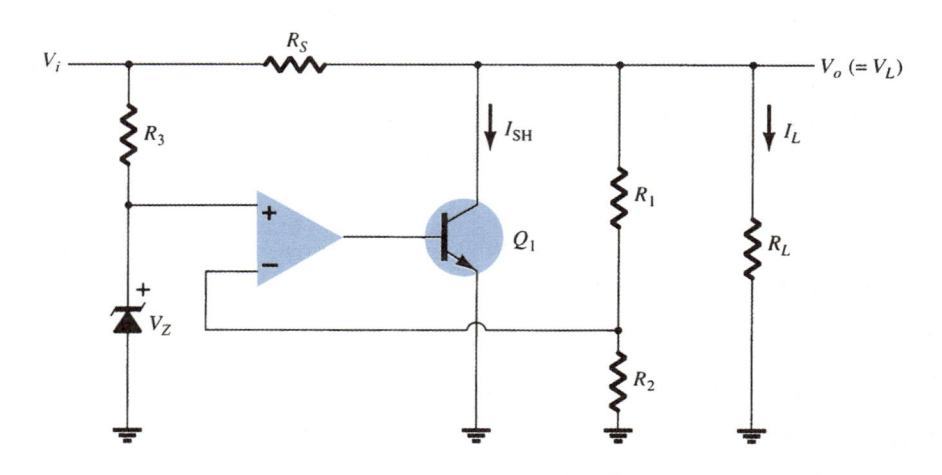

圖 6.24 用運算放大器建立並聯穩壓器

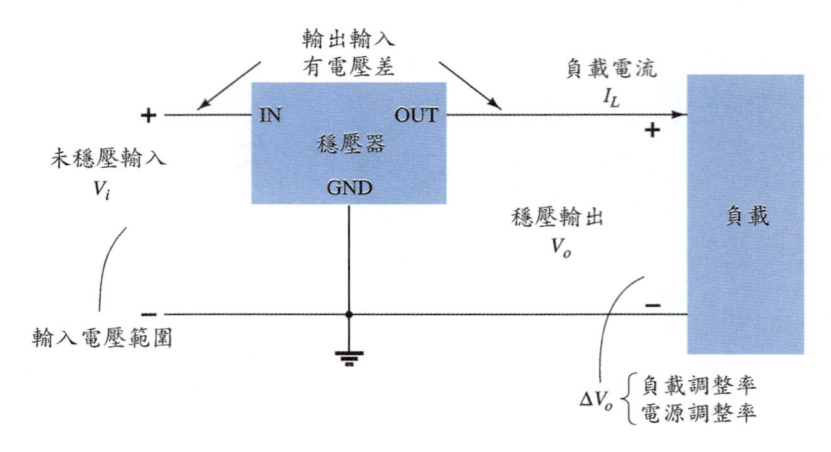

圖 6.25 三端穩壓器的方塊圖

6.6 IC 穩壓器

廣泛使用的穩壓器 IC 可組成一大類，穩壓 IC 單元包含電路有參考電源、比較放大器、控制裝置和過載保護等，都在單一 IC 內。雖然 IC 的內部結構和個別元件組成的穩壓電路有些不同，但外部的整體操作是相同的。IC 單元提供的穩壓，可以是固定的正電壓，也可以是固定的負電壓或可調整設定的電壓。

電源供應器可用以下方法建立，利用變壓器接到交流電源線，將交流電壓變壓到所需大小，再整流，接著用電容和 RC 濾波器濾波，如有需要，可再用 IC 穩壓器得到穩定的直流電壓。穩壓器依據工作需求作選擇，負載電流從數百毫安到數十安培不等，對應的功率額定則從毫瓦到數十瓦的範圍。

三端穩壓器

圖 6.25 顯示三端穩壓 IC 到負載的基本接法，未穩壓直流輸入電壓 V_i 加到定電壓穩壓器的輸入端，穩壓直流輸出電壓 V_o 自另一端接出，而第 3 端則接地。就選用的 IC 穩壓器而言，其裝置規格會列出輸入電壓和負載電流可以變動的範圍，在變動範圍內皆可維持輸出電壓的穩定，規格表也會列出負載電流變化或輸入電壓變化時，所造成的輸出電壓變化量，分別稱為負載調整率或電源調整率。

固定正電壓穩壓器

78 系列的穩壓器提供固定的穩壓電壓，自 5 V 到 24 V。圖 6.26 顯示如何將 7812 IC 接成可以提供 12 V 直流的穩壓輸出，未穩壓輸入電壓 V_i 用電容 C_1 濾波，並接到 IC 的 IN 腳，IC 的 OUT 腳則提供 +12 V 的穩壓輸出，並用

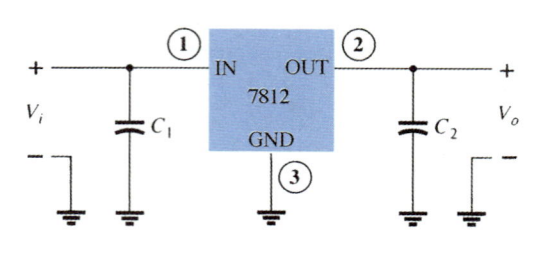

圖 6.26 7812 穩壓器的接法

電容 C_2 濾波（大部分針對高頻雜訊）。IC 的第 3 腳接地(GND)。輸入電壓可以在某一允許的電壓範圍內變化，輸出負載也可在某一可接受的範圍內變化，在滿足以上條件之下，輸出電壓幾可維持定值，其變動會在規範的限制之內。以上限制都可在製造商的規格表中讀出。正電壓穩壓 IC 提供在表 6.1。

以 7812 建立完整電壓源的接法見圖 6.27，交流線電壓(120 V rms)經中間抽頭變壓器，二次側的各半繞組電壓降到 18 V rms，因此全波整流器和電容濾波器提供的未穩壓直流電壓約 22 V，再加上幾伏特的交流漣波，輸入到穩壓器，使 7812 IC 提供穩壓在 +12 V 的直流輸出。

正電壓穩壓器的規格　穩壓器的規格表顯露在圖 6.28，此針對 7800 正電壓穩壓器系列。某些較重要參數應再作一些考慮如下。

輸出電壓：7812 的規格顯示，輸出電壓的典型值是 +12 V，但也能低到 11.5 V 或高到 12.5 V。

表 **6.1**　7800 系列正電壓穩壓器

IC 編號	輸出電壓(V)	最小輸入電壓V_i(V)
7805	+5	7.3
7806	+6	8.3
7808	+8	10.5
7810	+10	12.5
7812	+12	14.6
7815	+15	17.7
7818	+18	21.0
7824	+24	27.1

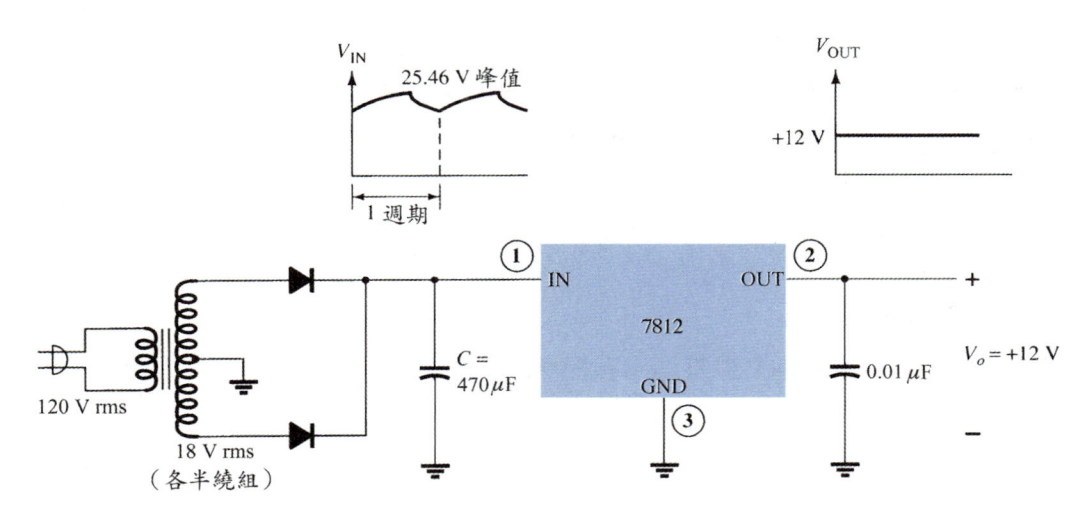

圖 **6.27**　+12 V 電源供應器

圖 6.28 穩壓器 IC 規格表

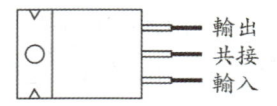

絕對最大額定值：

輸入電壓	40 V
連續總功率消耗	2 W
空氣中的工作溫度範圍	−65°C～150°C

標稱輸出電壓	穩壓器
5 V	7805
6 V	7806
8 V	7808
10 V	7810
12 V	7812
15 V	7815
18 V	7818
24 V	7824

μA 7812C 電氣特性：

參數	最小值	典型值	最大值	單位
輸出電壓	11.5	12	12.5	V
輸入調整量		3	120	mV
漣波斥拒	55	71		dB
輸出調整量		4	100	mV
輸出電阻		0.018		Ω
下降電壓		2.0		V
短路輸出電流		350		mA
峰值輸出電流		2.2		A

輸出調整量：所看到的輸出電壓調整量一般是 4 mV，但最大可達 100 mV（輸出電流在 0.25 A～0.75 A 時）。資料規定，輸出電壓一般只會從 12 V 直流變動內。

短路輸出電流：若輸出短路（意外或因其他元件故障），電流量一般限制在 0.35 A。

峰值輸出電流：雖然此系列 IC 的額定最大電流是 1.5 A，但負載取用的峰值輸出電流可能會到達 2.2 A。這顯示，雖然製造商給 IC 的額定是可提供 1.5 A 的電流，但實際上可以取用更多電流（可能只有一小段時間）。

下降電壓：下降電壓是指輸入與輸出端的電壓降最小值，典型值是 2 V，若 IC 要以穩壓器工作，必須保持在此電壓值之上。若輸入電壓掉太低或輸出電壓升太高，使 IC 的輸入和輸出之間的電壓無法維持至少 2 V 以上時，IC 將不再提供穩壓作用。因此輸入電壓應維持足夠大，以確保可提供足夠的下降電壓。

固定負電壓穩壓器

7900 IC 系列提供負電壓穩壓器，和提供正電壓的穩壓器類似，負電壓穩壓器 IC 的列表提供在表 6.2。如表上所看到的，有不同的負電壓可以選用，只要輸入電壓值維持在最低輸入值以上（絕對值），所選 IC 即可提供額定的輸出電壓。例如，7912 穩壓器 IC 的輸入只要負於 −14.6 V，即能提供 −12 V 的輸出。

表 6.2　7900 系列負電壓穩壓器

IC 編號	輸出電壓(V)	最小輸入 V_i (V)
7905	−5	−7.3
7906	−6	−8.4
7908	−8	−10.5
7909	−9	−11.5
7912	−12	−14.6
7915	−15	−17.7
7918	−18	−20.8
7924	−24	−27.1

例 6.12

　　試利用全波橋式整流器、電容濾波器和 IC 穩壓器，畫出一電源供應器，以提供 +5 V 的輸出。

解：

所得電路見圖 6.29。

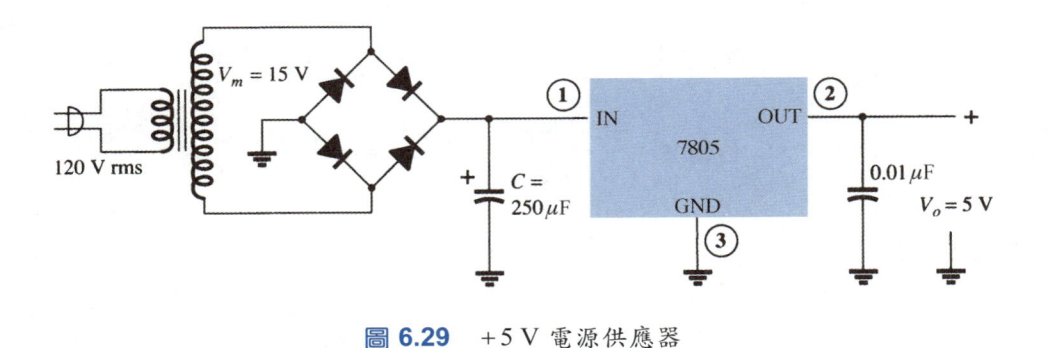

圖 6.29　+5 V 電源供應器

例 6.13

　　就 15 V 輸出的變壓器和 250 μF 的濾波電容器，若所接負載取用 400 mA 電流，試計算最小輸入電壓。

解：

濾波電容的電壓降是

$$V_r\text{（峰值）} = \sqrt{3}V_r(\text{rms}) = \sqrt{3}\frac{2.4I_{dc}}{C} = \sqrt{3}\frac{2.4(400)}{250} = 6.65 \text{ V}$$

$$V_{dc} = V_m - V_r\text{（峰值）} = 15 \text{ V} - 6.65 \text{ V} = 8.35 \text{ V}$$

因輸入以直流值為中心作變動，最小輸入電壓會掉到

$$V_i\text{（低值）} = V_{dc} - V_r\text{（峰值）} = 15 \text{ V} - 6.65 \text{ V} = \mathbf{8.35 \text{ V}}$$

此電壓仍高於 IC 穩壓器所需之最小值（由表 6.1 知 $V_i = 7.3$ V），因此 IC 可提供額定的穩壓電壓到所給定的負載。

例 6.14

試決定圖 6.29 電路中，輸出可維持在穩壓的負載電流最大值。

解：

為維持 V_i（最小）≥ 7.3 V，

$$V_r\text{（峰值）} \leq V_m - V_i\text{（最小）} = 15 \text{ V} - 7.3 \text{ V} = 7.7 \text{ V}$$

所以

$$V_r(\text{rms}) = \frac{V_r\text{（峰值）}}{\sqrt{3}} = \frac{7.7 \text{ V}}{1.73} = 4.4 \text{ V}$$

因此負載電流值是

$$I_{dc} = \frac{V_r(\text{rms})C}{2.4} = \frac{(4.4 \text{ V})(250)}{2.4} = \mathbf{458 \text{ mA}}$$

任何高於以上數值的電流，都會使電路無法維持 +5 V 的穩壓器輸出。

可調穩壓器

在穩壓器的電路組態中，也有一種可讓使用者自行設定所要的穩壓輸出電壓值。例如 LM317，就可使穩壓輸出電壓在 1.2 V～37 V 的電壓範圍內任意設定，圖 6.30 顯示如

何設定 LM317 的穩壓輸出電壓。

電阻 R_1 和 R_2 可在調整範圍（1.2 V～37 V）內，將輸出設在所要的任意輸出電壓值，可用下式算出所要的輸出電壓如下：

$$V_o = V_{ref}\left(1 + \frac{R_2}{R_1}\right) + I_{adj} R_2 \quad (6.21)$$

典型的 IC 參數值是

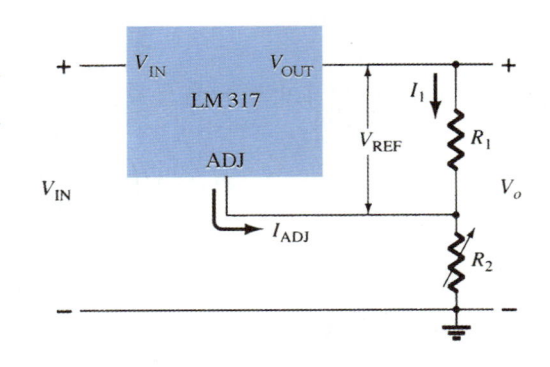

$$V_{ref} = 1.25 \text{ V} \quad 及 \quad I_{adj} = 100 \text{ μA}$$

圖 **6.30** LM317 可調穩壓器的接法

例 6.15

試決定圖 6.30 電路的穩壓輸出電壓值，已知 $R_1 = 240\ \Omega$ 且 $R_2 = 2.4\ k\Omega$。

解：

$$式(6.21)：V_o = 1.25 \text{ V}\left(1 + \frac{2.4 \text{ k}\Omega}{240\ \Omega}\right) + (100\ \mu A)(2.4\ k\Omega)$$
$$= 13.75 \text{ V} + 0.24 \text{ V} = \mathbf{13.99 \text{ V}}$$

例 6.16

試決定圖 6.31 電路的穩壓輸出電壓值。

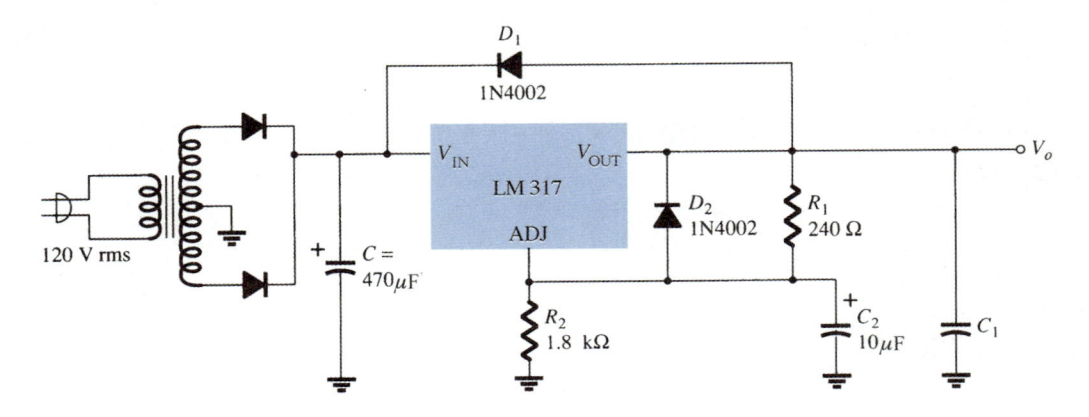

圖 **6.31** 例 6.16 的正電壓可調穩壓器

解:

用式(6.21)算出輸出電壓是

$$V_o = 1.25 \text{ V}\left(1 + \frac{1.8 \text{ k}\Omega}{240 \text{ }\Omega}\right) + (100 \text{ }\mu\text{A})(1.8 \text{ k}\Omega) \approx \mathbf{10.8 \text{ V}}$$

對濾波電容電壓的檢查顯示，當負載電流到達 200 mA 時，輸入和輸出之間仍可維持 2 V 以上的電壓差。

6.7 實際的應用

電源供應器

每一種電子設備都會有電源供應器，這種電路樣式繁多，以適合不同的功率額定、電路大小、成本、所需調整率等等，本節將介紹一些實際的電源供應器和充電器。

簡單的直流電源供應器 不用大且昂貴的變壓器而能降低交流電壓的簡單方法，是用電容串聯電源線電壓。這種電源供應器見圖 6.32，零件很少，因此極為簡單。採用半波整流器（或橋式整流器）和濾波電路，可得到具直流成分的電壓。此電路有一些缺點：沒有和交流電源線隔離，取用電流必須保持很小，以及負載電流不能太大。因此，這種簡單的直流電源供應器只能用在低廉設備（裝置）的輕載電流場合，提供不很理想的穩壓直流電壓。

具有變壓器輸入的直流電源供應器 第 2 類電源供應器利用變壓器降低交流線電壓，變壓器可以是外掛式或內包式。整流器用在變壓器之後，其後接電容濾波和穩壓器。當功率需求增加時，穩壓器會成為問題。散熱片的尺寸、冷卻和功率需求會成為這類電源供應器的主要障礙。

圖 6.33 顯示具有隔離降壓變壓器的簡單半波整流電源供應器，此相對簡單的電路並未提供穩壓。

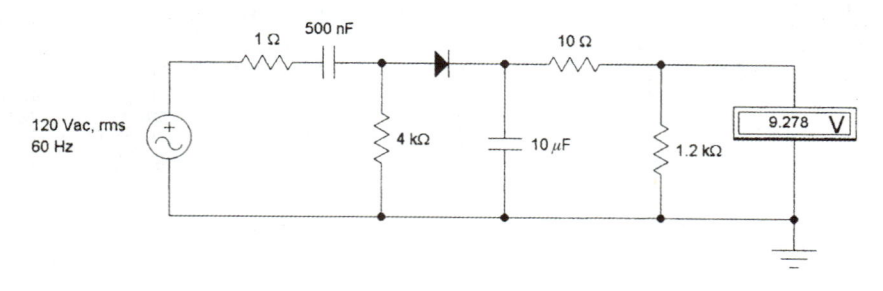

圖 6.32 簡單的直流電源供應器

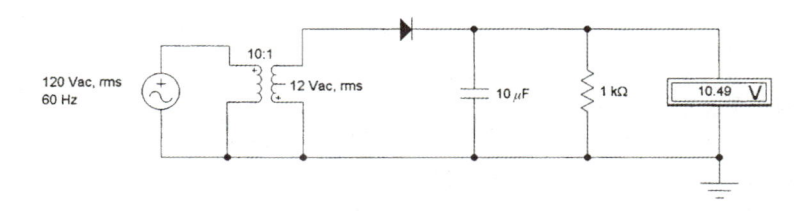

圖 6.33 具有變壓器輸入的直流電源供應器

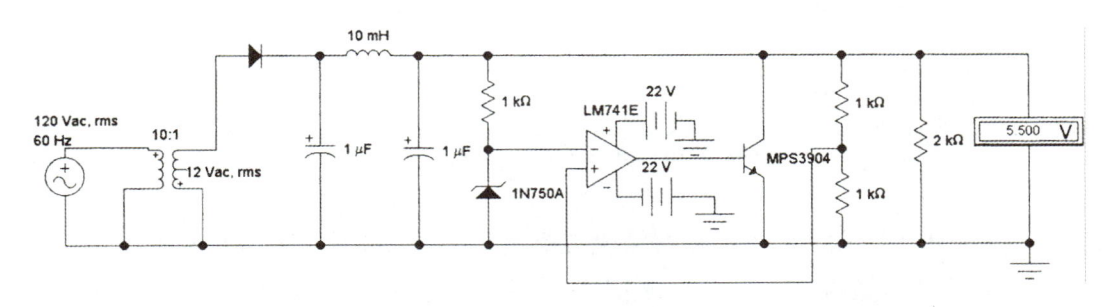

圖 6.34 以變壓器作輸入且採用 IC 穩壓的並聯穩壓電源供應器

　　圖 6.34 所顯示的可能是最好的標準電源供應器──用變壓器（隔離和降壓）、橋式整流子、雙重濾波器（含電感）、穩壓器電路（用齊納二極體建立參考電壓）、並聯穩壓電晶體，以及有助於穩壓的反饋運算放大器共同組成，此電路顯然可提供極佳的穩壓效果。

切換式（斬波）電源供應器　今日的電源電路是利用斬波電路，將交流電轉換成直流電，如圖 6.35 所示。交流輸入經各種不同的調整器和濾波器（目的在消除任何電氣雜訊），接到電源供應器電路，接著整流和濾波，所得的高直流電壓再以約 100 kHz 的頻率斬波（切換），切換週期和頻率是用特殊功能的 IC 來控制。環狀隔離變壓器將切換後的方波耦合到濾波與整流電路。電源供應器的輸出則反饋回控制 IC，IC 藉此穩定住輸出電壓。雖然此種電源供應器比較複雜，但有許多優於傳統電源供應器之處。例如，工作時可涵蓋很大的輸入交流電壓範圍，其工作不受輸入頻率的影響、尺寸可做得很小、涵蓋的電流範圍很大，而且散熱量低等等。

特殊的電視水平高電壓電源供應器　電視中的映像管（陰極射線管(CRT)）工作時需要

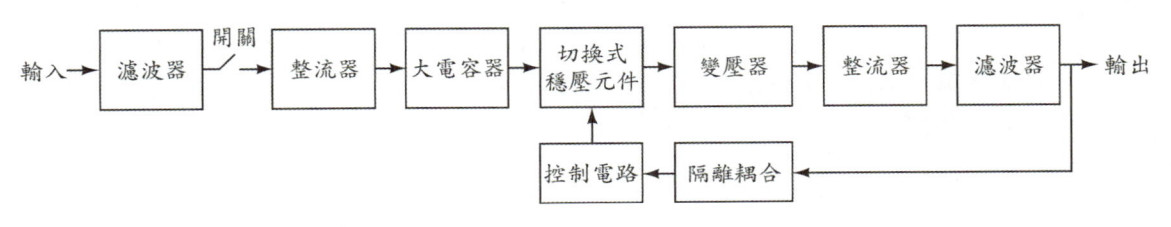

圖 6.35 切換式電源供應器的方塊圖

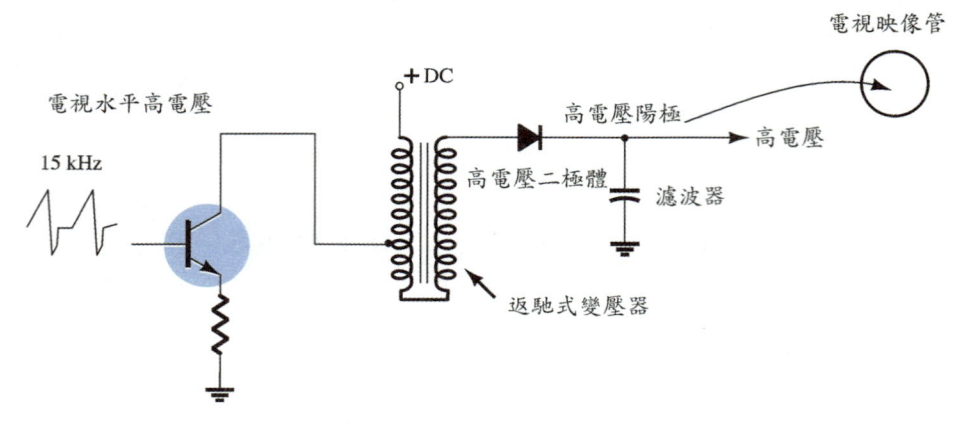

圖 6.36 電視的水平高電壓電源

很高的直流電壓，早期的電視是用高電壓變壓器和高電壓電容來建立此電壓，此種電路既大又重且危險。電視用兩個頻率來掃描螢幕，垂直掃描是 60 Hz，水平掃描則為 15 kHz。利用水平振盪器，可建立高電壓直流電源，此電路稱為返馳式(flyback)電源供應器（見圖 6.36）。低直流電壓以脈波方式進入小型的返馳式變壓器，此變壓器是升壓自耦變壓器，輸出整流後以小電容值濾波。因頻率很高，使返馳式變壓器很小，而且濾波電容器的尺寸和數值都小。這種電路的重量輕，而且很可靠。

電池充電電路 先前提到，電池充電器是由電源供應器電路變化而來。圖 6.37a 顯示簡單充電電路的基本架構，變壓器用一選擇開關設定，以決定所提供的充電電流（即充電速率）。對鎳鎘電池而言，供應電池的電壓必須高於已充電電壓，充電電流也必須加以控制和限制，圖 6.37b 顯示典型的鎳鎘電池充電電路。對鉛酸電池而言，電壓必須控制在電池的額定電壓之下，充電電流則由電源供應器的容量、電池的功率額定，以及所需的充電量共同決定，圖 6.37c 顯示簡單的鉛酸電池充電電路。

電池可用傳統的直流電源充電，也可用更精細的切換式電源供電。對電池充電的主要問題是電池何時充電完成，存在許多奇特的電路用來檢測電池的狀態。

6.8　總　結

方程式

漣波：
$$r = \frac{\text{漣波電壓(rms)}}{\text{直流電壓}} = \frac{V_r(\text{rms})}{V_{\text{dc}}} \times 100\%$$

電壓調整率：
$$\%\text{V.R.} = \frac{V_{\text{NL}} - V_{\text{FL}}}{V_{\text{FL}}} \times 100\%$$

第 6 章 電源供應器（穩壓器） 257

(a)

(b)

(c)

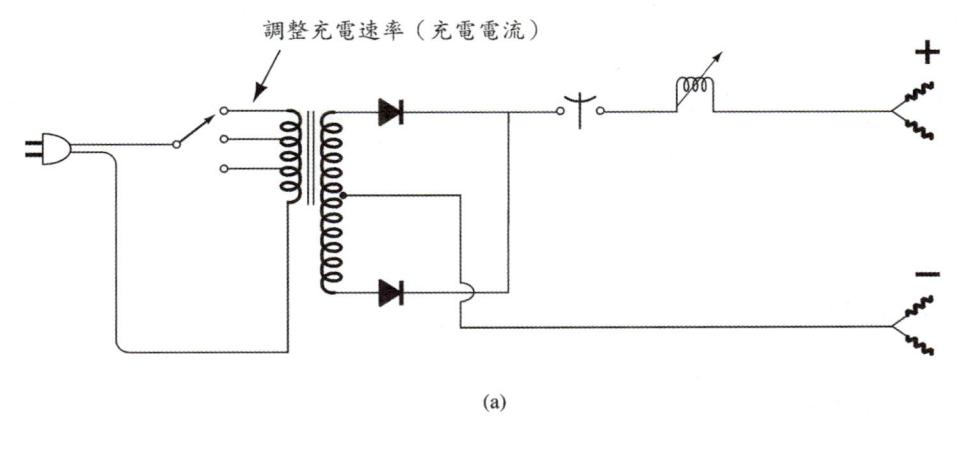

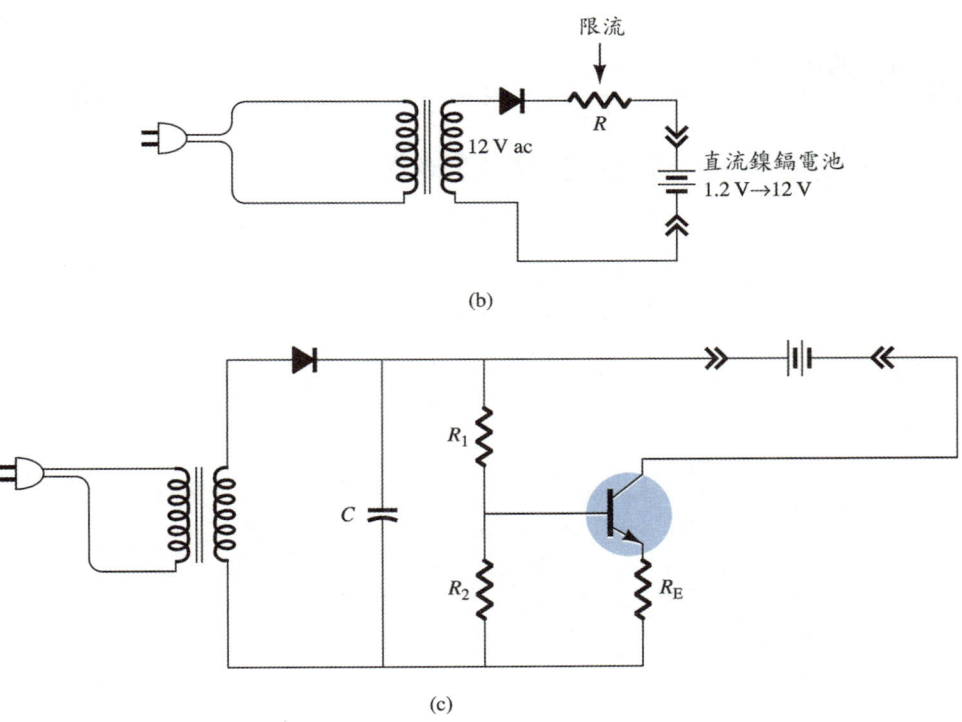

圖 6.37 電池充電電路：(a)簡單充電電路；(b)典型的鎳鎘電池充電電路；(c)鉛酸電池充電電路

半波整流器：

$V_{dc} = 0.318V_m$，$V_r(\text{rms}) = 0.385V_m$

$r = \dfrac{0.385V_m}{0.318V_m} \times 100\% = 121\%$

全波整流器：

$V_{dc} = 0.636V_m$，$V_r(\text{rms}) = 0.308V_m$

$r = \dfrac{0.308V_m}{0.636V_m} \times 100\% = 48\%$

簡單電容濾波器:

$$V_r(\text{rms}) = \frac{I_{dc}}{4\sqrt{3}fC} = \frac{2.4I_{dc}}{C} = \frac{2.4V_{dc}}{R_L C}, \quad V_{dc} = V_m - \frac{I_{dc}}{4fC} = \frac{4.17I_{dc}}{C}$$

$$r = \frac{V_r(\text{rms})}{V_{dc}} \times 100\% = \frac{2.4I_{dc}}{CV_{dc}} \times 100\% = \frac{2.4}{R_L C} \times 100\%$$

RC 濾波器:

$$V'_{dc} = \frac{R_L}{R + R_L} V_{dc}, \quad X_C = \frac{1.3}{C}, \quad V'_r(\text{rms}) = \frac{X_C}{R} V_r(\text{rms})$$

運算放大器串聯穩壓器:

$$V_o = \left(1 + \frac{R_1}{R_2}\right) V_Z$$

6.9　計算機分析

程式 6.1──以運算放大器建立串聯穩壓器

圖 6.16 中運算放大器所建立的串聯穩壓器電路,可用 PSpice 分析,所得電路圖畫在圖 6.38,用**分析設立**提供直流掃瞄,自 8 V～15 V,步幅 0.5 V。二極體 D_1 提供 4.7 V 的齊納電壓(V_Z = 4.7 V),且電晶體 Q_1 設成 β = 100。用式(6.18),可得

$$V_o = \left(1 + \frac{R_1}{R_2}\right) V_Z = \left(1 + \frac{1\text{ k}\Omega}{1\text{ k}\Omega}\right) 4.7\text{ V} = 9.4\text{ V}$$

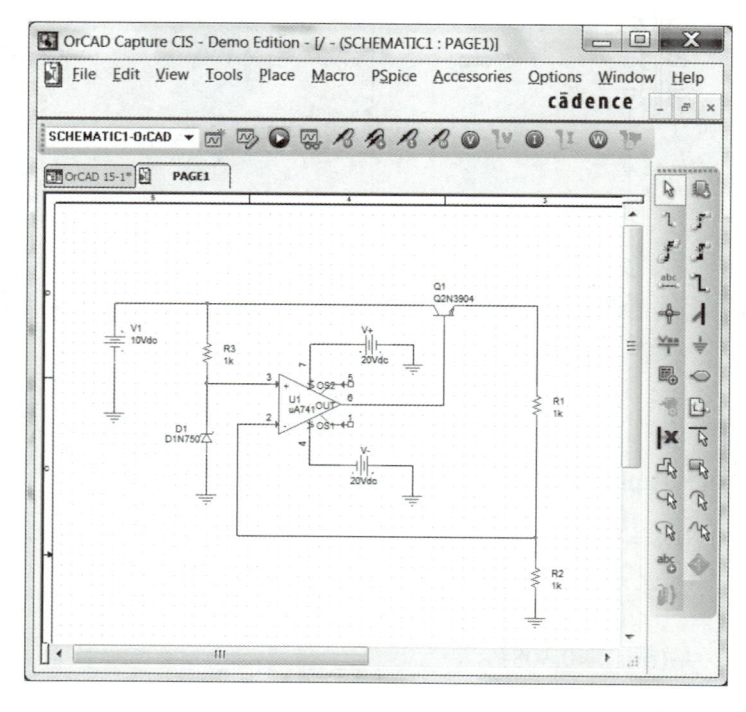

圖 6.38　用 PSpice 畫出以運算放大器建立的串聯穩壓器

注意在圖 6.38 中，當輸入在 10 V 時，穩壓輸出電壓是 9.25 V。圖 6.39 顯示直流電壓掃描所得的**測棒**輸出，也注意到，當輸入到了約 9 V 以上時，輸出就會穩壓在約 9.3 V。

程式 6.2——以運算放大器建立並聯穩壓器

用 PSpice 畫出圖 6.40 的並聯穩壓器電路，齊納電壓設在 4.7 V 且電晶體在 $\beta=100$，當輸入 10 V 時，輸出是 9.255 V。圖 6.41 是直流掃描自 8 V～15 V 的**測棒**輸出，當輸入從約 9.5 V～14 V 以上時，此電路提供良好的穩壓，輸出可維持在約 9.3 V 的穩壓值。

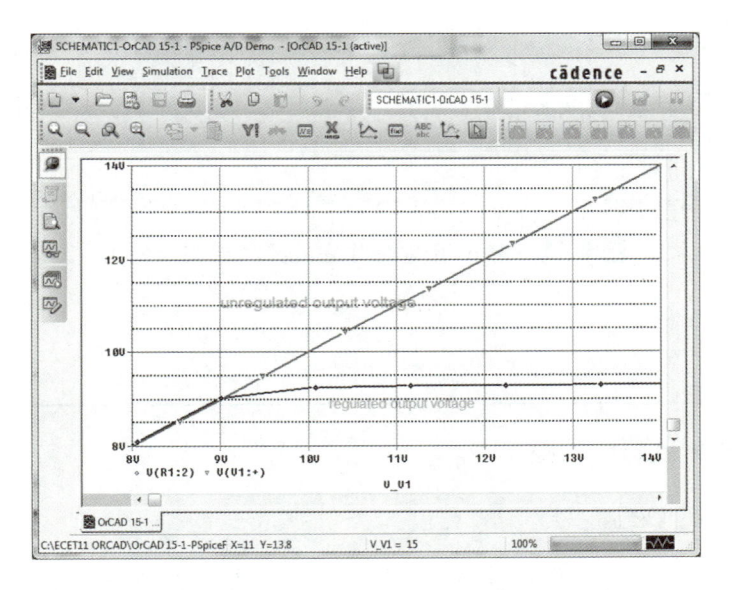

圖 6.39 顯示圖 6.38 電路穩壓效果的測棒輸出

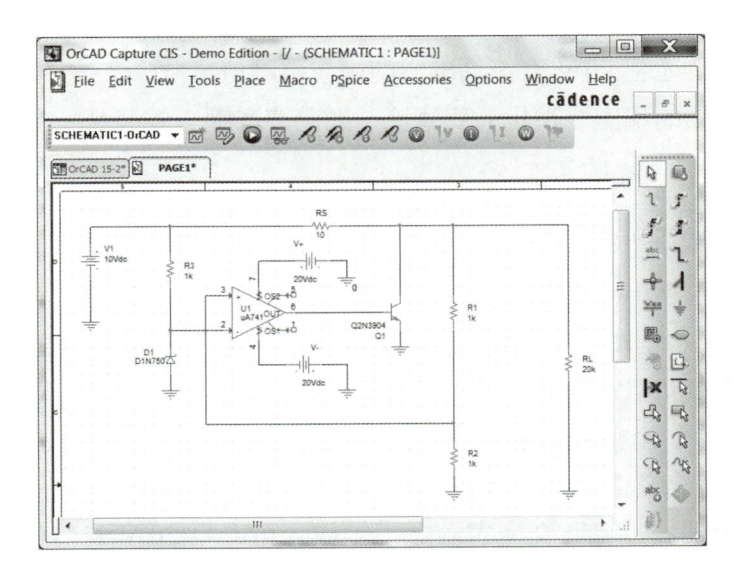

圖 6.40 以運算放大器建立的並聯穩壓器

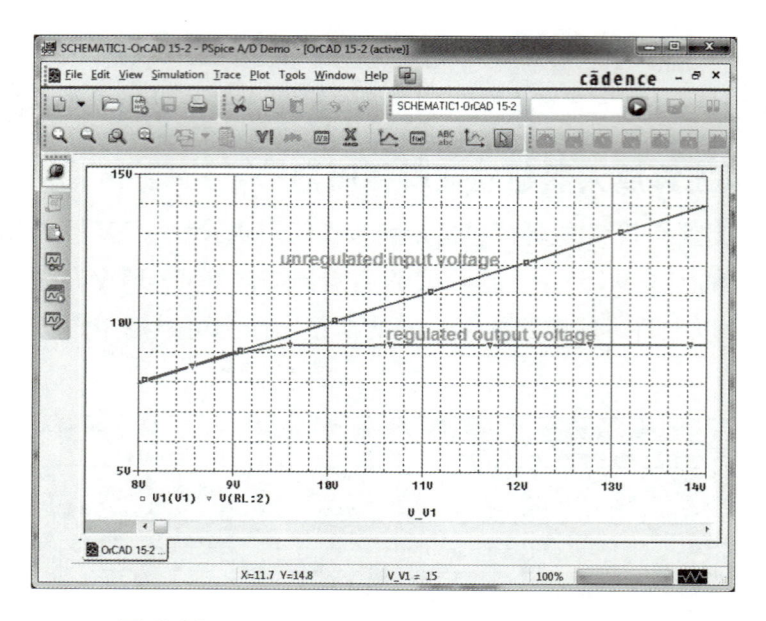

圖 6.41 圖 6.40 電路作直流掃描的測棒輸出

習　題

*注意：星號代表較困難的習題。

6.2　濾波器的一般考慮

1. 某弦波訊號的平均值 50 V 且最大漣波 2 V，則漣波因數是多少？
2. 某濾波器電路無載時提供 28 V 輸出，全載工作時是 25 V，試計算其電壓調整百分率。
3. 某半波整流器產生 20 V 直流輸出，則漣波電壓值是多少？
4. 某全波整流器的輸出電壓是 8 V 直流，則漣波電壓有效值是多少？

6.3　電容濾波器

5. 某全波濾波器接到簡單的電容濾波器，產生 14.5 V 的直流電壓，且漣波因數 8.5%，則輸出漣波電壓(rms)是多少？
6. 某峰值 18 V 的全波整流訊號接到電容濾波器，若全載時輸出是 17 V 直流電，則濾波器的電壓調整率是多少？
7. 某峰值 18 V 的全波整流電壓接到 400 μF 的濾波電容，當負載是 100 mA 時，電容兩端的漣波和直流電壓各是多少？
8. 某全波整流器在 60 Hz 交流電源之下工作，可產生 20 V 峰值整流電壓。若使用 200 μF 電容，試計算 120 mA 負載時的漣波。

9. 某全波整流器（在 60 Hz 電源下工作）驅動電容濾波電路($C=100\ \mu F$)，接到 2.5 kΩ 負載時產生 12 V 直流電壓，試計算輸出電壓漣波。

10. 為使濾波電壓在 150 mA 負載時的漣波是 15%，試計算所需的濾波電容器的大小。已知全波整流電壓是 24 V 直流，且電源是 60 Hz。

*11. 某 500 μF 電容提供 200 mA 負載電流時的漣波是 8%，試計算由 60 Hz 電源所得到的峰值整流電壓，以及濾波電容器的直流電壓降。

12. 為使濾波電壓在 200 mA 負載電流時的漣波是 7%，試計算濾波電容器所需的大小。已知全波整流電壓是 30 V，且電源是 60 Hz。

13. 某 120 μF 濾波電容器提供 80 mA 的負載電流，試計算電容兩端電壓的漣波百分率。已知全波整流器在 60 Hz 電源之下工作，產生的峰值整流電壓是 25 V。

6.4 RC 濾波器

14. 將 RC 濾波器接到電容濾波器之後，使漣波百分率降到 2%。若此 RC 濾波器提供 80 V 直流電，試計算對應的漣波電壓。

*15. 某全波整流器輸出 24 V 直流並帶有 2 V rms 的漣波，用 RC 濾波器($R=33\ \Omega$、$C=120\ \mu F$)濾波，試計算在 100 mA 負載時，此 RC 段輸出的漣波百分率。並計算加到 RC 段之前的訊號漣波。

*16. 某簡單的電容濾波器有 40 V 的直流輸入，此電壓接到 RC 濾波器($R=50\ \Omega$、$C=40\ \mu F$)，當負載電阻 500 Ω 時，負載電流是多少？

17. 某 RC 濾波器接到 1 kΩ 負載，當全波整流器和電容濾波器輸出 50 V 直流且帶有 2.5 V rms 漣波到此 RC 濾波器時，試計算此濾波器輸出的漣波電壓，已知 RC 濾波段的元件 $R=100\ \Omega$ 且 $C=100\ \mu F$。

18. 若習題 17 的無載輸出電壓是 50 V，試計算在 1 kΩ 負載時的電壓調整百分率。

6.5 個別電晶體的穩壓電路

*19. 試計算圖 6.42 穩壓器電路中的輸出電壓和齊納二極體電流。

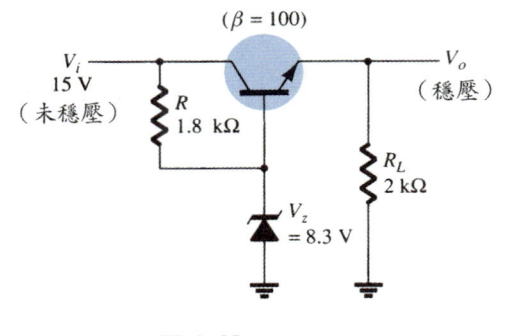

圖 6.42 習題 19

20. 圖 6.43 電路產生的穩壓輸出電壓是多少？

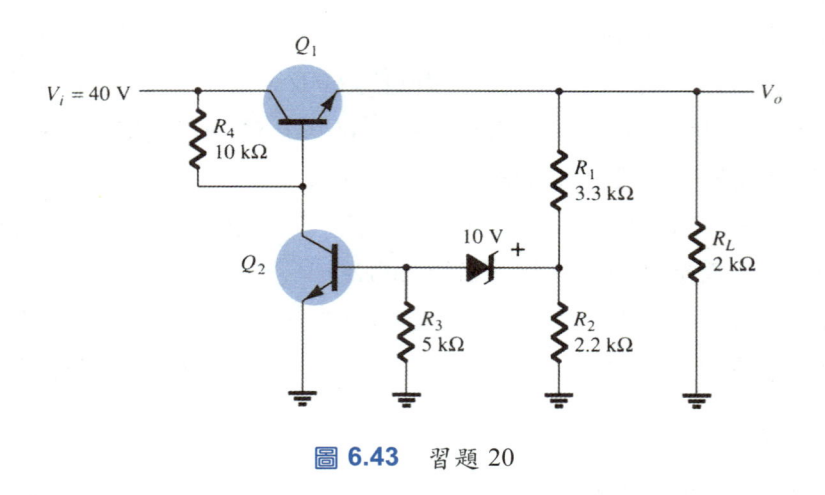

圖 6.43 習題 20

21. 試計算圖 6.44 電路的穩壓輸出電壓。

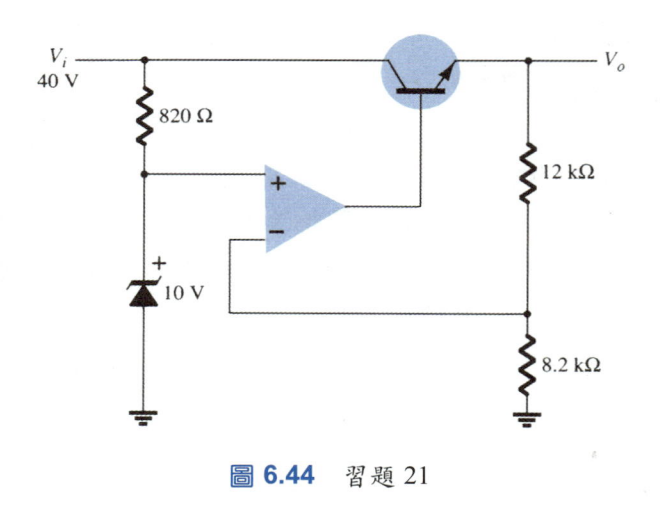

圖 6.44 習題 21

22. 就圖 6.45 的並聯穩壓器，試決定穩壓電壓值和電路中的各電流值。

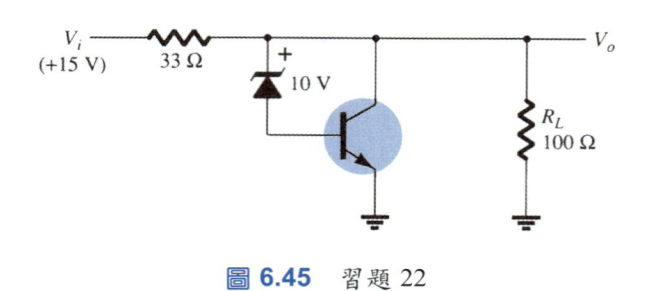

圖 6.45 習題 22

6.6 IC 穩壓器

23. 試畫出由全波橋式整流器、電容濾波器和 IC 穩壓器所組成的電壓源電路，以提供 +12 V 的輸出。

*24. 圖 6.46 中，若所接負載取用 250 mA 的電流，試計算全波整流器和濾波電容網路的最小輸入電壓。

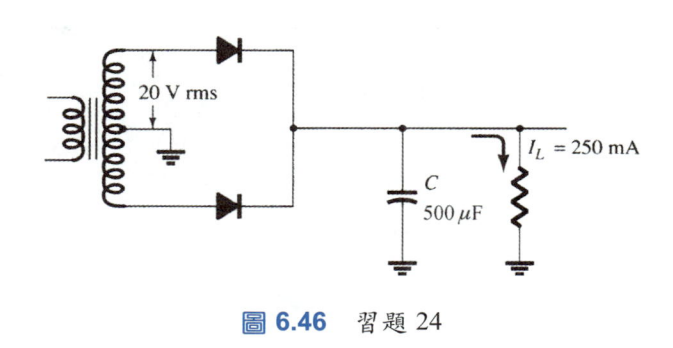

圖 6.46 習題 24

*25. 圖 6.47 的電路如欲保持穩壓，試決定負載電流的最大值。

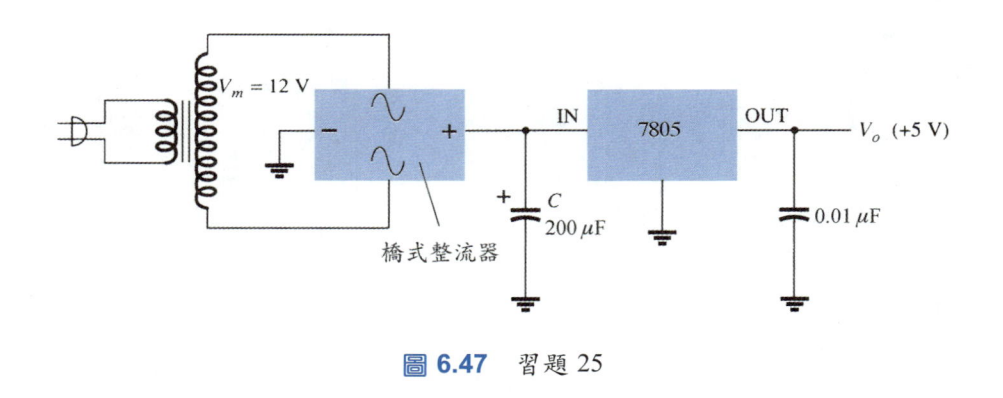

圖 6.47 習題 25

26. 試決定圖 6.30 電路的穩壓電壓值，已知 $R_1 = 240\ \Omega$ 且 $R_2 = 1.8\ k\Omega$。

27. 試決定圖 6.48 電路的穩壓輸出電壓值。

6.9 計算機分析

*28. 修改圖 6.38 的電路，加上負載電阻 R_L，將輸入電壓固定在 10 V。對負載電阻作掃描，自 100 Ω 到 20 kΩ，試利用測棒功能顯示輸出電壓。

*29. 對圖 6.40 的電路執行掃描，R_L 從 5 kΩ 掃描到 20 kΩ。

*30. 對圖 6.19 的電路執行 PSpice 分析，$V_Z = 4.7$ V 且 $\beta(Q_1) = \beta(Q_2) = 100$，且 V_i 由 5 V 變化到 20 V。

圖 6.48　習題 27

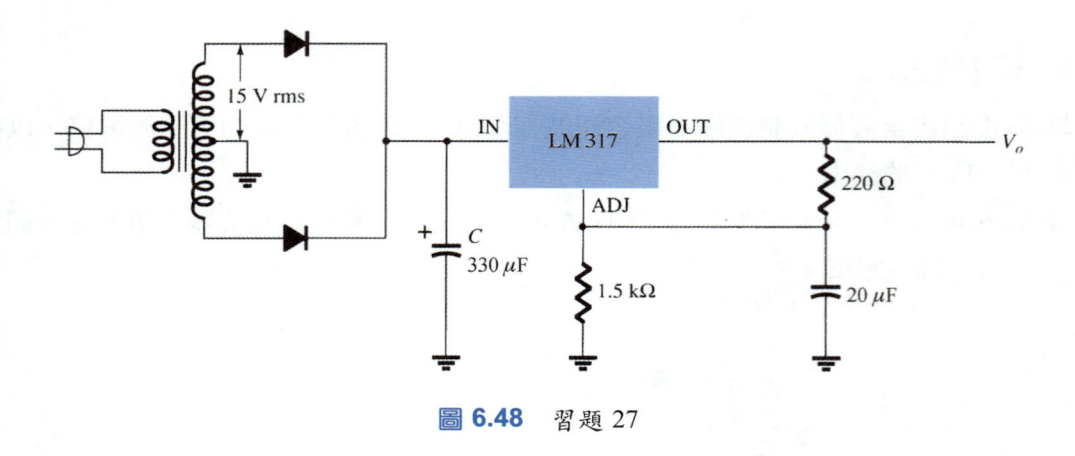

7 其他的雙端裝置

本章目標

熟習以下各項裝置的特性與應用領域：
- 肖特基障壁與變容二極體
- 太陽能電池、光二極體、光導電池及紅外線發射器
- 液晶顯示器
- 熱敏電阻
- 透納二極體

7.1 導言

有一些雙端元件類似半導體二極體或齊納二極體，都有一個 p-n 接面，但有不同的工作模式、端電壓電流特性以及應用領域。本章將介紹其中一些，包括肖特基、透納、變容、光二極體和太陽能電池等。另外，也將探討一些不同結構的雙端裝置，如光導電池、LCD（液晶顯示器）和熱阻器等。

7.2 肖特基障壁（熱載子）二極體

現在對一種名為肖特基障壁(Schottky-barrier)、表面障壁或熱載子二極體的雙端裝置的關注日增，其應用領域起初限於極高頻的領域，這是因為它的反應時間快速（在高頻特別重要），以及較低的雜訊指數（在高頻應用上是很重要的物理量）。但近年來，這種二極體在低電壓／高電流的電源供應器以及交流對直流轉換器中也愈來愈常看到。此種裝置的其他應用領域，包括雷達系統、計算機上的肖特基 TTL 邏輯、通訊設備上的混頻器或檢測器、儀器以及類比對數位轉換器等。

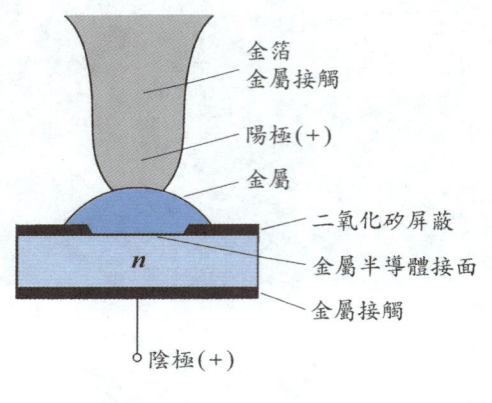

圖 7.1 肖特基二極體

此種二極體的結構和傳統 p-n 接面很不相同，這是金屬半導體接面，如圖 7.1 所示。半導體正常是用 n 型矽（雖然有時也用 p 型矽），但金屬所用的種類就很多，如鉬、白金、鉻或鎢等都有在用。不同的構造技術會給裝置不同的特性，例如增加頻率範圍或降低順偏電壓等等。一般而言，肖特基二極體的結構會產生更均勻的接面區域，而且非常堅固。

在兩種材料中，電子都是多數載子。在金屬中，少數載子（電洞）的數量是微乎其微。當兩種材料相接時，n 型矽半導體材料中的電子馬上流進相接的金屬材料中，會建立很大的多數載子電流。和金屬中的電子相比，射入的載子有極高的動能，普遍稱為熱(hot)載子。在傳統的 p-n 接面中，也有少數載子會射入相接的另一區域。但現在電子所射入的區域，也是電子佔多數的區域，因此肖特基二極體獨特之處在於，導通時流通的都是多數載子。極多電子流到金屬的結果，會使矽材料靠近接面處產生一缺乏載子的區域──很像 p-n 接面二極體的空乏區。而金屬中多出來的載子會建立一"負電牆"，在金屬中緊臨兩種材料的邊界。總和結果是，兩種材料之間會出現"表面障壁"，擋住電流，也就是矽材料中的負性電子面對無載子區域，且被金屬表面的"負電牆"排拒而無法再流動。

施加順偏時的情況見圖 7.2 中的第一象限，外加的正電位會吸引"負電牆"中的電子，使負障壁的強度降低，這會使電子再度大量流過接面，電流的大小由外加順偏電

肖特基博士
德國人（馬堡與柏林，德國）
(1886-1976)
Rostock 大學理論物理教授
西門子工業研究實驗室**物理研究學者**

肖特基博士於 1886 年 7 月 23 日生於瑞士蘇黎士，1908 年獲得柏林大學物理科學學士學位，1912 年在柏林大學獲得物理哲學博士。

最知名者為肖特基效應，定義了點電荷和金屬平面間的交互作用，產生了廣為人知的肖特基二極體，對典型的半導體二極體作了許多重要的改進。他也是公認的超外差式收音機、4 極管熱離子閥（多網真空管）的發明者，並和歐文共同發明帶式麥克風。

獲獎包括 1936 年的皇家協會休斯獎，以及 1964 年的維納－馮－西門子指環（德國最高科技獎項）。另外，德國的肖特基研究所亦以他命名。
（照片採自慕尼黑西門子公司檔案）

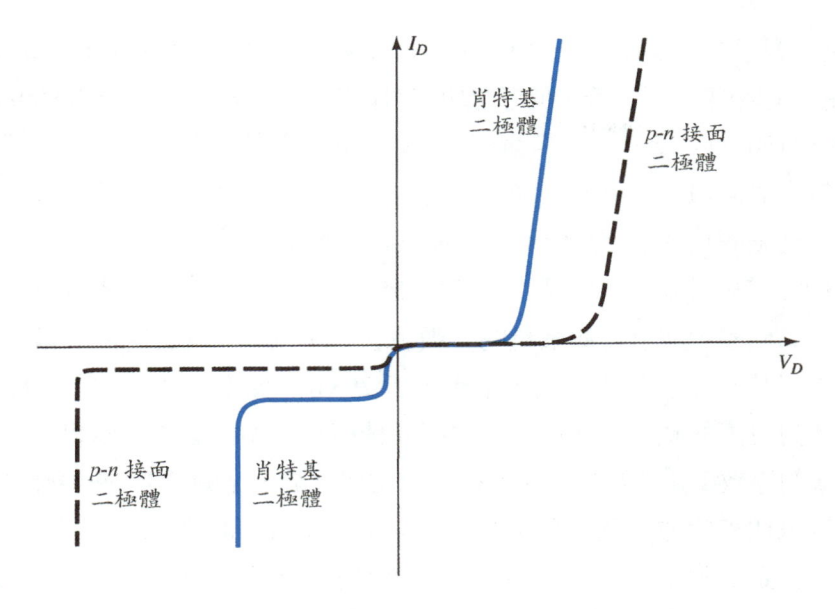

圖 7.2 熱載子和 p-n 接面二極體的特性比較

壓值控制。無論是順偏或逆偏，肖特基二極體的接面障壁都小於 p-n 接面裝置，因此在相同的順偏或逆偏電壓之下，肖特基二極體都會產生較高的電流。對順偏區而言，這是我們想要的，但對逆偏區而言，卻是我們很不想得到的結果。

順偏區電流呈指數上升，可用基礎篇式(1.4)描述，但 η 則決定於構裝技術（例如對金屬鬚式結構而言，$\eta = 1.05$，相當類似鍺二極體）。逆偏時，I_s 主要源自於由金屬進到半導體材料的電子。有一種對肖特基二極體的持續研究，集中在如何降低溫度在 100°C 以上時的高漏電流。經由設計的成果，今已有溫度在 $-65°C \sim 150°C$ 的改良現成品。在室溫時，低功率肖特基二極體的 I_s 典型值在 μA 的範圍，而高功率裝置則在 mA 的範圍。在相同的電流限制之下，肖特基二極體的 I_s 會比傳統的 p-n 接面裝置來得大。另外，肖特基二極體的 PIV 通常會比相當的 p-n 接面二極體小很多。一般而言，就 50 A 的裝置，肖特基二極體的 PIV 典型值約 50 V，但 p-n 接面二極體則可達 150 V。但晚近的進展，相同電流已能做出 PIV 100 V 以上的二極體。顯然可從圖 7.2 的特性看出，肖特基二極體更為接近理想特性，其臨限值 V_T 低於一般的半導體 p-n 接面。"熱載子"二極體的 V_T 由所用金屬控制，可在相當大的範圍內變化。V_T 值和可操作溫度範圍之間存在一種折衷取捨，其一增加時另一也隨之增加。另外，允許電流範圍愈低時，V_T 值也愈低。對低電流值的肖特基二極體而言，V_T 值幾可近似為零。但對中高電流而言，0.2 V 是比較好的代表值。

目前此種裝置的最大電流額定限制在約 100 A，此種二極體主要應用領域之一是切換式電源供應器，其工作頻率範圍在 20 kHz 以上。用在這種電源供應器中的肖特基二極體，順偏 0.6 V 溫度 25°C 時的額定電流可以到 50 A，恢復時間低到 10 ns。同樣 50 A 的

p-n 接面裝置，對應的順偏電壓降到可能高到 1.1 V，恢復時間則在 30 ns～50 ns 之間。順偏電壓的差距看起來不是很顯著，但考慮功率消耗的差異：$P_{熱載子} = (0.6\text{ V})(50\text{ A}) = 30\text{ W}$，而 $P_{p\text{-}n} = (1.1\text{ V})(50\text{ A}) = 55\text{ W}$，當考慮到效率時，就是相當大的差距了。當然，由於肖特基二極體有較大的漏電流，因此，逆偏時有較高的功率消耗。但若將逆偏和順偏總和起來，肖特基二極體的功率仍然顯著小於 p-n 接面二極體。

回想我們在基礎篇第 1 章中對逆向回復時間的計算，高 t_{rr} 值導因於射入的少數載子。在肖特基二極體中並無可觀數量的少數載子，所以逆向恢復時間非常小，上一段已述及，這也是肖特基二極體能有效應用到接近 20 GHz 頻率（此時裝置以極高速切換）的主要理由。對更高的頻率，仍可使用接面面積極小的點接觸式二極體。

此種裝置的等效電路（及對應典型值）和常用符號，見圖 7.3。一些製造商喜歡用標準的二極體符號代表此種裝置，因功能上幾乎完全相同。電感 L_P 和電容 C_P 都是包裝所產生的數值，r_B 是串聯電阻，包括接觸和自體電阻。電阻 r_d 和電容 C_J 由先前介紹的關係式定義。對大部分的應用而言，只要用理想二極體和電容並聯，即可得極佳的近似等效電路，見圖 7.4。

Vishay 公司製造的一般用途肖特基二極體，見圖 7.5，並附有最大額定值和電氣特性。注意在最大額定值中，重複最大峰值電壓限制在 30 V，且最大連續電流限制在 200 mA = 0.2 A，但必要時也可處理 5 A 的湧入電流。由電氣特性可看出，在鄰近 1 mA 的低電流區（僅略高於導通值）最大順向電壓僅 0.32 V，遠小於典型的二極體的 0.7 V。而當順向電壓到達 0.7 V 之前，電流必定接近約 80 mA。就切換應用而言，電容值是重要的，但對大部分的應用而言，10 pF 的電容值一般是可接受的。最後注意到，逆向電流僅 2.3 μA。

此裝置的典型特性見圖 7.6。在圖 7.6a 中，我們發現電流 20 mA 時的順向電壓約 0.5 V，但電流在 10 mA 時，即降到 0.45 V，而當電流 0.1 mA 時，順向電壓降到僅 0.25 V。在圖 7.6b 中，我們發現逆向電流會隨著溫度上升而快速增加，在 100°C 時，已超過 300 μA = 0.3 mA。幸運地，在較低溫如 25°C 時，僅為 2 μA。圖 7.6c 可以看出，何以

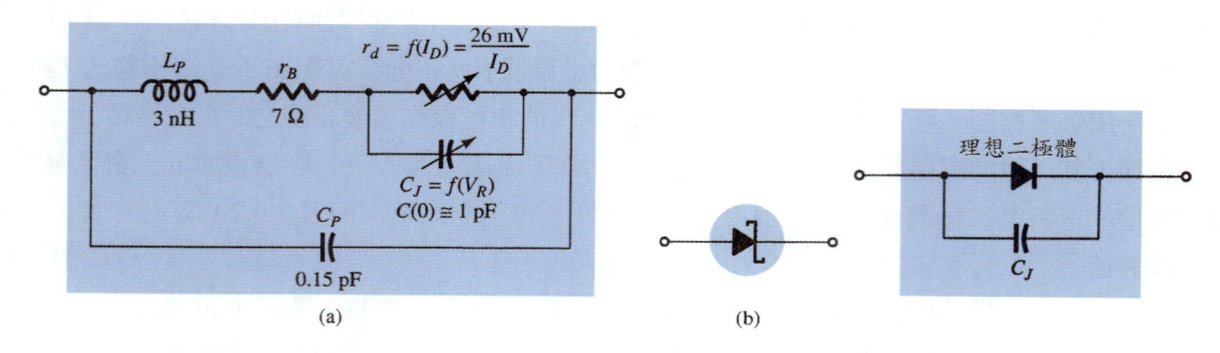

圖 7.3 肖特基（熱載子）二極體：(a)等效電路；(b)符號

圖 7.4 肖特基二極體近似的等效電路

小訊號肖特基二極體

應　用
- 應用於需要很低順向電壓之處

絕對最大額定值　$T_{amb} = 25°C$，除非另有指定

參數	測試條件	符號	數值	單位
逆向電壓		V_R	30	V
最大順向湧入電流	$t_p = 10$ ms	I_{FSM}	5	A
重複性最大順向電流	$t_p \leq 1$ s	I_{FRM}	300	mA
順向電流		I_F	200	mA
平均順向電流		I_{FAV}	200	mA

熱特性　$T_{amb} = 25°C$，除非另有指定

參數	測試條件	符號	數值	單位
接面到環境空氣	在 PC 板上 50 mm × 50 mm × 1.6 mm	R_{thJA}	320	K/W
接面溫度		T_j	125	°C
儲存溫度範圍		T_{stg}	$-65 \sim +150$	°C

電氣特性　$T_{amb} = 25°C$，除非另有指定

參數	測試條件	符號	最小	典型	最大	單位
順向電壓	$I_F = 0.1$ mA	V_F			240	mV
	$I_F = 1$ mA	V_F			320	mV
	$I_F = 10$ mA	V_F			400	mV
	$I_F = 30$ mA	V_F			500	mV
	$I_F = 100$ mA	V_F			800	mV
逆向電流	$V_R = 25$ V，$t_p = 300\ \mu s$	I_R			2.3	μA
二極體電容	$V_R = 1$ V，$f = 1$ MHz	C_D			10	pF

圖 7.5　Vishay BAS285 肖特基二極體的最大額定值、熱特性和電氣特性

等效電路中一定要有電容元件。當 $V_R = -0.1$ V 時，電容接近 9.2 pF，而當 $V_R = -10$ V 時，則降到 3.4 pF。

7.3　變容二極體

　　變容器〔也稱為 VVC（壓變電容）〕二極體是一種半導體電壓控制的可變電容器，其工作模式決定於逆偏時 p-n 接面上存在的電容。在逆偏情況下，接面兩側存在未遮覆電荷區域，即空乏區，空乏區寬度定為 W_d。遷移電容 C_T 由隔離的未遮覆電荷所建立，由下式決定：

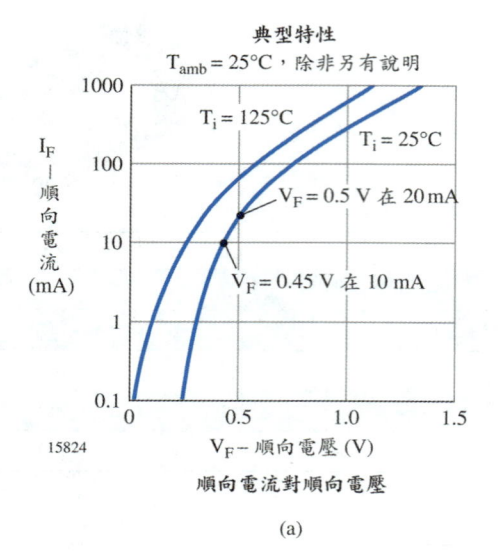

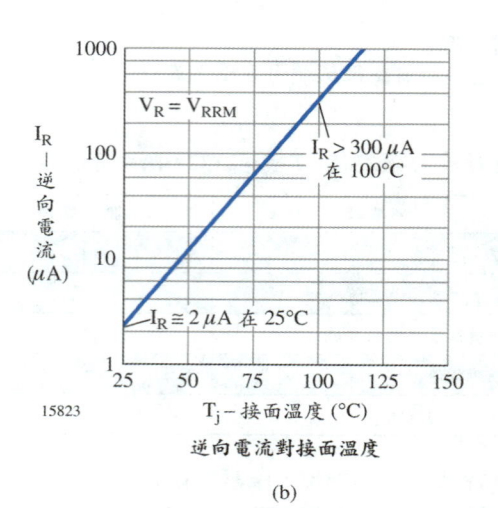

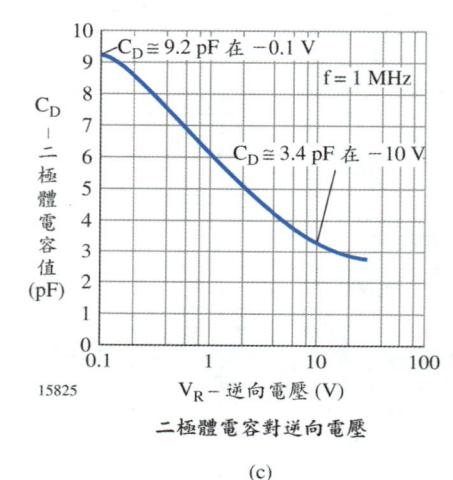

圖 7.6 Vishay BAS285 肖特基二極體的典型特性

$$C_T = \epsilon \frac{A}{W_d} \tag{7.1}$$

其中，ϵ 為半導體材料的介電係數，A 是 p-n 接面截面積，且 W_d 是空乏區寬度。

當逆偏電壓升高時，空乏區寬度隨之增加，因而降低了遷移電容。典型商用現成的壓變電容二極體的特性，見圖 7.7。注意到，逆偏一開始增加時，C_T 的下降很快。VVC 二極體正常的 V_R 範圍限制在約 20 V，遷移電容對應於外加逆偏的近似關係如下：

$$C_T = \frac{K}{(V_T + V_R)^n} \tag{7.2}$$

其中，K = 半導體材料和構裝技術所決定的參數

V_T = 膝點電壓，定義在基礎篇第 1.6 節

V_R = 外加的逆偏電壓大小

n = 合金接面為 1/2 且擴散接面為 1/3

以零偏壓條件下的電容 $C(0)$ 為參數，電容值可表成 V_R 的函數如下

$$C_T(V_R) = \frac{C(0)}{(1+|V_R/V_T|)^n} \quad (7.3)$$

壓變電容二極體最普遍使用的符號，及其在逆偏區一次近似的等效電路見圖 7.8。因為在逆偏區工作，等效電路中的電阻值很大，一般在 1 MΩ 以上——而 R_S，即二極體的構裝電阻就很小，如圖 7.8 所示。C_T 值會從約 2 pF～100 pF，決定於所考慮的壓變電容。為確保 R_R 足夠大（以使漏電流達到最小），正常應以矽作為變容二極體的材料。由於裝置會用在極高頻，所以要包括電感 L_S，即使單位小到 nH。回想到 $X_L = 2\pi fL$，且當頻率 10 GHz 以及 $L_S = 1$ nH 時，$X_{L_S} = 2\pi fL = (6.28)(10^{10}\text{Hz})(10^{-9}\text{F}) = 62.8$ Ω。因此，在用任一個壓變二極體時，顯然都會有頻率的限制。假定頻率範圍是恰當的，且 R_s 和 X_{L_S} 與其他串聯元件相比，阻抗值足夠低，就可用單一個可變電容代替整個等效電路（圖 7.8a）。

電容溫度係數定義為

$$TC_C = \frac{\Delta C}{C_0(T_1-T_0)} \times 100\% \quad \%/°C \quad (7.4)$$

其中，ΔC 是溫度變化 $T_1 - T_0$ 對應的電容值變化，C_0 是某特定逆偏電壓之下對應於 T_0 的電容值。例如，$V_R = -3$ V 且 $T_0 = 25°C$ 時對應的 $C_0 = 29$ pF，利用式(7.4)並代入新的溫度 T_1 和相關的 TC_C，即可得電容變化量 ΔC。對不同的 V_R，TC_C 值會隨之變化。

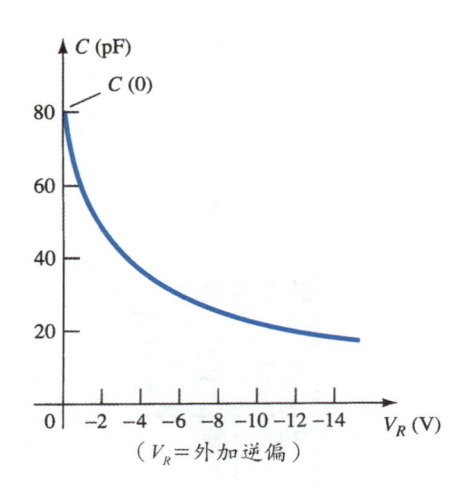

圖 7.7 壓變電容二極體的特性

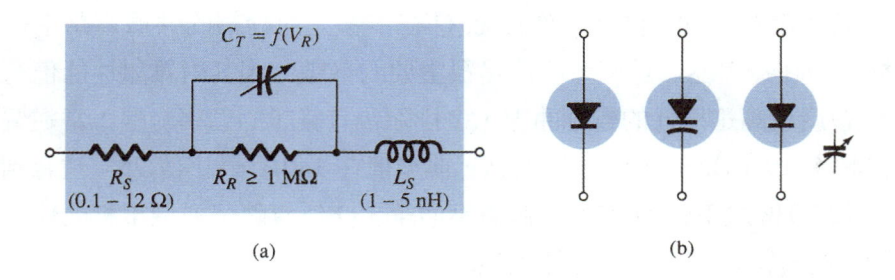

圖 7.8 壓變電容二極體：(a)逆偏區的等效電路；(b)符號

(a)

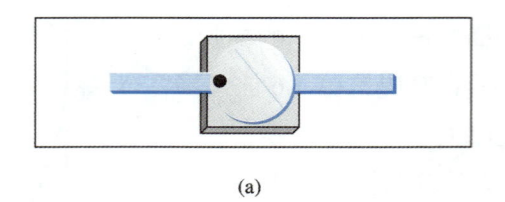

最大額定值

參數	符號	數值	單位
逆向電壓	V_r	和 V_{br} 相同	Volts
順向電流	I_f	100	mA
功率消耗	Pd (25°C)	250	mW
工作溫度	T_{op}	−55 ～ +150	°C
儲存溫度	T_{stg}	−65 ～ +200	°C

(b)

圖 7.9 Micrometrics 公司的陡變調整型變容二極體：(a)包裝；(b)最大額定值

  Micrometrics 公司的陡變調整型變容器的包裝和最大額定值提供在圖 7.9a，利用特殊的離子布植技術所產生的陡變接面，比一般的突變接面的摻雜濃度變化更為陡峭。當我們希望 VCO（壓控振盪器）產生的頻率和控制電壓之間的關係更為線性時，就需選用陡變接面變容二極體。對 100 MHz 以下的 LC 共振頻率，此系列的二極體是十分理想的，對 1.5 ～ 到 4 V 的調整範圍，幾呈直線關係。如最大額定值上看到的，最大順向電流約 100 mA，功率消耗 250 mW，逆向電壓額定以 V_{br} 定義，其性能特性見圖 7.10。

  電氣特性和典型的性能特性提供在圖 7.10，注意對 TV 1401 而言，電容值會從逆偏 2 V 的 58 pF 掉到逆偏 7 V 的 6.1 pF，此證實了圖 7.7 的下降曲線。當逆偏到 10 V 時，電容值會繼續下降到約 5 pF。對變容二極體而言，調整比例是很重要的，可以很快知道在典型的外加電壓範圍內，電容值可以變化多少。如在電氣特性中所見，逆向電壓由 1.25 V 變到 7 V 時，電容值會下降 13 倍。而當逆向電壓由 2 V 變到 10 V 時，電容值的變化在 10 ～ 17 的範圍，視零件而定。對全範圍的電壓變化，電容值的變化畫在圖 7.10a，就所顯示的逆偏電壓而論，逆偏電壓 V_r = 0.1 V 時，電容值約 130 pF（對數座標），而當 V_r = 15 V 時，電容值約 4 pF。品質因數 Q 在本書先前介紹的共振電路中曾定義過，當變容二極體用在振盪器設計時，Q 值是很重要的參數，因其對雜訊性能值有很大的影響。高 Q 值會產生高選擇性的響應曲線，會排除帶有雜訊的頻率範圍。當逆偏 2 V 且處於典型工作頻率 10 MHz 時，Q 參數很高，典型值在 140 且最小值 75。注意到，所提供的固定頻率 10 MHz 之下的 Q 值對逆偏電壓曲線，Q 值會隨著逆偏電壓的快速增加而上升，這是因為總接面電容會隨著逆偏電壓的上升而下降。

典型性能

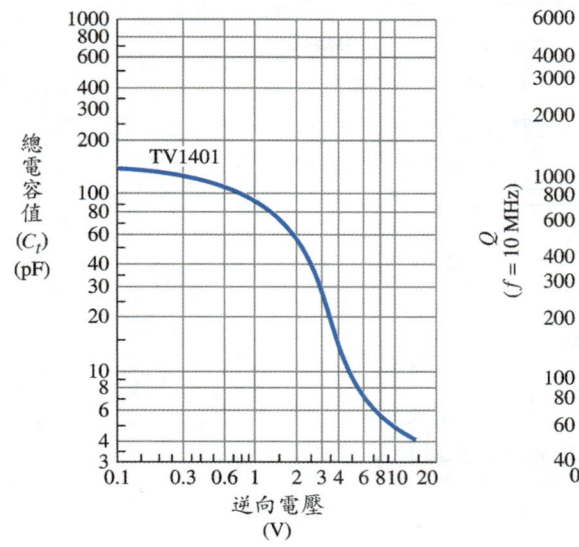

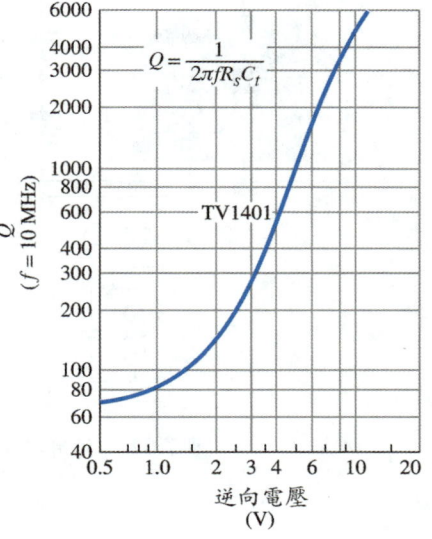

$$Q = \frac{1}{2\pi f R_s C_t}$$

(f = 10 MHz)

(a)

Q $V_r = 2$ Vdc		V_{br} (Vdc) $I_r = 10\,\mu$ Adc	I_r (nAdc) $V_r = 10$ Vdc	型號
F = 1 MHz 最小值／典型值	F = 10 MHz 最小值／典型值	最小值／典型值	典型值／最大值	
-	75/140	12/20	10/50	TV1401
200/700	-	12/20	50/100	TV1402
200/700	-	12/20	100/1000	TV1403

電氣特性

總電容值, C_t F = 1 MHz (pF)				調整比例, T_r F = 1 MHz		型號
$V_r = 2$ Vdc 最小值／典型值	$V_r = 7$ Vdc 典型值	$V_r = 10$ Vdc 最小值／典型值／最大值	$V_r = 125$ Vdc 典型值	C(1.25 V)/C(7 V) 典型值	C(2 V)/C(10 V) 最小值／典型值／最大值	
46/57/68	6.1	4.2/4.7/5.2	81.5	13	10/12/17	TV1401
46/57/68	6.1	4.2/4.7/5.2	81.5	13	10/12/17	TV1402
46/57/-	6.1	-/4.7/5.2	81.5	13	10/12/-	TV1403

(b)

圖 7.10 Micrometrics 公司 TV 1400 系列變容二極體：(a)典型性能；(b)電氣特性

變容二極體應用在某些高頻（對應於小電容值）領域，包括 FM 調變器、自動頻控裝置、可調帶通濾波器，以及參數放大器。

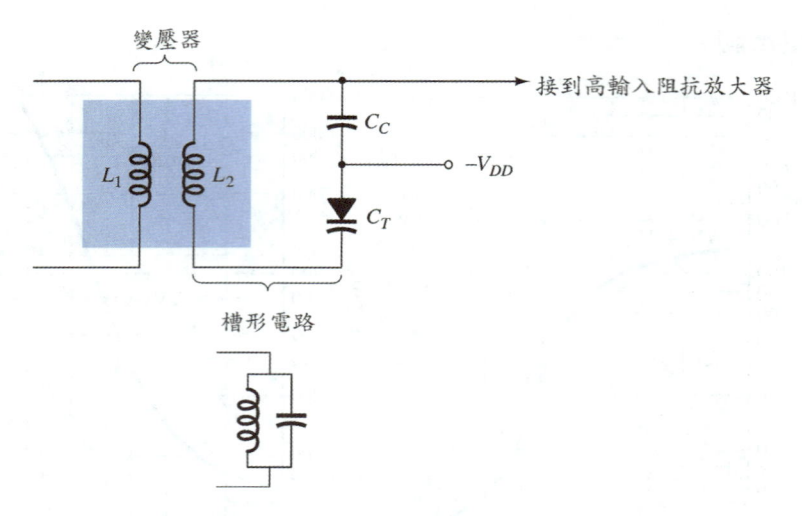

圖 7.11 利用變容二極體建立調諧網路

應　用

在圖 7.11 中，變容二極體用在調諧網路，亦即並聯 LC 組合的共振頻率是 $f_p = 1/2\pi\sqrt{L_2 C'_T}$（高 Q 系統），且 $C'_T = C_T + C_C$，C_T 由外加逆偏電壓 V_{DD} 決定，耦合電容 C_C 提供 L_2 直流短路效應和外加偏壓之間的直流隔離。調諧頻路所選定頻率的訊號，可通過此網路再進到高輸入阻抗放大器，以供進一步的放大。

7.4　太陽能電池

近年來，太陽能電池作為替代能源，所受關注持續增加。考慮海平面接收日光的功率密度，僅約 100 mW/cm²(1 kW/m²)，的確，此種能源有待進一步的研究發展，使太陽能對電能的轉換效率可增到最大。

矽 p-n 接面太陽能電池的基本構造見圖 7.12，如頂視圖所看到的，所有努力都要確保得到和太陽光垂直的最大表面積。也要注意到，接到 p 型材料的金屬導體和 p 型材料的厚度，可確保最多光子（即最大光能）到達接面。到達接面的光子可能和價電子碰撞，會傳遞足夠的能量使價電子脫離其原所在原子，結果產生了自由電子和電洞，此現象會發生在接面的任一側。在 p 型材料中，新產生的電子是少數載子，會很自由地通過 p-n 接面，如同未偏壓基本 p-n 接面一般。同理在 n 型材料中的電洞也可作類似討論，結果是少數載子電流上升，其方向和 p-n 接面的順偏電流方向相反。單電池型矽太陽能電池的電流，會隨著入射光強度的增加而幾乎以線性之方式增加，如圖 7.13 所示。入射光倍增時，所產生的電流亦倍增，此圖代表一定的入射光所產生的最大電流，這是因輸出短路，故可產生最大條件，見圖 7.13，所產生的電流記為 I_{SC}。在短路條件下，輸出電壓為 0 V，如同一圖所示。

第 7 章 其他的雙端裝置 **275**

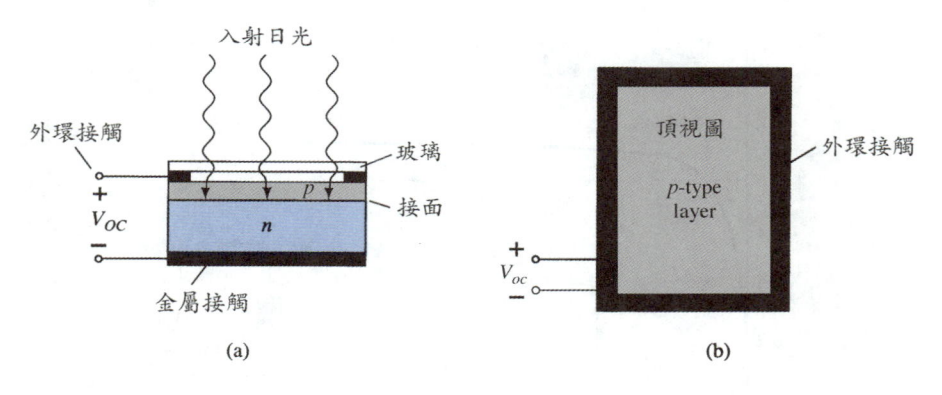

圖 7.12 太陽能電池：(a)剖面圖；(b)頂視圖

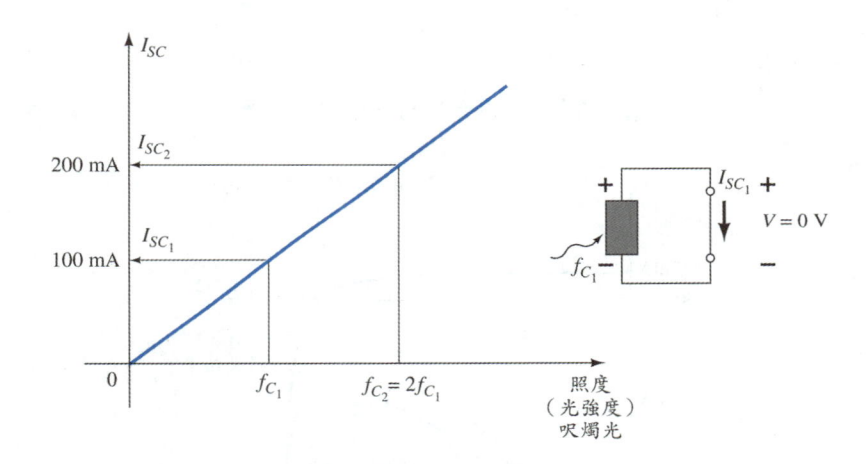

圖 7.13 光強度對短路電流的效應

開路電壓對應於相同光強度值的效應提供在圖 7.14，注意到，開路電壓快速增加到 0.5 V～0.6 V 之間。亦即在圖 7.14 上的寬廣入射光範圍，端電壓幾乎維持定值。因輸出電壓是開路電壓，見同一圖，因此各入射光值產生的電壓皆記為 V_{OC}。

因此，一般而言：

太陽能電池產生的開路電壓幾乎為定值，而短路電流則會隨照度的增加而線性上升。

因電壓幾乎為定值，可將太陽能電池串聯而得較高的輸出電壓，且串聯組態的電流會等於單一個電池的電流。如欲在單一個電池的開路電壓之下增加電流，可採用並聯。

電流對電壓的圖形建立在圖 7.15，針對某特定光強度。可利用公式 $P=VI$ 得到該太陽能電池的功率。

注意在圖 7.15 中，短路電流是最大電流，電流值會隨著電壓的增加而降低。也注意到，當電流從 0 A 到最大功率點的範圍內，電壓值幾乎為定值。因為在較低電壓區的電

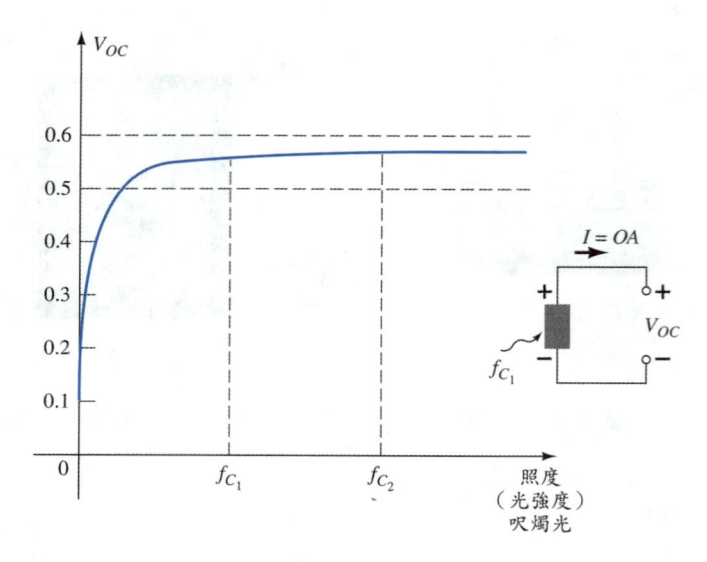

圖 7.14 光強度對開路電流的效應

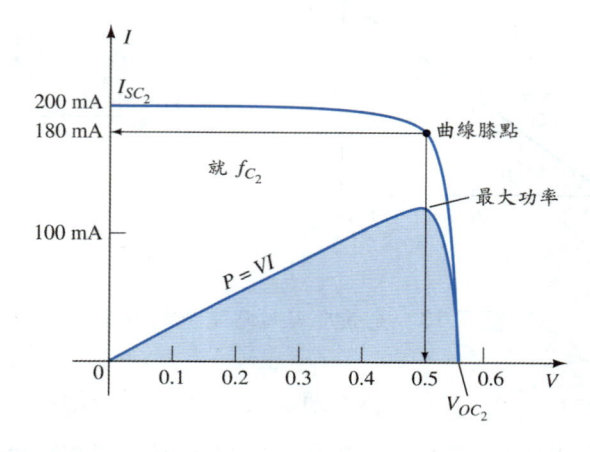

圖 7.15 畫出光強度 f_{C_2} 的功率曲線

流曲線幾乎呈水平,由功率公式 $P=VI$ 知,此時功率的增加幾乎導因於電壓值的增加。但到最後,電壓再繼續增加到接近 V_{OC} 時,電流會急劇下降,因而使功率曲線向下掉。最大功率出現在 $I-V$ 曲線的膝點區,見圖 7.15。就此太陽能電池,照度 f_{C_2} 對應的最大功率約為

$$P = VI = (0.5 \text{ V})(180 \text{ mA}) = \mathbf{90 \text{ mW}}$$

太陽能電池產生的電流大小,直接和材料的吸收特性(稱為吸收係數)、入射光波長,以及入射光強度相關。

材　料

今日各類型、各領域的大型或薄膜太陽能電池，最常用的材料是矽。以下要介紹的各類型電池的製程皆不同，**單晶矽**結構的原子晶格是均勻的，呈理想排列，純度最高，其典型效率值在 14%～17% 的範圍，實驗效率值可達 20% 以上。**多晶矽**太陽能電池採用較低廉的不同製程製造，其效率值較低(9%～14%)，但因節省製造成本又可切成薄層，故此種電池可在市場中存活。近年來，**薄膜技術**的導入，對太陽能電池的應用範圍和成本產生廣泛的影響。極薄（許多情況低於 1 μm）半導體層附到（用各種塗布技術）玻璃、塑膠或金屬等支撐結構上。複合**非晶矽(a-Si)** 是現今最廣泛使用的薄膜材料，除了減少生產成本，更具有高光吸收特性，以平衡效率值（僅 6%～9%）的減少。

另一種複合單晶**砷化鎵**(GaAs)常用於大型太陽能電池，因其具備高吸收率和高能量轉換率，範圍在 20%～30%。其他的薄膜材料包括**碲化鎘**(CdTe)和**二硒化銅銦**(CuInSe$_2$, CIS)，CdTe 有極高的光吸收率，在相同的轉換效率之下，其製造成本低於矽。CIS 則用於尖端研究，具有高吸收率與轉換率，效率接近 18%。

波　長

每個光子的能量和行進波的頻率成正比，決定如下式：

$$W = hf \quad （焦耳） \tag{7.5}$$

其中，h 稱為蒲郎克常數，等於 6.624×10^{-34} 焦耳·秒。可回想到，在基礎篇第 1.16 節的頻率波長（波長為兩相鄰峰之間的距離）關係如下：

$$\lambda = \frac{v}{f} \quad （單位為 nm 或 Å） \tag{7.6}$$

其中 λ＝波長（單位為 m）

v＝波速，3×10^8 m/s

f＝行進波的頻率，單位為 Hz

且 　　　　　　　　　　　Å$= 10^{-10}$ m，1 nm $= 10^{-9}$ m

將式(7.6)代入式(7.5)，可得

$$W = \frac{hv}{\lambda} \quad （焦耳） \tag{7.7}$$

可發現一組特定數目的光子，其能量和波長成反比。

因此，很清楚地，

太陽能電池的半導體層所吸收的光子能量，是入射光波長的函數。波長愈長時，所吸收到的能量值愈少。

另外，很重要了解到：

每個光子都只能產生一組電子電洞對，當光子的能量高過使電子游離的能量時，都只能使太陽能發熱。

就矽而言，其吸收曲線提供在圖 7.16，顯示基峰值在 850 nm 附近。如前所提的，可見光譜上的藍光波長較短，因此其能量顯著高於綠光、紅光或黃光。特別注意到，波長 1200 nm 處，其曲線降到水平軸，這是光子使矽材料中的電子游離的最高波長。易言之，在此波長處的入射光恰足以游離一組電子電洞對。更長波長的光子，其能量不足以使任何電子游離，只能增加太陽能電池的熱量。

光強度

設計太陽能的第 3 個重要因數是光強度。光強度愈大時，光子數目愈多，所產生的電子電洞對數量也就愈多。光強度是落在特定表面積上光流量的一種量度，光流量一般以流明(lm)或瓦(W)為單位，兩者的關係為

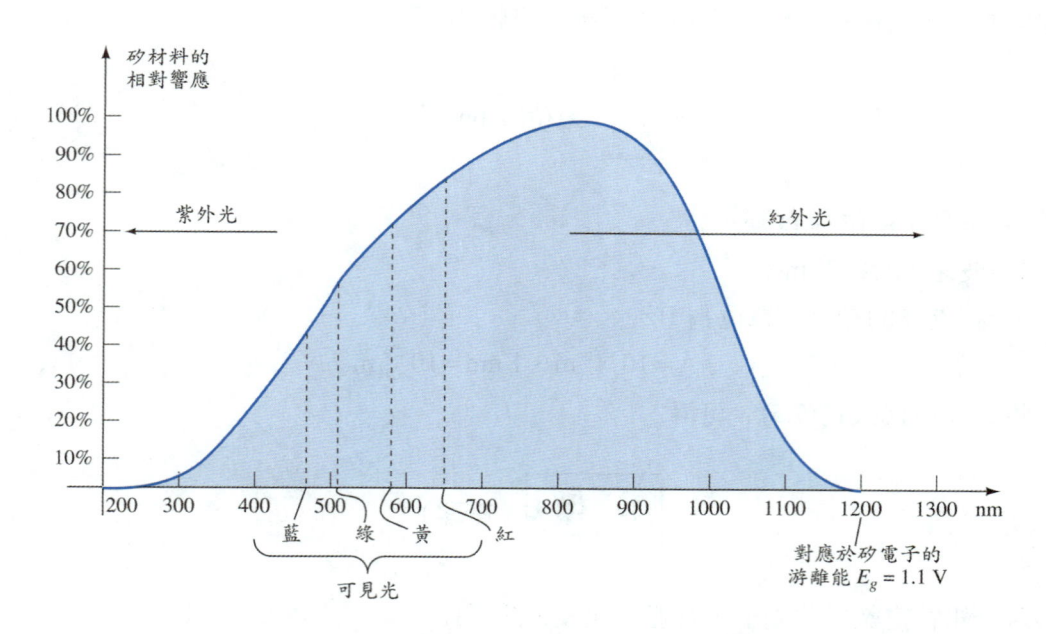

$$1 \text{ 流明} = 1 \text{ lm} = 1.496 \times 10^{-10} \text{ W} \tag{7.8}$$

圖 7.16 矽材料對應於入射光波長的相對響應

光強度的單位是 lm/ft²、呎燭光(fc) 或 W/m²，關係是

$$1 \text{ lm/ft}^2 = 1\ fc = 1.609 \times 10^{-9} \text{ W/m}^2 \tag{7.9}$$

本節之前提到，太陽光在海平面的光強度約為 100 mW/cm² 或 1 kW/m²，這給我們很好的概念，即 1 kW/m² 是太陽光給的最大光強度。

現今的最大效率值

近年來，研究機構的太陽能電池效率已跨過 40% 高檔區，事實上，在 2011 年已達到 43.5%。就薄膜技術而言，最大效率值仍維持在 20%，而單晶 GaAs 電池則到 29%，單晶矽電池則在 25%。

應　用

圖 7.17 中，有一組商用現成的 Edmund 科學用多電壓輸出的太陽能電池，提供 3 V 200 mA、6 V 100 mA、9 V 50 mA 及 12 V 50 mA 的多組輸出。假定個別電池的端電壓是 0.5 V，則需串聯 6 個電池才能得到 3 V 輸出。6 V 輸出則需串聯 12 個電池，餘此類推。不同的開關位置選擇不同的串聯組合，提供不同的電壓輸出。這些電壓源可用來對行動電話、MP3 播放器、閃光燈，以及視訊遊樂器等充電。此太陽能電池的電流不足以對 12 V 汽車電池充電，汽車電池需用安培級的電流充電。注意到，考慮到應用領域，此電池的尺寸相當小。

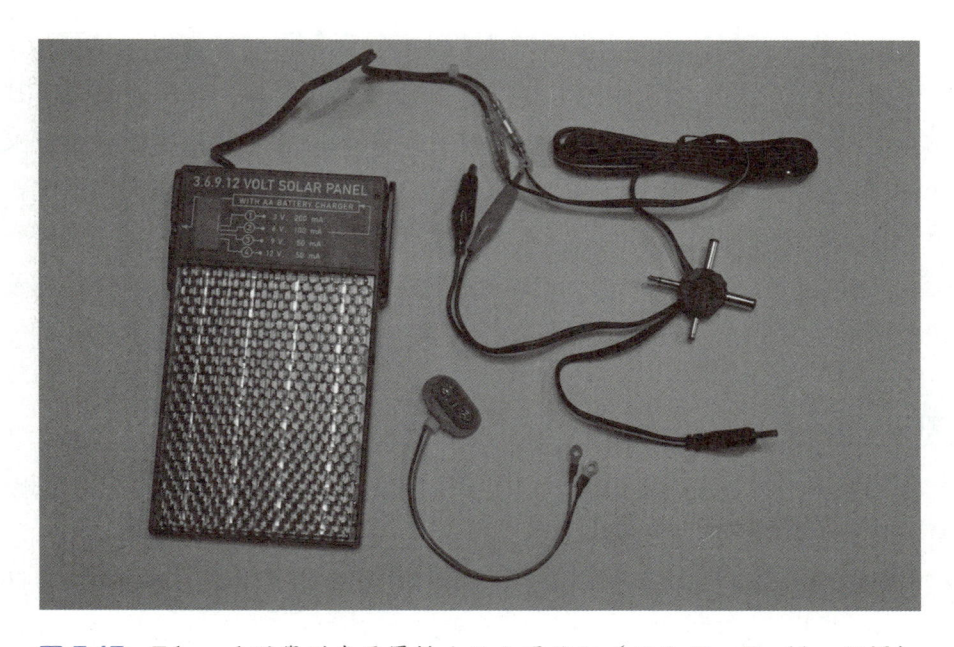

圖 7.17　Edmund 科學型多電壓輸出的太陽能板（培生 Dan Trudden 拍攝）

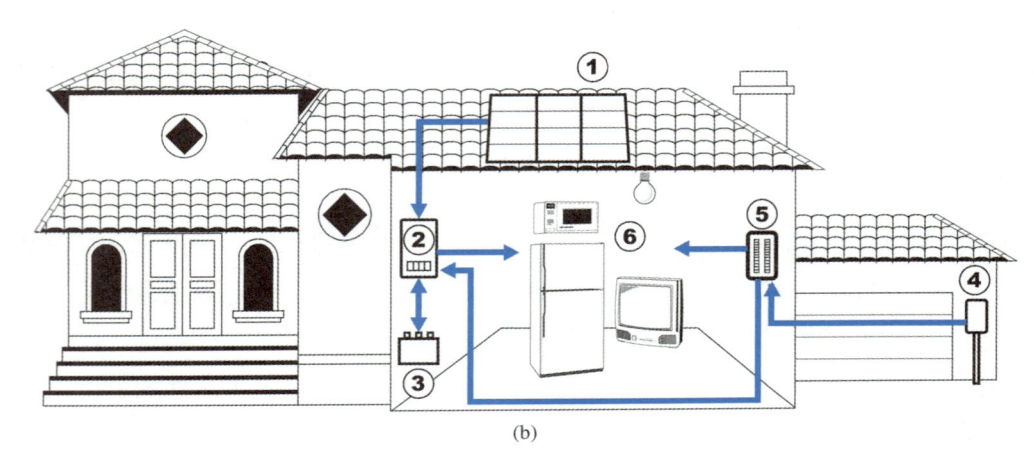

圖 7.18　太陽能系統：(a)車庫頂上的太陽能板；(b)系統操作（採自 SolarDirect.com）

薄膜太陽能板已廣泛作為家用的太陽能板，如圖 7.18a 的家庭屋頂上的太陽能板，其提供電力已足夠使節能冰箱一天運轉二十四小時，且可同時開啟彩色電視七小時、微波爐十五分鐘、60 W 燈泡點亮十小時，以及電子鐘工作十小時。此系統的基本操作見圖 7.18b。太陽能板(1)將太陽光轉換成直流電流，變頻器(2)將直流電轉換成標準交流電以供家庭(6)使用。來自太陽的能量儲存在電池(3)，以備陽光不足或電力中斷之需。夜晚或陰天時，若所需電力超過太陽能板和電池的供給，當地電力公司(4)可透過特殊配電箱(5)提供各家用電器(6)足夠的電力。雖然設立此系統要有初期費用，但真的重要需了解到，此種能源是免費的，太陽光不會向你要帳單，且可長期提供相當大的能源。

7.5　光二極體

光二極體是半導體 p-n 接面裝置，其工作區限制在逆偏區，此種裝置的偏壓方式、架構和符號見圖 7.19。

回想在基礎篇第 1 章中所提的，逆向飽和電流正常限制在幾個 μA 之下，此電流僅源於 n 型和 p 型材料因熱產生的少數載子。光射到接面時，入射光波的能量（以光子的

圖 7.19 光二極體：(a) 基本偏壓方式和架構；(b) 符號

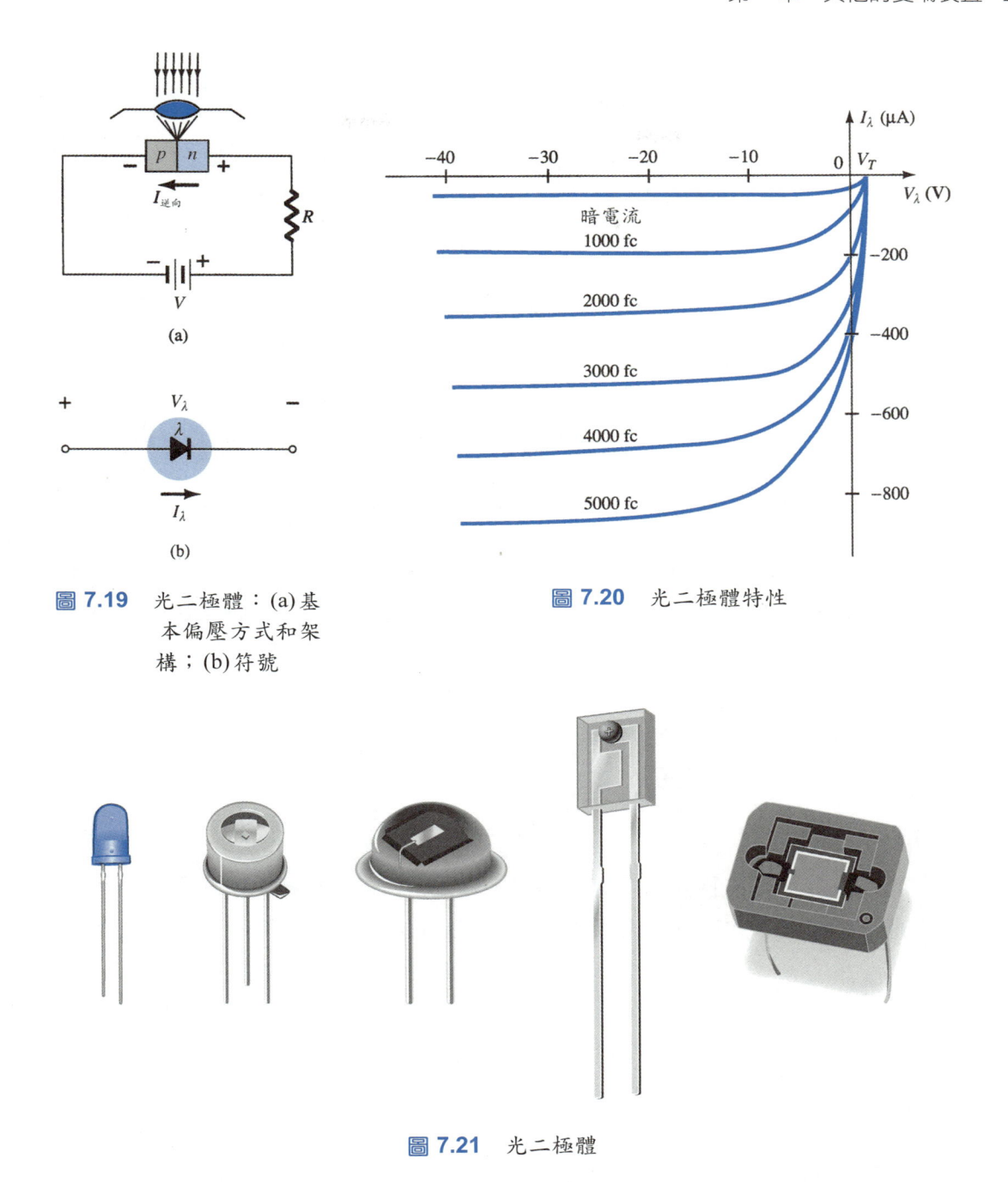

圖 7.20 光二極體特性

圖 7.21 光二極體

形式）會轉移到原子結構中，產生更多的少數載子，因而提高了逆向電流值，此可從圖 7.20 中對應於不同的光強度看出來。暗電流是沒有照射光時存在的電流，注意到，只有當外加正電壓為 V_T 時，電流才會回到零。另外，圖 7.19 也說明了利用透鏡將光線聚焦到接面區域，商用現成的光二極體見圖 7.21。

圖上相鄰曲線的間隔幾乎相等，對應於光強度的等量增幅，由此可知，逆向電流和光強度幾成正比。易言之，光強度的增加會造成逆向電流類似的增加。就定壓 $V_\lambda = 20$ V，

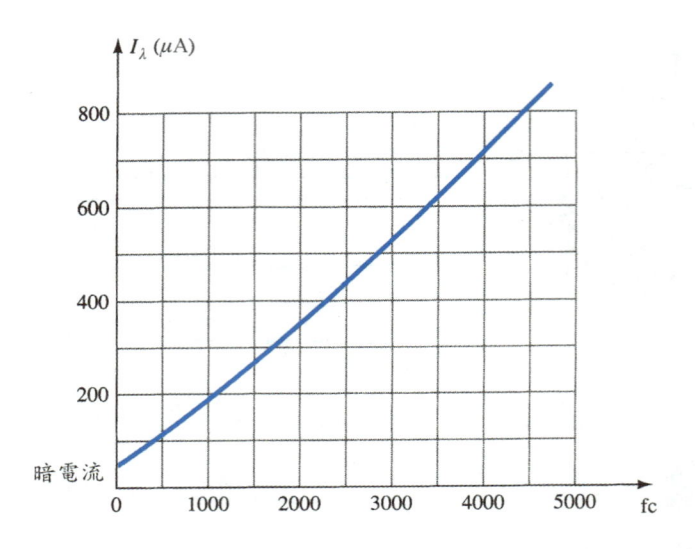

圖 7.22 圖 7.20 中光二極體的 I_λ (μA) 對 f_C 曲線（在 $V_\lambda = 20$ V）

逆向電流和光強度兩者的關係見圖 7.22，呈線性關係。在相近的基礎上，可假定無入射光時的逆向電流幾近為零。因為此裝置的上升和下降時間（狀態轉換參數）很小（在 ns＝10^{-9} s 的範圍），故此裝置可用於高速計算或切換的應用。鍺的波長光譜比矽來得寬廣，使其適用於紅外線區的入射光，如雷射和 IR（紅外）光源，稍後會作介紹。當然，鍺的暗電流大於矽，所以逆向電流值也比較大。入射到光二極體所產生的電流，不僅可直接控制，也可放大後再運用。

應　用

在圖 7.23 中，光二極體用在警報系統。只要光線未被打斷，逆向電流 I_λ 會持續流通。若光線被打斷，I_λ 會掉到暗電流的大小並使警報響起。在圖 7.24 中，光二極體用來

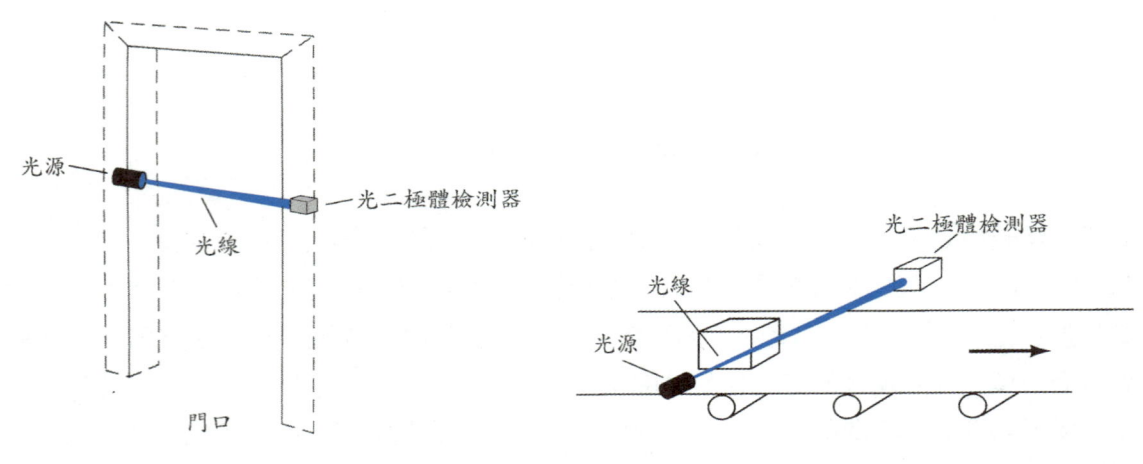

圖 7.23 光二極體用在警報系統

圖 7.24 光二極體用在計數器工作

計算輸送帶上的物件數。當物件通過時，光線打斷，I_λ 掉到暗電流的大小，計數器即加上 1。

7.6 光導電池

　　光導電池是一種雙端半導體裝置，其兩端電阻會隨著入射光強度而線性變化，根據此明顯理由，光導電池也常稱為*光敏電阻裝置*。光導電池的典型結構和最常用的圖形符號，提供在圖 7.25。

　　最常用的光導材料包括硫化鎘(CdS)和硒化鎘(CdSe)，CdS 的最大頻譜反應發生在約 5100 Å 處，而 CdSe 則在 6150 Å 處。CdS 元件的反應時間約 100 ms，而 CdSe 元件則約 10 ms。光導電池和光二極體不同，並沒有接面，兩端之間僅一薄材料層，用來接受入射光能的照射。

　　當裝置照射的光強度增加時，因光子數量的增加，使結構中大量電子的能階提高，結果使結構的"自由"電子數相對增加，因而降低了兩端之間的電阻。典型光導電池裝置的靈敏度典線見圖 7.26。注意到，所得曲線是線性的（本圖採對數－對數座標），在所給的光強度變化範圍，電阻值的變化很大(100 kΩ → 100 Ω)。

　　為了解各元件製造商提供的豐富資料，考慮圖 7.27 所描述的硫化鎘(CdS)光導電池，也要再一次注意到溫度和反應時間影響。

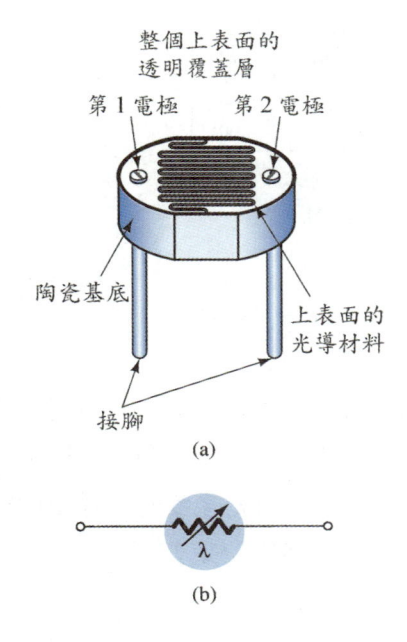

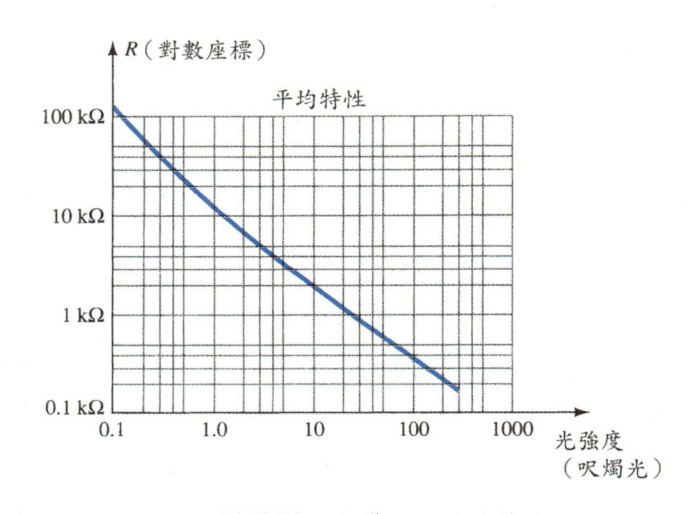

圖 7.25 光導電池：(a)結構；(b)符號

圖 7.26 光導電池的端特性

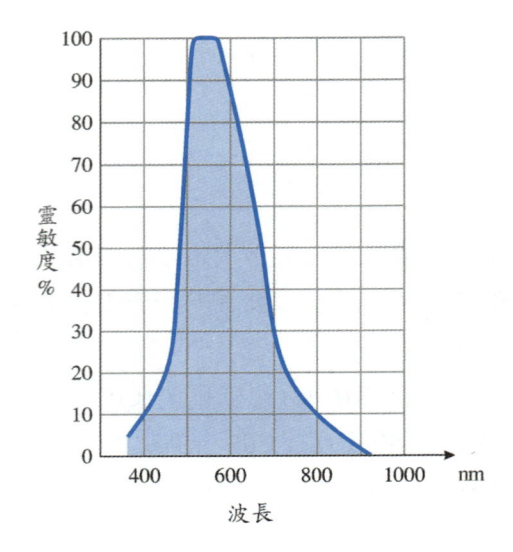

電導對應於溫度和光強度的變化					
呎燭光	*0.01*	*0.1*	*1.0*	*10*	*100*
溫度			%電導		
−25°C	103	104	104	102	106
0	98	102	102	100	103
25°C	100	100	100	100	100
50°C	98	102	103	104	99
75°C	90	106	108	109	104

反應時間對光強度					
呎燭光	*0.01*	*0.1*	*1.0*	*10*	*100*
上升時間（秒）	0.5	0.095	0.022	0.005	0.002
衰減時間（秒）	0.125	0.021	0.005	0.002	0.001

圖 **7.27** Clairex 公司的 CdS 光導電池特性

應 用

　　此裝置有一種很簡單又有趣的應用，見圖 7.28。此系統的作用是，即使 V_i 可能在額定值上下波動，仍能使 V_o 維持在定值。如圖上所顯示的，光導電池，燈泡和電阻形成此穩壓系統。當 V_i 因種種原因而下降時，燈泡的亮度會隨之降低，而光強度的下降則會造成光導電池阻值 (R_λ) 的上升，以維持 V_o 在額定值，V_o 值由分壓定律決定如下：

$$V_o = \frac{R_\lambda V_i}{R_\lambda + R_1} \tag{7.10}$$

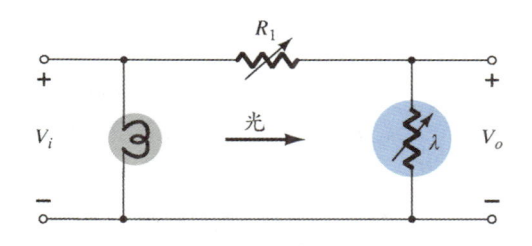

▲ 圖 7.28　用光導電池建立穩壓器

7.7　紅外線(IR)發射器

　　紅外線發射二極體是固態砷化鎵裝置，在順偏時會發射輻射光束，此種裝置的基本構造見圖 7.29。當接面順偏時，來自 n 型區的電子會和 p 型材料的多餘電洞在特別設計的復合區進行復合，此復合區在 p 型與 n 型材料區之間形成三明治結構。復合時，裝置會以光子的形式輻射能量出來。所以產生的光子部分被結構吸收，部分以輻射能的形式離開裝置表面，如圖 7.29 所示。

　　典型裝置的輻射光通量（單位 mW）對直流順向電流的關係見圖 7.30，注意到，兩者之間幾乎為線性關係。此類裝置的輻射分布見圖 7.31，注意到，具有內部平行對準系統的裝置的輻射分布極窄，其中一種裝置的內部結構和圖形符號見圖 7.32。此類裝置的應用領域如讀卡（或紙帶）機、軸編碼器、資料傳輸系統和侵入警報等。

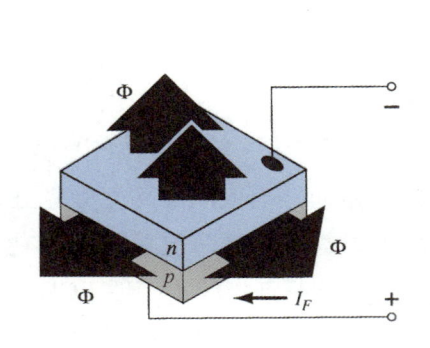

▲ 圖 7.29　半導體紅外線(IR)發射二極體的一般結構

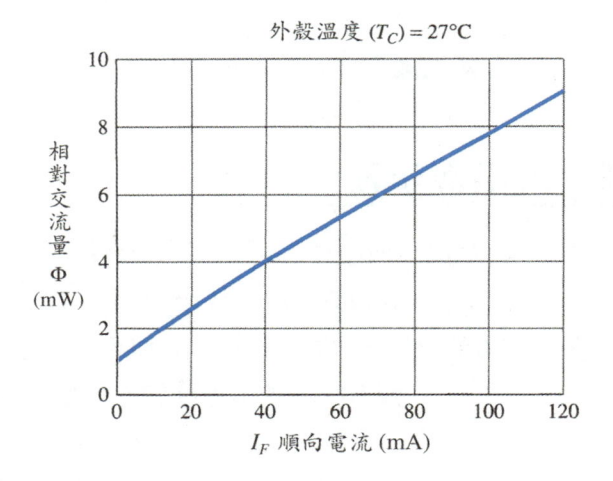

▲ 圖 7.30　紅外線(IR)發射二極體典型的輻射光通量對應於直流順向電流的關係

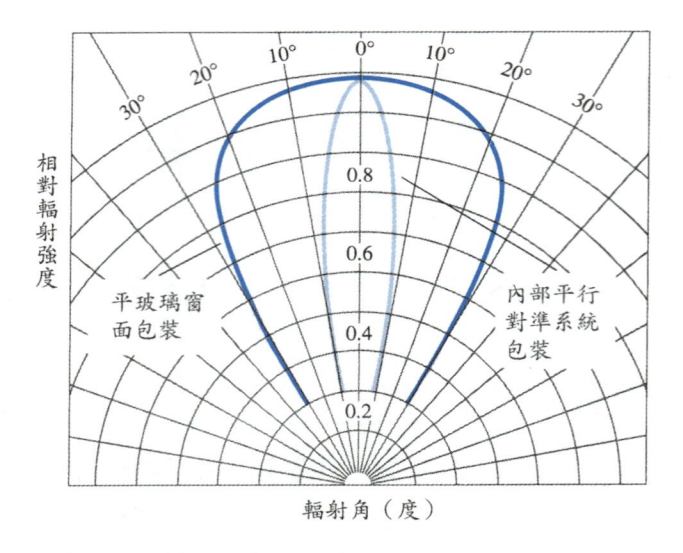

圖 7.31　RCA 紅外線發射二極體典型的輻射強度分布

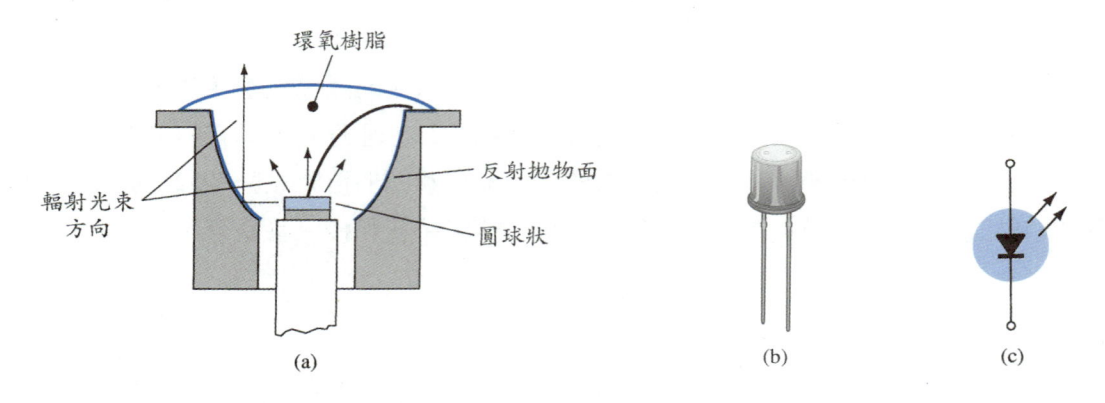

圖 7.32　RCA 紅外線(IR)發光二極體：(a)結構；(b)照片；(c)符號

7.8　液晶顯示器

　　和 LED 相比，液晶顯示器(LCD)的獨特優點是較低的功率需求，約在 μw (10^{-6} w) 範圍，而 LED 則達到 $mW(10^{-3}W)$ 的大小。但 LCD 一定要藉助外部或內部的光源，且溫度限制在 0°C～60°C 的範圍。又因 LCD 可能會化學性的變質，故壽命也是需考量之處。LCD 最主要的類型有場效型和動態散射型，本節將某種程度分別探討這兩種 LCD。

　　液晶是一種材料（用於 LCD 的有機物質），流動似液體，但其分子結構具有某些和固體相關的性質。就光散射型元件而言，最大的關注是在向列型液晶(nematic liquial crystal)方面，其晶體結構見圖 7.33，個別分子具有棒式外型，如圖所示。氧化銦導電表面是透明的，且在圖示的情況之下，入射光會很容易通過且液晶結構看起來很清澈。若將電壓加到兩側導電表面（商用元件的臨限值在 6 V～20 V 之間），如圖 7.34，分子排

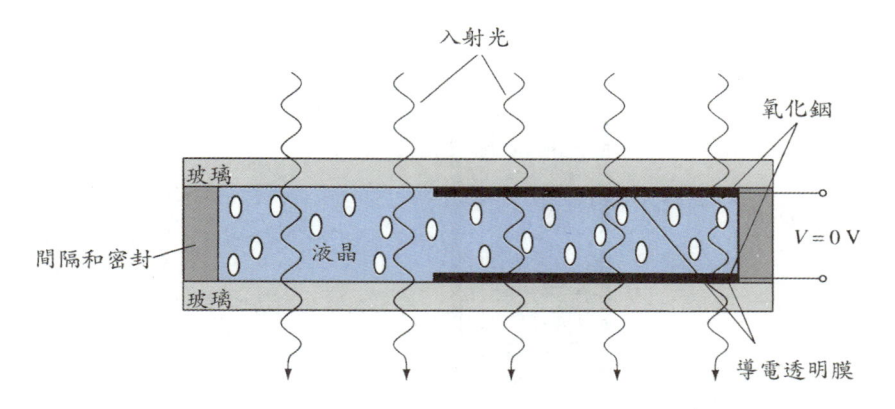

圖 7.33 未外加偏壓時的向列液晶

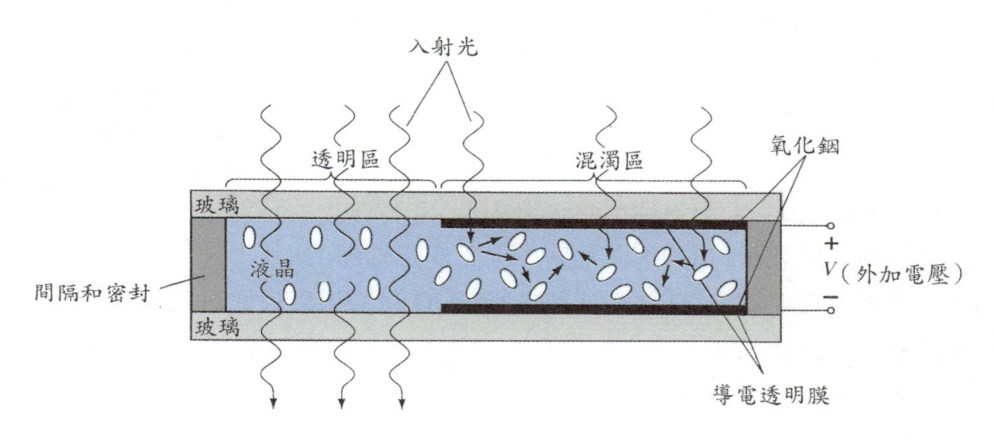

圖 7.34 外加偏壓後的向列液晶

列將被擾亂，結果會建立不同折射率的區域。在不同折射率區域之間的介面，入射光會以不同的方向反射（稱為**動態散射 (dynamic scattering)**──在 1968 年最先由 RCA 研發出來）。注意在圖 7.34 中，只有在施加電壓的導電表面之間呈現混淆（結霜）狀，其他區域仍為（半）透明狀。

LCD 顯示器上的數字外觀分為數段，如圖 7.35 所示。色塊區域實際上是清澈的導電表面，連接其下的接腳供外部控制。兩個相似的罩子置放在密封液晶材料厚層的相反兩面。若要顯示數字 2，接腳 8、7、3、4 和 5 要施加電壓，使這些對應區域混濁，而其他區域則維持清澈。

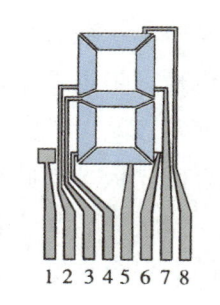

圖 7.35 LCD 8 段數字顯示器

如先前所提的，LCD 不會自己發光，要藉助外部或內部光源。在昏暗的環境下，LCD 需要自己的內部光源，放在其後或者側面。而在光亮之處，可將反射鏡面放在 LCD 之後，以最大強度將光線反射通過顯示器。為得到最佳工作，手錶製造商結合穿透式（自

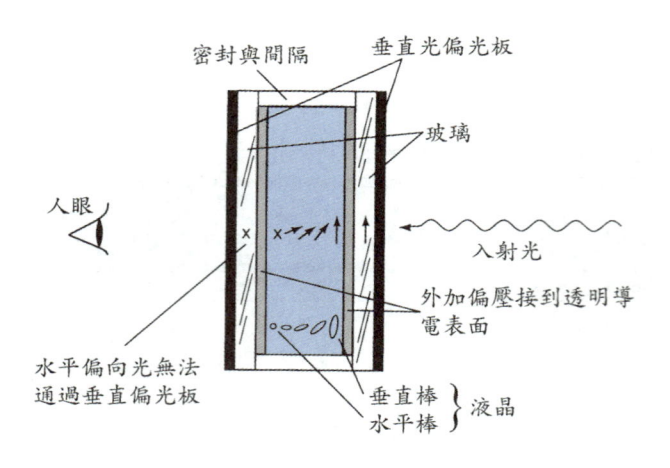

圖 7.36 穿透式場效 LCD 在未外加偏壓時的情況

圖 7.37 反射式 LCD

　　有內部光源）和反射式，稱為穿透反射式(transflective)工作。

　　場效(field-effect)或扭列(twisted nematic) LCD 也有相同的分段式外觀，以及密封的 LCD 薄層，但工作模式卻很不相同。和動態散射型 LCD 類似，場效型 LCD 可採用反射式或有內部光源的透射式來操作。透射式顯示器見圖 7.36，內部光源右側而觀看者在左側。此圖和圖 7.33 的最大不同，在於加上偏光板(light polarizer)，來自右邊入射光的垂直分量可以通過右側的垂直光偏光板。在場效型 LCD 中，可以對右側的透明導電表面作化學蝕刻，或加上有機膜，使垂直面的液晶分子產生定向，而和壁面平行。注意在液晶中自左到右的分子棒，左側導電表面也加以處理，使分子棒的角度（呈水平）和最右側相差 90°，但都和壁面平行。如圖所示，在液晶的兩個壁面之間，會從一種偏向逐漸變化到另一種偏向。左側的偏光板也是只讓垂直偏向光通過，當兩側導電表面未施加任何外加電壓時，垂直偏向光自右側進入液晶，經分子結構的扭轉，產生 90° 的偏轉成為水平偏向光，將無法通過左側的垂直偏光板，因此觀看者會看到整面漆黑。當外加臨限電壓（商用元件為 2 V 和 8 V）時，棒狀分子會和電場方向對齊（和壁面垂直），所以光通過時不會產生 90° 的偏轉，垂直偏向光會直接通過第 2 片垂直偏光片，觀看者會看到亮區。對數字各段適當的激發，會出現如圖 7.37 所示的樣式。另一種反射式場效型 LCD 見圖 7.38，在此種情況下，液晶最左邊的水平偏向光會遇到水平偏光濾波器（水平偏光板），通過後接觸反射鏡面，水平偏向光反射回液晶，再經偏轉後到達垂直偏光板，最後由人眼看到。未外加電壓時，顯示器均勻全亮。而施加電壓時，入射的垂直偏向光會在左側遇到水平偏光濾波器，垂直偏向光無法通過，也無法反射，結果產生暗區，出現的樣式如圖 7.39 所示。

　　當電力是主要考慮因素（如手錶、可攜式儀器等）時，正常會採用場效型 LCD，因

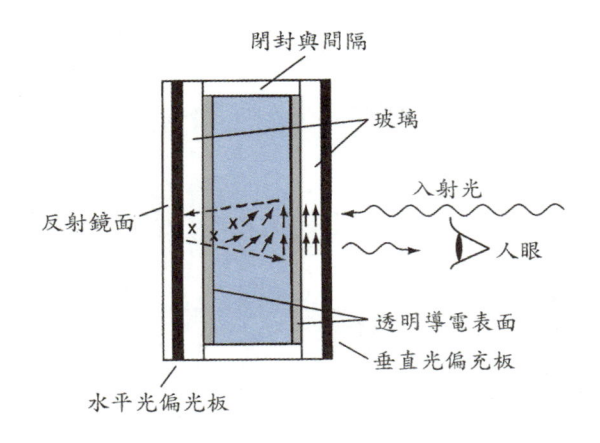

圖 7.38 反射式場效 LCD 在未外加偏壓時的情況

圖 7.39 穿透式 LCD

為消耗功率比光散射型少很多──約 μw 和低 mW 的差距。場效型 LCD 的成本一般會比較高，所以高度一般限制在 2 吋以下，而光散射型 LCD 商用成品的高度可達 8 吋。

顯示器的進一步考慮是開啟時間和關斷時間，LCD 在特性上比 LED 慢很多。LCD 典型的反應時間是 100 ms～300 ms 的範圍，而 LED 可達的反應時間低於 100 ns。但有很多應用，例如手錶，100 ns 和 100 ms（1 秒的 1/10）的差異是不重要的，對這類的應用而言，LCD 的低功率需求就是一項極富吸引力的特性。LCD 元件的壽命正穩定成長，現已超過 10,000 小時。另外，LCD 元件所產生的色彩由光源決定，所以有很大的色彩選擇範圍。

7.9 熱阻器

熱阻器，顧名思義，是一種受溫度影響的電阻，亦即其兩端阻值和電阻本體溫度有關。熱阻器並非接面裝置，由鍺、矽或者是鈷、鎳、鍶或錳的氧化物的混合所建構，所用的複合體材料決定了裝置是正或負溫度係數。

典型具負溫度係數的熱阻器特性提供在圖 7.40，此圖也顯示此種裝置普通所用符號。特別注意到，此熱阻器的阻值在室溫 (20°C) 時的阻值約 5000 Ω，而在 100°C (212°F) 時，電阻值則降到 100 Ω，所以 80°C 的度變化造成電阻值 50：1 的變化，溫度每變化 1° 時，阻值的典型變化是 3%～5%。有兩種基本的方式可改變裝置的溫度：內部和外部。流經裝置的簡單電流變化，會造成溫度的內部變化。當外加電壓很小時，所產生的電流太小，無法使電阻本體溫度高於外在環境，在此區域工作時，熱阻器的作用有如一具正溫度係數的電阻，見圖 7.41。但隨著電流的上升，電阻本體溫度會逐漸升高的臨界點，就會開始出現負溫度係數，如圖 7.41 所示。熱阻器內部電流大小對電阻值變化的效益，使此種裝置可預期能廣泛應用在控制和量測技術等等方面。而從外部改變裝置溫度的方法，需要改變環境介質的溫度，或將裝置放在熱或冷的溶液中。

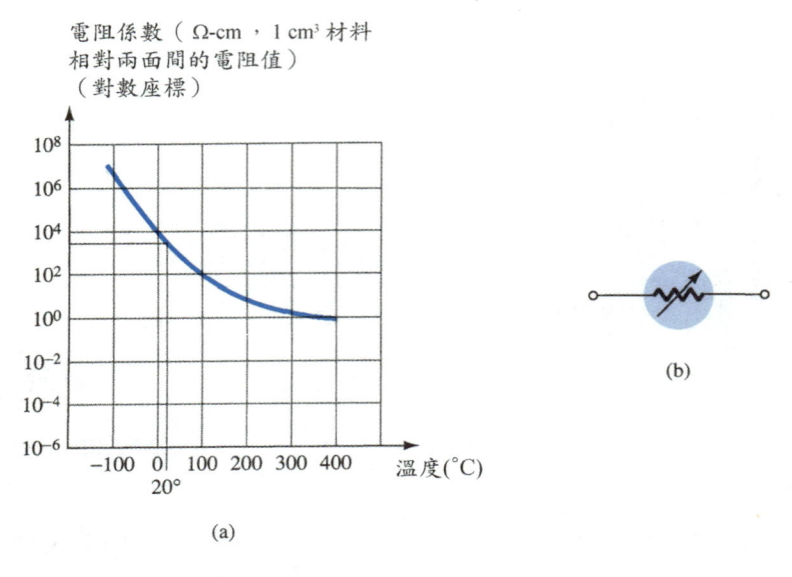

圖 7.40 熱阻器：(a)典型特性；(b)符號

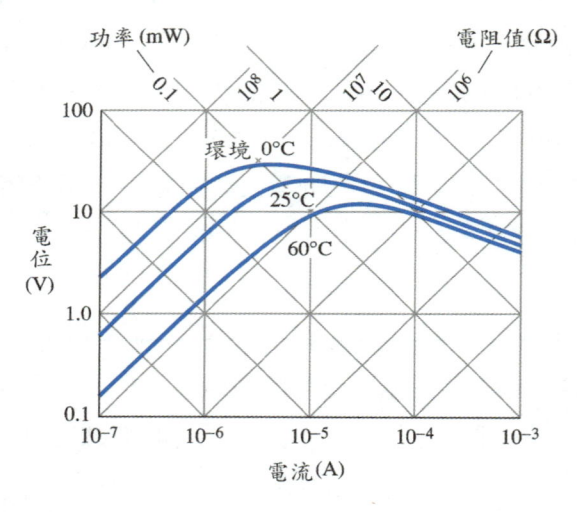

圖 7.41 Honeywell-Fenwal 公司的熱阻器的穩態電壓－電流特性

美國感測用熱阻器元件一些最普遍的包裝方法提供在圖 7.42，圖 7.42a 的測棒具有高穩定性因數，十分堅固也很精確，應用範圍從實驗用途到極嚴苛的環境條件皆可。圖 7.42b 的功率熱阻器有絕對能力可將湧入電流壓制在可接受值之下，直到電容充電到足夠電壓為止，此時裝置的電阻值會掉到非常低，使裝置的壓降小到可忽略不計，阻值低到 1 Ω 時，仍可流通高達 20 A 的電流。圖 7.42c 是玻璃包覆的熱阻器，尺寸很小，很堅固也很穩定，可用溫度高達 300°C。圖 7.42d 的珠形熱阻器的尺寸也很小，既準確也很穩定，熱反應也快。圖 7.42e 的晶片熱阻器設計用在混成基板、積體電路或印刷電路板上。

(a)測棒　　　　(b)高功率　　　　(c)玻璃　　　　(d)珠形　　　　(e)表面黏著

圖 7.42 各種不同型態的美國感測用熱阻器元件

圖 7.43 溫度指示電路

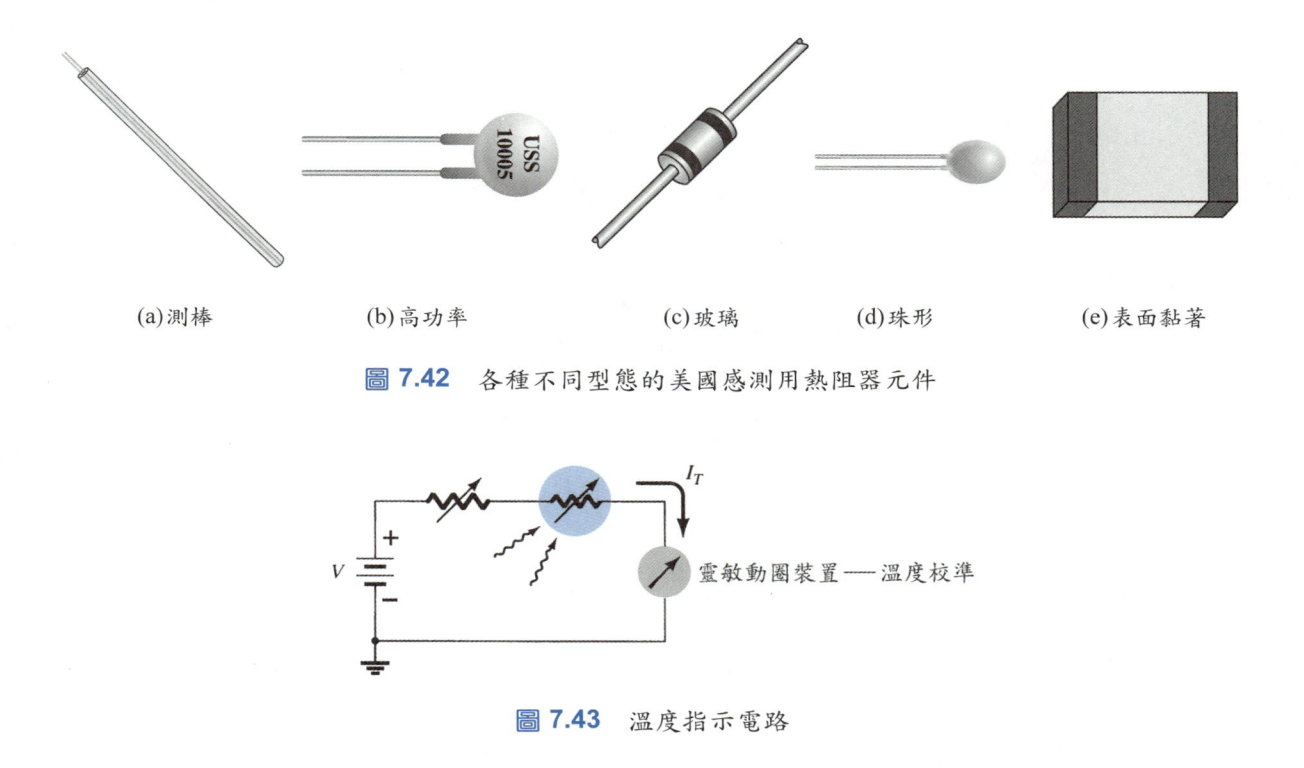

應　用

簡單的溫度指示電路見圖 7.43，任何周遭介質溫度的上升都會使熱阻器的電阻值下降，也會使電流 I_T 上升。I_T 的上升會使動圈裝置偏轉更多，經適當校準後可精確指示更高的溫度，加上可變電阻可供校準。

7.10　透納二極體

透納二極體在 1958 年由 Leo Esaki 首創，其特性見圖 7.44，和其他二極體不同之處在於具有負電阻區。在負電阻區，端電壓的增加會造成二極體電流的降低。

對半導體材料摻雜，使其 p-n 接面的濃度是一般半導體二極體的數千倍，可製出透納二極體。這種作法會使空乏區大幅縮減，其寬度大小約在 10^{-6} cm 的範圍，約為一般的半導體二極體空乏區寬度的 1/100。因空乏區太薄了，許多載子無需克服障壁即可穿越，所以在很低的順偏電壓就會出現電流最大值，見圖 7.44 的曲線。為作比較，典型的半導體二極體特性和透納二極體特性同時畫在圖 7.44 上。

大幅縮減的空乏區使載子的貫穿速度遠超過傳統二極體中的載子速度，因此透納二極體適合高速的應用，如計算機，其切換時間可達所需的 ns (10^{-9} s) 和 ps (10^{-12} s) 的範圍。

回想在基礎篇第 1.15 節中所提的，摻雜濃度提高時會降低齊納電位，注意在圖 7.44 中極高摻雜濃度對此區域的影響。最常用來製造透納二極體的材料是鍺和砷化鎵，比值 I_P

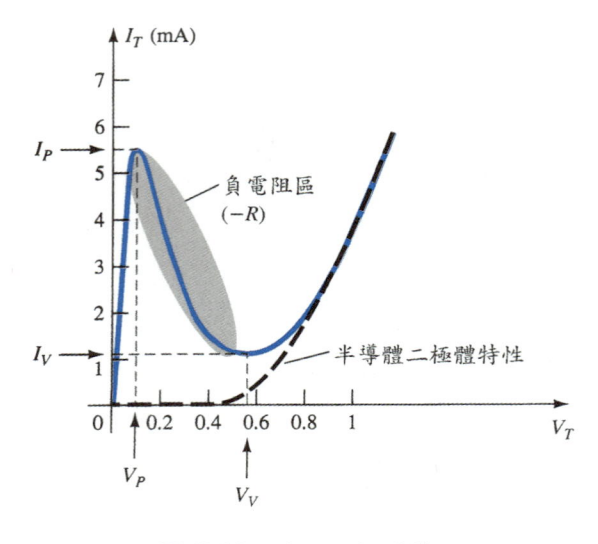

圖 7.44 透納二極體特性

$/I_V$ 在計算機應用上極為重要。對鍺而言，此比值一般是 10：1，對砷化鎵則較接近 20：1。

透納二極體的峰值電流 I_P，其變化範圍從幾 μA 到幾百 A 不等，但峰值電壓 V_P 則限制在 600 mV 附近，因此簡單的三用電表內部的直流 1.5 V 電池在不當使用時可能造成透納二極體的嚴重損害。

透納二極體在負電阻區的等效電路，以及最常用的幾種電路符號，提供在圖 7.45，圖上所給參數值是今日商用元件的典型值。電感 L_S 主要源自接腳，電阻 R_S 則源自接腳、接腳和半導體之間的歐姆式接觸，以及半導體自身的電阻。電容 C 是接面擴散電容，而 R 是負電阻區的負電阻，此負電阻可應用於振盪器，稍後將作介紹。

先進半導體公司的平面式透納二極體包裝見圖 7.46，此裝置的最大額定值和特性提供在圖 7.47。注意到，各裝置的峰值都存在一範圍，設計時必須滿足整個數值範圍。對特定的裝置而言，我們不能說某一峰值會如何。就大部分的透納二極體而言，峰值範圍具有普遍性，設計者應充分了解此點。值得充分注意的是，谷值電壓幾為定值，在 0.13 V 附近，遠小於矽二極體典型的導通電壓。就此系列的二極體而言，負電阻值的範圍從 $-80\Omega \sim -180\ \Omega$，此重要參數的變化範圍相當大。有一些特定系列的透納二極體，只給一定值，例如 $-250\ \Omega$。

雖然因替代元件製造技術的出現，使透納二極體在今日的高頻系統上的使用急劇停滯，但透納二極體以其簡單、線性、低功率及可靠性，使其得仍以繼續存在並獲得應用。

在圖 7.48 中，所選定的電源電壓和負載電阻定義了負載線和透納二極體的特性曲線產生三個交點。記住，負載線單獨由網路決定，而特性曲線則是由裝置決定。交點 a 和

第 7 章 其他的雙端裝置 293

(a)

(b)

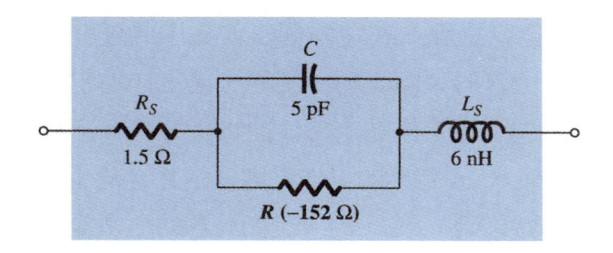

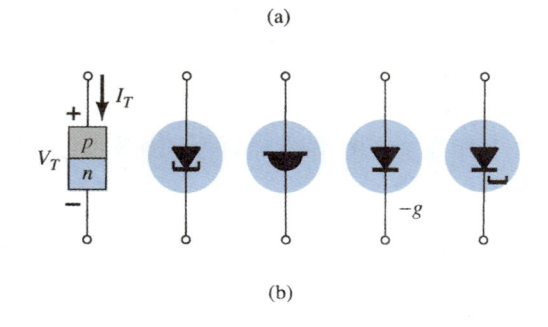

圖 7.45 透納二極體：(a)等效電路；(b)符號

圖 7.46 先進半導體公司平面型透納

電氣特性 $T_C = 25°C$

裝置	符號	測試條件	最小值	典型值	最大值	單位
ASTD1020	I_P		100		200	μA
ASTD2030			200		300	
ASTD3040			300		400	
ASTD1020	V_P				135	mV
ASTD2030					130	mV
ASTD3040					125	mV
ASTD1020	R_V	$f = 10$ GHz，$R_L = 10$ kΩ		−180		Ω
ASTD2030		$P_m = -20$ dBm		−130		Ω
ASTD3040				−80		Ω
All	R_S	$I = 10$ mA，$f = 100$ MHz		7		Ω

圖 7.47 圖 7.46 中，先進半導體公司平面型透納二極體的電氣特性

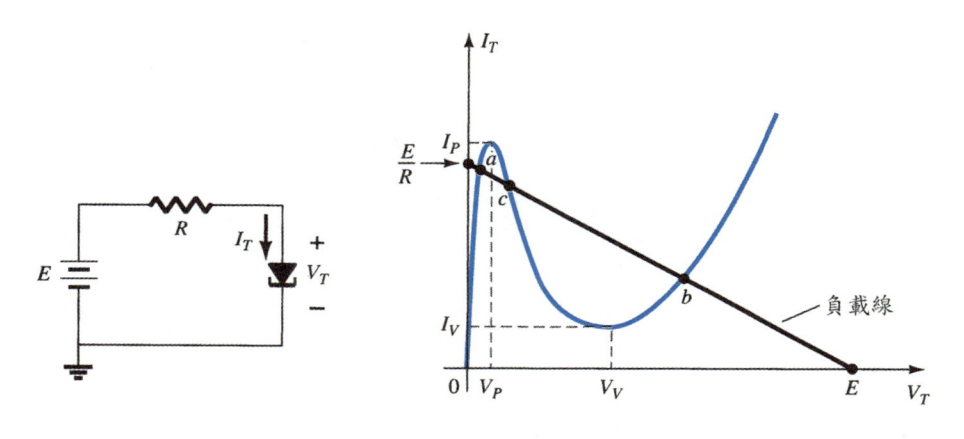

圖 7.48 透納二極體和所產生的負載線

b 稱為穩定工作點，位於特性的正電阻區。也就是說，在這兩個工作點中的任一點，網路的些微擾動不會造成網路振盪或導致 Q 點位置的大幅變動。例如，當工作點定在 b 點且電源電壓 E 微幅上升，因二極體的壓降增加會使工作點沿特性曲線上升，一旦擾動結束，二極體的電壓降和電流會回到原來的 Q 點 b。c 定義的工作點則是**不穩定**的工作點，因為二極體電壓或電流的微幅變化就會使 Q 點移到 a 或 b 點。例如，E 的極微幅上升，就會使透納二極體的電壓降高於 c 點電壓值，因 c 點位於負電阻區，V_T 的上升反而造成 I_T 下降，因而使 V_T 再上升，如此造成 I_T 再下降，循環不已。結果是 V_T 持續上升而 I_T 持續下降，直到穩定工作點 b 建立為止。反之，當電源電壓些微下降時，工作點則會移動到穩定的 a 點。易言之，雖然負載線定義了工作點 c，但當系統有任何擾動時，終將穩定在 a 點或 b 點的位置。

負電阻區的存在，可應用在振盪器、切換式網路、脈波產生器和放大器的設計上。

應 用

在圖 7.49a 中，利用透納二極體建構負電阻振盪器。設計選擇網路元件，建立如圖

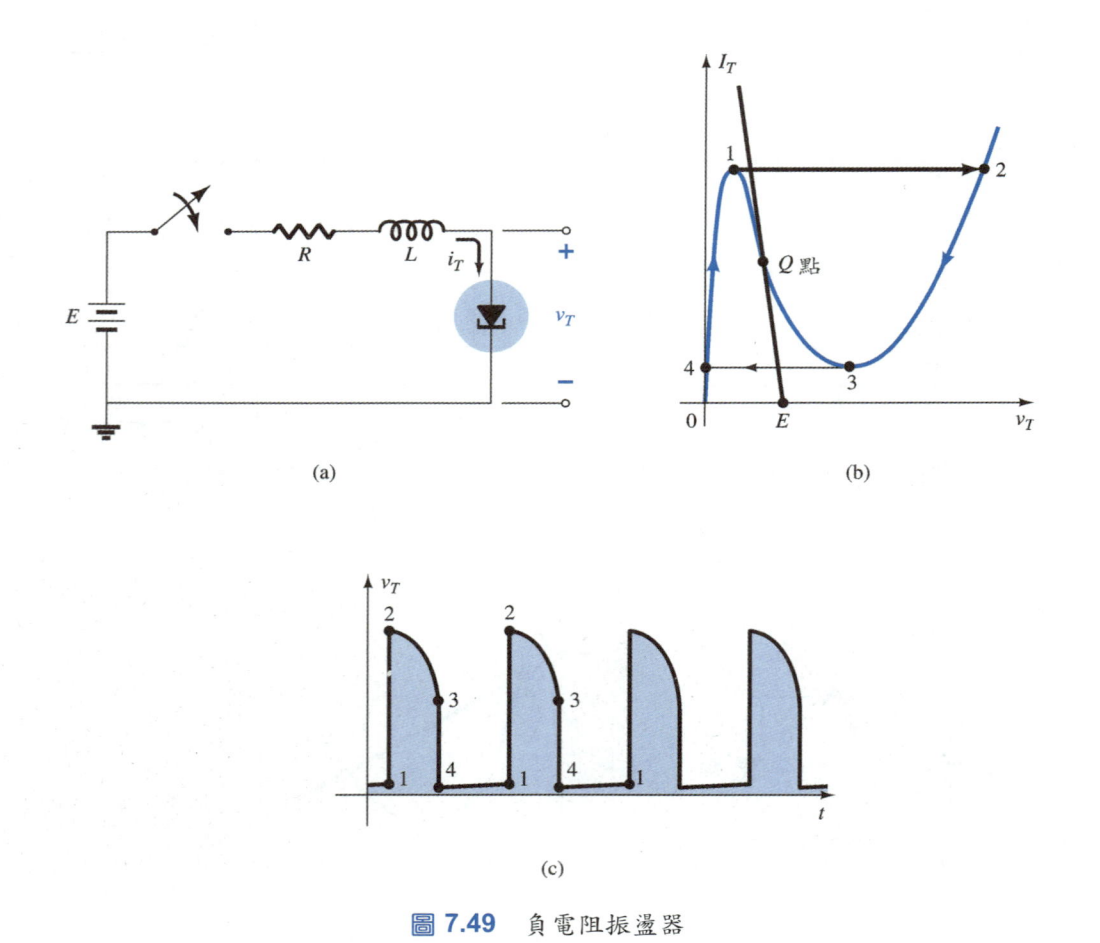

(a)

(b)

(c)

圖 7.49 負電阻振盪器

7.49b 所示的負載線，注意到，負載線和特性曲線只有一個交點，且位於不穩定的負電阻區——無法定義任何穩定的工作點。當電源一開啟，電源的端電壓會由 0 V 建立到終值 E。起初，電流 I_T 會從 0 mA 增加到 I_P，能量以磁場的形式儲存在電感中。但一旦到達 I_P 時，由二極體特性知，電流 I_T 會隨著二極體電壓降的上升而降低，這會造成以下矛盾：

即
$$E = I_T R + I_T(-R_T)$$
$$E = \underbrace{I_T}_{\text{減小}} \underbrace{(R - R_T)}_{\text{減小}}$$

若上式左側兩項都減少，則電源電壓不可能維持原設定值。因此為使 I_T 持續增加，工作點會從點 1 移到點 2。但在點 2 的電壓 V_T 已跳到比外加電壓還大（點 2 在網路負載線的右側），為滿足克希荷夫電壓定律，線圈上的暫態電壓極性會倒反，使電流開始下降，從特性曲線的點 2 移到點 3。當 V_T 降到 V_V 時，從特性曲線看，I_T 會開始再上升，但這是不可能的，因 V_T 仍大於外加電壓，線圈仍會經由串聯電路釋出能量，工作點必須移到點 4，讓電流 I_T 持續下降。但一旦到達點 4 後，外加電壓會再使透納二極電流上升，從 0 mA 直到 I_P，如特性圖上所示。此過程會一再反覆，無法安定在不穩定區上的工作點。透納二極體所產生的電壓降波形見圖 7.49c，只要維持供應直流電源，此波形會一直持續。利用定直流電源和具負電阻特性的裝置，建立了振盪輸出的結果。圖 7.49c 的波形廣泛應用於定時和計算機邏輯電路。

只要配合直流電源和幾個被動元件，也可用透納二極體產生弦波電壓。在圖 7.50a 中，開關閉合時會產生振幅隨時間遞減的弦波，如圖 7.50b 所示。根據所採用的元件參數值，時間週期的範圍可從幾乎瞬時到幾分鐘不等。振盪輸出隨時間阻尼遞減，是源於電阻性元件的耗能特性。將透納二極體和槽型電路串聯，如圖 7.50c 所示，透納二極體的負電阻可抵補槽型電路的電阻性特性，產生**無阻尼響應**，見同一圖。設計時，依然要使負載線和特性曲線只交在負電阻區。從另一角度看，圖 7.50 的弦波產生器只是圖 7.49 脈波產生器的延伸，只多加一個電容，在圖 7.49b 所顯示的循環的各段中，允許電感和電容之間作能量的交換。

7.11 總結

重要的結論與概念

1. 和傳統的各種 *p-n* 接面二極體相比，肖特基（熱載子）二極體有**較低的臨限電壓**（約 0.2 V）、**較大的逆向飽和電流**，和**較小的 PIV**。因逆向恢復時間大幅減少，肖特基二極體也可用在更高的頻率。

圖 7.50 弦式振盪器

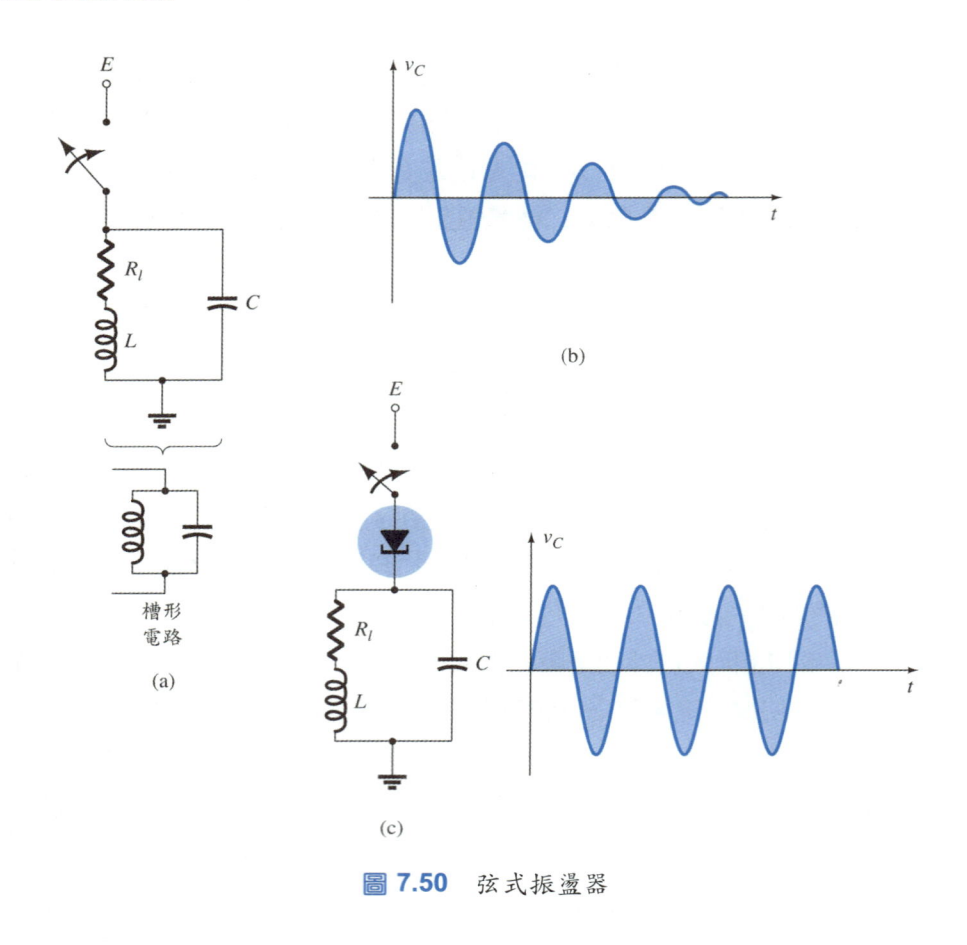

2. **變容二極體**的**遷移電容**受到外加逆偏電壓的影響，最大電容值對應於 0 V，且電容值會隨著逆偏電壓的增加而呈**指數式下降**。
3. 將兩個以上的功率二極體並聯可增加**電流容量**，也可將二極體串聯以增加 **PIV 額定**。
4. 機殼可用作功率二極體的**散熱片**。
5. **透納二極體**獨特之處是，在電壓低於典型 *p-n* 接面臨限電壓處有一**負電阻區**，此特性在振盪器特別有用，可由切換式直流電源建立振盪波形。由於空乏區大幅縮減，也可看成**高頻裝置**，適合切換時間在 ns 或 ps 的應用。
6. **光二極體**的工作區是**逆偏區**，所產生的二極體電流幾乎和入射光成**線性**關係。入射光的**波長**決定何種材料可產生最佳反應，硒和人的肉眼最為吻合，而矽在更高波長入射光時會更好。
7. 光導電池的兩端電阻值會隨著入射光的增加而呈**指數式下降**。
8. **紅外線發光二極體**在**順偏**時發射輻射光束，發射光束的強度幾乎和通過裝置的直流偏壓電流呈**線性關係**。
9. 和 LED 相比，**LCD** 的**功率消耗低**很多，但壽命也短很多，且需要內部或外部光源。
10. **太陽能電池**可將光子形式的光能轉換成電位差或**電壓**形式的電能，端電壓一**開始**會隨著入射光強度的增加而**極快速上升**，但增加速度會**愈來愈慢**。易言之，某入射光增加到某一程度後，端電壓會到達**飽和值**，此時入射光再增加時，對端電壓大小的影響就很小了。

11. **熱阻器**具有正或**負溫度係數**區域，此決定於構成材料或材料溫度。溫度變化可能源自**內在效應**，如熱阻器流通的電流。也可能源自**外部效應**，如加熱或冷卻。

方程式

變容二極體：
$$C_T(V_R) = \frac{C(0)}{(1+|V_R/V_T|)^n}$$

其中
$n = 1/2$ 合金接面
$n = 1/3$ 擴散接面

$$TC_C = \frac{\Delta C}{C_0(T_1 - T_0)} \times 100\% \quad \%/°C$$

光二極體：
$$\lambda = \frac{v}{f} = \frac{3 \times 10^8 \text{ m/s}}{f}$$

$1\text{Å} = 10^{-10}$ m 且 1 lm $= 1.496 \times 10^{-10}$ W

1 fc $= 1$ lm/ft$^2 = 1.609 \times 10^{-9}$ W/m^2

太陽能電池：
$$\eta = \frac{P_{o\,(電能)}}{P_{i\,(光能)}} \times 100\%$$
$$= \frac{P_{最大值\,(裝置)}}{(面積\text{ cm}^2)(100\text{ mW/cm}^2)} \times 100\%$$

習 題

*注意：星號代表較困難的習題。

7.2 肖特基障壁（熱載子）二極體

1. **a.** 試用自己的話描述，熱載子二極體的構造和傳統的半導體二極體如何明顯不同。
   b. 另外描述其操作模式。

2. **a.** 參考圖 7.2，比較兩種二極體在順偏區的動態電阻。
   b. I_s 和 V_Z 值的比較如何？

3. 試利用圖 7.5 的資料，估計溫度 50°C 時的逆向漏電流，假定兩物理量之間成線性關係。

4. (a) 試利用圖 7.5 的電氣特性，求出電容在頻率 1 MHz 和逆偏 1 V 處的電抗。(b) 試求出二極體在 10 mA 處的順向直流電阻。

5. a. 利用圖 7.5 的資料，畫出肖特基二極體順向電流對順向電壓的圖形。

  b. 決定此二極體特性在垂直段的片段等效電阻值。

  c. 和 p-n 接面二極體典型所用的 0.7 V 相比，此二極體的垂直轉折電壓是多少？

6. 利用圖 7.6a 的圖形，

  a. 室溫(25°C)下，50 mA 電流對應的順向電壓是多少？（注意對數座標。）

  b. 同(a)，但溫度在 125°C，同一電流對應的順向電壓是多少？

  c. 當溫度上升時，溫度對肖特基二極體的電壓降會產生何種影響？

7. 利用圖 7.6(c) 的特性，試決定二極體電容在 1 MHz 頻率及 1 V 逆偏之下的電抗，電抗值顯著嗎？

7.3 變容二極體

8. a. 某擴散接面變容二極體的 $C(0) = 80$ pF 且 $V_r = 0.7$ V，試決定逆偏 4.2 V 時對應的遷移電容值。

  b. 根據(a)的資料，決定式(7.2)的常數 K。

9. a. 某變容二極體具圖 7.7 的特性，試決定逆偏電壓 -3 V～-12 V 之間電容值的差異。

  b. 試決定 $V = -8$ V 時的變率($\Delta C/\Delta V_r$)，此值和 $V = -2$ V 時的變率相比如何？

*__10.__ 試利用圖 7.10a，決定逆偏壓電壓 1 V 和 8 V 時的總電容值，並求出此兩值之間的調整比。與逆偏 1.25 V～7 V 之間的調整比相比如何？

11. 逆偏電為 4 V，試由圖 7.10a 決定變容器的總電容值，並由 $Q = 1/(2\pi f R_S C_t)$ 計算 Q 值，採用頻率 10 MHz 及 $R_S = 3\ \Omega$。和圖 7.10a 的性能圖形所決定的 Q 值作比較。

12. 若某變容二極體 $C_0 = 22$ pF、$TC_C = 0.02\%/°C$ 且溫度自 $T_0 = 25°C$ 上升所產生的 $\Delta C = 0.11$ pF，試決定 T_1。

13. 就圖 7.10 的二極體，V_R 在什麼區域時，逆偏電壓的變化會造成電容值的最大變化？要知道此圖是雙對數座標。接著，就此區域決定電容值變化對電壓變化的比率。

*__14.__ 試利用圖 7.10a，比較逆偏電壓 1 V 和 10 V 時的 Q 值，兩者的比率是多少？若共振頻率是 10 MHz，則兩逆偏電壓對應的頻寬分別是多少？比較所得頻寬，並將頻寬比和 Q 值比作比較。

15. 參考圖 7.11，若圖 7.10 變容器的 $V_{DD} = 2$ V，試求出槽型電路的共振頻率，已知 $C_C = 40$ pF 且 $L_T = 2$ mH。

7.4 太陽能電池

16. 某尺寸 1 cm × 乘 2 cm 的太陽能電池，其效率為 9%，試決定此裝置的最大功率額定值。

*17. 若太陽能電池的功率額定可以用很粗糙的方式，即乘積 $V_{OC}I_{SC}$ 決定，則光強度在較低或較高時可得到最大增速？請說明理由。

18. a. 就圖 7.13 的太陽能電池，若 $fc_1 = 20\,fc$，試決定比值 $\Delta I_{SC}/\Delta fc$。

　b. 利用(a)的結果，求出 28 呎燭光的光強度產生的 I_{SC} 值。

19. a. 就圖 7.14 的太陽能電池，若 $fc_1 = 40\,fc$，試對 $20\,fc \sim 100\,fc$ 的範圍，求出比值 $\Delta IV_{OC}/\Delta fc$。

　b. 利用(a)的結果，決定光強度 $60\,fc$ 對應的 V_{OC} 預期值。

20. a. 就與圖 7.15 相同的太陽能電池，但光強度為 fc_1，試畫出對應的 $I-V$ 曲線。

　b. 試由(a)的結果畫出所產生的功率曲線。

　c. 最大功率額定值是多少？和光強度 fc_2 對應的最大額定值相比如何？

21. a. 波長屬可見光譜的藍光的光子，其能量是多少？（以焦耳為單位。）

　b. 重做(a)，但針對紅光。

　c. 此結果能證實波長愈短時，能量值愈高的事實嗎？

　d. 紫外光範圍的光比紅外光範圍的光危險，更可能導致皮膚癌，為什麼？

　e. 猜想，為何可用日光燈幫助黑暗中的植物生長？

7.5 光二極體

22. 參考圖 7.20，若 $V_\lambda = 30\,V$ 且光強度 $4 \times 10^{-9}\,W/m^2$，試決定 I_λ。

*23. 圖 7.19 中，若入射光通量是 $3000\,fc$、$V_\lambda = 25\,V$ 和 $R = 100\,k\Omega$，試決定電阻的電壓降。採用圖 7.20 特性。

24. 寫出圖 7.22 中，二極體電流對外加光強度（單位用呎燭光）的方程式。

7.6 光導電池

*25. 某光導電池具圖 7.26 的特性，試分別就以下範圍，求出電阻值對應於光強度的變化率。(a) $0.1 \to 1\,k\Omega$；(b) $1 \to 10\,k\Omega$；以及 (c) $10 \to 100\,k\Omega$？（注意此圖為對數座標。）哪一個區域中電阻值對應於光強度的變化率最大？

26. 光二極體的"暗電流"是什麼？

27. 圖 7.28 中，若照射在光導電池的光強度是 $10\,fc$ 且 R_1 等於 $5\,k\Omega$，試決定 V_i 的大小，使光導電池的壓降為 $6\,V$。採用圖 7.26 的特性。

*28. 試利用圖 7.27 提供的資料，分別就 0.01、1.0 和 $100\,fc$，畫出百分電導對溫度的曲線，是否有任何值得注意的效應？

*29. a. 利用圖 7.27 得到的資料，畫出上升時間對應於光強度的曲線。

　b. 重做(a)，但針對衰減時間。

　c. 試討論(a)和(b)中，光強度任何值得注意的效應。

30. 圖 7.27 中的 CdS 元件，對何種顏色光最靈敏？

7.7 紅外線(IR)發射器

31. a. 就圖 7.30 的裝置，試決定直流順向電流 70 mA 時的輻射光通量。

b. 試決定順向電流 45 mA 時的輻射光通量，以流明為單位。

*32. a. 利用圖 7.31，試決定平坡璃窗面包裝元件在 25° 角處的相對輻射強度。

b. 試畫出此平面包裝元件的相對輻射強度對應於角度的曲線。

*33. 若加到 SG1010A IR 發射器的直流偏壓電流是 60 mA，且採用內部平行對準系統包裝，則距離中心 5° 處的入射輻射光通量是多少流明？參考圖 7.30 和圖 7.31。

7.8 液晶顯示器

34. 參考圖 7.35，要對中哪幾支腳供電才能顯示數字 7？

35. 用自己的話描述 LCD 的基本操作。

36. 試討論 LED 和 LCD 顯示器之間操作模式的相對差異。

37. 和 LED 顯示器相比，LCD 顯示器相對的優點和缺點是什麼？

7.9 熱阻器

*38. 就圖 7.40 的熱阻器，試決定 $T=20°C$ 時對應電阻值的動態變化率，和 $T=300°C$ 時所決定的值相比如何？根據以上結果，試決定在較低溫度或者較高溫度時，何者的單位溫度變化所產生的電阻值變化量最大？注意圖上縱軸為對數座標。

39. 利用圖 7.40 提供的資訊，材料表面積 $1\ cm^2$ 且高 2 cm，溫度 0°C，試決定總電阻值，注意圖上縱軸為對數座標。

40. a. 參考圖 7.41，試決定 25°C 的材料樣品由正溫度係數轉成負溫度係數所需的電流。（圖 7.41 為對數座標。）

b. 試決定此裝置（圖 7.40）在 0°C 曲線最大值處對應的功率和電阻值。

c. 在溫度 25°C 處，若電阻值是 $1\ M\Omega$，試決定功率額定值。

41. 圖 7.43 中，$V=0.2\ V$ 且 $R_{可變}=10\ \Omega$。若流經靈敏動圈裝置的電流是 2 mA 且動圈裝置的電壓降是 0 V，則熱阻器的電阻值是多少？

7.10 透納二極體

42. 半導體接面二極體和透納二極體的根本差異為何？

*43. 注意到圖 7.45 的等效電路，電容和負電阻並聯，若 $C=5\ pF$，試決定 1 MHz 和 100 MHz 處電容的電抗，並決定在兩頻率處並聯組合 $(R=-152\ \Omega)$ 的總阻抗。若 $L_s=6$ nH，則在這兩個頻率處是否都要考慮電感的電抗值？

*44. 何以你會相信透納二極體的最大逆向電流額定可以大於順向電流額定？（提示：注意特性並考慮功率額定。）

45. 試決定圖 7.44 中，透納二極體在 $V_T=0.1$ V $\sim V_T=0.3$ V 之間的負電阻值。

46. 圖 7.48 中，若 $E=2$ V、$R=0.39$ kΩ，並使用圖 7.44 的透納二極體，試決定其穩態工作點。

*__47.__ 就圖 7.49 的網路和圖 7.44 的透納二極體，若 $E=0.5$ V 和 $R=51$ Ω，試畫出 V_T。

48. 圖 7.50 的網路中，若 $L=5$ mH、$R_1=10$ Ω 且 $C=1$ μF，試決定振盪頻率。

pnpn 及其他裝置

本章目標

熟習以下各裝置的特性與應用領域：
- 矽控整流子 (SCRs)
- 矽控開關 (SCSs)
- 閘關斷開關 (GTO)
- 光激 SCRs (LSCR)
- 蕭克萊二極體及雙向二極開關
- 三極交流開關
- 光電晶體及光隔離器
- 單接面電晶體及可程式 UJT

8.1 導言

在第 8 章中，要介紹前面章節中未詳細討論的一些重要裝置。2 層的半導體二極已發展到 3、4 層，甚至 5 層裝置，要先考慮 4 層 *pnpn* 裝置族類：SCR（矽控整流子）、SCS（矽控開關）、GTO（閘關斷開關）、LASCR（光激 SCR），接著是重要性持續增加的裝置——UJT（單接面電晶體）。具有控制機制的 4 層裝置，普通稱為閘流體 (thyristor)，此名稱也常用來代表 SCR。本章最後則要介紹光電晶體、光隔離器和 PUT（可規劃單接面電晶體）。

pnpn 裝置

8.2 矽控整流子

在 *pnpn* 裝置族類中，矽控整流子是最受關注者，此裝置在 1956

年由貝爾實驗室首先提出,其較普遍的應用領域包括繼電器控制、延時電路、穩壓電源供應器、靜態開關、馬達開關、斬波器、變流器、變頻器、電池充電器、保護電路、加熱器控制和相位控制等。

近年來,已設計出 SCR 的組合可控制高達 10 MW 的功率,個別 SCR 的額定值在 1800 V 時可達 2000 A,其應用頻率範圍也可延伸到約 50 kHz,可提供一些高頻方向的應用,如加熱和超音波洗淨。

8.3 矽控整流子的基本操作

如名稱所顯示的,SCR 是用矽材料建構的整流子,第 3 腳提供控制用途,選用矽是因為其高溫和高功率的能力。SCR 和基礎的兩層半導體二極體在基本操作上的不同之處,在於第 3 腳,此腳位稱為閘極(gate),用來決定整流子何時由開路狀態切換到短路狀態。若僅對裝置的陽極到陰極之間施加順偏,不足以使裝置導通。SCR 在導通區的電阻典型值介於 0.01 Ω～0.1 Ω 之間,逆向電阻的典型值則在 100 kΩ 以上。

SCR 的圖形符號和對應的 4 層半導體結構的接法見圖 8.1,如圖 8.1a 所示者,當順向導通建立時,陽極電位必定高於陰極,但單憑此點並不足以使裝置導通,必須施加足夠大的脈波到閘極,建立觸發導通的閘極電流(以 I_{GT} 代表),才能使裝置導通。

可將圖 8.1b 的 4 層 $pnpn$ 結構析解成兩個 3 層電晶體結構,如圖 8.2a,再得到圖 8.2b 的電路,此可對 SCR 基本操作的詳細檢視得到最佳效果。

注意在圖 8.2 中,一個電晶體是 npn 裝置,而另一個則是 pnp 電晶體。為方便討論,將圖 8.3a 所示的訊號加到圖 8.3b 電路的閘極。在 $0 \to t_1$ 的期間內,$V_{閘極}=0$ V,圖 8.2b 的電路情況顯示在圖 8.3b 上($V_{閘極}=0$ V 代表閘極腳位接地,如圖所示)。當 $V_{BE_2}=V_{閘極}=0$ V 時,基極電流 $I_{B_2}=0$,且 I_{C_2} 幾為 I_{CO},而 Q_1 的基極電流 $I_{B_1}=I_{C_2}=I_{CO}$ 太小,無法使 Q_1 導通,因此兩電晶體都在"截止"狀態,兩個電晶體的集極和射極之間都產生高阻抗狀態,因此矽控整流子可用開路代表,如圖 8.3c 所示。

當 $t=t_1$,SCR 閘極出現 V_G 伏特的脈波,此電路所建立的電路情況見圖 8.4a,所選取的電壓 V_G 需足夠大到使 Q_2 導通($V_{BE_2}=V_G$),接著 Q_2 的集極電流會上升到足夠使 Q_1 導通($I_{B_1}=I_{C_2}$)。當 Q_1 導通時,I_{C_1} 會增加,造成 I_{B_2} 對應的增加。Q_2 基極電流的增加,會使 I_{C_2} 進一步增加。總和結果是兩電晶體的集極電流逐漸遞增。因 I_A 很大,所產生的陽極對陰極電阻($R_{SCR}=V/I_A$)會很小,SCR 可用短路代表,如圖 8.4b 所示。以上所描述的電流遞增作用,使 SCR 典型導通時間在 0.1 μs～1 μs 之間,但範圍在 100 A～400 A 的高功率裝置所需導通時間可能要 10 μs～25 μs。

除了閘極觸發之外,也可藉由提高裝置溫度,或使陽極對陰極電壓超過轉態電壓值(見圖 8.7 的特性),而使 SCR 導通。

下一個要關心的問題是:如何達成關斷(截止)?要多少才能關斷(截止)?僅移

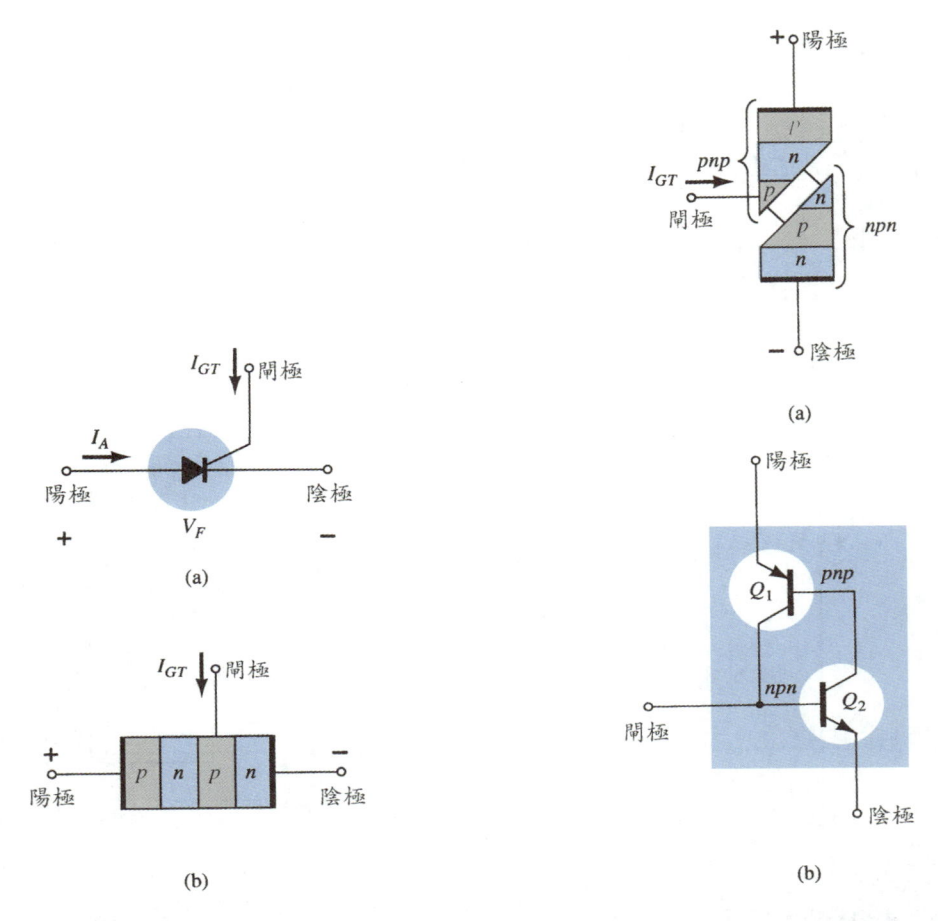

圖 8.1 (a)SCR 符號；(b)基本結構

圖 8.2 SCR 雙電晶體等效電路

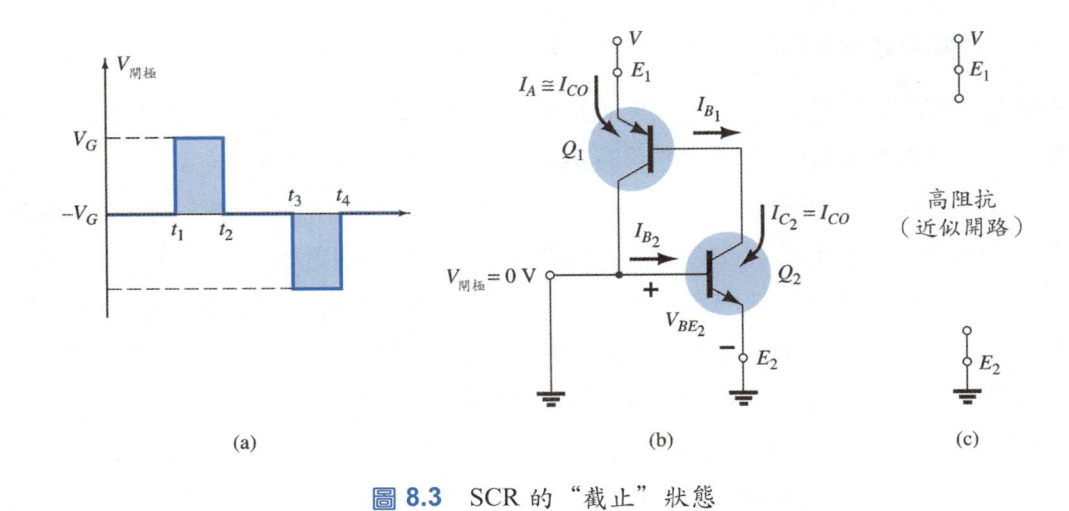

圖 8.3 SCR 的 "截止" 狀態

走閘極訊號並不能使 SCR 截止。足有少數特殊的 SCR，可以在閘極腳位加上負脈波而使其截止，如圖 8.3a 中 $t=t_3$ 處的波形。

圖 8.4 CSR 的"導通"狀態

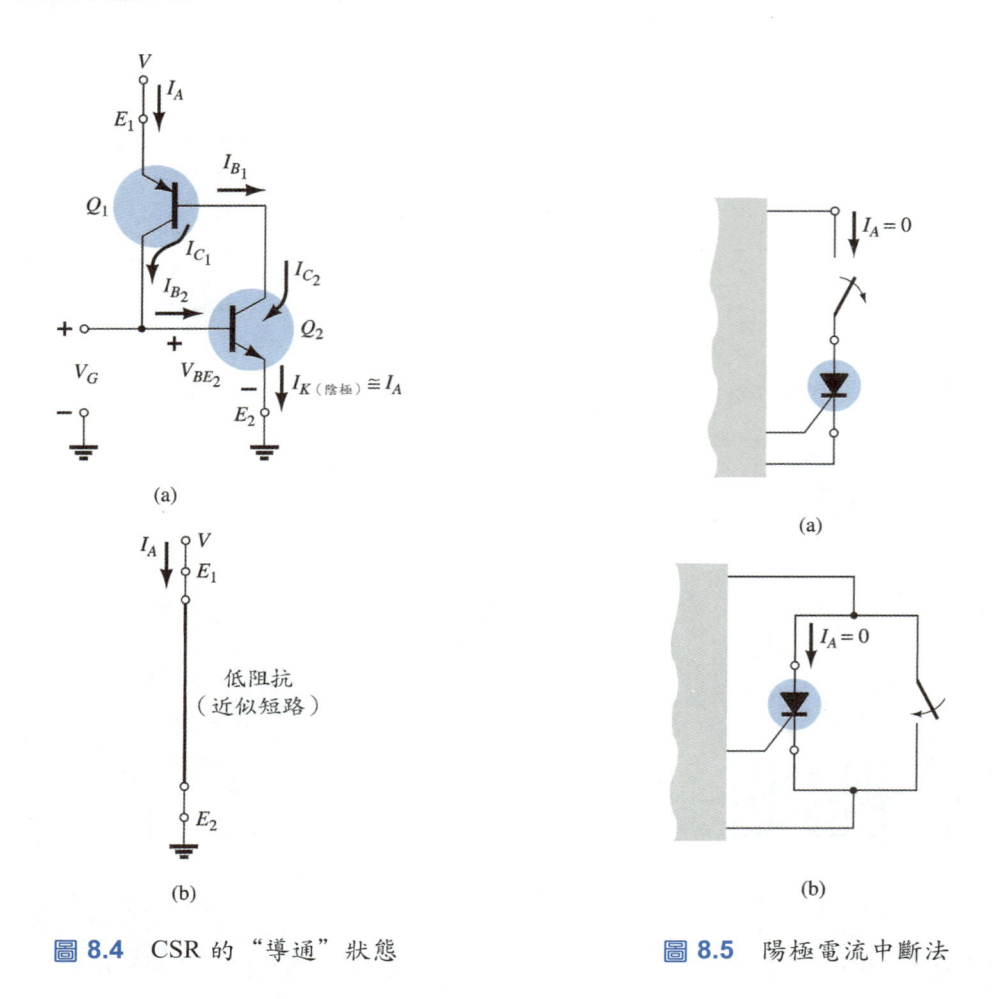

圖 8.5 陽極電流中斷法

一般有兩類方法關斷 SCR：陽極中斷法和強制換流法。

　　陽極電流中斷的兩種可能方法，分別見圖 8.5。在圖 8.5a 中，開關開路時 I_A 為零（串聯中斷），而在圖 8.5b 中，當開關閉路時也可使 I_A 為零（並聯中斷）。

　　強迫換流是指將 SCR 順向導流的電流方向"強迫"換到相反方向，有很大一類的電路可執行此功能，可在此領域主要製造商的手冊中找到一些這類型的電路。在更基本的電路類型中，其中之一見圖 8.6，如圖所示，關斷電路由一 *npn* 電晶體、直流電池 V_B 和脈波產生器組成。當 SCR 導通時，電晶體在"截止"狀態，即 $I_B=0$，集極對射極阻抗很高（實用上可看成開路），此高阻抗會隔離關斷電路，使其不受 SCR 工作的影響。為關斷 SCR，可施加正脈波到電晶體的基極，使電晶體重度導通（飽和區），在集極和射極之間產生極低阻抗（可用短路代表），因此電池電壓會直流落在 SCR 上，如圖 8.6b 所示，強制 SCR 流通相反方向的電流，因而使 SCR 截止，SCR 關斷所需時間的典型值為 5 μs～30 μs。

(a)　　　　　　　　　　　　　　　　　　(b)

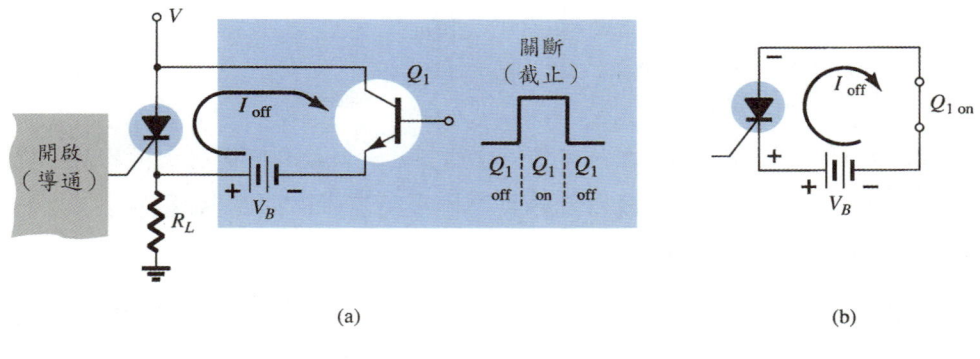

圖 8.6　強制換流技術

8.4　SCR 的特性與額定值

針對不同閘極電流值的 SCR 特性提供在圖 8.7，一般關注的電壓和電流也顯示在特性圖上，茲分別簡要描述如下。

1. **順向轉態**(forward breakover) 電壓 $V_{(BR)F*}$ 代表是 SCR 進入導通區所需的最低電壓。星號(*)是附加的字母，不同字母對於閘極腳位的不同情況，意義分別如下：

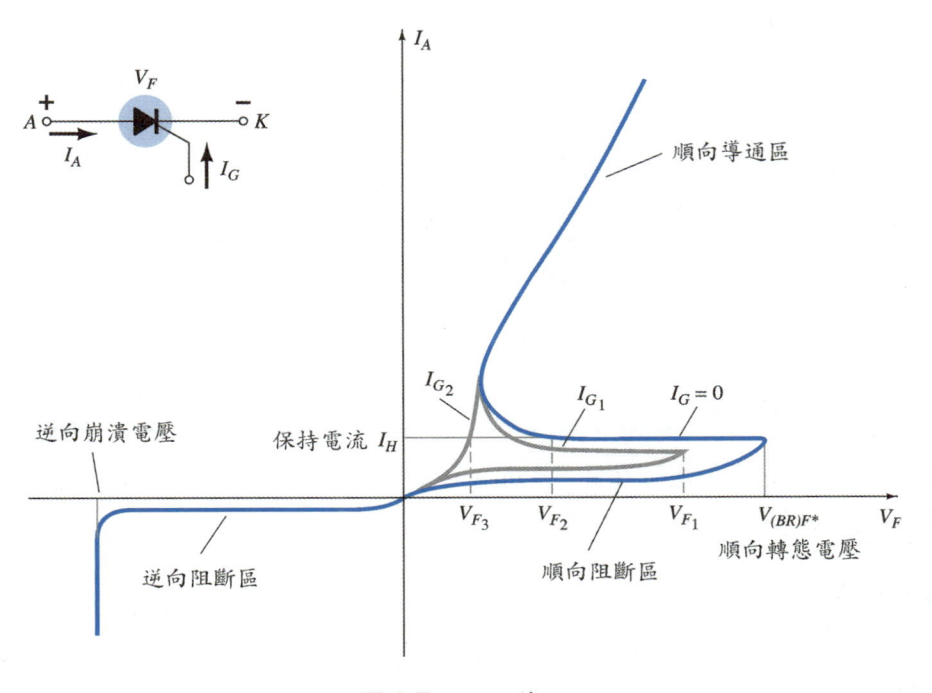

$$O = G \sim K \text{ 開路}$$
$$S = G \sim K \text{ 短路}$$

圖 8.7　SCR 特性

$$R = G \sim K \text{ 為電阻}$$
$$V = G \sim K \text{ 為定電壓}$$

2. 保持(holding)電流 I_H 是 SCR 在前述導通狀態下不會切換到順向阻斷區的最小電流值。
3. 順向及逆向阻斷區是 SCR 可阻斷陽極到陰極電荷流動的開路對應區。
4. 逆向崩潰電壓等效於兩層半導體二極體的齊納或累增區。

應可立即明顯看出,除了順向阻斷區的橫向部分之外,圖 8.7 的 SCR 特性和基本的 2 層半導體二極體的特性十分相似,也就是此一突出區域,使閘極可以控制 SCR 的響應。對圖 8.7 中的上色實線特性($I_G=0$)而言,V_F 必須到達所需的最大轉態電壓($V_{(BR)F*}$),才能產生"瓦解"效應,使 SCR 進入順向導通區,即"導通"狀態。若外加偏壓到閘極腳位,使閘極電流增加到 I_{G_1},見同一圖,則使 SCR 導通的 V_F 值(V_{F_1})會小很多。也可注意到,I_H 會隨 I_G 的增加而下降。當 I_G 增加到 I_{G_2} 時,在很低的電壓值(V_{F_2})就可使 SCR 導通,此時的特性會開始接近基本的 p-n 接面二極體。可看出,當閘極電流從 $I_G=0$ 變化大 I_{G_1},再變到更大時,SCR 的轉態電壓會愈來愈小(見圖 8.7),對應的特性會完全不同。

閘極特性提供在圖 8.8,圖 8.8b 的特性是圖 8.8a 陰影部分的放大版本。在圖 8.8a 中,最要關注三個額定值,分別以 P_{GFM}、I_{GFM} 和 V_{GFM} 代表,都包含在特性中,和電晶體特性中所用者相同。在所圍區域內,只要不是在陰影部分,任何的閘極電流電壓組合都可觸發此系列的 SCR 元件(特性已提供如圖)。溫度會決定應避開某些陰影部分,$-65°C$ 時觸發此系列 SCR 所需最小電流是 100 mA,而 $+150°C$ 時則只需 20 mA 就夠了。溫度對閘極電壓的效應通常未顯示在此類曲線上,因 3 V 以上的閘極電壓通常很容易得到。如圖 8.8b 所示,就所關注的溫度範圍,保證觸發的閘極電壓最小值是 3 V。

通常包括在 SCR 規格表上的參數,有開啟(導通)時間 t_{on},關斷(截止)時間 t_{off},接面溫度 T_J 和殼溫 T_C,這些參數某種程度上應可不必再多作解釋。

SCR 的外殼構造和腳位識別,因應用不同而異。某些 SCR 的外殼結構技術以及腳位識別,提供在圖 8.9。

8.5　SCR 應用

SCR 一些可能的應用已列在第 8.2 節(矽控整流子),本節考慮五類應用:靜態開關、相控系統、電池充電器、溫度控制器和單電源緊急照明系統。

串聯靜態開關

半波串聯靜態開關見圖 8.10a,開關閉路的情況如圖 8.10b 所示,在輸入訊號的正半週會流通閘極電流,使 SCR 導通。電阻 R_1 限制閘極電流的大小,當 SCR 導通時陽極對

第 8 章　pnpn 及其他裝置　309

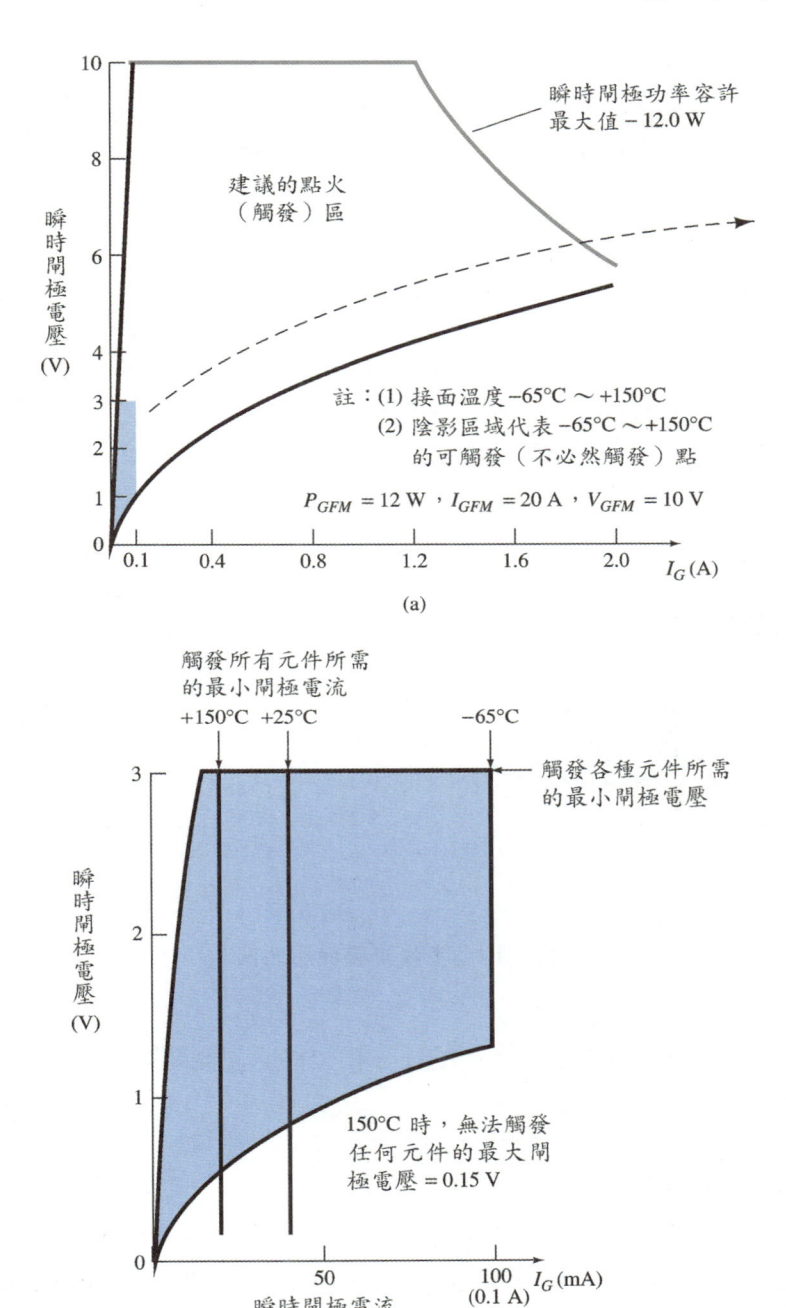

圖 8.8　SCR 的閘極特性（GE 系列 C38）

陰極電壓(V_F)會降到導通值，使閘極電流大幅減小，因而使閘極電路的損耗極微小。在輸入訊號的負半週，因陽極對陰極為負電壓，使 SCR 截止，加上二極 D_1 可避免閘極產生逆向電流。

產生的負載電流和電壓波形見圖 8.10b，結果是流經負載的半波整流訊號。若希望導

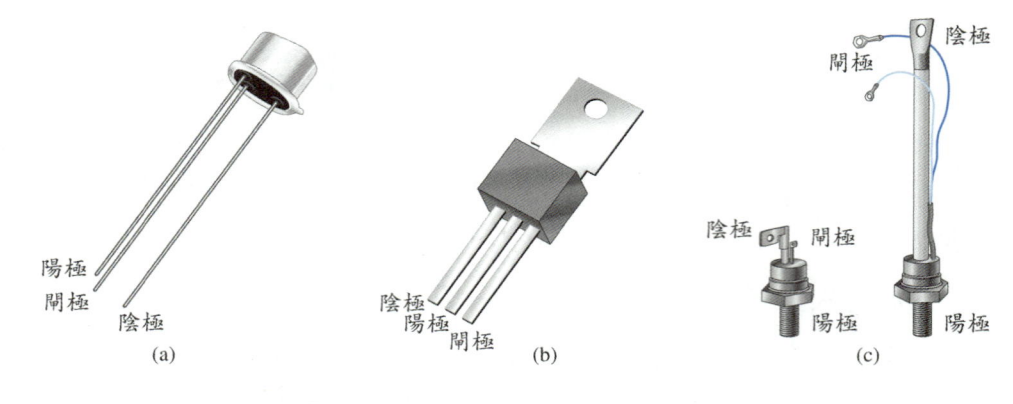

圖 8.9 SCR 的外殼結構和腳位識別

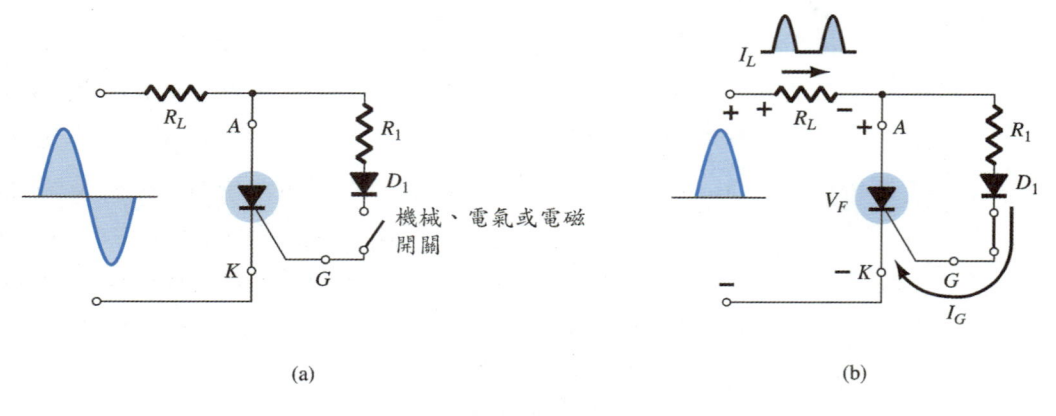

圖 8.10 半波串聯靜態開關

通角度低於 180°，可在輸入訊號正半週的任一相位移處使開關閉路，此開關可採用電子式、電磁式或機械式，視應用而定。

可變電阻的相位控制

能夠建立導通角在 90°～180° 之間的電路見圖 8.11a，此電路類似圖 8.10a，但加上可變電阻並去掉開關。電阻 R 和 R_1 的組合，會限制輸入訊號在正半週時的閘極電流。當 R_1 設在最大值時，閘極電流可能無法到達導通所需大小。隨著 R_1 自最大值下降，在相同輸入電壓之下的閘極電流會逐漸上升，如此可在 0°～90° 之間的任意點建立所需的閘極導通電流，如圖 8.11b 所示。若 R_1 值夠低，SCR 幾可立即導通，所產生的結果和圖 8.10a 所得者完全相同（180° 導通角）。但如以上所指出的，若 R_1 增加時，需要更大的正電壓才能觸發 SCR 使其導通。如圖 8.11b 所示，控制所產生的相位移角度無法超過 90°，因輸入的最大值就出現在 90° 這一點。若不能在這一點或輸入訊號的正斜率部分觸發導通，則在越過最大值之後的負斜率部分也無法有效觸發。這裡所描述的操作，

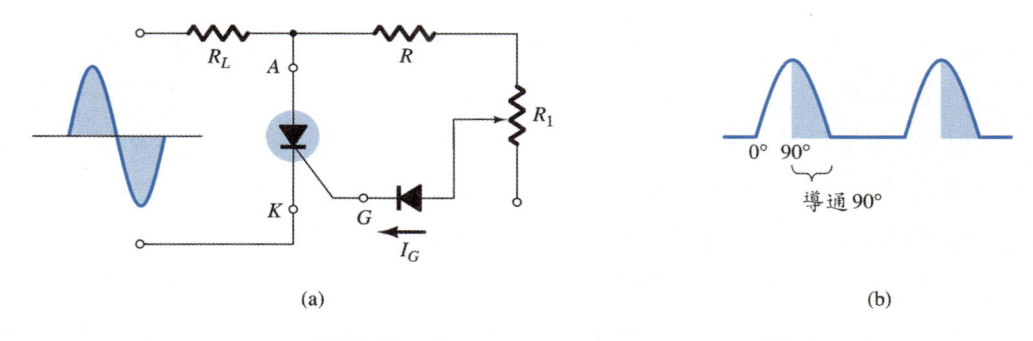

圖 8.11 半波可變電阻的相位控制

在技術術語上一般稱為半波可變電阻的相位控制，這是控制送到負載的均方根電流和功率的有效方法。

電池充電穩壓器

SCR 第 3 種普遍的應用是*電池充電穩壓器*，電路的基本組成見圖 8.12，為討論方便，控制電路部分用顏色方塊區分出來。

如圖所示，D_1 和 D_2 會在 SCR_1 和 12 V 電池上建立全波整流訊號，對電池充電。當電池電壓較低時，SCR_2 會在"截止"狀態（稍後再作解釋）。SCR_2 開路的結果，使 SCR_1 控制電路和本節先前討論的串聯靜態開關控制電路完全相同。此時若全波整流輸入足夠大，可產生所需的閘極導通電流（大小由 R_1 控制），SCR_1 會導通，就開始對電池充電。剛開始充電時，由簡單分壓電路知，低電池電壓會產生低 V_R 電壓，太低的 V_R 電壓無法使 11 V 的齊納二極體崩潰導通。齊納二極體在"截止"狀態時等於是開路，這會使 SCR_2

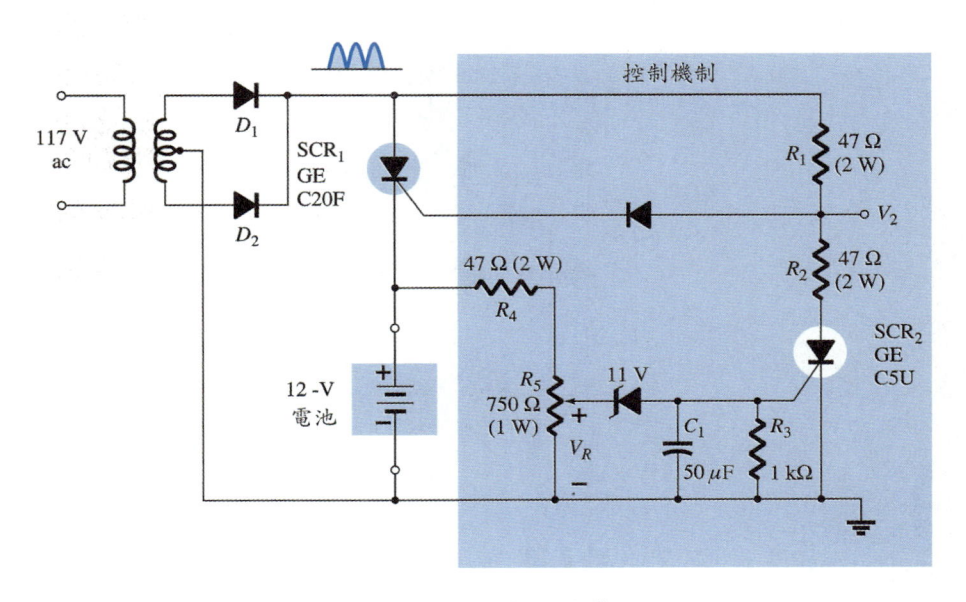

圖 8.12 電池充電穩壓器

的閘極電流為零，因而使 SCR₂ 維持在"截止"狀態。加上電容 C_1 在避免電路中的任何電壓暫態而讓 SCR₂ 誤導通。回想在電路分析的基礎學習中，電容電壓不能瞬間變化，如此 C_1 可使暫態效應無法影響。

隨著充電持續進行，電池電壓會升高到某一電壓值，其對應的 V_R 已高到足以使 11 V 齊納二極體和 SCR₂ 同時導通。一旦 SCR₂ 觸發導通，SCR₂ 可用短路代表，使 R_1 和 R_2 產生一分壓器電路，這會使 V_2 降到很低，而使 SCR₁ 無法再導通。此種情況發生時，電池已完全充電，SCR₁ 開路會切斷充電電流。只要電池電壓一降下來，此穩壓器電路就會對電池再充電，且當電池充飽時會切斷充電電流，避免過度充電。

溫度控制器

採用 SCR 的 100 W 加熱器的控制電路見圖 8.13，其設計是藉恆溫器決定 100 W 加熱器的開啟與關斷。裝水銀的恆溫器對溫度變化非常靈敏，事實上可感測到的最小溫度變化可達 0.1°C，但其應用受限於只能處理極小的電流值——1 mA 以下。在目前的應用裡，SCR 的作用如同負載切換裝置中的電流放大器，但實際上並不是放大恆溫器的電流，而是利用恆溫器的通電與否來控制可流通大電流的 SCR。

應很清楚，橋式網路經 100 W 加熱器接到交流電源，這會在 SCR 上產生全波整流電壓。當恆溫器開路時，整流訊號脈波會將電容電壓充電到閘極點火（觸發）電壓，充電時間常數則是由 RC 乘積決定。在輸入訊號的每一半週都會觸發 SCR，使電流通過加熱器。隨著溫度上升，最後恆溫器會導電，使電容兩端短路，因而電容絕對無法充電到點火電壓，也不可能觸發 SCR，此時 510 kΩ 電阻有助於維持恆溫器流通極低的電流（少於 250 μA）。

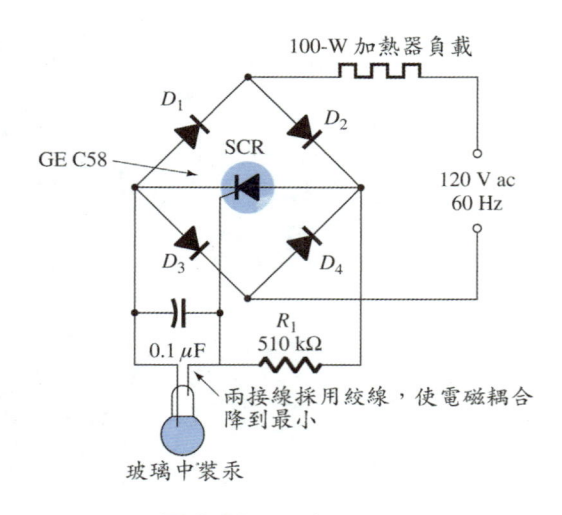

圖 8.13　溫度控制器

緊急照明系統

最後一種要描述的 SCR 應用，見圖 8.14，這是一單電源緊急照明系統，可維持住 6 V 電池的電量，確保隨時可用，並在電力短缺時可提供直流能量給燈泡。經由二極體 D_2 和 D_1，全波整流訊號會出現在 6 V 燈泡上。6 V 電池在 R_2 上建立一直流電壓，全波整流訊號的峰值和此直流電壓之間的壓差會落到電容 C_1 上（因電容會放電，實際的電壓會略小一些），此時 SCR_1 的陰極電壓必高於陽極，且閘極對陰極的電壓為負，SCR 絕對不會導通。全波整流電壓經 R_1 和 D_1 對電池充電，充電速率由 R_1 決定。只要 D_1 的陽極電位高於陰極，充電就會進行。系統的交流電源供電時，全波整流訊號的直流位準必可點亮燈泡。萬一電力中斷，電容 C_1 經 R_1 和 R_3 放電，直到 SCR_1 的陰極電位略低於陽極為止，此時 R_2 和 R_3 相接點的電位會略高於 SCR_1 的陰極電位，所建立的閘極對陰極電壓足以觸發 SCR。一旦點火（觸發）導通，6 V 電池會經 SCR_1 放電，對燈泡供應能量使其維持亮度。一旦電力回復時，電容 C_1 會再度充電，重新建立 SCR_1 的不導通狀態（如前述所述）。

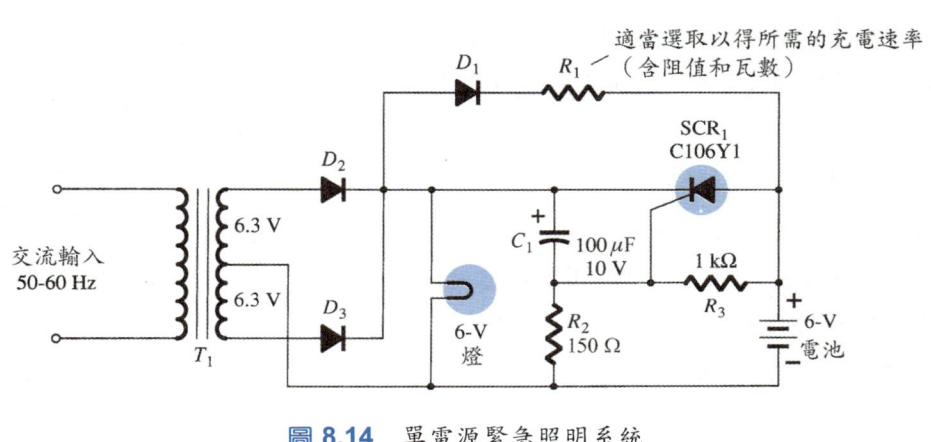

圖 8.14　單電源緊急照明系統

8.6　矽控開關

矽控開關(SCS)類似矽控整流子，是一種 4 層 pnpn 裝置。SCS 的 4 層都有接腳，比 SCR 多了陽閘極，見圖 8.15a，圖形符號和電晶體等效電路則見同一圖的 b 和 c。此裝置的特性幾和 SCR 完全相同，陽閘極電流的影響和圖 8.7 上閘極電流的效應極為相似，陽閘極電流愈高時，使裝置導通所需的陽極對陰極電壓也愈低。

陽閘極可接成使裝置導通或截止，如欲使裝置導通，必須施加負脈波到陽閘極腳位，而要裝置截止時則需施加正脈波。可利用圖 8.15c 的電路，說明何以需要以上所提的脈波型式。陽閘極的負脈波可使 Q_1 的基極對射極接面順偏，並使 Q_1 導通，接著產生大集

314 電子裝置與電路理論

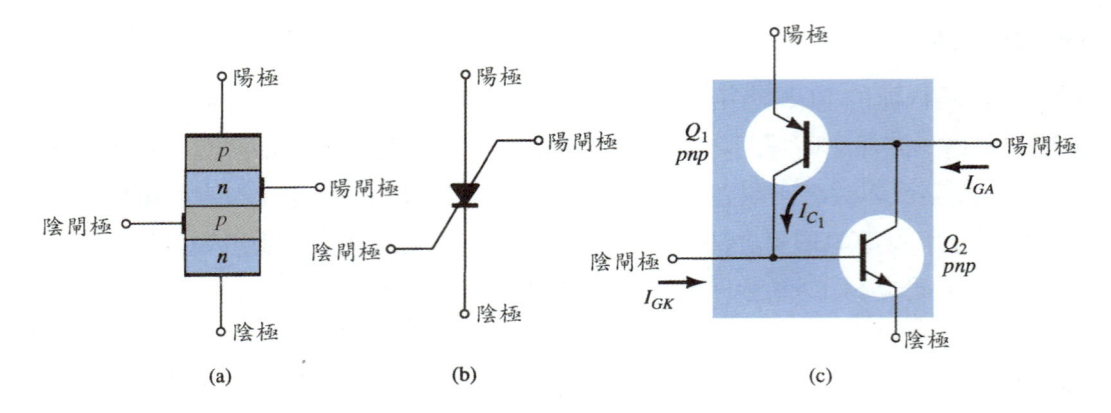

圖 8.15　矽控開關(SCS)：(a)基本結構；(b)圖形符號；(c)等效電晶體電路

極電流 I_{C_1} 使 Q_2 導通，因而造成電流遞增作用，使 SCS 裝置進入 "導通" 狀態。反之，陽閘極的正脈波會使 Q_1 的基極對射極接面逆偏，並使 Q_1 截止，造成裝置進入開路 "截止" 狀態。一般而言，陽閘極觸發（導通）所需的電流會大於陰閘極所需者。就 SCS 的代表性電路而言，陽閘極觸發電流是 1.5 mA，而陰閘極僅需 1 μA 的電流。陽閘極或陰閘極所需的導通電流受到許多因數的影響，包括工作溫度、陽極對陰極電壓、負載配置、陰極型式、陰閘極對陰極的接法和陽閘極對陽極的接法（短路、開路、偏壓和負載等）。各式元件正常都會有表、圖和曲線以提供前述的各類資訊。

SCS 的三種較為基本的關斷電路見圖 8.16，當圖 8.16a 的電路外加脈波時，電晶體會重度導通（飽和），使集極和射極之間呈低阻抗（≅短路）特性，此低阻抗分路會導入原先流入 SCS 陽極的電流，使 SCS 的電流掉到保持電流以下，因而使 SCS 截止。而在圖 8.17b 中，則是用本節所介紹的方法，以陽閘極的正脈波使 SCS 截止。最後在圖 8.17c 的電路中，可在陰閘極處施加適當大小和方向的脈波，可使 SCR 導通或截止，但

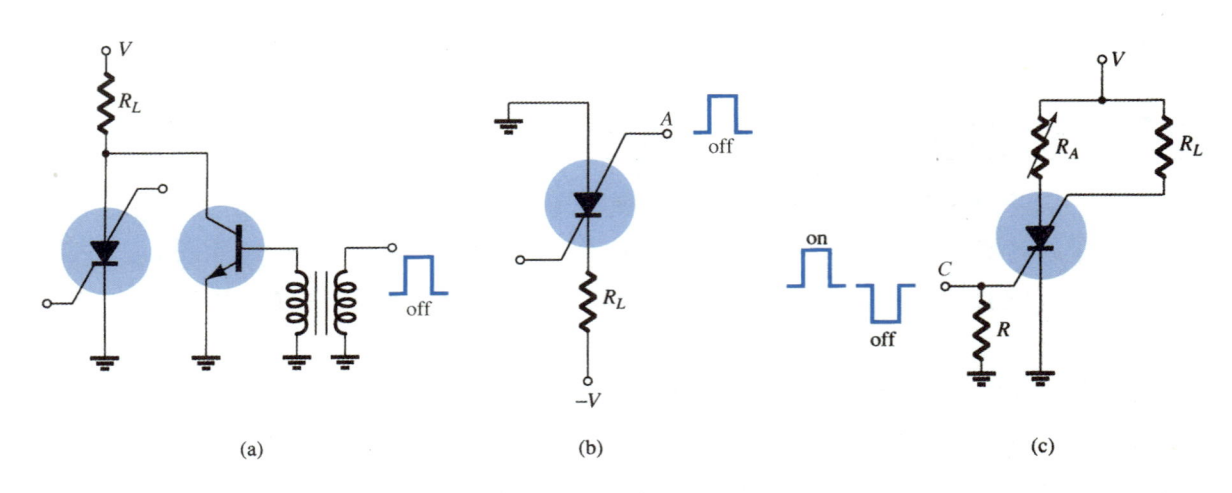

圖 8.16　關斷 SCS 的方法

R_A 要用正確值才能達成截止操作，R_A 在控制遞增反饋量，其阻值大小在操作時具有關鍵性。注意到，負載電阻 R_L 可放在許多不同的位置，除了圖上所示者外，尚有其他種可能性，這可在任何內容豐富的半導體資料手冊中找到。

和 SCR 相比，SCS 的優點是關斷時間縮短，SCS 關斷時間的典型值在 $1\,\mu s \sim 10\,\mu s$ 的範圍，而 SCR 則在 $5\,\mu s \sim 30\,\mu s$。SCS 優於 SCR 之處還包括控制與觸發靈敏度的提高，以及點火情況更能預測等。但今日 SCS 仍受限於低的功率、電流和電壓額定值，典型的最大陽極電流在 100 mA～300 mA 的範圍，且功率消耗額定值在 100 mW～500 mW。

SCS 的腳位識別和包裝見圖 8.17。

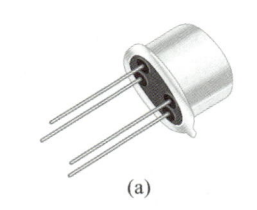

圖 8.17　矽控開關(SCS)：(a) 裝置；(b) 腳位識別

電壓感測器

SCS 較普通的一些應用領域，包括很多種類的計算機電路（計數器、暫存器和定時電路）、脈波產生器、電壓感測器和振盪器。其中一種簡單應用是將 SCS 作為電壓感測裝置，見圖 8.18，這是由各分站接進來的 n 個輸入進入警報系統，任何單一輸入都會使對應的 SCS 導通，並對警報繼電器激磁及點亮陽閘極電路的燈泡，以指示出現狀況的輸入位置。

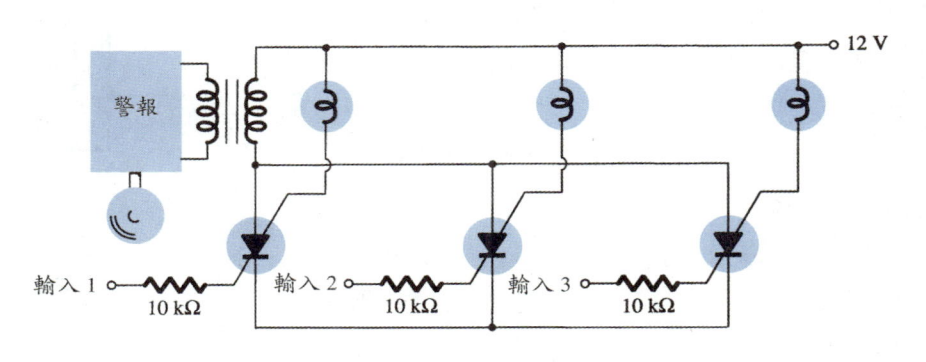

圖 8.18　SCS 警報電路

警報電路

SCS 的另一種應用是圖 8.19 的警報電路，R_S 代表熱敏、光敏或輻射感測電阻，且這些電阻的阻值會隨著能量的施加而降低。陰閘極的電壓可由 R_S 和可變電阻所建立的分壓關係決定，注意到，當 R_S 等於可變電阻的設定值時，陰閘極電位會在 0 V，兩電阻各有

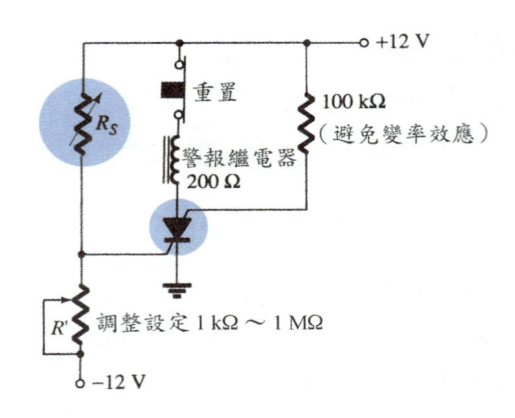

圖 8.19 警報電路

12 V 的壓降。但當 R_S 降低時，陰閘極和陰極之間的接面電壓會上升，最後順偏觸發，使 SCR 導通並對警報繼電器激磁。考慮另一種情況，若熱敏、光敏和輻射感測電阻的阻值在分別施加這三種能量時會增加，則必須將 R_S 和可變電阻的位置對調，才能正確工作。

加上 100 kΩ 電阻是為了降低變率效應造成裝置誤觸發的可能性，變率效應導因於兩閘極之間的接面電容，高頻暫態會建立足夠的基極電流使 SCS 誤導通。按下重置按鈕，會使 SCS 的導通路徑開路，陽極電流會降到零，使此裝置重置（回到截止狀態）。

8.7 閘關斷開關

本章要介紹的第 3 個 *pnpn* 裝置是閘關斷開關 (GTO)，類似 SCR，只有三個接腳，如圖 8.20a 所示，其圖形符號見圖 8.20b。雖然符號和 SCR 以及 SCS 都不相同，但三者的電晶體等效電路完全相同，且特性也類似。

GTO 優於 SCR 或 SCS 的最明顯之處，在於可對閘極（GTO 沒有 SCS 的陽閘極和相關電路）施加適當的脈波，使 GTO 導通或截止。建立這種關斷能力的結果會增加觸發所需的閘極電流，以類似的最大均方根電流額定值為準，若 SCR 的閘極觸發電流是 30 μA 時，GTO 的觸發電流就需 20 mA，而 GTO 關斷所需的閘極電流又略大於觸發電流。在今日，GTO 的最大均方根電流和消耗功率的額定值分別限制在 3 A 和 20 W。

GTO 另一個很重要的特性是切換特性的改善，開

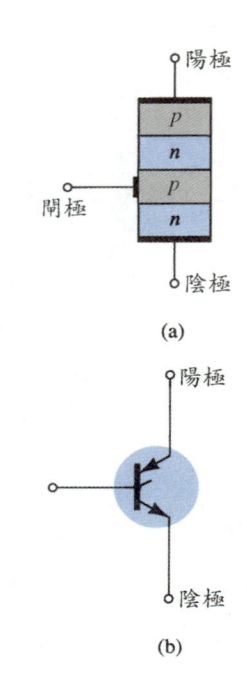

圖 8.20 閘關斷開關 (GTO)：(a) 基本結構；(b) 符號

啟時間和 SCR 類似（典型值約 1 μs），關斷時間也差不多長 (1 μs)，比 SCR 典型的關斷時間(5 μs ～ 30 μs)小很多。這種關斷時間和開啟時間相當的事實，使 GTO 適合高速應用。

典型的 GTO 及其腳位識別見圖 8.21，GTO 的閘輸入特性和關斷電路可在內容豐富的資料手冊或規格表上找到，大部分的 SCR 關斷電路也可應用在 GTO 上。

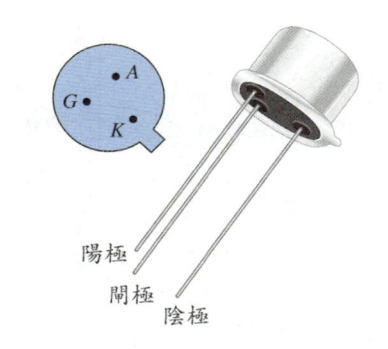

圖 8.21 典型的 GTO 和腳位識別

鋸齒波產生器

GTO 的一些應用領域包括計數器、脈波產生器、多諧振器和穩壓器，圖 8.22 是利用 GTO 和齊納二極體建立的簡單鋸齒波產生器的實例。

接上電源時，GTO 會導通，造成陽極到陰極間等效於短路，電容 C_1 開始充電，朝向電源電壓，如圖 8.22 所示。當電容 C_1 的電壓降充電到齊納電壓之上時，閘極對陰極電壓會出現逆偏而建立逆向閘極電流，最後當負閘極電流足夠大時，就會使 GTO 截止。一旦 GTO 截止時，就等於開路，電路 C_1 會經電阻 R_3 放電，放電時間由電路時間常數 $\tau = R_3 C_1$ 決定。適當的選取 R_3 和 C_1，可產生如圖 8.22 的鋸齒波形。當輸出電壓 V_o 下降到低於 V_Z 時，GTO 會再導通並重複上述過程。

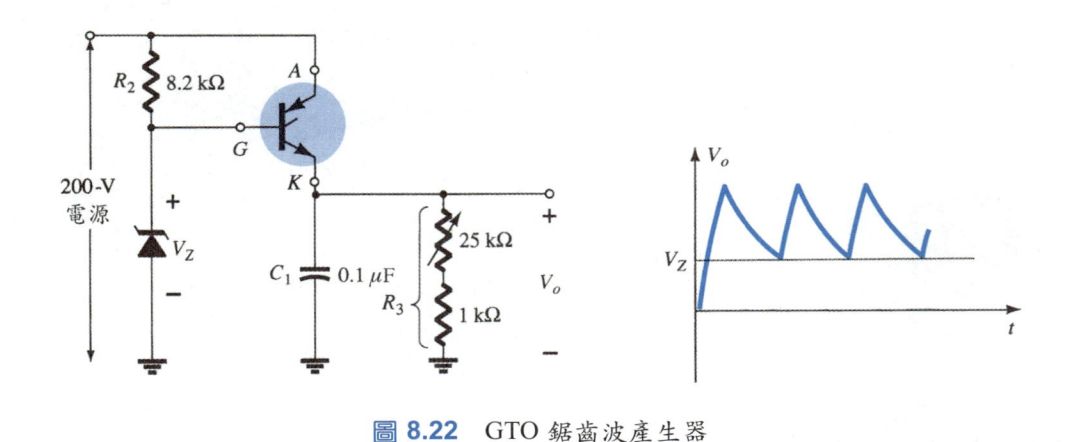

圖 8.22 GTO 鋸齒波產生器

8.8 光激 SCR

在 *pnpn* 裝置系列中，接下來的是光激 SCR(LASCR)。顧名思義，這種 SCR 的狀態是由照射到裝置矽半導體層的光線所控制。SCR 的基本結構見圖 8.23a，可從圖上看出，裝置也提供了閘極接腳，因此也可用典型的 SCR 方法觸發此種裝置。也注意到，鎖在基座的矽球表面是裝置的陽極端。LASCR 最通用的圖形符號提供在圖 8.23b，而典型 LASCR 的外觀和腳位識別則見於圖 8.24a。

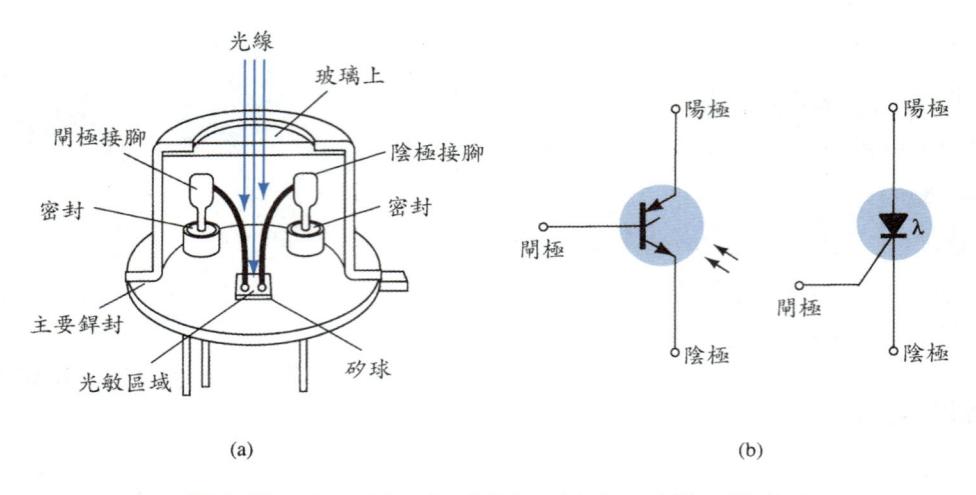

圖 8.23 光激 SCR (LASCR)：(a)基本結構；(b)符號

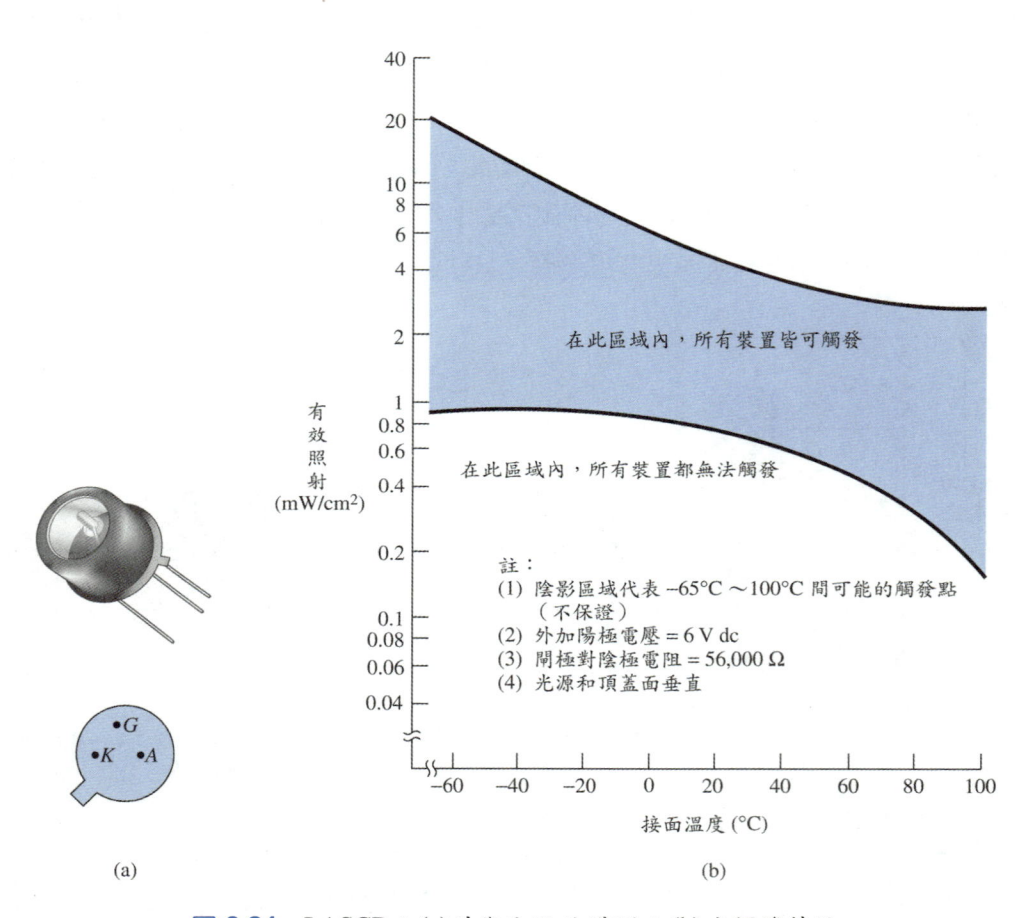

圖 8.24 LASCR：(a)外觀和腳位識別；(b)光觸發特性

LASCR 的一些應用領域包括光控、繼電器、相位控制、馬達控制和各種計算機應用等。商用現成的 LASCR，其最大電流（有效值）和功率（閘極）額定值分別約為 3 A 和

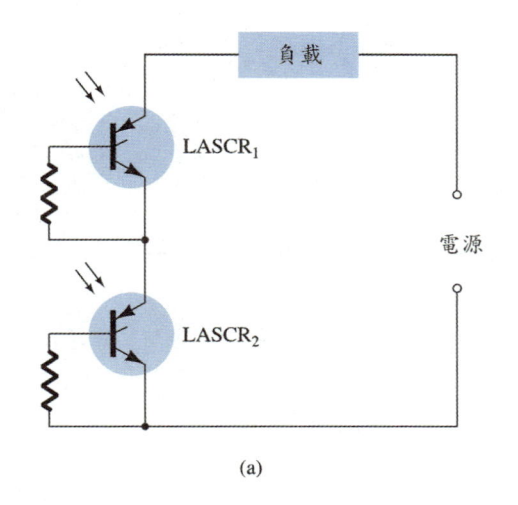

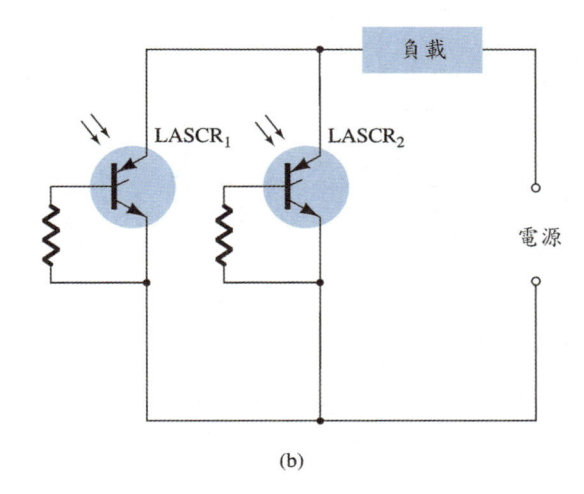

圖 8.25 LASCR 光電邏輯電路：(a) AND 閘：LASCR$_1$ 和 LASCR$_2$ 都須輸入光源才能使負載得到能量；(b) OR 閘：LASCR$_1$ 和 LASCR$_2$ 任一得到輸入光源時，負載就可得到能量

0.1 W。LASCR 代表性的（光觸發）特性提供在圖 8.24b，注意在此圖中可看出，接面溫度上升時，激發此裝置所需的光能量也隨之下降。

AND/OR 電路

LASCR 一種值得注意的應用是圖 8.25 的 AND 和 OR 電路，在 AND 電路中，只有當光同時照射 LASCR$_1$ 及 LASCR$_2$ 時，兩個裝置等同於短路，電源電壓會降在負載上。而對 OR 電路而言，當光能加到 LASCR$_1$ 或 LASCR$_2$ 時，都會使電源電壓降到負載上。

當閘極端開路時 LASCR 對光源最敏感，若在閘極接上電阻，如圖 8.25 所示，靈敏度會降低也較便於控制。

自鎖繼電器

LASCR 的另一種應用見圖 8.26，這是一種類似機電式繼電器的半導體繼電器。注意到，它提供了輸入和開關元件之間完全的隔離，如圖所示。激發電流流經發光二極體或燈泡，產生的入射光會使 LASCR 導通，使直流電流建立的電流流經負載，利用重置開關 S_1 可關斷 LASCR。和機電式開關相比，此種系統提供額外的優點如壽命長、反應快(ms)、尺寸小且消除了接觸時的彈跳。

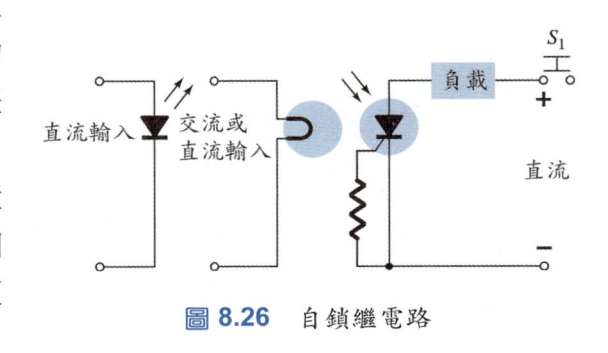

圖 8.26 自鎖繼電路

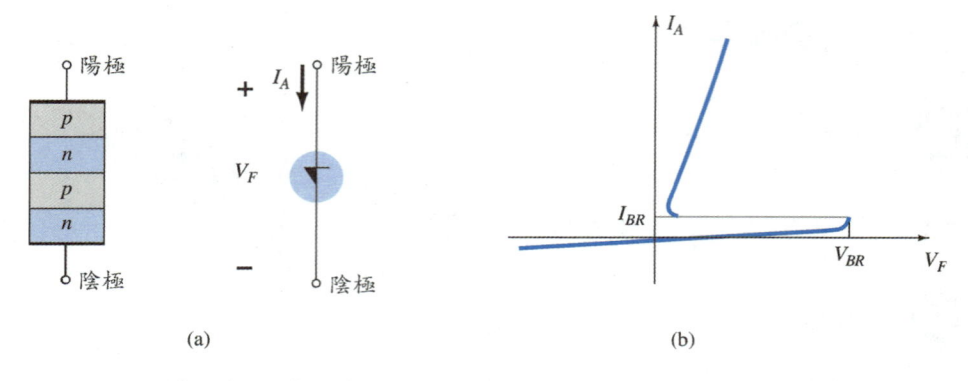

圖 8.27　蕭克萊二極體：(a)基本結構和符號；(b)特性

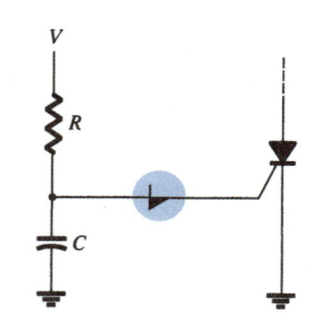

圖 8.28　蕭克萊二極體的應用——作為 SCR 的觸發開關

8.9　蕭克萊二極體

　　蕭克萊二極體是只有兩個外部接腳的 4 層 *pnpn* 二極體，其結構和圖形符號見圖 8.27a，其裝置特性（圖 8.27b）和 SCR 在 $I_G=0$ 時的特性完全相同。如在特性上所看到的，在到達轉態電壓之前，裝置會在"截止"狀態（等於開路）。到達轉態電壓時裝置會進入累增狀態而導通（等於短路）。

觸發開關

　　蕭克萊二極體的一種普通應用見圖 8.28，作為 SCR 的觸發開關。當電路接上電源，電容開始充電，電容電壓朝電源電壓變化，最後電容電壓會高到使蕭克萊二極體導通，接著觸發 SCR 導通。

8.10　diac（雙向蕭克萊二極體）

　　diac 有兩個接腳，基本上是 4 層半導體的反向並聯組合，可以雙向導通。此裝置的特性見圖 8.29a，可清楚看出兩方向都有轉態電壓。在交流應用時，可充分應用兩方向都可導通的優點。

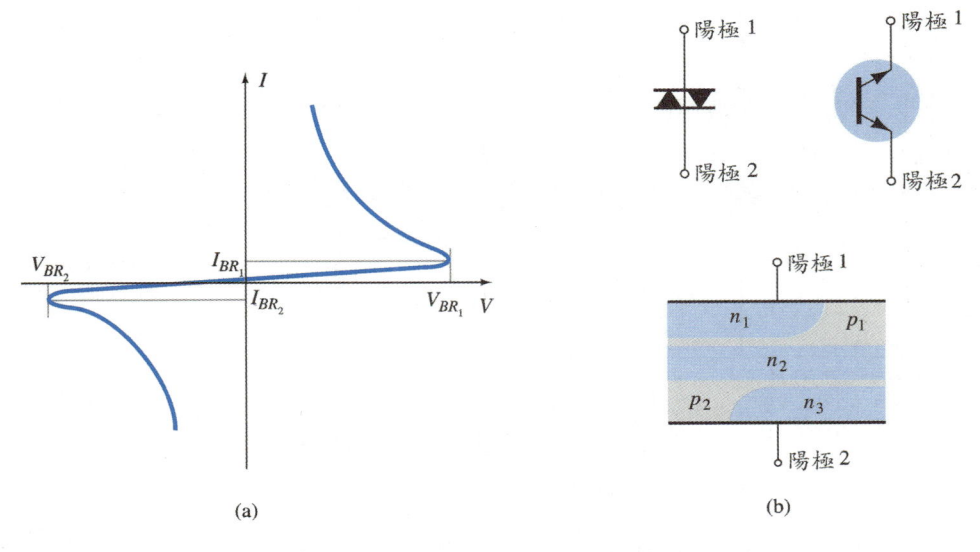

圖 8.29 diac：(a)特性；(b)符號與基本結構

    diac 基本的各層半導體組成和圖形符號見圖 8.29b。注意到，沒有腳位稱為陰極，而分別稱為第 1 陽極（或第 1 極）和第 2 陽極（第 2 極）。當第 1 陽極的電位高於第 2 陽極時，要考慮的各半導體層是 $p_1 n_2 p_2$ 和 n_3。而當第 2 陽極的電位高於第 1 陽極時，要考慮的半導體層是 $p_2 n_2 p_1$ 和 n_1。

    就圖 8.29 的元件而言，兩方向的崩潰（轉態）電壓的大小十分相近，其變化範圍在 28 V～42 V 之間，依據規格表提供的關係如下：

$$V_{BR_1} = V_{BR_2} \pm 0.1 V_{BR_2} \tag{8.1}$$

    各裝置（I_{BR_1} 與 I_{BR_2}）的大小也很接近，就圖 8.29 的元件而言，兩電流的大小約 200 μA＝0.2 mA。

接近偵測器

    diac 用在圖 8.30 所示的接近偵測器上，注意到，用 SCR 和負載串聯，且將可規劃 UJT（將在第 8.12 節介紹）直接接到感測腳位。

    當人體接近感測腳位時，此腳位和接地（C_b）之間的電容值會增加。可規劃 UJT(PUT) 這種裝置的陽極電壓（V_A）高過閘極電壓（V_G）0.7 V 以上時，裝置會觸發導通。在 PUT 導通之前，系統可等效於圖 8.31。隨著輸入電壓的上升，diac 的電壓 v_A 和 v_G 會隨之變化，直到到達觸發電位為止，見同一圖。diac 觸發導通時電壓會大幅下降，如圖所示，注意 diac 在點火導通之前幾處於開路狀態。在引入電容元件之前，電壓 V_G 和輸入電壓完全相同。如圖所示，v_A 和 v_G 緊接著輸入，所以 v_A 不可能高過 v_G 到 0.7 V，所以裝置不可能

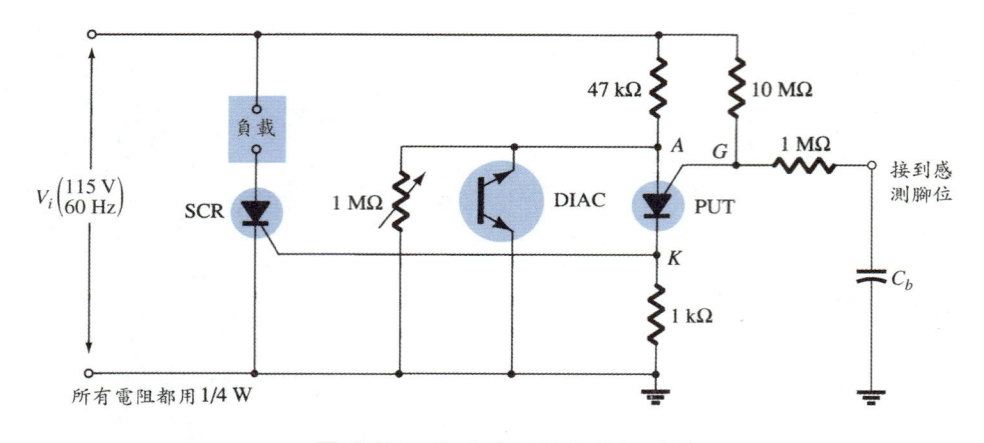

圖 8.30 接近偵測器或接觸開關

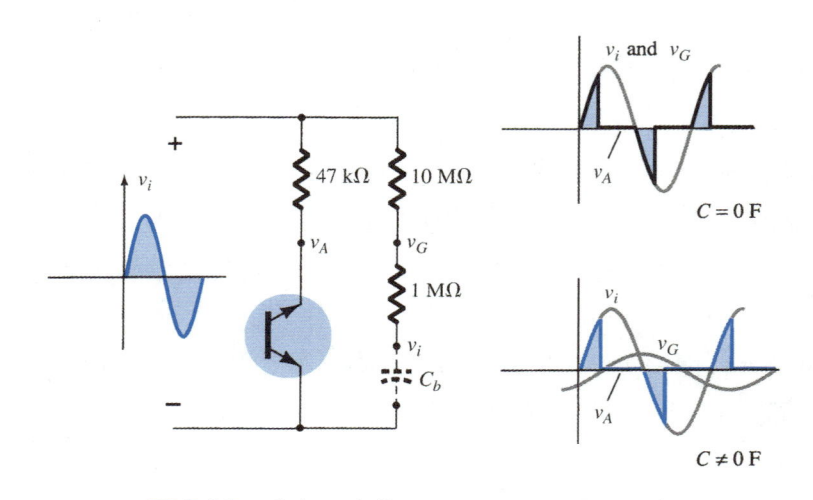

圖 8.31 電容元件對圖 8.30 網路操作的影響

導通。但引入電容元件後，v_G 會開始落後於輸入電壓，且電容愈大時，落後角度也愈大，見同一圖，所以會有一點對應的 v_G 高過 v_G 達 0.7 V，使 PUT 觸發導通，在這點 PUT 建立了大電流，使電壓 v_G 上升，因而觸發 SCR 導通。接著 SCR 的大電流通過負載，對人體的接近作出反應。

在下一節（圖 8.33）考慮重要的電力控制裝置 triac 時，會看到 diac 的另一種應用。

8.11　triac（雙向矽控整流子）

triac 基本上是 diac 加上閘極腳位，以對此雙向裝置作任一方向的導通控制。易言之，對任一方向都可利用極類似 SCR 的方法，用閘極電流控制裝置的操作。但 triac 的特性在第 1 象限與第 3 象限和 diac 有些不同，見圖 8.32c。注意到，diac 的特性在兩個方向都沒有出現保持電流。

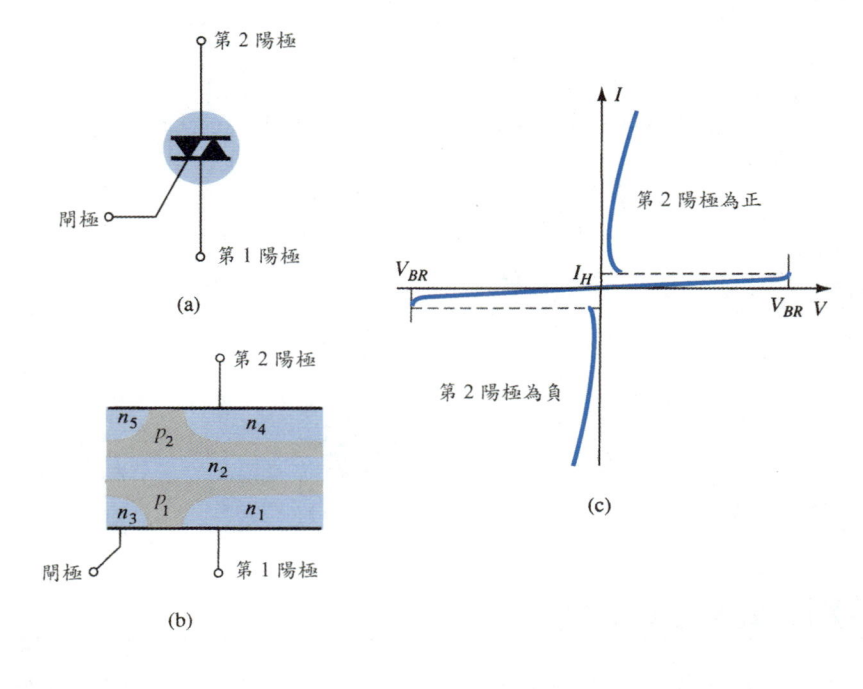

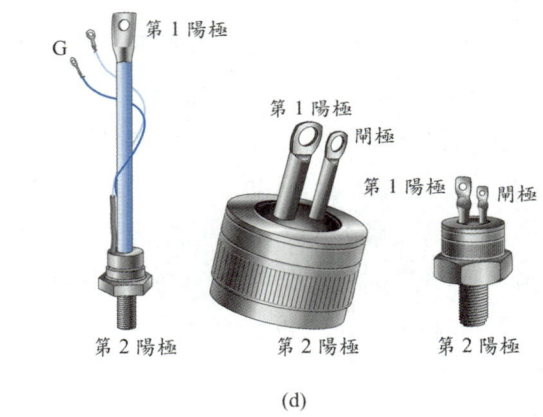

圖 8.32 triac：(a)符號；(b)基本結構；(c)特性；(d)圖片

　　此種裝置的圖形符號、半導體各層分布，以及裝置的照片提供在圖 8.32。對每一種可能的導通方向，都有對應的半導體層組合，其狀態由加到閘極腳位的訊號控制。

相位（功率）控制

　　triac 的一種基本應用見圖 8.33，在此應用中，於輸入弦波訊號的正半週與負半週，藉由 triac 在導通與截止之間的切換，控制送到負載的交流功率。在輸入訊號的正半週，此電路的動作極像圖 8.28 的蕭克萊二極體。而在輸入訊號的負半週，因 diac 和 triac 都可在相反方向觸發導通，所產生的負載電流波形提供在圖 8.33。若改變電阻 R，就可控制導通角，已有現成元件可處理 10 kW 以上的負載。

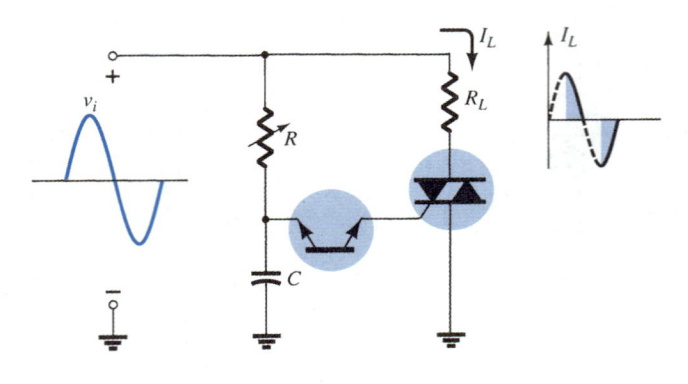

圖 8.33 triac 的應用：相位（功率）控制

其他裝置

8.12 單接面電晶體(UJT)

如同 SCR，晚近對單接面電晶體(UJT)的關注急速增加。UJT 雖在 1948 年首度問世，但直到 1952 年才有商用成品，此種元件的低成本以及優異的特性，保證其可應用於極廣範圍，包括振盪器、觸發電路、鋸齒波產生器、相位控制、定時電路、雙穩網路，以及穩壓或穩流電源。此種裝置在正常操作之下一般為低功率消耗裝置，此一事實對設計高效率系統的持續努力而言，有極大的幫助。

UJT 是三端裝置，基本架構見圖 8.34。n 型低摻雜（可增加電阻係數）矽板材料兩端的一面各有一基極接觸，另一面則和鋁條接合。在 n 型矽板和鋁條的邊界形成 p-n 接面，此單一 p-n 接面可解釋單接面(unijunction)名稱的由來。此裝置原先稱為雙基極二極體，因為出現了兩個基極接觸。注意在圖 8.34 中，鋁條和矽板的接合點比較靠近第 2 基極接觸，而且第 2 基極腳位的電位高於第 1 基極腳位，兩基極間的電壓是 V_{BB} 伏特。以上兩者所造成的影響，在以下段落中就會明白。

單接面電晶體的符號提供在圖 8.35。注意到射極接腳和代表 n 型矽板材料的垂直線成 45° 角，箭頭方向則代表裝置順偏導通時的正電流方向。

UJT 的等效電路見圖 8.36，注意到此等效電路相當簡單：兩個電阻（一個定值、一個可變）和一個二極體。如圖所示，電阻 R_{B_1} 是一可變電阻，其阻值隨電流 I_E 變化。事實上，對代表性的單接面電晶體而言，當 I_E 由 0 μA 變化到 50 μA 時，對應的 R_{B_1} 可能從 5 kΩ 降到 50 Ω。兩基極間的電阻 R_{BB} 是 I_E=0 時 $B_1 \sim B_2$ 之間的裝置電阻，關係式如下：

$$R_{BB} = (R_{B_1} + R_{B_2})|_{I_E=0} \tag{8.2}$$

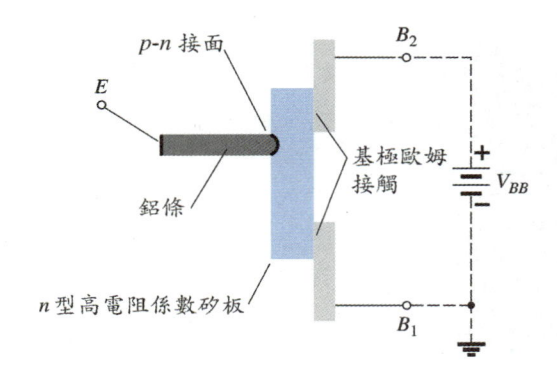

圖 8.34 單接面電晶體(UJT)：基本結構

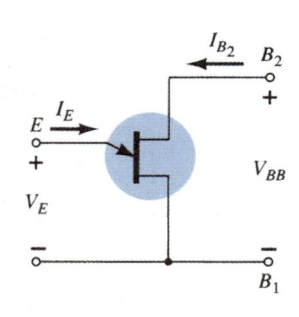

圖 8.35 單接面電晶體(UJT)的符號和基本偏壓安排

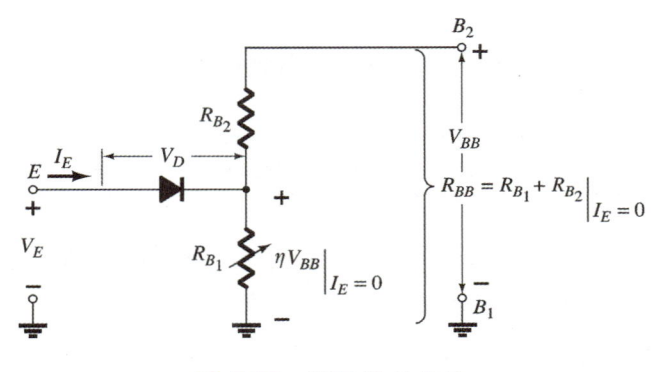

圖 8.36 UJT 等效電路

（R_{BB} 典型值在 4 kΩ ～10 kΩ 的範圍。）圖 8.34 中鋁條的位置決定 $I_E=0$ 時，R_{B_1} 和 R_{B_2} 的相對值，可由分壓定律決定 $V_{R_{B_1}}$（對應於 $I_E=0$）的大小如下：

$$V_{R_{B_1}}=\frac{R_{B_1}}{R_{B_1}+R_{B_2}} \cdot V_{BB}=\eta V_{BB}\Big|_{I_E=0} \tag{8.3}$$

希臘字母 η 代表裝置的本質對分(intrinsic stand-off)比，定義如下：

$$\eta=\frac{R_{B_1}}{R_{B_1}+R_{B_2}}\Big|_{I_E=0}=\frac{R_{B_1}}{R_{BB}} \tag{8.4}$$

當外加射極電壓 V_E 超過 $V_{R_{B_1}}(=\eta V_{BB})$ 達二極體的順向電壓降 V_D (0.35 V → 0.70 V) 時，二極體會導通。假定二極體導通時為短路（考慮理想情況），I_E 會開始流經 R_{B_1}。射極觸發（點火）電壓的關係式如下：

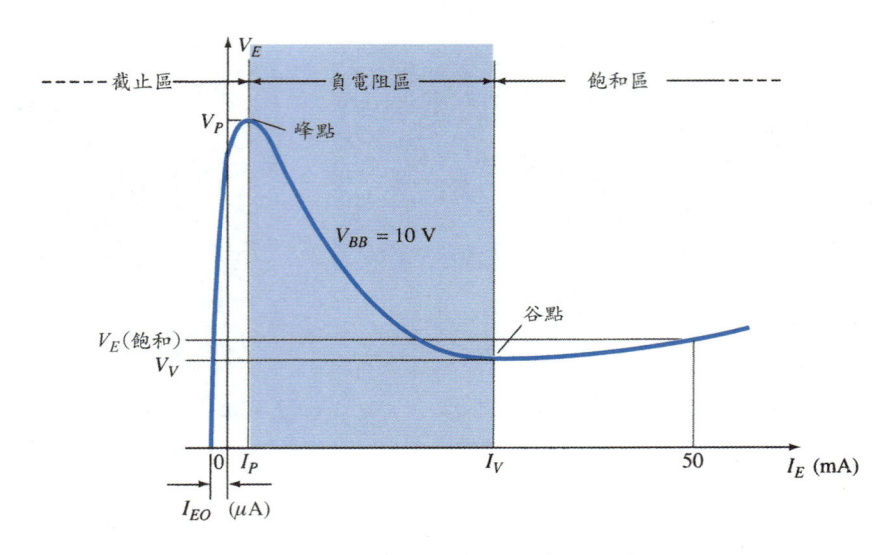

圖 8.37 UJT 靜態射極特性曲線

$$V_P = \eta V_{BB} + V_D \tag{8.5}$$

代表性的 UJT 在 $V_{BB}=10$ V 時的特性見圖 8.37，注意在峰點左側，I_E 大小不會超過 I_{EO}（在 μA 範圍），電流 I_{EO} 很接近傳統電晶體的逆向漏電流 I_{CO}。如圖所示，峰點左側區域稱為截止區。一旦在 $V_E=V_P$ 處建立導通狀態，射極電壓 V_E 會隨著 I_E 的增加而下降，此正對應於 $R_{B_1}(\simeq V_E/I_E)$ 的下降，先前已討論過。因此，這種裝置有足夠穩定的負電阻區，用在前述的各項應用領域時非常可靠。最後會到達谷點，此時 I_E 再增加時就會使裝置進入飽和區。在飽和區工作時，UJT 的特性會很接近圖 8.36 等效電路中的半導體二極體。

主動區（負電阻區）工作時導通狀態建立，電洞由 p 型鋁條射入 n 型矽板，n 型材料中電洞濃度的上升會造成自由電子濃度增加，因而增加了電導 G，亦即電阻下降（$R\downarrow =1/G\uparrow$）。單接面電晶體的其他三個參數是 I_P、V_V 和 I_V，分別顯示在圖 8.37 上，其義不言可喻。

一般會看到的射極特性提供在圖 8.38，注意因橫軸座標以 mA 為單位，所以看不出 I_{EO}（μA 範圍），各條曲線和縱軸的交點即對應於 V_P 值。因 η 和 V_D 為定值，V_P 值會隨 V_{BB} 變化，即

$$V_P\uparrow = \eta \underbrace{V_{BB}\uparrow}_{\text{固定不變}} + V_D$$

UJT 典型的規格提供在圖 8.39b，前面幾段討論應有助於充分理解這些參數。UJT 的腳位識別提供在圖 8.39c，而照片則提供在圖 8.39a。注意到，兩基極腳位在相對兩側，射極腳位則在兩者之間。另外，應接到較高電位的基極腳位(B_2)會比較靠近外殼突出處。

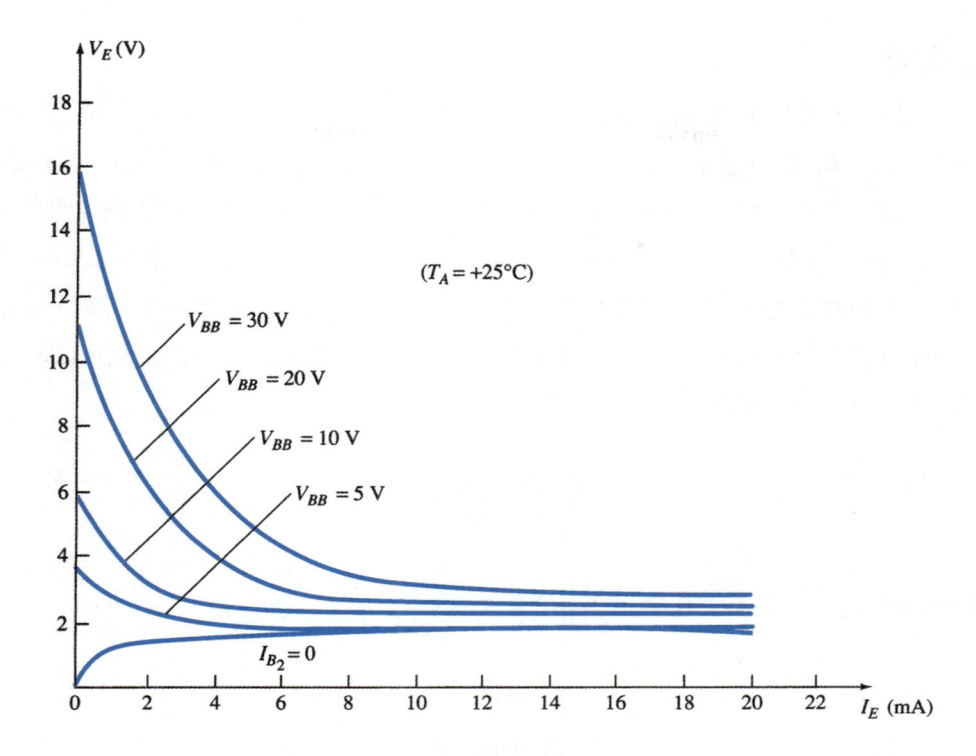

圖 8.38 UJT 典型的靜態射極特性曲線

絕對最大額定值(25°C)：

功率消耗	
射極電流 RMS 值	300 mW
最大射極電流	50 mA
逆向射極電壓	2 A
兩基極之間的電壓	30 V
工作溫度範圍	35 V
儲存溫度範圍	$-65°C \sim +125°C$

電氣特性(25°C)：

		最小值	典型值	最大值
本質對分比		0.56	0.65	
($V_{BB}=10$ V)	η	0.56	0.65	0.75
兩基極之間電阻(kΩ)				
($V_{BB}=3$ V，$I_E=0$)	R_{BB}	4.7	7	9.1
射極飽和電壓				
($V_{BB}=10$ V，$I_E=50$ mA)	$V_{E(sat)}$		2	
逆向射極電流				
($V_{BB}=3$ V，$I_{B1}=0$)	I_{EO}		0.05	12
峰點射極電流	I_P (μA)		0.04	5
($V_{BB}=25$ V)				
谷點電流				
($V_{BB}=20$ V)	I_V (mA)	4	6	

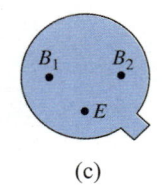

(a)　　　　(b)　　　　(c)

圖 8.39 UJT：(a)外觀；(b)規格表；(c)腳位識別

SCR 的觸發

UJT 一種很普通的應用是用來觸發其他元件如 SCR，像這樣的觸發電路的基本組成見圖 8.40，電阻 R_1 必須適當選擇，確保 R_1 決定的負載線會通過裝置特性的負電阻區，亦即在峰點的右側並且在谷點的左側，如圖 8.41 所示。若負載線不能通過峰點的右側時裝置將無法導通，因此在考慮峰點 $I_{R_1}=I_P$ 且 $V_E=V_P$ 時，要確保 R_1 的關係式能建立導通條件。（因峰點處的電容充電電流為零，使等式 $I_{R_1}=I_P$ 成立，亦即在峰點處，電容正要由充電狀態轉換到放電狀態。）又峰點處的 $V-I_{R_1}R_1=V_E$ 且 $R_1=(V-V_E)/I_{R_1}=(V-V_P)/I_P$。為確保觸發成功，條件如下：

$$R_1 < \frac{V-V_P}{I_P} \tag{8.6}$$

在谷點，$I_E=I_V$ 且 $V_E=V_V$，所以

$$V-I_{R_1}R_1=V_E$$

會變成

$$V-I_V R_1=V_V$$

且

$$R_1=\frac{V-V_V}{I_V}$$

或者為保證可以截止，應使

$$R_1 > \frac{V-V_V}{I_V} \tag{8.7}$$

因此，R_1 的限制範圍是

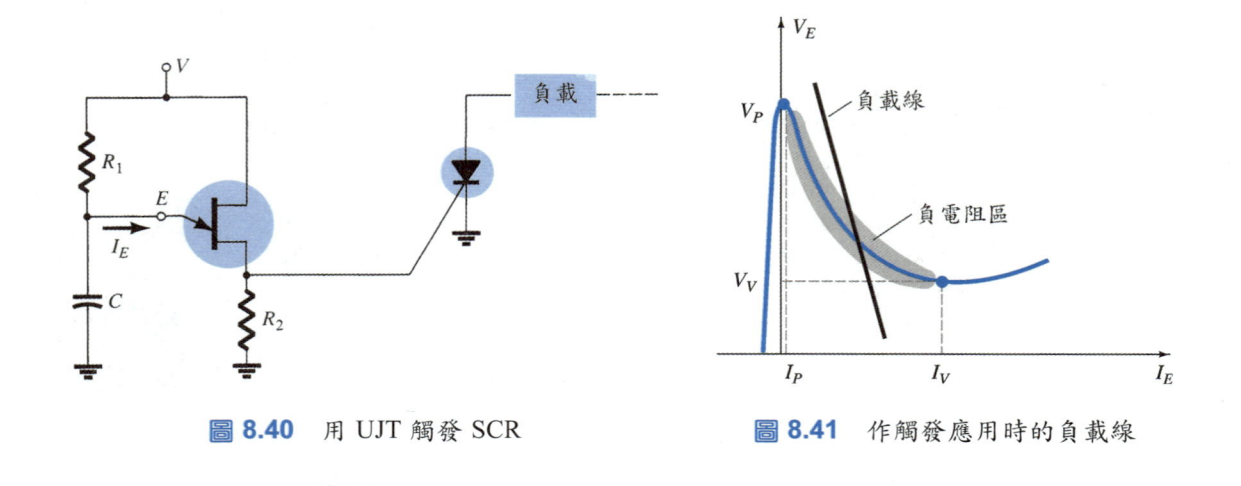

圖 8.40 用 UJT 觸發 SCR

圖 8.41 作觸發應用時的負載線

$$\boxed{\frac{V-V_V}{I_V} < R_1 < \frac{V-V_P}{I_P}} \qquad (8.8)$$

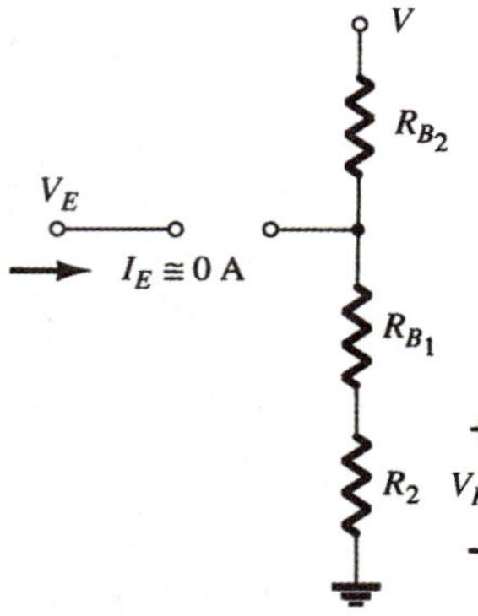

電阻 R_2 要足夠小，以確保圖 8.42 中，當 $I_E \cong 0$ A 時，電壓 V_{R_2} 不會觸發 SCR 導通。$I_E = 0$ 時，電壓 V_{R_2} 為

$$\boxed{V_{R_2} \cong \frac{R_2 V}{R_2 + R_{BB}}\bigg|_{I_E=0\,A}} \qquad (8.9)$$

圖 8.42 $I_E \cong 0$ A 的觸發網路

可以預見，電容 C 將決定各觸發脈波的間隔時間，以及各脈波的週期。

只要一加上直流電壓源 V，電壓 $v_E = v_C$ 會由 V_V 開始朝向 V 伏特充電，如圖 8.43 所示，時間常數 $\tau = R_1 C$。

充電週期中的一般式如下：

$$\boxed{v_C = V_V + (V-V_V)(1-e^{-t/R_1 C})} \qquad (8.10)$$

如圖 8.43 上所指示的在此充電週期中，R_2 的電壓降由式 (8.9) 決定。當 $v_C = v_E = V_P$ 時，UJT 會進入導通狀態，電容經 R_{B_1} 和 R_2 放電，放電速率由時間常數 $\tau = (R_{B_1} + R_2)C$ 決定。

放電週期中，電壓 $v_C = v_E$ 的關係式如下：

$$\boxed{v_C \cong V_P e^{-t/(R_{B_1}+R_2)C}} \qquad (8.11)$$

式 (8.11) 有些複雜，因 R_{B_1} 會隨著射極電流的增加而降低，而網路其他參數如 R_1 和 V 也會影響放電速率和終值。但等效電路如圖 8.43 所示。且 R_1 和 R_{B_2} 的典型值對電容周遭網路的影響相當微小，即使 V 是很高的電壓，因戴維寧等效電壓所產生的分壓效應在近似的基礎上也可忽略不計。

在放電週期可採用圖 8.44 的簡化等效電路，可得 V_{R_2} 峰值的近似式如下：

$$\boxed{V_{R_2} \cong \frac{R_2(V_P - 0.7)}{R_2 + R_{B_1}}} \qquad (8.12)$$

圖 8.43 中的週期 t_1 可決定如下：

$$\begin{aligned}
v_C（充電）&= V_V + (V-V_V)(1-e^{-t/R_1 C}) \\
&= V_V + V - V_V - (V-V_v)e^{t/R_1 C} \\
&= V - (V-V_V)e^{t/R_1 C}
\end{aligned}$$

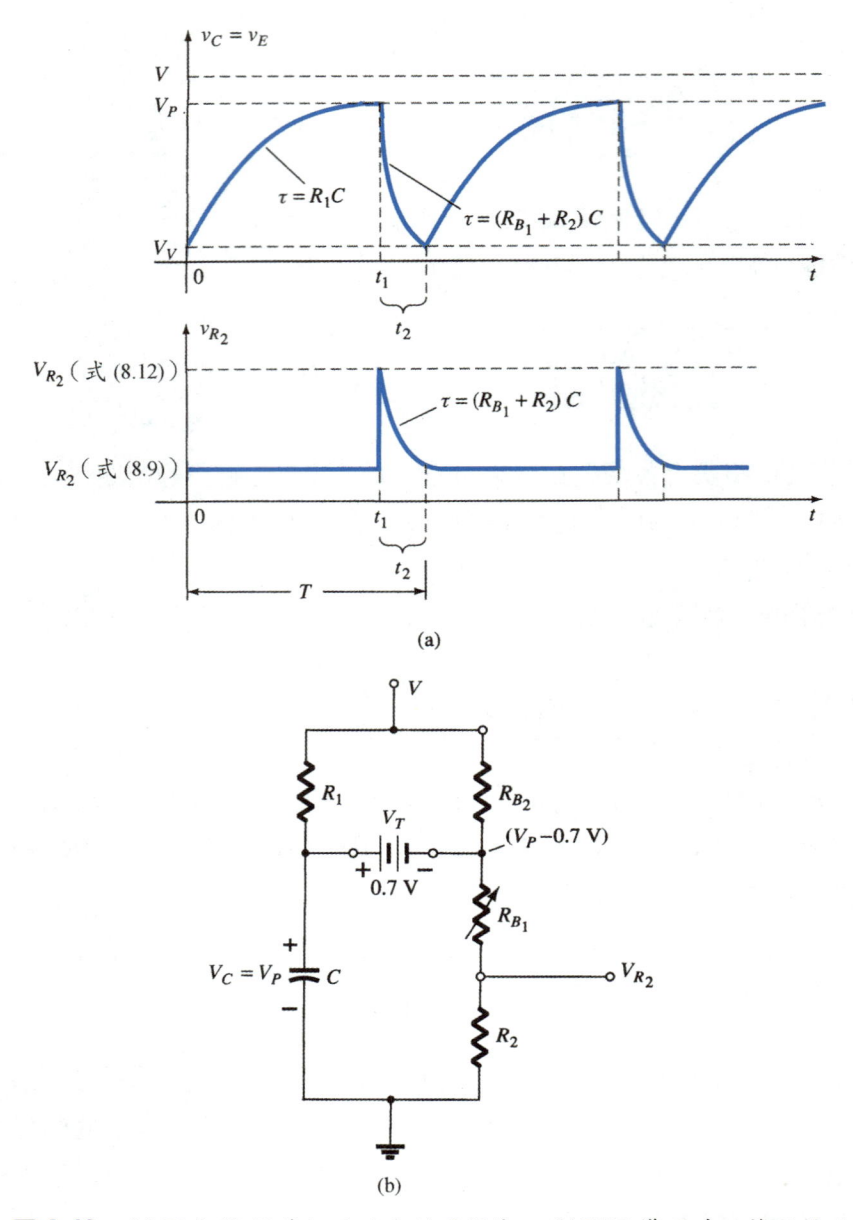

圖 8.43 (a) 圖 8.40 觸發網路的充放電週期；(b) UJT 導通時的等效電路

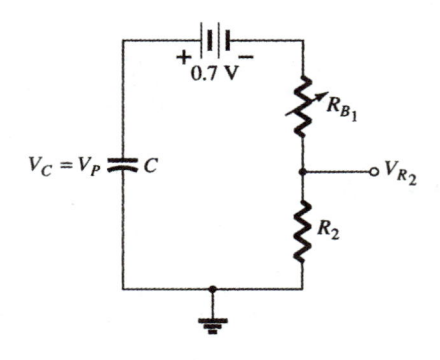

圖 8.44 UJT 導通時簡化的等效電路

當 $t=t_1$ 時，$v_C=V_P$，代入得 $V_P=V-(V-V_V)e^{-t_1/R_1C}$，即

$$\frac{V_P-V}{V-V_V}=-e^{-t/R_1C}$$

或

$$e^{-t_1/R_1C}=\frac{V-V_P}{V-V_V}$$

利用對數，可得

$$\log_e e^{-t_1/R_1C}=\log_e\frac{V-V_P}{V-V_V}$$

即

$$\frac{-t_1}{R_1C}=\log_e\frac{V-V_P}{V-V_P}$$

所以

$$\boxed{t_1=R_1C\log_e\frac{V-V_V}{V-V_P}} \tag{8.13}$$

可由式(8.11)決定 $t_1 \sim t_2$ 之間的放電週期如下：

$$v_C(\text{放電})=V_P e^{-t/(R_{B_1}+R_2)C}$$

設 t_1 為 $t=0$，可得

$$t=t_2 \text{ 時的 } v_C=V_V$$

且

$$V_V=V_P e^{-t_2/(R_{B_1}+R_2)C}$$

即

$$e^{-t_2/(R_{B_1}+R_2)C}=\frac{V_V}{V_P}$$

用對數得

$$\frac{-t_2}{(R_{B_1}+R_2)C}=\log_e\frac{V_V}{V_P}$$

即

$$\boxed{t_2=(R_{B_1}+R_2)C\log_e\frac{V_P}{V_V}} \tag{8.14}$$

圖 8.43 中，完整一個循環的週期定義為 T，亦即

$$\boxed{T=t_1+t_2} \tag{8.15}$$

弛張振盪器

若將電路（圖 8.40）中的 SCR 去掉，網路就會成為弛張振盪器(relaxatioin oscillator)，

可產生圖 8.43 的波形，振盪頻率由下式決定：

$$\boxed{f_{\text{osc}} = \frac{1}{T}} \tag{8.16}$$

在許多系統中，$t_1 \gg t_2$，即

$$T \cong t_1 = R_1 C \log_e \frac{V - V_V}{V - V_P}$$

在許多例子中，$V \gg V_V$，故

$$T \cong t_1 = R_1 C \log_e \frac{V}{V - V_P}$$
$$= R_1 C \log_e \frac{1}{1 - V_P/V}$$

但如果式(8.5)中 V_D 的影響忽略不計，則 $\eta = V_P/V$，即

$$T \cong R_1 C \log_e \frac{1}{1 - \eta}$$

或

$$\boxed{f \cong \frac{1}{R_1 C \log_e [1/(1-\eta)]}} \tag{8.17}$$

例 8.1

給定圖 8.45 中的弛張振盪器：

a. 試決定 $I_E = 0$ A 時的 R_{B_1} 和 R_{B_2}。
b. 試計算出 UJT 導通所需的電壓 V_P。
c. 試由式(8.8)決定 R_1 是否落在 UJT 必能觸發導通的阻值允許範圍之內。

$V = 12$ V

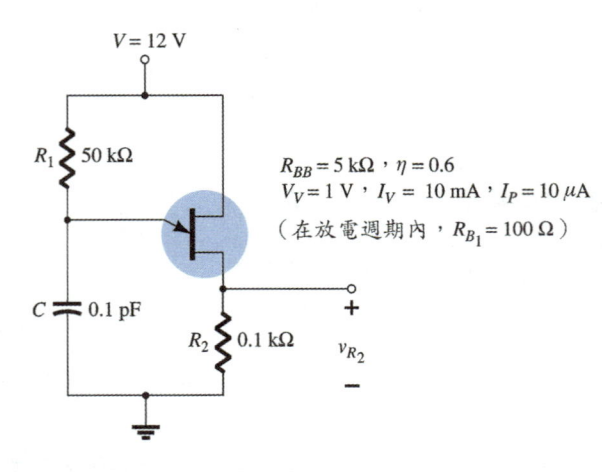

R_1 50 kΩ

$R_{BB} = 5$ kΩ，$\eta = 0.6$
$V_V = 1$ V，$I_V = 10$ mA，$I_P = 10$ μA
（在放電週期內，$R_{B_1} = 100$ Ω）

$C = 0.1$ pF

R_2 0.1 kΩ

v_{R_2}

圖 8.45 例 8.1

第 8 章　pnpn 及其他裝置　333

d. 若放電週期內的 $R_{B_1}=100\ \Omega$，試決定振盪頻率。

e. 試畫出一個完整週期的 v_C 波形。

f. 試畫出一個完整週期的 v_{R_2} 波形。

解：

a. $\eta = \dfrac{R_{B_1}}{R_{B_1}+R_{B_2}}$

$0.6 = \dfrac{R_{B_1}}{R_{BB}}$

$R_{B_1} = 0.6 R_{BB} = 0.6(5\ \text{k}\Omega) = \mathbf{3\ k\Omega}$

$R_{B_2} = R_{BB} - R_{B_1} = 5\ \text{k}\Omega - 3\ \text{k}\Omega = \mathbf{2\ k\Omega}$

b. 在 $v_C = V_P$ 處，若維持 $I_E = 0$ A，可得圖 8.46 的網路，

$V_P = 0.7\ \text{V} + \dfrac{(R_{B_1}+R_2)12\ \text{V}}{\underbrace{R_{B_1}+R_{B_2}}_{R_{BB}}+R_2}$

$= 0.7\ \text{V} + \dfrac{(3\ \text{k}\Omega+0.1\ \text{k}\Omega)12\ \text{V}}{5\ \text{k}\Omega+0.1\ \text{k}\Omega} = 0.7\ \text{V} + 7.294\ \text{V}$

$\cong \mathbf{8\ V}$

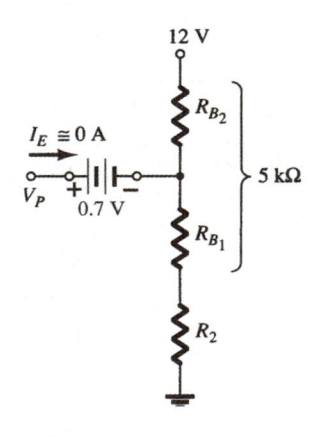

圖 8.46 用來決定使 UJT 導通所需電壓 V_P 的網路

c. $\dfrac{V-V_V}{I_V} < R_1 < \dfrac{V-V_P}{I_P}$

$\dfrac{12\ \text{V}-1\ \text{V}}{10\ \text{mA}} < R_1 < \dfrac{12\ \text{V}-8\ \text{V}}{10\ \mu\text{A}}$

$1.1\ \text{k}\Omega < R_1 < 400\ \text{k}\Omega$

電阻 $R_1 = 50\ \text{k}\Omega$，落在此範圍內。

d. $t_1 = R_1 C \log_e \dfrac{V-V_V}{V-V_P}$

$= (50\ \text{k}\Omega)(0.1\ \text{pF})\log_e \dfrac{12\ \text{V}-1\ \text{V}}{12\ \text{V}-8\ \text{V}}$

$= 5 \times 10^{-3} \log_e \dfrac{11}{4} = 5 \times 10^{-3}(1.01)$

$= 5.05\ \text{ms}$

$t_2 = (R_{B_1}+R_2) C \log_e \dfrac{V_P}{V_V}$

$= (0.1\ \text{k}\Omega+0.1\ \text{k}\Omega)(0.1\ \text{pF})\log_e \dfrac{8}{1}$

$= (0.02\times 10^{-6})(2.08)$

$= 41.6\ \mu\text{s}$

因此　　　　　　　　　$T = t_1 + t_2 = 5.05\ \text{ms} + 0.0416\ \text{ms}$

$= 5.092\ \text{ms}$

且
$$f_{osc} = \frac{1}{T} = \frac{1}{5.092 \text{ ms}} \cong \mathbf{196 \text{ Hz}}$$

利用式(8.17),得
$$f \cong \frac{1}{R_1 C \log_e[1/(1-\eta)]}$$
$$= \frac{1}{5 \times 10^{-3} \log e 2.5}$$
$$= \mathbf{218 \text{ Hz}}$$

e. 見圖 8.47。

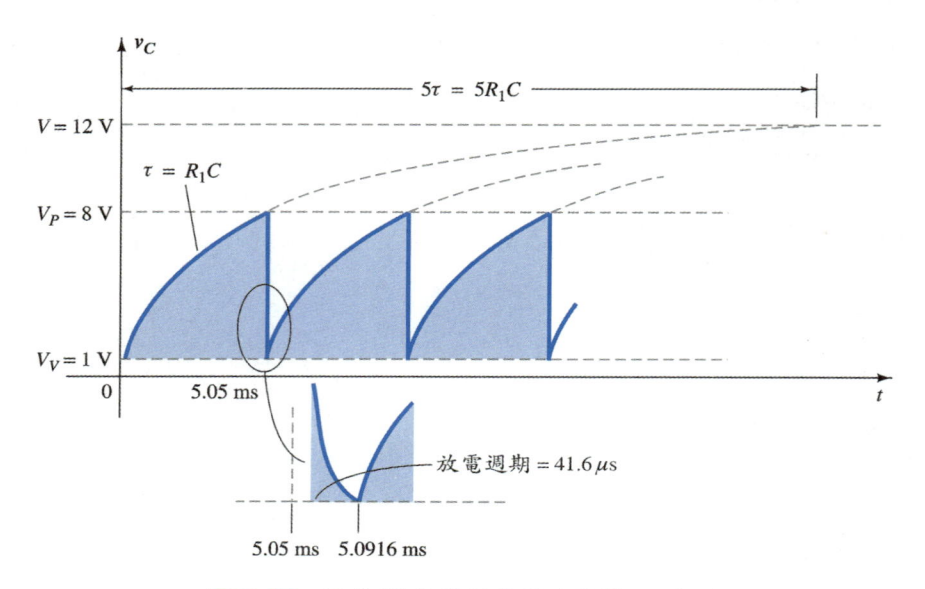

圖 8.47 圖 8.45 弛張振盪器的電壓 v_C 波形

f. 在充電週期,由式(8.9)得

$$V_{R_2} = \frac{R_2 V}{R_2 + R_{BB}} = \frac{0.1 \text{ k}\Omega (12 \text{ V})}{0.1 \text{ k}\Omega + 5 \text{ k}\Omega} = \mathbf{0.235 \text{ V}}$$

當 $v_C = V_P$ 時,由式(8.12)得

$$V_{R_2} \cong \frac{R_2(V_P - 0.7 \text{ V})}{R_2 + R_{B_1}} = \frac{0.1 \text{ k}\Omega (8 \text{ V} - 0.7 \text{ V})}{0.1 \text{ k}\Omega + 0.1 \text{ k}\Omega}$$
$$= \mathbf{3.65 \text{ V}}$$

v_{R_2} 的波形圖見圖 8.48。

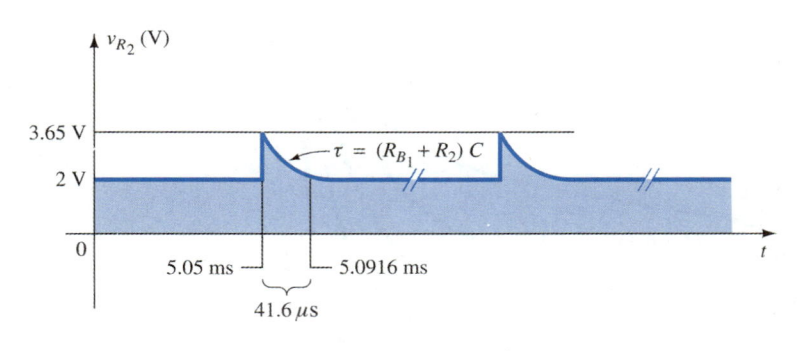

圖 8.48 圖 8.45 弛張振盪器的電壓 v_{R_2} 波形

8.13 光電晶體

先前已在描述光二極體時，介紹過光電裝置的基本操作，現在的討論要延伸到光電晶體，這種電晶體具有光敏的集極－基極 p-n 接面，光電效應會產生電晶體的基極電流，若將光感應產生的基極電流設為 I_λ，則產生的近似集極電流為

$$I_C \cong h_{fe} I_\lambda \tag{8.18}$$

光電晶體的代表性特性和裝置符號提供在圖 8.49，注意到這些特性曲線和典型雙載子電晶體特性之間的相似程度。如預期地，光強度的增加對應於集極電流的上升。為了更能熟悉光強度單位 mW/cm^2，另給一基極電流對光通量密度的曲線，見圖 8.50a。注意到，隨著光通量密度的增加，基極電流成指數式上升，在同一圖中也提供了光電晶體的腳位識別和角度對準的圖形。

光電晶體的一些應用領域包括計算機邏輯電路、照明控制（高速公路等）、位準指示、繼電器和計數系統等。

高阻抗隔離 AND 閘

高阻抗隔離 AND 閘見圖 8.51，採用三個光電晶體和三個發光二極體(LED)。LED 是半導體裝置，其發光強度決定於裝置流通的順偏電流。藉助於基礎篇第 1 章中已作的討論，電路的操作應相當容易理解。高阻抗隔離(high isolation)一詞代表輸入和輸出電路之間無任何電路的連接。

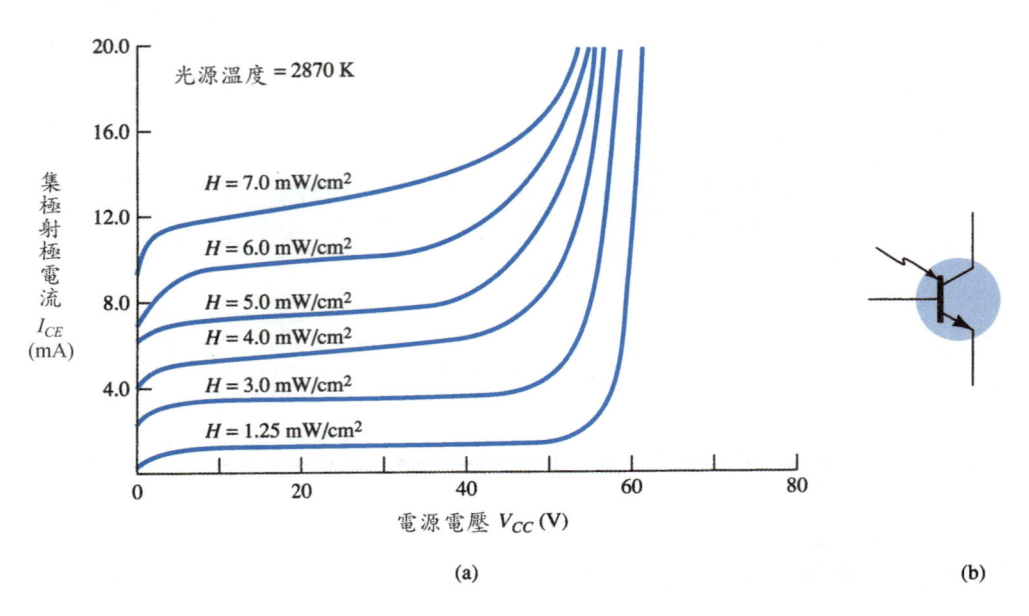

圖 8.49　光電晶體：(a)集極特性；(b)符號

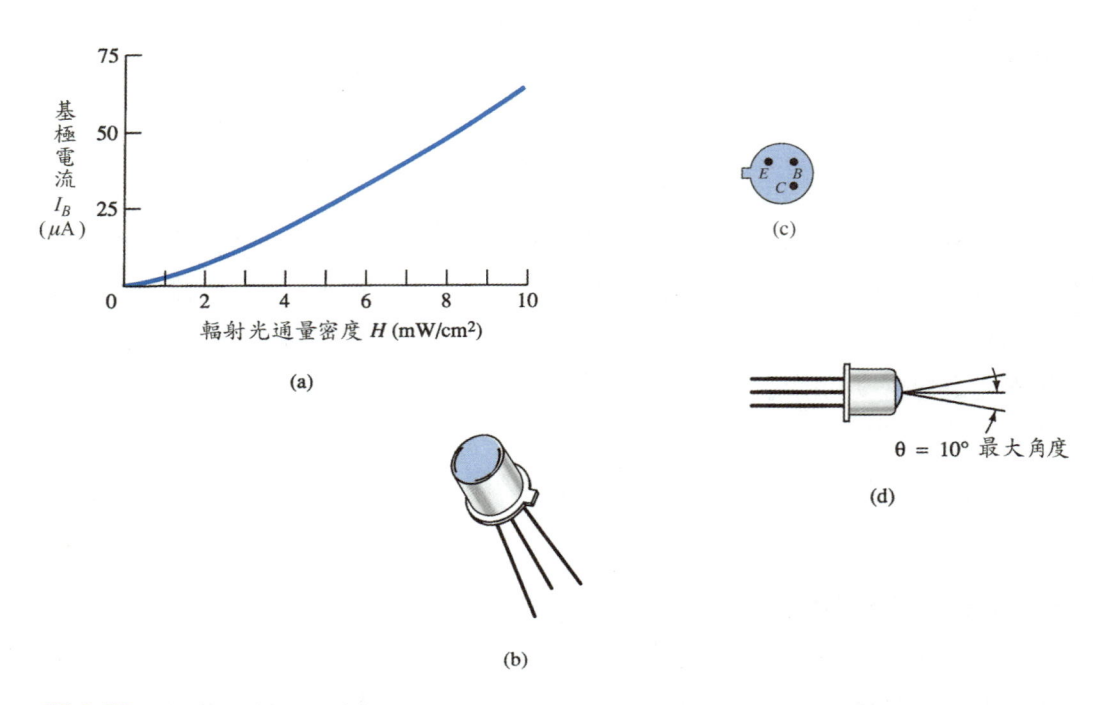

圖 8.50　光電晶體：(a)基極電流對光通量密度；(b)裝置；(c)腳位識別；(d)角度對準

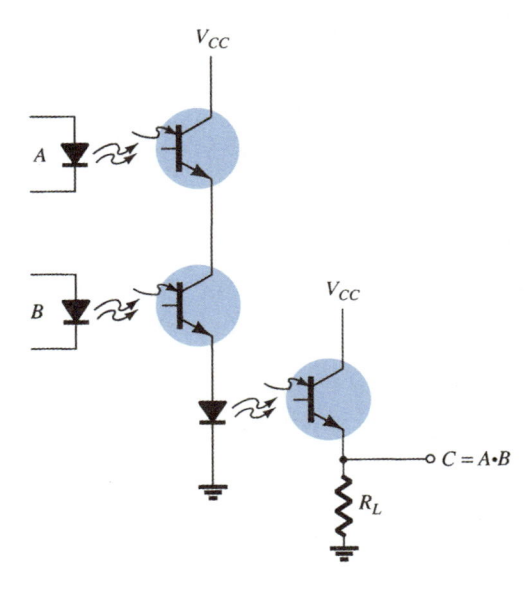

圖 8.51 採用光電晶體和 LED 的高阻抗隔離 AND 閘

8.14 光隔離器

光隔離器 (opto-isolator) 這種裝置結合上一節所介紹的多種特性，IC 包裝中包含了紅外線 LED 和光檢測器，如矽二極體、電晶體達靈頓對或 SCR，各裝置的波長響應調整到彼此之間達到最高耦合程度。在圖 8.52 中，提供了兩種晶片組態並附上照片。在每一組裝置之間，都有透明的隔離套嵌在結構中（外部看不到），以便光線傳遞。所設計的反應時間很短，使其用在傳輸資料時可達 MHz 的範圍。

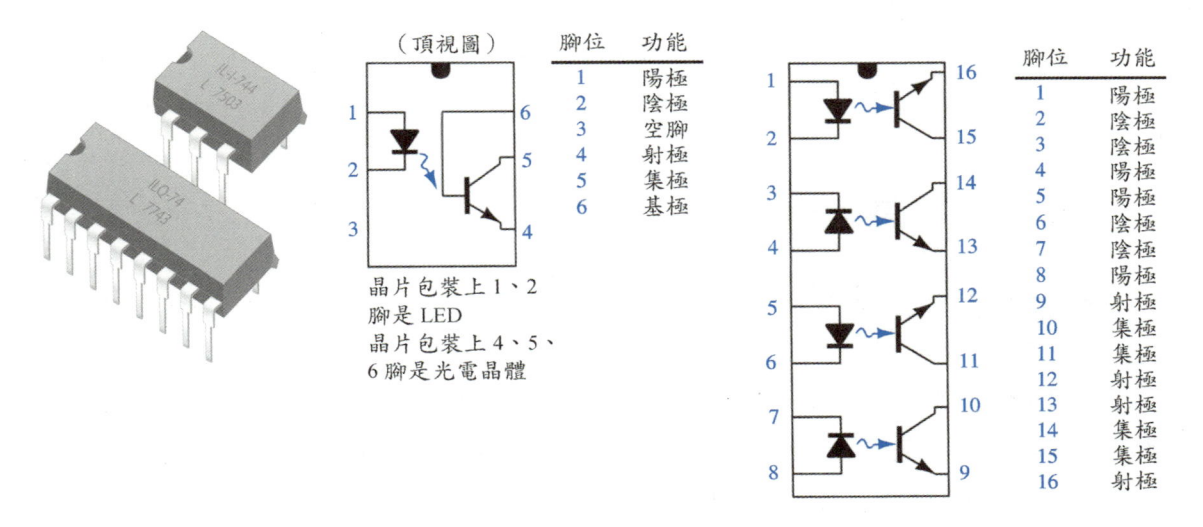

圖 8.52 兩種 Litronix 光隔離器

最大額定值

砷化鎵 LED（各通道）
　25°C 時的功率消耗　　　　　　　　　　　　　　　　200 mW
　自 25°C 起的線性遞減率　　　　　　　　　　　　　　2.6 mW/°C
　連續順向電流　　　　　　　　　　　　　　　　　　　150 mA

矽光電晶體檢測器（各通道）
　25°C 時的功率消耗　　　　　　　　　　　　　　　　200 mW
　自 25°C 起的線性遞減率　　　　　　　　　　　　　　2.6 mW/°C
　集極－射極崩潰電壓　　　　　　　　　　　　　　　　30 V
　射極－集極崩潰電壓　　　　　　　　　　　　　　　　7 V
　集極－基極崩潰電壓　　　　　　　　　　　　　　　　70 V

各通道的電氣特性（環境溫度 25°C 時）

參數	最小值	典型值	最大值	單位	測試條件
砷化鎵 LED					
順向電壓		1.3	1.5	V	$I_F=60$ mA
逆向電流		0.1	10	μA	$V_R=3.0$ V
電容值		100		pF	$V_R=0$ V
光電晶體檢測器					
BV_{CEO}	30			V	$I_C=1$ mA
I_{CEO}		5.0	50	nA	$V_{CE}=10$ V，$I_F=0$ A
集極－射極電容		2.0		pF	$V_{CE}=0$ V
BV_{ECO}	7			V	$I_E=100$ μA
耦合特性					
直流電流轉移比	0.2	0.35			$I_F=10$ mA，$V_{CE}=10$ V
電容，輸入對輸出		0.5		pF	
崩潰電壓	2500			V	DC
電阻，輸入對輸出		100		GΩ	
V_{sat}			0.5	V	$I_C=1.6$ mA，$I_F=16$ mA
傳播延遲					
$t_{D\,on}$		6.0		μs	$R_L=2.4$ kΩ，$V_{CE}=5$ V
$t_{D\,off}$		25		μs	$I_F=16$ mA

圖 8.53　光隔離器特性

　　六腳型的光隔離器的最大額定值和電氣特性提供在圖 8.53，注意 I_{CEO} 的單位是 nA，而且 LED 和電晶體的功率消耗大致相同。

　　各通道典型的光電特性提供在圖 8.54～圖 8.58，注意到，在低溫區溫度對輸出電流的影響很大，但在室溫(25°C)或更高溫度時的響應曲線則接近水平（影響很小）。如先前所提的，隨著設計和構裝技術的改進，I_{CEO} 值愈來愈好（低）。在圖 8.54 中，當溫度低於 75°C 時，I_{CEO} 值不會超過 1 μA。圖 8.55 的轉移特性，比較了輸入 LED 電流（建立光通量）和所產生的輸出電晶體集極電流（其基極電流由射入的光通量決定）的對應關係。事實上，圖 8.56 正說明了 V_{CE} 電壓對集極電流的影響非常微小。有趣的注意到，由

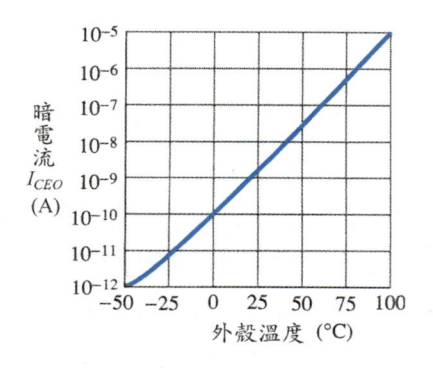

圖 8.54 暗電流 I_{CEO} 對溫度

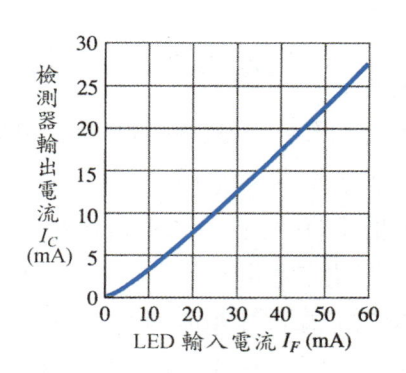

圖 8.55 轉移特性

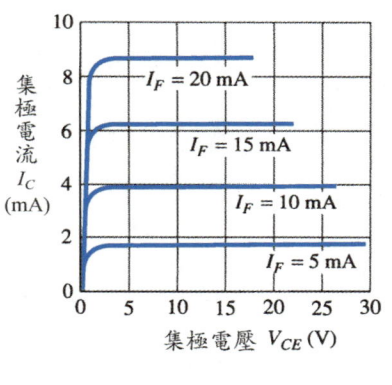

圖 8.56 檢測器輸出特性

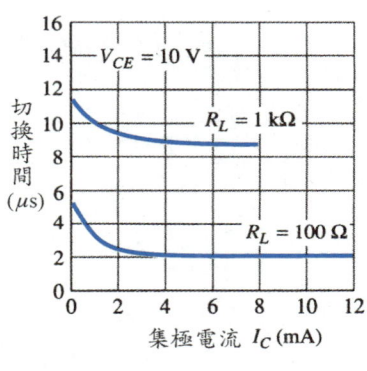

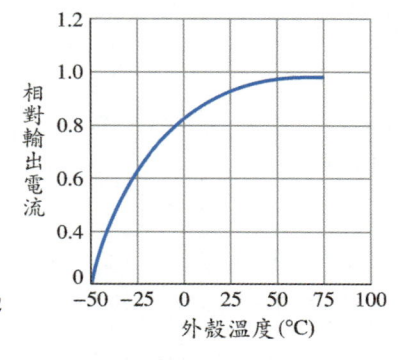

圖 8.57 切換時間對集極電流

圖 8.58 相對輸出電流對溫度

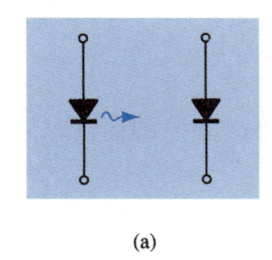

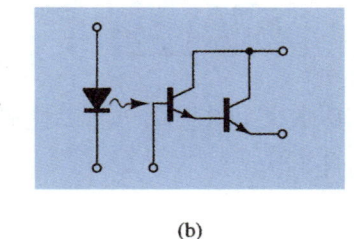

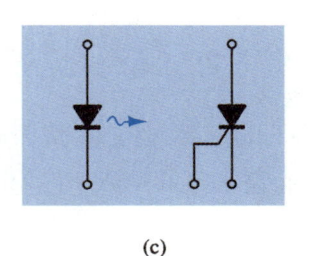

圖 8.59 光隔離器：採用(a)光二極體；(b)光達靈頓對；(c)光 SCR

圖 8.57 看出，光隔離器的切換時間會隨著電流的增加而下降，這和很多裝置的情況是正好相反的。考慮 $R_L = 100\ \Omega$ 的曲線，集極電流 6 mA 時的切換時間僅 2 μs，相對輸出電流對應於溫度的曲線，則見圖 8.58。

圖 8.52 的光隔離器是用光電晶體耦合，而圖 8.59 的電路符號則分別代表用光二極體、光達靈頓對和光 SCR 耦合的光隔離器。

8.15 可規劃單接面電晶體(PUT)

可規劃單接面電晶體(PUT)和單接面電晶體(UJT)雖然名稱相似，但實際結構和操作模式卻大不相同。因 $I-V$ 特性和用途相近，才促成此種命名選擇。

如圖 8.60 所示，PUT 是一種 4 層 *pnpn* 裝置，閘極直接接到夾在中間的 *n* 型層。PUT 的符號和基本偏壓安排見圖 8.61，如符號所意指的，PUT 本質上是加上某種控制機制的 SCR，其特性和典型的 SCR 相同。可規劃(programmable)一詞代表 UJT 所定義的 R_{BB}、η 和 V_P 三個參數，在 PUT 中可藉由電阻 R_{B_1}、R_{B_2} 和電源電壓 V_{BB} 加以控制。注意在圖 8.61 中，當 $I_G=0$ 時，由分壓定律可得

$$V_G = \frac{R_{B_1}}{R_{B_1}+R_{B_2}} V_{BB} = \eta V_{BB} \tag{8.19}$$

其中
$$\eta = \frac{R_{B_1}}{R_{B_1}+R_{B_2}}$$

如同 UJT 的定義。

PUT 的特性見圖 8.62，如圖上看到的，"截止"狀態（I 很低，V 在 $0 \sim V_P$ 之間）和"導通"狀態($I \geq I_V$，$V \geq V_V$)中間有一不穩定區分隔，如同 UJT 出現的情況。亦即裝置無法滯留在不穩定狀態——會移動到"截止"或"導通"中之一的穩定狀態。

裝置觸發（點火）所需電壓，或稱點火電壓 V_P 為

$$V_P = \eta V_{BB} + V_D \tag{8.20}$$

同 UJT 的定義，但 V_P 代表圖 8.60 中 V_{AK} 電壓降（而二極體電壓是導通順偏電壓降）。對矽而言，V_D 的典型值是 0.7 V，因此，

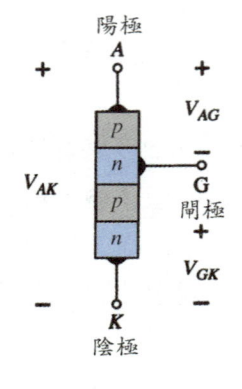

圖 8.60 可規劃 UJT(PUT)

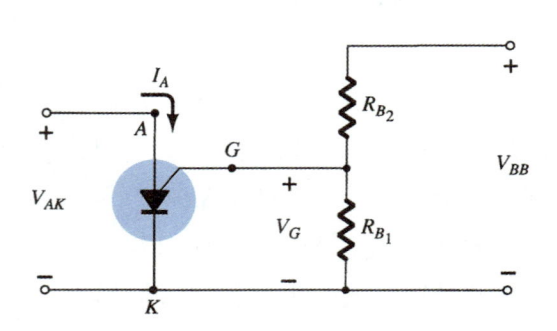

圖 8.61 PUT 的基本偏壓安排

第 8 章　*pnpn* 及其他裝置　341

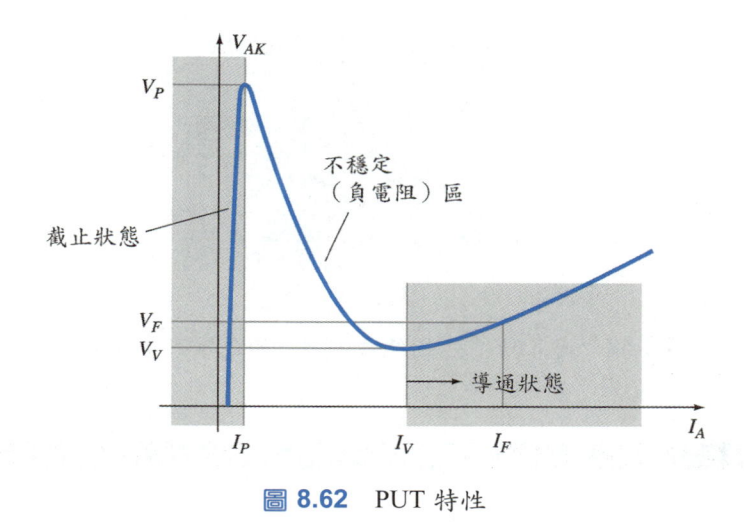

圖 8.62 PUT 特性

$$V_{AK} = V_{AG} + V_{GK}$$
$$V_P = V_D + V_G$$

所以
$$\boxed{V_P = \eta V_{BB} + 0.7 \text{ V}}_\text{矽} \tag{8.21}$$

但已提過，$V_G = \eta V_{BB}$，可得

$$\boxed{V_P = V_G + 0.7}_\text{矽} \tag{8.22}$$

　　回想 UJT 的情況，R_{B_1} 和 R_{B_2} 代表裝置的本體和基極歐姆接觸電阻——兩者皆無法隨手加以更替。而在以上對 PUT 電路的推導中，注意到 R_{B_1} 和 R_{B_2} 都在裝置外部，允許 η 的調整，因此可調整 V_G。易言之，PUT 提供了裝置導通所需 V_P 值的控制方法。

　　雖然 PUT 和 UJT 的特性相近，但就相似的額定值而言，PUT 的峰點和谷點電流值一般會低於 UJT。另外，PUT 的最低工作電壓也會低於 UJT。

　　對圖 8.61 中閘極右側電路取戴維寧等效電路，可得圖 8.63 的網路，所得電阻 R_S 相當重要，因為會影響 I_V 值，所以常包括在規格表中。

　　參考圖 8.62，藉此回顧 PUT 的基本操作。裝置在"截止"狀態時，除非 V_{AK} 到達電壓 V_P（由 V_G 和 V_D 定義），裝置才能改變狀態。電流在到達 I_P 之前非常小，因 $R = V$（高）/I（低）會產生高電阻值，使裝置等效於開路。當 V_{AK} 到達 V_P 時，裝置切換狀態，通過不穩定區到達"導通"狀態，此時電壓低而電流高，產生的電阻 $R = V$（低）/I（高）很小，在近似的基礎上可等效於短路。因此裝置在 V_P 這一點由開路切換到短路狀態，且 V_P 可由 R_{B_1}、R_{B_2} 和 V_{BB} 的選取來決定。一旦裝置在"導通"狀態時，移走 V_G 並不能使裝置截止，必須使 V_{AK} 降到足夠低，使流通電流低於保持電流，PUT 才能截止。

戴維寧等效電路

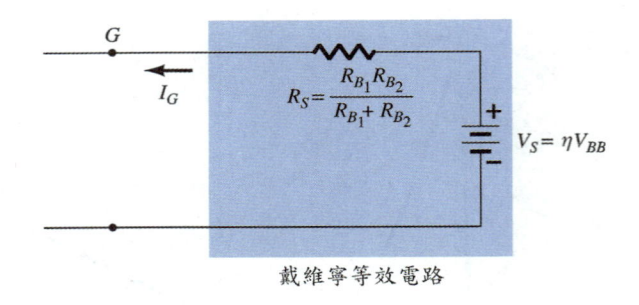

圖 8.63 圖 8.61 中，閘極右側網路的戴維寧等效電路

例 8.2

某矽 PUT，欲使 $\eta=0.8$ 且 $V_P=10.3\text{ V}$，已知 $R_{B_2}=5\text{ k}\Omega$，試決定 R_{B_1} 和 V_{BB} 的值。

解：

式 (8.4)：$\eta = \dfrac{R_{B_2}}{R_{B_1}+R_{B_2}} = 0.8$

$$R_{B_1} = 0.8(R_{B_1}+R_{B_2})$$

$$0.2R_{B_1} = 0.8R_{B_2}$$

$$R_{B_1} = 4R_{B_2}$$

$$R_{B_1} = 4(5\text{ k}\Omega) = \mathbf{20\text{ k}\Omega}$$

式 (8.20)：$V_P = \eta V_{BB} + V_D$

$$10.3\text{ V} = (0.8)(V_{BB}) + 0.7\text{ V}$$

$$9.6\text{ V} = 0.8 V_{BB}$$

$$V_{BB} = \mathbf{12\text{ V}}$$

弛張振盪器

PUT 一種普遍的應用見圖 8.64 的弛張振盪器，電源一接上時，因沒有陽極電流，電容會開始朝 V_{BB} 伏特充電，充電曲線見圖 8.65，到達觸發（點火）電壓 V_P 所需時間 T 可近似如下：

$$T \cong RC\log_e \dfrac{V_{BB}}{V_{BB}-V_P} \tag{8.23}$$

又因 $V_P \cong \eta V_{BB}$，關係式變為

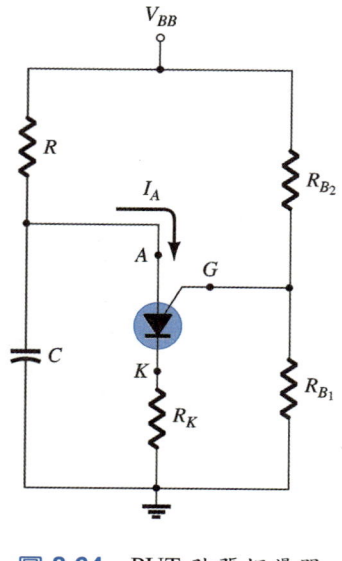

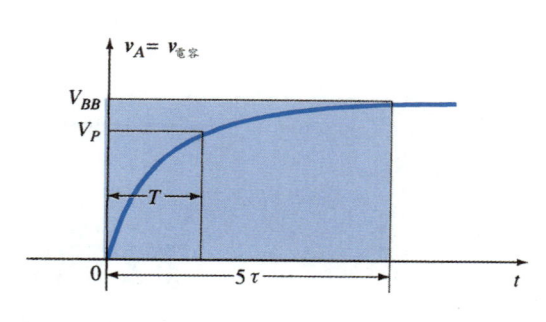

圖 8.64 PUT 弛張振盪器

圖 8.65 圖 8.64 電路中電容 C 的充電波形

$$T \cong RC \log_e\left(1 + \frac{R_{B_1}}{R_{B_2}}\right) \qquad (8.24)$$

電容電壓降等於 V_P 時，裝置會觸發導通，並建立 PUT 電流 $I_A = I_P$。如果 R 值太大，將無法建立電流 I_P，裝置就無法觸發導通，在此狀態轉換點，

$$I_P R = V_{BB} - V_P$$

即
$$R_{\max} = \frac{V_{BB} - V_P}{I_P} \qquad (8.25)$$

加入下標表示只要大於 $R_{\max}$ 的任何 R 值，都會使電流低於 I_P，PUT 即無法導通。R 值也必須保證電流低於 I_V，否則無法產生振盪。易言之，我們希望裝置再進入不穩定區時，可以返回"截止"狀態。類似以上的推理程序，可得

$$R_{\min} = \frac{V_{BB} - V_V}{I_V} \qquad (8.26)$$

由以上的討論，使系統振盪所需 R 的限制條件如下：

$$R_{\min} < R < R_{\max}$$

圖 8.66 圖 8.64 中 PUT 振盪器的波形

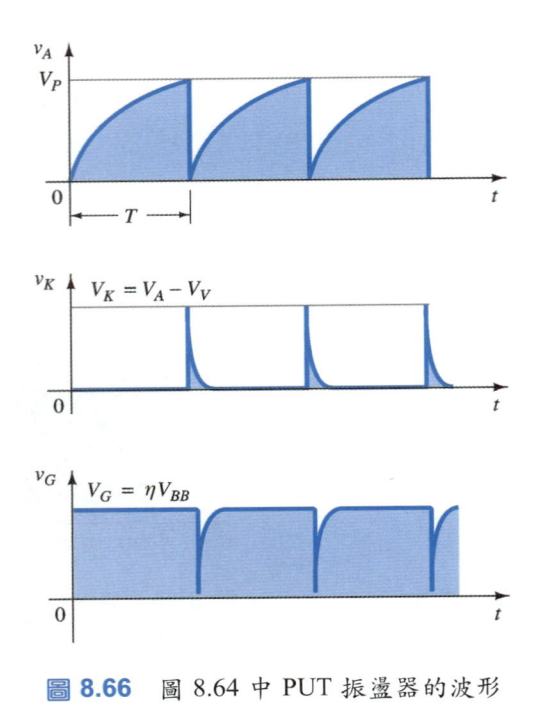

v_A、v_G 和 v_K 波形見圖 8.66，注意到，T 由 v_A 可充到的最大電壓決定。一旦裝置觸發導通，電容會快速經 PUT 和 R_K 放電，產生如圖所示的下降波形。當然，v_K 也同時因快而大的電流產生峰值，電壓 v_G 也會快速由 V_G 下降到接近 0 V。當電容電壓降到很低時，PUT 會再度截止，重新開始新的充電週期。V_G 和 V_K 受影響的波形，同樣見圖 8.66。

例 8.3

就圖 8.64 的電路，若 V_{BB}＝12 V、R＝20 kΩ、C＝1 μF、R_K＝100 Ω、R_{B_1}＝10 kΩ、R_{B_2}＝5 kΩ、I_P＝100 μA、V_V＝1 V，且 I_V＝5.5 mA，試決定：

a. V_P。

b. $R_{\max}$ 和 $R_{\min}$。

c. T 和振盪頻率。

d. v_A、v_G 和 v_K 的波形。

解：

a. 式 (8.20)：$V_P = \eta V_{BB} + V_D$

$$= \frac{R_{B_1}}{R_{B_1} + R_{B_2}} V_{BB} + 0.7 \text{ V}$$

$$= \frac{10 \text{ k}\Omega}{10 \text{ k}\Omega + 5 \text{ k}\Omega}(12 \text{ V}) + 0.7 \text{ V}$$

$$= (0.67)(12 \text{ V}) + 0.7 \text{ V} = \mathbf{8.7 \text{ V}}$$

b. 由式 (8.25)：$R_{max} = \dfrac{V_{BB} - V_P}{I_P}$

$= \dfrac{12\text{ V} - 8.7\text{ V}}{100\ \mu\text{A}} = \mathbf{33\text{ k}\Omega}$

由式 (8.26)：$R_{min} = \dfrac{V_{BB} - V_V}{I_V}$

$= \dfrac{12\text{ V} - 1\text{ V}}{5.5\text{ mA}} = \mathbf{2\text{ k}\Omega}$

$R：2\text{ k}\Omega < 20\text{ k}\Omega < 33\text{ k}\Omega$

c. 由式 (8.23)：$T = RC \log_e \dfrac{V_{BB}}{V_{BB} - V_P}$

$= (20\text{ k}\Omega)(1\ \mu\text{F}) \log_e \dfrac{12\text{ V}}{12\text{ V} - 8.7\text{ V}}$

$= 30 \times 10^{-3} \log_e(3.64)$

$= 20 \times 10^{-3}(1.29)$

$= \mathbf{25.8\text{ ms}}$

$f = \dfrac{1}{T} = \dfrac{1}{25.8\text{ ms}} = \mathbf{38.8\text{ Hz}}$

d. 如圖 8.67。

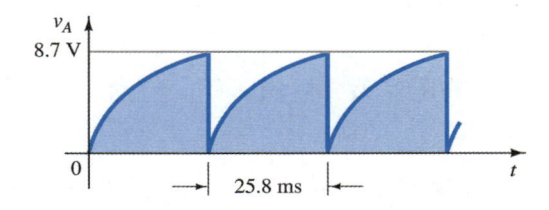

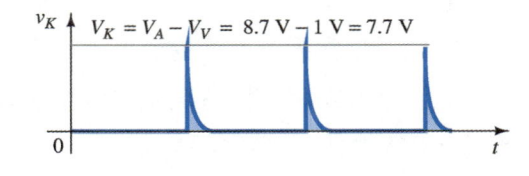

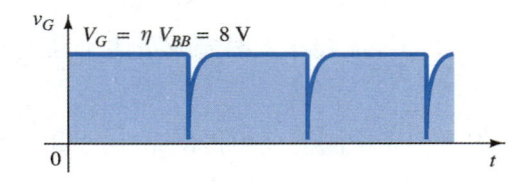

圖 8.67 例 8.3 中振盪器的波形

8.16 總　結

重要的結論與概念

1. 矽控整流子(SCR)是一種整流子，其狀態由閘極電流的大小控制。裝置的順偏電壓降會決定裝置"點火"（導通）所需的閘極電流值，偏壓電壓值愈高時，所需閘極電流就愈小。
2. 除了閘極觸發，只要在裝置兩端施加足夠大的電壓，SCR 也可在零閘極電流之下導通。但閘極電流愈高時，使 SCR 導通所需的偏壓電壓就愈小。
3. 矽控開關有陽閘極和陰閘極可控制裝置的狀態，陽閘極接到 n 型層，而陰閘極則接到 p 型層。結果是陽閘極的負脈波會使裝置導通，而正脈波則會使裝置截止，陰閘極的操作則正好完全相反。
4. 閘關斷開關(GTO)的結構和 SCR 類似，也只有一個閘極接腳，但優點是能夠用閘極開啟和關斷裝置。但加上閘極可關斷裝置的這種能力的代價，是使觸發裝置導通的閘極電流增高許多。
5. LASCR 是一種用光激發的 SCR，其狀態是由照在半導體層的光線控制，或者和 SCR 一樣藉由觸發閘極腳位。裝置的接面溫度愈高時，導通裝置所需的入射光能量就愈少。
6. 蕭克萊二極體在本質上和零閘極電流的 SCR 特性相同，只有將裝置電壓降提高到轉態電壓值以上，才能使裝置導通。
7. diac 本質上是可雙向點火的蕭克萊二極體，任一方向只要施加足夠的電壓，就可使裝置導通。
8. triac 基本上是 diac 加上閘極腳位，可在任一方向控制裝置的動作。
9. 單接面電晶體(UJT)是一種三端裝置，在鋁條和矽板之間形成 p-n 接面。一旦達到射極點火（觸發）電壓時，射極電壓會隨著射極電流的上升而下降，建立負電阻區，此極適合於振盪器的應用。當到達谷點時，裝置開始呈現半導體二極體的特性。裝置兩基極之間的電壓降愈高時，射極點火電壓也跟著愈高。
10. 光電晶體是一種三端裝置，其特性很像 BJT 電晶體，基極和集極電流對入射光強度的反應很靈敏，所產生的基極電流幾和入射光成正比，且幾和裝置的電壓降無關（除非崩潰）。
11. 光隔離器包含紅外線 LED 和光檢測器，可提供系統之間的連結，而無需電路的直接連接。檢測器的輸出電流和外加的 LED 輸入電流成正比但較小。另外，集極電流幾和集極對射極電壓無關。
12. PUT（可規劃 UJT）正如其名稱所意指的，具有如 UJT 的特性，但加上可控制點火（觸發）電壓的能力。一般而言，PUT 的峰點、谷點和最小工作電壓都低於 UJT。

方程式

diac：

$$V_{BR_1} = V_{BR_2} \pm 0.1 V_{BR_2}$$

UJT：

$$R_{BB} = (R_{B_1} + R_{B_2})|_{I_E=0}$$
$$V_{RB_1} = \frac{R_{B_1}}{R_{B_1} + R_{B_2}} \cdot V_{BB} = \eta V_{BB}|_{I_E=0}$$
$$\eta = \frac{R_{B_1}}{R_{BB}}$$
$$V_P = \eta V_{BB} + V_D$$

光電晶體：

$$I_C \cong h_{fe} I_\lambda$$

PUT：

$$V_G = \frac{R_{B_1}}{R_{B_1} + R_{B_2}} \cdot V_{BB} = \eta V_{BB}$$
$$V_P = \eta V_{BB} + V_D$$

習 題

*注意：星號代表較困難的習題。

8.3 矽控整流子的基本操作

1. 利用雙電晶體等效電路，用自己的話描述 SCR 的基本操作。
2. 描述兩種關斷 SCR 的方法。
3. 參考製造商的手冊和規格表，找出關斷網路。如果可能，試描述此關斷電路的關斷動作。

8.4 SCR 的特性與額定值

*4. a. 在高閘極電流處，SCR 的特性會接近何種雙端裝置的特性？
   b. 當陽極對陰極的定電壓小於 $V_{(BR)F^*}$ 時，若閘極電流由最大值降回零，則對 SCR 點火（觸發）的影響是什麼？
   c. 當閘極定電流大於 $I_G=0$，若閘極電壓由 $V_{(BR)F^*}$ 下降，則對 SCR 點火（觸發）的影響是什麼？

d. I_G 值上升時，對保持電流有何影響？

5. a. 基於圖 8.8，在室溫(25°C)時，50 mA 的閘極電流可以觸發裝置嗎？

b. 重做(a)，但針對 10 mA 的閘極電流。

c. 室溫時，2.6 V 的閘極電壓可以觸發裝置嗎？

d. 對點火（觸發）條件而言，V_G=6 V 和 I_G=800 mA 是好的選擇嗎？還是 V_G=4 V 和 I_G=1.6 A 更好？試解釋之。

8.5 SCR 應用

6. 在圖 8.10b 中，SCR 導通時的損耗（電壓降）為何很小？

7. 請充分說明圖 8.11 中，何以較低的 R_1 值可產生較大的導通角。

*8. 參考圖 8.12 的光電網路。

a. 若採用 1：1 的變壓器，試決定全波整流訊號的直流值。

b. 若電池充電前在 11 V，則 SCR_1 陽極對陰極的電壓降是多少？

c. V_R 的最大可能值是多少（$V_{GK} \cong 0.7$ V）？

d. 在(c)的最大值處，SCR_2 對應的閘極電位是多少？

e. 一旦 SCR_2 進入短路狀態，V_2 的值是多少？

9. 參考圖 8.13 的溫度控制器。

a. 畫出 SCR 上的全波整流波形。

b. 當 SCR "導通"且陽極與陰極間等效於短路時，通過加熱器的最大電流是多少？假定各二極體導通時的電壓降是 0.7 V。

c. 當 SCR 導通時，通過調溫器的最大電流是多少？

d. 在外加交流電壓的正半週，整流訊號自 0 V 到達最大值所需的總上升時間是多少？

e. 在(d)所得的期間裡，電容充電的時間常數是多少？兩者相比如何？為何需關注此點？

f. 在此充電期間內，SCR 的狀態是什麼？為何如此？

g. 若閘極點火電壓是 40 V，則 SCR 連續兩次點火間的時間間隔是多少？

h. 一旦調溫器到達設定溫度，且假定在短路狀態，SCR 會如何反應？

i. 要用什麼方法使 SCR 截止？陽極電流中斷或是強制換流？

10. 參考圖 8.14 的緊急照明系統。

a. 試畫出燈泡上全波整流訊號的波形，各二極體的導通電壓降是 0.7 V。

b. 試決定 SCR_1 截止時，電容 C_1 的峰值電壓。

c. 若電池電壓降到 5 V，則充電時，R_1 的最大電壓降是多少？

d. 當 SCR 導通且電池充飽至 6 V 時，燈的電壓降是多少？

e. 若燈的功率消耗是 2 W，則電池流出之電流是多少？

8.6 矽控開關

11. 請用自己的話充分描述圖 8.16 網路的操作。

12. 圖 8.16 電路的建議截止程序是什麼？

13. 就圖 8.19 的電路，
  a. 試寫出 SCR 閘極對地的電壓的方程式。
  b. 當 $R_S=R'$ 時，電壓 V_{GK} 是多少？
  c. 若 $R'=10\ k\Omega$，試求出 R_S 以得 2 V 的導通電壓。
  d. 警報啟動時，流經繼電器的電流是多少？
  e. 在 $V_A=0\ V$ 處，通過變率效應電阻的直流電流會達到最大，其值是多少？
  f. 重置按鈕啟動時，有無理由關注電路其他位置產生的電壓突波？應如何壓制此種突波？

8.7 閘關斷開關

14. a. 在圖 8.22 中，若 $V_Z=50\ V$，試決定電容 C_1 可充電到的可能最大值（取 $V_{GK} \cong 0.7\ V$）。
  b. 就 $R_3=20\ k\Omega$，試決定近似的放電時間 (5τ)。
  c. 若上升時間是(b)所決定衰減週期之半，試決定 GTO 的內阻。

8.8 光激 SCR

15. a. 利用圖 8.24b，試決定室溫(25°C)時，觸發裝置所需的最小照射量。
  b. 若接面溫度由 0°C(32°F)提高到 100°C (212°F)，則允許的照射減少百分比是多少？

8.9 蕭克萊二極體

16. 對圖 8.28 的網路，若 $V_{BR}=6\ V$、$V=40\ V$、$R=10\ k\Omega$、$C=0.2\ \mu F$ 且 V_{GK}（點火電壓）$=3\ V$，試決定從網路開始送電開始到 SCR 導通所需時間。

8.10 diac（雙向蕭克萊二極體）

17. 利用你可獲得的任何參考資料，找出 diac 的一種應用，並說明該網路的操作。

18. 若 $V_{BR_2}=6.4\ V$，試利用式(8.1)決定 V_{BR_1} 的範圍。

19. 就圖 8.30 的電路，會使 $v_i \sim v_G$ 間產生 45° 相差的人體電容值是多少？

8.11 triac（雙向矽控整流子）

20. 就圖 8.33 的電路，若 $C=1\ \mu F$，且雙向二極開關(diac)在任一方向的導通電壓都是 12 V，試求 R 值，使負載在任一方向的導通週期皆為 50%。已知外加弦波訊號的峰值是 170 V(=1.414×120 V)，頻率 60 Hz。

8.12 單接面電晶體(UJT)

21. 圖 8.40 的網路中，$V=40$ V、$\eta=0.6$、$V_V=1$ V、$I_V=8$ mA 且 $I_P=10$ μA，試決定觸發網路的 R_1 範圍。

22. 某 UJT 的 $V_{BB}=20$ V、$\eta=0.65$、$R_{B_1}=2$ kΩ$(I_E=0)$ 且 $V_D=0.7$ V，試決定：
    a. R_{B_2}。
    b. R_{BB}。
    c. $V_{R_{B_1}}$。
    d. V_P。

*23. 給定圖 8.68 的弛張振盪器：
    a. 試求出 $I_E=0$ A 對應的 R_{B_1} 和 R_{B_2}。
    b. 試決定使 UJT 導通所需的電壓 V_P。
    c. 試決定 R_1 是否落在式(8.8)所定的允許值範圍內。
    d. 若在放電週期內的 $R_{B_1}=200$ Ω，試決定振盪頻率。
    e. 試畫出兩個週期的 v_C 波形。
    f. 試畫出兩個週期的 v_{R_2} 波形。
    g. 試利用式(8.17)決定頻率，並和(d)決定的值作比較。試解釋兩者之間的任何主要差異。

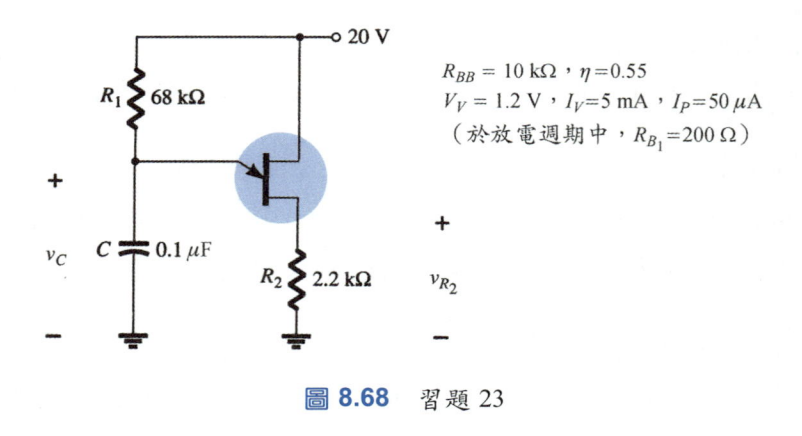

$R_{BB}=10$ kΩ，$\eta=0.55$
$V_V=1.2$ V，$I_V=5$ mA，$I_P=50$ μA
（於放電週期中，$R_{B_1}=200$ Ω）

圖 8.68　習題 23

8.13 光電晶體

24. 某光電晶體的特性如圖 8.50，試決定照射光通量密度 5 mW/cm² 對應的光感應基極電流。且若 $h_{fe}=40$，試求出 I_C。

*25. 試利用光電晶體和 LED 設計一高阻抗隔離 OR 閘。

8.14 光隔離器

26. **a.** 利用圖 8.58 的曲線，針對溫度在 $-25°C \sim +50°C$ 之間的區域，試決定平均遞減因數。

    b. 就室溫以上到 $100°C$ 的範圍，若說輸出電流不太受溫度影響，合理嗎？

27. **a.** 利用圖 8.54，針對 $25°C \sim 50°C$ 的範圍，試決定溫度每變化 1 度時對應的平均 I_{CEO} 變化。

    b. 可利用(a)的結果決定 $35°C$ 時的 I_{CEO} 值嗎？檢測自己在(a)的結論。

28. 利用圖 8.55，針對輸出電流 20 mA，決定 LED 輸入電流對檢測器輸出電流的比例。此裝置就其用途而言，你認為相對有效率嗎？

*29. **a.** 試將 $P_D = 200$ mW 的最大功率曲線畫在圖 8.56 上，並列出任何值得注意的結論。

    b. 針對系統在 $V_{CE} = 15$ V 且 $I_F = 10$ mA，試決定 β_{dc}（定義為 I_C/I_F）。

    c. 將(b)的結果和圖 8.55 在 $I_F = 10$ mA 處所得者作比較，結果如何？應當如此嗎？為什麼？

*30. **a.** 參考圖 8.57，試決定集極電流的最低值，使 $R_L = 1$ kΩ 和 $R_L = 100$ Ω 對應的切換時間無明顯差異。

    b. 在 $I_C = 6$ mA 處，$R_L = 1$ kΩ 和 $R_L = 100$ Ω 對應的切換時間比，和兩電阻值的比例相比如何？

8.15 可規劃單接面電晶體 (PUT)

31. 某 PUT 採用 $V_{BB} = 20$ V 且 $R_{B_1} = 3R_{B_2}$，試決定 η 和 V_G。

32. 試利用例 8.3 提供的資料，試決定 PUT 在點火點和谷點的阻抗，這能證明分別近似於開路和短路狀態嗎？

33. 式(8.24)可由式(8.23)精確導出嗎？若不能，式(8.24)中漏了哪一項？

*34. **a.** 例 8.3 中的網路，若 V_{BB} 改為 10 V，能夠起振嗎？V_{BB} 所需的最小值是多少？（V_V 為定值）？

    b. 參考同一例，R 值多少時，可使網路停留在穩定"導通"狀態且系統不會產生振盪響應？

    c. R 值多少時，會使網路成為 2 ms 時間延遲網路？亦即電源接上後 2 ms 時，v_K 會出現脈波，但之後就一直維持在"導通"狀態。

附 錄 A

混合(h)參數的圖形決定法和轉換公式(精確及近似)

A.1　h參數的圖形決定法

對共射極組態而言,在作用區的小訊號電晶體等效電路的 h 參數大小,可用以下的偏微分數學式求出:*

$$h_{ie} = \frac{\partial v_i}{\partial i_i} = \frac{\partial v_{be}}{\partial i_b} \cong \left.\frac{\Delta v_{be}}{\Delta i_b}\right|_{V_{CE}=\text{定值}} \quad (\Omega) \quad\quad (A.1)$$

$$h_{re} = \frac{\partial v_i}{\partial v_o} = \frac{\partial v_{be}}{\partial v_{ce}} \cong \left.\frac{\Delta v_{be}}{\Delta v_{ce}}\right|_{I_B=\text{定值}} \quad (\text{無單位}) \quad\quad (A.2)$$

$$h_{fe} = \frac{\partial i_o}{\partial i_i} = \frac{\partial i_c}{\partial i_b} \cong \left.\frac{\Delta i_c}{\Delta i_b}\right|_{V_{CE}=\text{定值}} \quad (\text{無單位}) \quad\quad (A.3)$$

$$h_{oe} = \frac{\partial i_o}{\partial v_o} = \frac{\partial i_c}{\partial v_{ce}} \cong \left.\frac{\Delta i_c}{\Delta v_{ce}}\right|_{I_B=\text{定值}} \quad (S) \quad\quad (A.4)$$

每一式中的符號 Δ 代表以靜態工作點為中心的微小變化,也就是說,h 參數是在作用區工作且外加訊號時決定,使等效電路得到最大的精確性。每一式中的定值 V_{CE} 和 I_B 是必須滿足的條件,由此依據電晶體特性決定各不同的參數。對共基極和共集極組態而言,只要代入恰當的 v_i、v_o、i_i 和 i_o 值,即可得正確的數學關係式。

參數 h_{ie} 和 h_{re} 由輸入或基極特性決定,而參數 h_{fe} 和 h_{oe} 則由輸出或集極特性決定。因 h_{fe} 通常是最被關注的參數,在討論式(A.1)~式(A.4)相關的操作時,我們會先討論 h_{fe} 這個參數。決定各 h 參數

---

*偏微分 $\partial v_i / \partial i_i$ 提供 i_i 瞬時變化所產生 v_i 瞬時變化的量度。

圖 A.1 h_{fe} 的決定

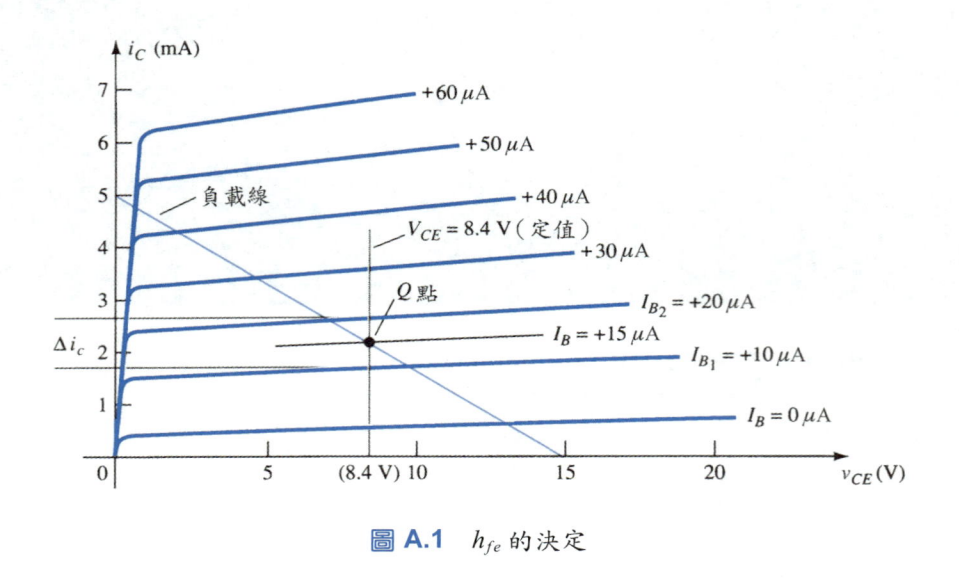

的第一步是找出靜態工作點，如圖 A.1 所示。在式 (A.3) 中，條件 V_{CE} = 定值的要求，在取基極電流和集極電流的變化時，要沿著通過 Q 點的垂直線，此垂直線代表固定的集極對射極電壓。接著根據式 (A.3)，將集極電流的小幅變化除以對應的基極電流變化。為達最大的精確性，變化量應愈小愈好。

在圖 A.1 中，i_b 的變化選從 I_{B_1} 到 I_{B_2}，且沿著位在 V_{CE} 的垂直線。分別畫出 I_{B_1} 和 I_{B_2} 對應的水平線，和 V_{CE} = 定值的垂直線產生兩個交點，這兩個交點間的距離就是 i_c 對應的變化量。將所得的 i_b 和 i_c 的變化量代入式 (A.3)，即

$$|h_{fe}| = \left.\frac{\Delta i_c}{\Delta i_b}\right|_{V_{CE}=\text{定值}} = \left.\frac{(2.7-1.7)\text{mA}}{(20-10)\mu\text{A}}\right|_{V_{CE}=8.4\text{ V}}$$
$$= \frac{10^{-3}}{10\times 10^{-6}} = 100$$

在圖 A.2 中，畫一直線和 I_B 曲線相切並通過 Q 點，可建立 I_B = 定值所對應的直線，可符合式 (A.4) h_{oe} 關係式的要求。接著選取 v_{CE} 的變化，在 I_B = 定值的直線上找出對應點，由這兩個對應點畫水平線到縱軸，可決定 i_c 對應的變化量。代入式 (A.4)，可得

$$|h_{oe}| = \left.\frac{\Delta i_c}{\Delta v_{ce}}\right|_{I_B=\text{定值}} = \left.\frac{(2.2-2.1)\text{mA}}{(10-7)\text{V}}\right|_{I_B=+15\mu\text{A}}$$
$$= \frac{0.1\times 10^{-3}}{3} = 33\ \mu\text{A/V} = 33\times 10^{-6}\text{ S} = 33\ \mu\text{S}$$

為決定參數 h_{ie} 和 h_{re}，必須先在輸入或基極特性上找出 Q 點，如圖 A.3 所示。對 h_{ie} 而言，畫一條和 V_{CE} = 8.4 V 對應曲線相切且通過 Q 點的直線，此線即式 (A.1) 所要求的 V_{CE}

附錄 A　混合 (h) 參數的圖形決定法和轉換公式（精確及近似）　**355**

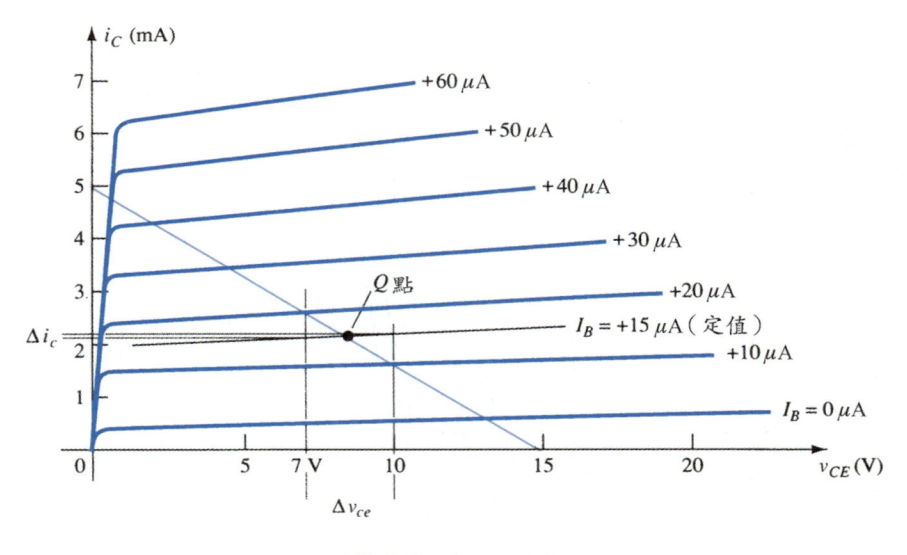

圖 A.2　h_{oe} 的決定

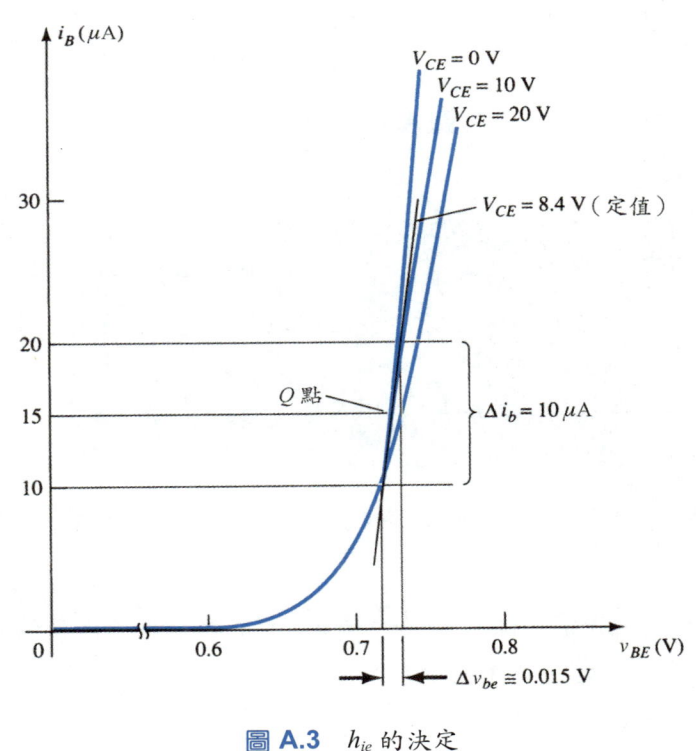

圖 A.3　h_{ie} 的決定

=定值的對應直線。接著選取 v_{be} 的小幅變化，會產生對應的 i_b 變化。代入式(A.1)，可得

$$|h_{ie}| = \frac{\Delta v_{be}}{\Delta i_b}\bigg|_{V_{CE}=\text{定值}} = \frac{(733-718)\,\text{mV}}{(20-10)\,\mu\text{A}}\bigg|_{V_{CE}=8.4\,\text{V}}$$

$$= \frac{15 \times 10^{-3}}{10 \times 10^{-6}} = \mathbf{1.5\ k\Omega}$$

圖 A.4 h_{re} 的決定

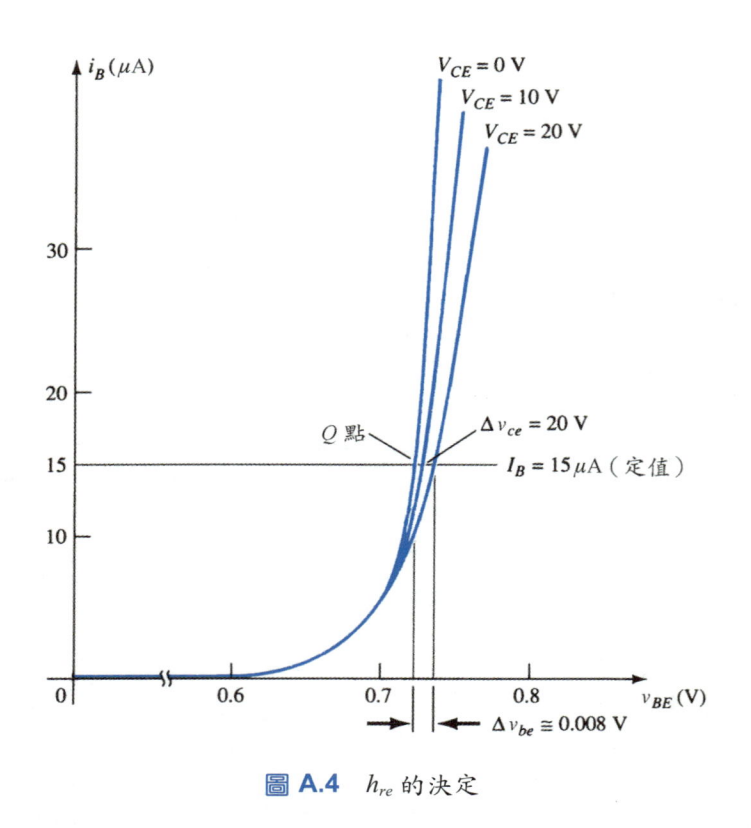

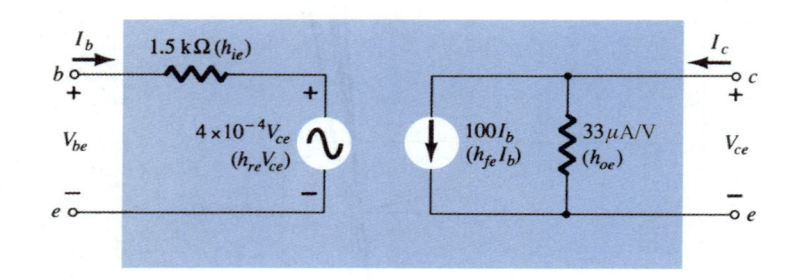

圖 A.5 具有圖 A.1～圖 A.4 特性的電晶體的完整 h 參數等效電路

最後求出參數 h_{re}，先畫一條 Q 點 $I_B = 15\ \mu A$ 處的水平線，接著選取 v_{CE} 的變化量並找出 v_{BE} 對應的變化量，如圖 A.4 所示。

代入式(A.2)，可得

$$|h_{re}| = \left.\frac{\Delta v_{be}}{\Delta v_{ce}}\right|_{I_B=\text{定值}} = \frac{(733-725)\text{mV}}{(20-0)\text{V}} = \frac{8\times 10^{-3}}{20} = 4\times 10^{-4}$$

就圖 A.1～圖 A.4 特性的電晶體而言，所得的混合（h 參數）小訊號等效電路見圖 A.5。

表 A.1　CE、CC 和 CB 電晶體組態的典型參數值

參數	CE	CC	CB
h_i	1 kΩ	1 kΩ	20 Ω
h_r	2.5×10^{-4}	$\cong 1$	3.0×10^{-4}
h_f	50	-50	-0.98
h_o	25 μA/V	25 μA/V	0.5 μA/V
$1/h_o$	40 kΩ	40 kΩ	2 MΩ

如先前所提的，只要用恰當的變數和特性，即可用相同的基本方程式求出共基極和共集極組態的 h 參數。

表 A.1 就廣泛應用的各種電晶體，列出三種組態 h 參數的典型值。式(A.3)若出現負號，代表某一數值上升時，另一數值會下降。

A.2　精確轉換公式

共射極組態

$$h_{ie} = \frac{h_{ib}}{(1+h_{fb})(1-h_{rb})+h_{ob}h_{ib}} = h_{ic}$$

$$h_{re} = \frac{h_{ib}h_{ob} - h_{rb}(1+h_{fb})}{(1+h_{fb})(1-h_{rb})+h_{ob}h_{ib}} = 1 - h_{rc}$$

$$h_{fe} = \frac{-h_{fb}(1-h_{rb}) - h_{ob}h_{ib}}{(1+h_{fb})(1-h_{rb})+h_{ob}h_{ib}} = -(1+h_{fc})$$

$$h_{oe} = \frac{h_{ob}}{(1+h_{fb})(1-h_{rb})+h_{ob}h_{ib}} = h_{oc}$$

共基極組態

$$h_{ib} = \frac{h_{ie}}{(1+h_{fe})(1-h_{re})+h_{ie}h_{oe}} = \frac{h_{ic}}{h_{ic}h_{oc} - h_{fc}h_{rc}}$$

$$h_{rb} = \frac{h_{ie}h_{oe} - h_{re}(1+h_{fe})}{(1+h_{fe})(1-h_{re})+h_{ie}h_{oe}} = \frac{h_{fc}(1-h_{rc}) + h_{ic}h_{oc}}{h_{ic}h_{oc} - h_{fc}h_{rc}}$$

$$h_{fb} = \frac{-h_{fe}(1-h_{re}) - h_{ie}h_{oe}}{(1+h_{fe})(1-h_{re})+h_{ie}h_{oe}} = \frac{h_{rc}(1+h_{fc}) - h_{ic}h_{oc}}{h_{ic}h_{oc} - h_{fc}h_{rc}}$$

$$h_{ob} = \frac{h_{oe}}{(1+h_{fe})(1-h_{re})+h_{ie}h_{oe}} = \frac{h_{oc}}{h_{ic}h_{oc} - h_{fc}h_{rc}}$$

共集極組態

$$h_{ic} = \frac{h_{ib}}{(1+h_{fb})(1-h_{rb}) + h_{ob}h_{ib}} = h_{ie}$$

$$h_{rc} = \frac{1+h_{fb}}{(1+h_{fb})(1-h_{rb}) + h_{ob}h_{ib}} = 1 - h_{re}$$

$$h_{fc} = \frac{h_{rb}-1}{(1+h_{fb})(1-h_{rb}) + h_{ob}h_{ib}} = -(1+h_{fe})$$

$$h_{oc} = \frac{h_{ob}}{(1+h_{fb})(1-h_{rb}) + h_{ob}h_{ib}} = h_{oe}$$

A.3　近似轉換公式

共射極組態

$$h_{ie} \cong \frac{h_{ib}}{1+h_{fb}} \cong \beta r_e$$

$$h_{re} \cong \frac{h_{ib}h_{ob}}{1+h_{fb}} - h_{rb}$$

$$h_{fe} \cong \frac{-h_{fb}}{1+h_{fb}} \cong \beta$$

$$h_{oe} \cong \frac{h_{ob}}{1+h_{fb}}$$

共基極組態

$$h_{ib} \cong \frac{h_{ie}}{1+h_{fe}} \cong \frac{-h_{ic}}{h_{fc}} \cong r_e$$

$$h_{rb} \cong \frac{h_{ie}h_{oe}}{1+h_{fe}} - h_{re} \cong h_{rc} - 1 - \frac{h_{ic}h_{oc}}{h_{fc}}$$

$$h_{fb} \cong \frac{-h_{fe}}{1+h_{fe}} \cong -\frac{(1+h_{fc})}{h_{fc}} \cong -\alpha$$

$$h_{ob} \cong \frac{h_{oe}}{1+h_{fe}} \cong \frac{-h_{oc}}{h_{fc}}$$

共集極組態

$$h_{ic} \cong \frac{h_{ib}}{1+h_{fb}} \cong \beta r_e$$

$$h_{rc} \cong 1$$

$$h_{fc} \cong \frac{-1}{1+h_{fb}} \cong -\beta$$

$$h_{oc} \cong \frac{h_{ob}}{1+h_{fb}}$$

附錄 B 漣波因數和電壓的計算

B.1 整流器的漣波因數

電壓的漣波因數定義為

$$r = \frac{\text{訊號交流分量的有效(rms)值}}{\text{訊號的平均值}}$$

可表成

$$r = \frac{V_r(\text{rms})}{V_{\text{dc}}}$$

因包含直流位準的訊號的交流電壓分量是

$$v_{\text{ac}} = v - V_{\text{dc}}$$

此交流分量的有效值是

$$\begin{aligned} V_r(\text{rms}) &= \left[\frac{1}{2\pi} \int_0^{2\pi} v_{\text{ac}}^2 \, d\theta\right]^{1/2} \\ &= \left[\frac{1}{2\pi} \int_0^{2\pi} (v - V_{\text{dc}})^2 \, d\theta\right]^{1/2} \\ &= \left[\frac{1}{2\pi} \int_0^{2\pi} (v^2 - 2vV_{\text{dc}} + V_{\text{dc}}^2) \, d\theta\right]^{1/2} \\ &= [V^2(\text{rms}) - 2V_{\text{dc}}^2 + V_{\text{dc}}^2]^{1/2} \\ &= [V^2(\text{rms}) - V_{\text{dc}}^2]^{1/2} \end{aligned}$$

其中，$V(\text{rms})$是總電壓的有效(rms)值。對半波整流訊號而言，

$$V_r(\text{rms}) = [V^2(\text{rms}) - V_{\text{dc}}^2]^{1/2}$$

$$= \left[\left(\frac{V_m}{2}\right)^2 - \left(\frac{V_m}{\pi}\right)^2\right]^{1/2}$$

$$= V_m\left[\left(\frac{1}{2}\right)^2 - \left(\frac{1}{\pi}\right)^2\right]^{1/2}$$

$$\boxed{V_r(\text{rms}) = 0.385 V_m \quad （半波）} \tag{B.1}$$

對全波整流訊號而言，

$$V_r(\text{rms}) = [V^2(\text{rms}) - V_{\text{dc}}^2]^{1/2}$$

$$= \left[\left(\frac{V_m}{\sqrt{2}}\right)^2 - \left(\frac{2V_m}{\pi}\right)^2\right]^{1/2}$$

$$= V_m\left(\frac{1}{2} - \frac{4}{\pi^2}\right)^{1/2}$$

$$\boxed{V_r(\text{rms}) = 0.308 V_m \quad （全波）} \tag{B.2}$$

B.2　電容濾波器的漣波電壓

假定用三角波形近似漣波，如圖 B.1 所示，可寫出（見圖 B.2）：

$$V_{\text{dc}} = V_m - \frac{V_r(\text{p-p})}{2} \tag{B.3}$$

在電容放電期間，電容 C 的電壓變化量是

$$V_r(\text{p-p}) = \frac{I_{\text{dc}} T_2}{C} \tag{B.4}$$

由圖 B.1 的三角波形，

$$V_r(\text{rms}) = \frac{V_r(\text{p-p})}{2\sqrt{3}} \tag{B.5}$$

（計算過程未列出）。

利用圖 B.1 的詳細波形，可得

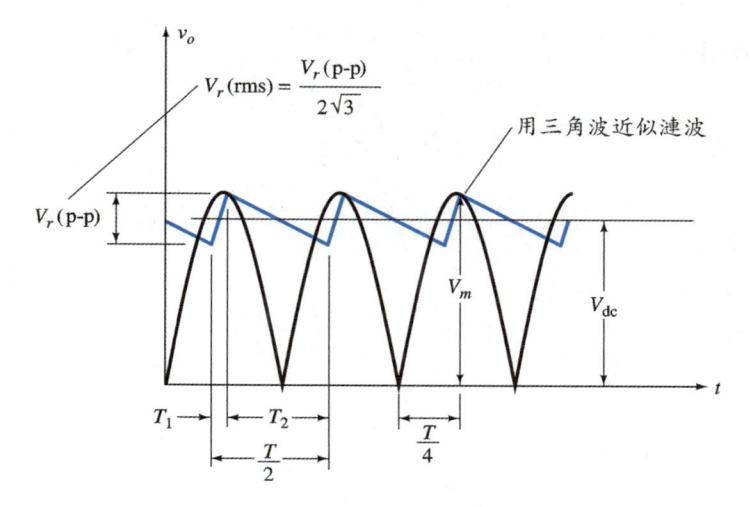

圖 B.1 用三角波近似電容濾波器的漣波電壓

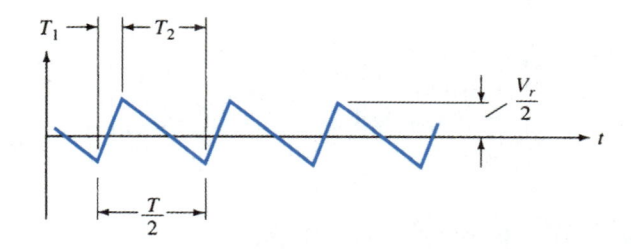

圖 B.2 漣波電壓

$$\frac{V_r(\text{p-p})}{T_1} = \frac{V_m}{T/4}$$

$$T_1 = \frac{V_r(\text{p-p})(T/4)}{V_m}$$

又

$$T_2 = \frac{T}{2} - T_1 = \frac{T}{2} - \frac{V_r(\text{p-p})(T/4)}{V_m} = \frac{2TV_m - V_r(\text{p-p})T}{4V_m}$$

$$T_2 = \frac{2V_m - V_r(\text{p-p})}{V_m} \frac{T}{4} \tag{B.6}$$

因式(B.3)可寫成

$$V_{\text{dc}} = \frac{2V_m - V_r(\text{p-p})}{2}$$

結合上式與式(B.6)，可得

$$T_2 = \frac{V_{dc}}{V_m} \frac{T}{2}$$

代入式(B.4)，得

$$V_r(\text{p-p}) = \frac{I_{dc}}{C}\left(\frac{V_{dc}}{V_m}\frac{T}{2}\right)$$

$$T = \frac{1}{f}$$

$$V_r(\text{p-p}) = \frac{I_{dc}}{2fC}\frac{V_{dc}}{V_m} \tag{B.7}$$

結合式(B.5)和式(B.7)，解出 $V_r(\text{rms})$：

$$\boxed{V_r(\text{rms}) = \frac{V_r(\text{p-p})}{2\sqrt{3}} = \frac{I_{dc}}{4\sqrt{3}fC}\frac{V_{dc}}{V_m}} \tag{B.8}$$

B.3　V_{dc} 和 V_m 對漣波因數 r 的關係

濾波器電容產生的直流電壓，與變壓器提供的峰值電壓，可和漣波因數得到關係如下：

$$r = \frac{V_r(\text{rms})}{V_{dc}} = \frac{V_r(\text{p-p})}{2\sqrt{3}V_{dc}}$$

$$V_{dc} = \frac{V_r(\text{p-p})}{2\sqrt{3}r} = \frac{V_r(\text{p-p})/2}{\sqrt{3}r} = \frac{V_r(\text{p})}{\sqrt{3}r} = \frac{V_m - V_{dc}}{\sqrt{3}r}$$

$$V_m - V_{dc} = \sqrt{3}rV_{dc}$$

$$V_m = (1 + \sqrt{3}r)V_{dc}$$

$$\boxed{\frac{V_m}{V_{dc}} = 1 + \sqrt{3}r} \tag{B.9}$$

式(B.9)畫在圖 B.3，可應用到半波以及全波整流－電容濾波器電路。例如，在漣波 5% 時，直流電壓 $V_{dc} = 0.92V_m$，即在峰值電壓的 10% 變化之內；而當漣波 20% 時，直流電壓會降到 $0.74V_m$，其下降量已超過峰值的 25%。注意到，當漣波小於 6.5% 時，V_{dc} 會在 V_m 的 10% 變化之內，此漣波量代表電路的輕載邊界。

$$V_{dc}/V_m = \frac{1}{1+\sqrt{3}\,r}$$

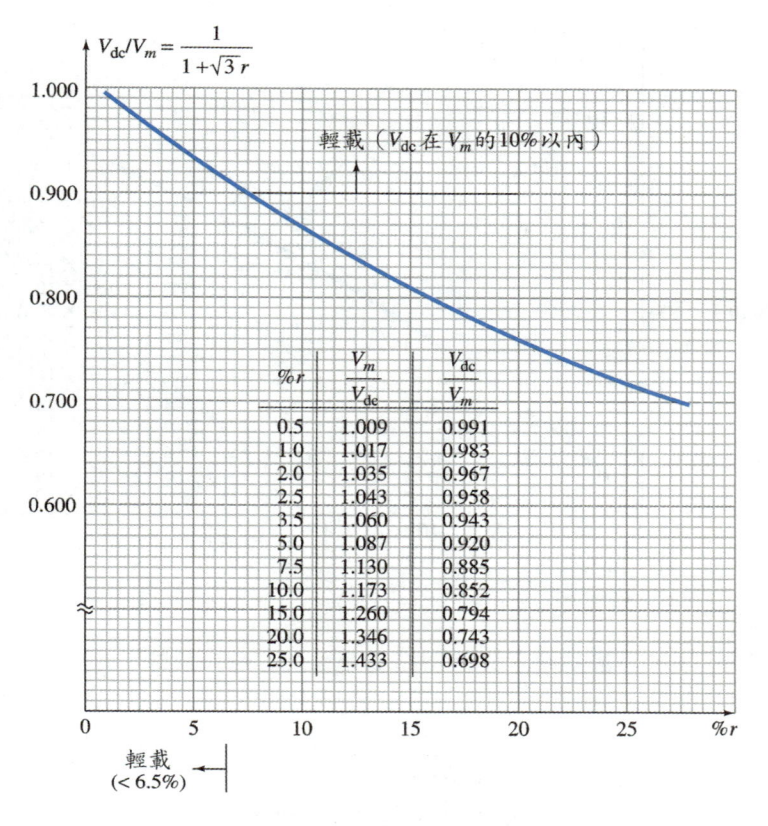

輕載（V_{dc} 在 V_m 的 10% 以內）

%r	$\dfrac{V_m}{V_{dc}}$	$\dfrac{V_{dc}}{V_m}$
0.5	1.009	0.991
1.0	1.017	0.983
2.0	1.035	0.967
2.5	1.043	0.958
3.5	1.060	0.943
5.0	1.087	0.920
7.5	1.130	0.885
10.0	1.173	0.852
15.0	1.260	0.794
20.0	1.346	0.743
25.0	1.433	0.698

輕載 (< 6.5%)

圖 B.3　V_{dc}/V_m 對應於 %r 的函數圖

B.4　V_r(rms) 和 V_m 對漣波因數 r 的關係

對半波和全波整流－電容濾波器電路而言，也可建立 V_r(rms)、V_m 和漣波因數的關係如下：

$$\frac{V_r(\text{p-p})}{2} = V_m - V_{dc}$$

$$\frac{V_r(\text{p-p})/2}{V_m} = \frac{V_m - V_{dc}}{V_m} = 1 - \frac{V_{dc}}{V_m}$$

$$\frac{\sqrt{3}\,V_r(\text{rms})}{V_m} = 1 - \frac{V_{dc}}{V_m}$$

利用式(B.9)，可得

$$\frac{\sqrt{3}\,V_r(\text{rms})}{V_m} = 1 - \frac{1}{1+\sqrt{3}\,r}$$

$$\frac{V_r(\text{rms})}{V_m} = \frac{1}{\sqrt{3}}\left(1 - \frac{1}{1+\sqrt{3}\,r}\right) = \frac{1}{\sqrt{3}}\left(\frac{1+\sqrt{3}\,r - 1}{1+\sqrt{3}\,r}\right)$$

$$\frac{V_r(\text{rms})}{V_m}=\frac{r}{1+\sqrt{3}r} \tag{B.10}$$

式(B.10)畫在圖 B.4。

因對漣波≤6.5% 而言，V_{dc} 會在 V_m 的 10% 變化以內，

$$\frac{V_r(\text{rms})}{V_m} \cong \frac{V_r(\text{rms})}{V_{dc}} = r \quad （輕載）$$

因此當漣波≤6.5% 時，可採用 $V_r(\text{rms})/V_m = r$。

B.5 整流－電容濾波器電路中，導通角、%r 和 $I_{峰值}/I_{dc}$ 的關係

利用圖 B.1，可決定二極體開始導通的角度如下：因

$$v = V_m \sin\theta = V_m - V_r(\text{p-p}) \quad \text{在 } \theta = \theta_1$$

可得

$$\theta_1 = \sin^{-1}\left[1 - \frac{V_r(\text{p-p})}{V_m}\right]$$

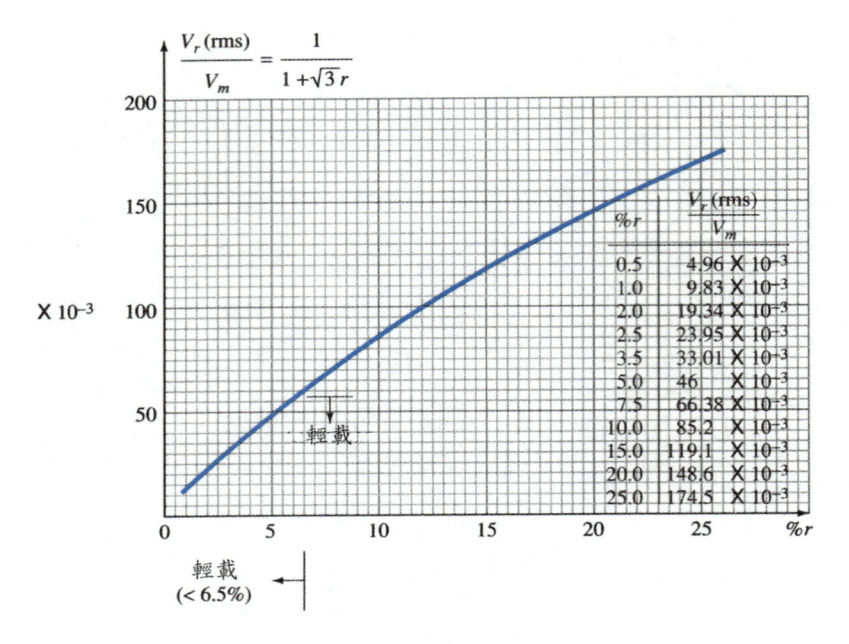

圖 B.4 $V_r(\text{rms})/V_m$ 對應於 %r 的函數圖

利用式(B.10)和 $V_r(\text{rms}) = V_r(\text{p-p})/2\sqrt{3}$，得

$$\frac{V_r(\text{p-p})}{V_m} = \frac{2\sqrt{3}V_r(\text{rms})}{V_m}$$

所以

$$1 - \frac{V_r(\text{p-p})}{V_m} = 1 - \frac{2\sqrt{3}V_r(\text{rms})}{V_m} = 1 - 2\sqrt{3}\left(\frac{r}{1+\sqrt{3}r}\right)$$

$$= \frac{1-\sqrt{3}r}{1+\sqrt{3}r}$$

且

$$\boxed{\theta_1 = \sin^{-1}\frac{1-\sqrt{3}r}{1+\sqrt{3}r}} \qquad (B.11)$$

其中 θ_1 是開始導通的角度。

在並聯阻抗 R_L 和 C 充電一段時間之後，電流會降到零，可決定對應的角度：

$$\theta_2 = \pi - \tan^{-1}\omega R_L C$$

$\omega R_L C$ 的表示式可得如下：

$$r = \frac{V_r(\text{rms})}{V_{\text{dc}}} = \frac{(I_{\text{dc}}/4\sqrt{3}fC)(V_{\text{dc}}/V_m)}{V_{\text{dc}}} = \frac{V_{\text{dc}}/R_L}{4\sqrt{3}fC}\frac{1}{V_m}$$

$$= \frac{V_{\text{dc}}/V_m}{4\sqrt{3}fCR_L} = \frac{2\pi\left(\dfrac{1}{1+\sqrt{3}r}\right)}{4\sqrt{3}\omega CR_L}$$

所以

$$\omega R_L C = \frac{2\pi}{4\sqrt{3}(1+\sqrt{3}r)r} = \frac{0.907}{r(1+\sqrt{3}r)}$$

因此，停止導通的角度是

$$\boxed{\theta_2 = \pi - \tan^{-1}\frac{0.907}{(1+\sqrt{3}r)r}} \qquad (B.12)$$

由式(6.10b)，可寫出

$$\frac{I_{\text{峰值}}}{I_{\text{dc}}} = \frac{I_p}{I_{\text{dc}}} = \frac{T}{T_1} = \frac{180°}{\theta} \quad \text{（全波）}$$

$$= \frac{360°}{\theta} \quad \text{（半波）} \qquad (B.13)$$

%r	θ_c / $\theta_2-\theta_1$	半波	全波
0.5	10.79	33.36	16.68
1.0	15.32	25.30	11.75
2.0	21.74	16.56	8.28
2.5	24.33	14.80	7.40
3.5	28.84	12.48	6.24
5.0	34.51	10.43	5.22
7.5	42.32	8.51	4.25
10.0	48.89	7.36	3.68
15.0	59.96	6.00	3.00
20.0	69.40	5.19	2.59
25.0	77.84	4.62	2.31

$$\theta_1 = \sin^{-1}\left(\frac{1-\sqrt{3}\,r}{1+\sqrt{3}\,r}\right) \qquad \theta_2 = \pi - \tan^{-1}\left[\frac{0.907}{r(1+\sqrt{3}\,r)}\right] \qquad \theta_c = \theta_2 - \theta_1$$

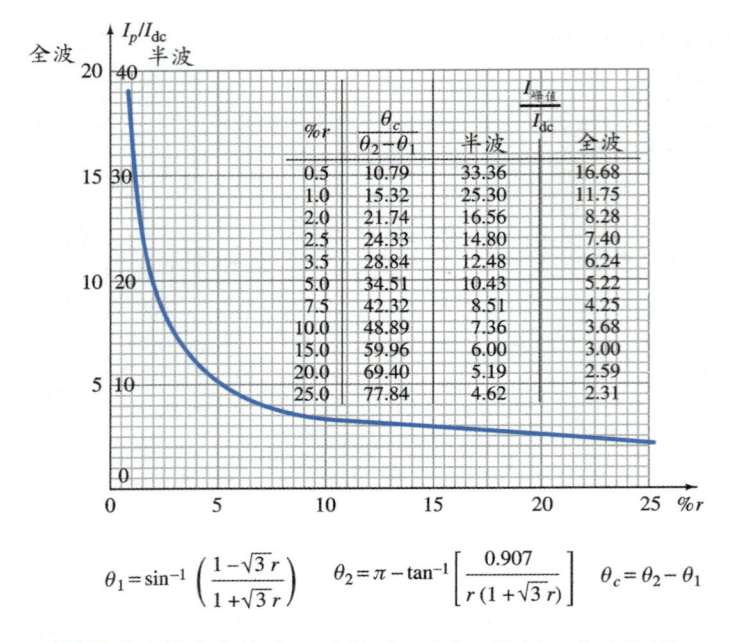

圖 B.5 針對半波和全波操作，I_p/I_{dc} 對 %r 的函數圖

針對半波和全波操作，I_p/I_{dc} 對應於漣波的函數圖提供在圖 B.5。

附錄 C 圖表

表 C.1　希臘字母

名稱	大寫	小寫
alpha	A	α
beta	B	β
gamma	Γ	γ
delta	Δ	δ
epsilon	E	ε
zeta	Z	ζ
eta	H	η
theta	Θ	θ
iota	I	ι
kappa	K	κ
lambda	Λ	λ
mu	M	μ
nu	N	ν
xi	Ξ	ξ
omicron	O	o
pi	Π	π
rho	P	ρ
sigma	Σ	σ
tau	T	τ
upsilon	Υ	υ
phi	Φ	ϕ
chi	X	χ
psi	Ψ	ψ
omega	Ω	ω

表 C.2　商用現成電阻的標準值

歐姆(Ω)					仟歐姆(kΩ)		百萬歐姆(MΩ)	
0.10	1.0	10	100	1000	10	100	1.0	10.0
0.11	1.1	11	110	1100	11	110	1.1	11.0
0.12	1.2	12	120	1200	12	120	1.2	12.0
0.13	1.3	13	130	1300	13	130	1.3	13.0
0.15	1.5	15	150	1500	15	150	1.5	15.0
0.16	1.6	16	160	1600	16	160	1.6	16.0
0.18	1.8	18	180	1800	18	180	1.8	18.0
0.20	2.0	20	200	2000	20	200	2.0	20.0
0.22	2.2	22	220	2200	22	220	2.2	22.0
0.24	2.4	24	240	2400	24	240	2.4	
0.27	2.7	27	270	2700	27	270	2.7	
0.30	3.0	30	300	3000	30	300	3.0	
0.33	3.3	33	330	3300	33	330	3.3	
0.36	3.6	36	360	3600	36	360	3.6	
0.39	3.9	39	390	3900	39	390	3.9	
0.43	4.3	43	430	4300	43	430	4.3	
0.47	4.7	47	470	4700	47	470	4.7	
0.51	5.1	51	510	5100	51	510	5.1	
0.56	5.6	56	560	5600	56	560	5.6	
0.62	6.2	62	620	6200	62	620	6.2	
0.68	6.8	68	680	6800	68	680	6.8	
0.75	7.5	75	750	7500	75	750	7.5	
0.82	8.2	82	820	8200	82	820	8.2	
0.91	9.1	91	910	9100	91	910	9.1	

表 C.3　典型的電容元件值

pF				μF				
10	100	1000	10,000	0.10	1.0	10	100	1000
12	120	1200						
15	150	1500	15,000	0.15	1.5	18	180	1800
22	220	2200	22,000	0.22	2.2	22	220	2200
27	270	2700						
33	330	3300	33,000	0.33	3.3	33	330	3300
39	390	3900						
47	470	4700	47,000	0.47	4.7	47	470	4700
56	560	5600						
68	680	6800	68,000	0.68	6.8			
82	820	8200						

奇數習題解答

第 1 章

1. $V_o = -18.75$ V
3. $V_1 = -40$ mV
5. $V_o = -9.3$ V
7. V_o 範圍從 5.5 V～10.5 V
9. $V_o = -3.39$ V
11. $V_o = 0.5$ V
13. $V_2 = -2$ V，$V_3 = 4.2$ V
15. $V_o = 6.4$ V
17. $I_{IB}^+ = 22$ nA，$I_{IB}^- = 18$ nA
19. $A_{CL} = 80$
21. V_o（偏移）$= 105$ mV
23. CMRR $= 75.56$ dB

第 2 章

1. $V_o = -175$ mV，rms
3. $V_o = 412$ mV
7. $V_o = -2.5$ V
11. $I_L = 6$ mA
13. $I_o = 0.5$ mA
15. $f_{OH} = 1.45$ kHz
17. $f_{OL} = 318.3$ Hz，$f_{OH} = 397.9$ Hz

第 3 章

1. $P_i=10.4$ W，$P_o=640$ mW
3. $P_o=2.1$ W
5. R（有效值）$=2.5$ kΩ
7. $a=44.7$
9. $\% \eta=37\%$
13. (a) 最大 $P_i=49.7$ W (b) 最大 $P_o=39.06$ W (c) 最大 $\% \eta=78.5\%$
17. (a) $P_i=27$ W (b) $P_o=8$ W (c) $\% \eta=29.6\%$ (d) $P_{2Q}=19$ W
19. $\% D_2=14.3\%$，$\% D_3=4.8\%$，$\% D_4=2.4\%$
21. $\% D_2=6.8\%$
23. $P_D=25$ W
25. $P_D=3$ W

第 4 章

9. $V_o=13$ V
13. 週期$=204.8$ μs
17. $f_o=60$ kHz
19. $C=133$ pF
21. $C_1=300$ pF

第 5 章

1. $A_f=-9.95$
3. $A_f=-14.3$，$R_{if}=31.5$ kΩ，$R_{of}=2.4$ kΩ
5. 無反饋：$A_v=-303.2$，$Z_i=1.18$ kΩ，$Z_o=4.7$ kΩ
   有反饋：$A_{vf}=-3.82$，$Z_{if}=45.8$ kΩ
7. $f_o=4.2$ kHz
9. $f_o=1.05$ MHz
11. $f_o=159.2$ kHz

第 6 章

1. 漣波因數$=0.028$
3. 漣波電壓$=24.2$ V
5. $V_r=1.2$ V
7. $V_r=0.6$ V rms，$V_{dc}=17$ V

9. $V_r = 0.12$ V rms
11. $V_m = 13.7$ V
13. $\% r = 7.2\%$
15. $\% r = 8.3\%$，$\% r = 3.1\%$
17. $V_r = 0.325$ V rms
19. $V_o = 7.6$ V，$I_z = 3.66$ mA
21. $V_o = 24.6$ V
25. $I_{dc} = 225$ mA
27. $V_o = 9.9$ V

第 7 章

3. $33.25\ \mu\text{A}$
7. $C_D \cong 6.2$ pF，$X_C = 25.67$ kΩ
9. (a) -3V：40 pF，12V：20 pF，$\Delta C = 20$ pF (b) -8V：$\Delta C/\Delta V_R = 2$ pF/V，-2V：$\Delta C/\Delta V_R = 6.67$ pF/V
11. $C_t \cong 15$ pF，$Q = 354.61$ 對 350（圖上）
15. $15 \cong 739.5$ kHz
19. $\Delta V_{OC}/\Delta fc = 0375$ mV/fc (b) 547.5 mV
21. (a) 422.8×10^{-2} J (b) 305.72×10^{-21} J (c) 是
23. 50 V
25. (a) $\simeq 0.9$ Ω/fc (b) $\simeq 380$ Ω/fc (c) $\simeq 78$ kΩ/fc，低照度區
27. $V_i = 21$ V
29. 隨著 fc 增加，t_r 和 t_d 會呈指數下降
31. (a) $\phi \cong 5$ mW (b) 2.27 lm
33. $\phi = 344$ mW
37. 較低值
39. $R = 20$ kΩ
41. R（熱阻器）$= 90$ Ω
43. 1 MHz：31.83 kΩ；100 MHz：318.3 kΩ；和 1 MHz：$Z_T = -152$ Ω$\angle 0°$；100 MHz：$Z_T = -137.16$ Ω$\angle 26°$；L_S 影響極微
45. -62.5 Ω

第 8 章

5. (a) 是 (b) 否 (c) 否 (d) 是，否

9. (a) $V_{峰值}=168.28$ V (b) $I_{峰值}=1.19$ A (c) 1.19 A (d) 4.17 ms (e) 51 ms (f) 開路 (g) 23.86 ms (h) 導通 (i) 強制換向

13. (a) $V_GK=-12\text{ V}+\dfrac{R'(24_A\text{V})}{R'+R_S}$ (b) 0 V (c) 14 kΩ (d) 60 mA (e) 0.12 mA (f) 是，警報電感性元件；安裝保護電容性元件

15. (a) $\cong 0.7$ MW/cm^2 (b) 80.5 %

19. 241 pF

21. 153 MΩ $> R_1 >$ 4.875 kΩ

23. (a) $R_{B_1}=5.5$ kΩ，$R_{B_2}=4.5$ kΩ (b) 11.7 V (c) 是，68 kΩ < 116 kΩ

27. (a) 1.12 nA/°C (b) $\beta_{dc}=0.4$

31. $\eta=0.75$，$V_G=15$ V

索引

一劃
2 階諧波　(second harmonic)　131
3 階諧波　(third harmonic)　131

四劃
方波振盪器　(square-wave oscillator)　206
巴克豪生法則　207

五劃
本質對分　(intrinsic stand-off)　325
可規劃　(programmable)　340
半波　232
切換式電源供應器　267

六劃
向列型液晶　(nematic liqual crystal)　286
光隔離器　(opto-isolator)　337
光敏電阻裝置　283
共模斥拒　(common-mode rejection)　4
共模斥拒比　(common-mode rejection ratio)　5
交越失真　(crossover distortion)　125
米勒石英晶體振盪器　218
弛張振盪器　(relaxation oscillator)　219

七劃
扭列　(twisted nematic)　288
串聯靜態開關　308
串振　(series-resonant)　217
肖特基障壁　schottky-barrier)　265

八劃
弦式振盪器　(sinusoidal oscillator)　206
返馳式電源供應器　256
表面障壁　265

九劃
穿透反射式　(transflective)　288
負電阻振盪器　294
保持電流　308
相位邊限　(phase margin)　205

十劃
高阻抗隔離　(high isolation)　335
捕捉範圍　173
脈波　(pulse)　206
迴路增益　206
純質分隔比　(intrinsic stand-off ratio)　220

十一劃
動態散射　(dynamic scattering)　287

偏光板　(light polarizer)　288
推挽式　(push-pull)　102
移相　(phase-shift)　207

十二劃

場效　(field-effect)　288
順向轉態　(forward breakover)　307
單接面　(unijunction)　324
階梯網路　161

十三劃

閘極　(gate)　304
閘關斷開關　316
電池充電穩壓器　311
電容溫度係數　271

十四劃

滾落　(roll-off)　33

十五劃

熱阻　(thermal resistance)　138
增益邊限　(gain margin)　205
熱載子　265

十六劃

積分器　(integrator)　24
諧波　(harmonic)　131

十八劃

壓電效應　(piezoelectric)　216

十九劃

鎖定範圍　173

二十三劃

變率效應　316